量子流体力学

Quantum Hydrodynamics

坪田 誠・笠松 健一・小林 未知数・竹内 宏光
共 著

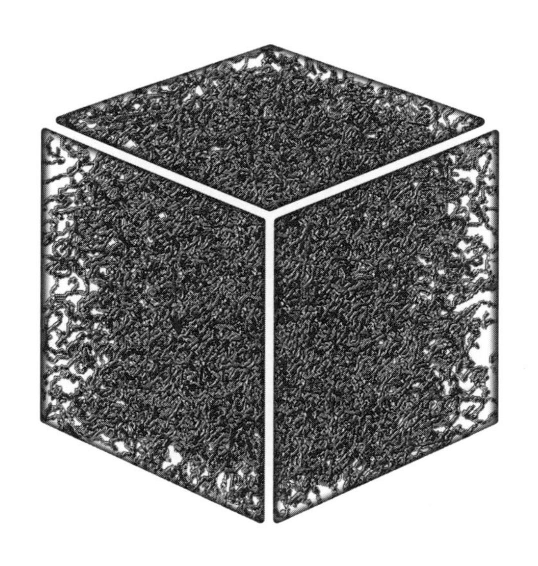

丸善出版

まえがき

本書は量子流体力学に関する初めての教科書である．量子流体力学とは，量子凝縮した系の流体力学を意味する．この系の大きな特徴は秩序変数の存在であり，そのため非粘性の超流動流れが実現し，渦が量子化されるという，通常の流体力学にはない特徴が現れる．量子流体力学は，低温物性物理学，流体力学，量子力学，統計力学，非線形・非平衡物理学を横断する，魅力ある学問分野である．

本書で扱うおもな系は，超流動 ^{4}He，超流動 ^{3}He，原子気体 Bose–Einstein 凝縮体である．量子流体力学の研究は，1950 年代の超流動 ^{4}He における量子乱流の発見に始まる．1972 年に発見された超流動 ^{3}He は，われわれが初めて手にした異方的超流体（多成分超流体）であり，さまざまな位相欠陥の舞台を提供してくれた．1995 年にレーザー冷却により実現した原子気体 Bose 凝縮体は，凝縮体を制御し量子渦の可視化を可能にするという，He 系とは異なる画期的な系である．

執筆にあたり，これらの系をばらばらに扱うのではなく，できるだけ共通の物理を紡ぐよう心がけた．読者としては，修士 1 年生レベルを想定し，他の文献を見なくても理解できるように配慮した．

第 1 章で全体を概観した後，第 2 章で本書を理解するために必要な統計力学と流体力学の基礎およびさまざまな系の特徴を述べた．第 3 章で超流動ヘリウムの量子渦，第 4 章で原子気体 Bose 凝縮体の量子渦について説明する．第 5 章では量子流体力学で生じる不安定性について論じ，第 6 章で量子乱流について述べる．第 7 章で宇宙論など他の系と量子流体力学の類似性について紹介する．

本書の題材の多くは，著者らがここ十数年の間，研究してきたものでもある．共同研究をしていただいた大阪市立大学素励起物理学研究室の大学院生をはじめ，国内外の多くの方々に感謝申し上げる．

本書の刊行を計画してから，早 4 年が経過した．この間，たびたびの原稿提出期限延長にもかかわらず，著者らに終始ご支援をいただいた佐久間弘子氏をはじめとした企画・編集部の方々に厚く御礼申し上げる．

2017 年 12 月

著者を代表して　坪田　誠

目　次

第1章　量子流体力学への誘い

量子流体力学（quantum hydrodynamics）とは，低温で量子凝縮した系の流体力学のことである．低温の量子凝縮系では，自発的対称性の破れに伴い秩序変数が出現する．そのために，**超流動性**と**渦の量子化**という特徴が現れ，これらが量子流体力学を，通常の流体力学，いわゆる古典流体力学（classical hydrodynamics）とは異なるものにする．

量子流体力学は，低温物理学の一分野であり，おもに超流動ヘリウムを舞台に研究が行われてきた．しかし，量子流体力学が，低温物理学を越えて注目されるようになってきたのは，2000 年頃からである．その大きな理由は，(1) 原子気体 **Bose–Einstein 凝縮体**（Bose–Einstein condensate: BEC）という新たな系が出現したこと，(2) **量子乱流**（quantum turbulence）と**古典乱流**（classical turbulence）の対応が注目されるようになったこと，(3) **量子渦**（quantized vortex）や流れ場の可視化が行われるようになったこと，であろう．本書は，このような量子流体力学を解説することが目的であるが，この第 1 章ではなぜこのような研究が面白いのか，どういう意味をもつのかについて述べたい．

1.1　巨視的量子現象

超流動（superfluidity）とは，低温で，流体が他の物体と接触しているにもかかわらず，摩擦なしに流れる現象である．超流動は，**超伝導**（superconductivity）[*1]と並んで低温の世界を代表する現象である．超流動と超伝導は，20 世紀前半の発見当初より，非常に不思議な現象として，物理学の大きな謎となった．そしてその謎が解明されるにつれて，量子力学に起因する，より深遠な意味が明らかとなった．

量子力学は微視的世界の物理法則であるといわれる．それはもちろん正しいのだが，微視的世界が量子力学に通じる唯一の道ではない．低温環境もまた，私たちの前に豊

[*1] ある温度以下の低温で，金属の電気抵抗がなくなる現象．超伝導は，金属内の電子の超流動といえる．

かな量子力学の世界を拓いてくれる．超流動と超伝導は，微視的世界を支配している量子力学が，巨視的スケールにまで増幅されて現れる現象——**巨視的量子現象**——である．そしてこの“増幅”を可能にするからくりが，Bose–Einstein 凝縮に象徴される**量子凝縮**（quantum condensation）である．

量子力学の基礎には，粒子と波動の二重性がある．高温で粒子としてふるまっていた原子などの微視的な粒子が，低温になるにつれて**物質波**（matter wave）としての de Broglie 波長を伸ばし，波動性を帯びるようになる．これらの粒子が Bose 粒子であるとき，低温でこれらを同一の最低エネルギー状態に落とし込み，巨視的な波動をつくる機構が Bose–Einstein 凝縮である．この Bose 凝縮に伴い，**自発的対称性の破れ**（spontaneous symmetry breaking）が起こり，**秩序変数**（order parameter）が出現する．この秩序変数こそが，微視的な量子力学の世界のふるまいを巨視的スケールに増幅させる要である．

1.2　超流動と量子渦

秩序変数が出現したとき，それは複素関数で $\Psi = |\Psi|e^{i\theta}$ と表現され，その位相 θ が重要な意味をもつ．位相 θ をポテンシャルとして，超流動速度場は $\boldsymbol{v} = (\hbar/m)\nabla\theta$ となる（ここで h は Planck 定数，$\hbar = h/2\pi$ で，m は Bose 粒子の質量である）．この秩序変数が，超流動と，渦の量子化という際立った物理を生む．

超流動状態では，非粘性の流れが安定に流れ続ける．超流動現象は，液体ヘリウム（^{4}He）で発見され（2.6 節参照），その後理論的研究が進んだ．これには二つの重要な側面がある．一つは，超流動は秩序変数の位相をポテンシャルとした流れで，いわば位相によって保護された流れであることである．もう一つの側面は，超流動を安定たらしめる，**素励起**（elementary excitation）の性質である．一般に，超流動はある臨界速度以上で流れると，素励起を放出し，減衰する．この臨界速度は Landau の臨界速度とよばれ（2.5.3 項参照），素励起の分散関係によって決まる．

量子渦は，その名の通り量子化された渦であり，普通の流体中の渦とは非常に異なる性質をもつ．渦の強さを表す量として，循環 $\Gamma = \int_C \boldsymbol{v} \cdot d\boldsymbol{r}$ を定義しよう．これは渦芯を囲む閉曲線 C に沿って速度場 $\boldsymbol{v}$ の周回積分をとった量で，この循環が大きいほど，強い渦といえる．普通の流体中では，Γ は連続的な任意の値をとることができる．粘性流体の場合，Γ は保存せず，時間とともに変動し，渦は生成・消滅を繰り返す．ところが，Bose 凝縮を起こした系では，Γ は循環量子 $\kappa = h/m$ の整数倍しかとることを許されない．量子数 q が 2 以上で循環が $q\kappa$ となる渦は不安定であるため，実際は量子数が 1 の $\Gamma = \kappa$ となる渦のみが安定に存在する．しかも，これは非粘性の超流体の渦であるため循環は保存量となり，容易に生成・消滅を行わない．つまり，Bose 凝縮系では渦の個性がなくなり，すべて同一の循環 κ をもった，安定な渦のみが存在できることになる．

1.3 量子乱流

量子流体力学の典型的な問題の一つが，量子乱流である．量子乱流の研究動機を語るには，古典乱流から話を始めなければならない．

われわれのまわりには，水や空気などのさまざまな流れがあふれている．そして，自然界のほとんどの流れは乱流である．乱流とは，文字通り，流速が時間的かつ空間的に乱れ，変動する流れのことである*2．乱流ほど，われわれの身近にあり，しかし難解な現象もないだろう．どう見ても乱流は複雑な現象であり，その複雑な流れの中に規則性・法則性を見出すのは困難に思える．理論的な取扱いを考えても，乱流は非線形・非平衡の動的現象であり，簡単な解析計算や摂動計算は歯が立ちそうにない．乱流はミレニアム懸賞問題の一つにもなっている*3．1845 年に Navier–Stokes 方程式が知られて以来，いまだ普遍的な乱流の理論がないということに驚きを禁じ得ない．一般に乱流研究の目標は，「予測と制御」であるといわれる [1]．しかし，それを一般的に扱うのは容易でない*4．

乱流研究の歴史は古く，近代科学および技術の発展とともにあったといってよい．最初に乱流を近代的な視点からとらえたのは，Leonardo da Vinci である．da Vinci は，排水溝から流れ出る水の乱流を観察し，図 1.1 のようなスケッチを残した．da Vinci は，乱流が単に乱れた流れではなく，大小さまざまな渦からなり，大きな渦から小さな渦が排出されるという，後述の Richardson カスケード（6.1 節参照）を彷彿させる描像を見抜いていた．その後，現在に至るまで，乱流は，数学・物理学などの基礎科学から流体工学・航空工学などの応用科学に至る広範な分野で，膨大な研究が積み重ねられてきた．しかし，その長い研究の歴史と関連分野の広範性にもかかわらず，乱

*2 乱流の定義は，決して自明または一意的ではない．本書ではその厳密な定義には立ち入らない．

*3 クレイ数学研究所は 2000 年に七つの懸賞付き問題を発表した．そのうちの一つが，「Navier–Stokes 方程式の解の存在と滑らかさ」を示すことである．

*4 乱流がなぜ難問であるかを，ここで詳しく述べることはできない．優れた教科書があるので，それらを参照していただきたい [1, 2, 3, 4]．

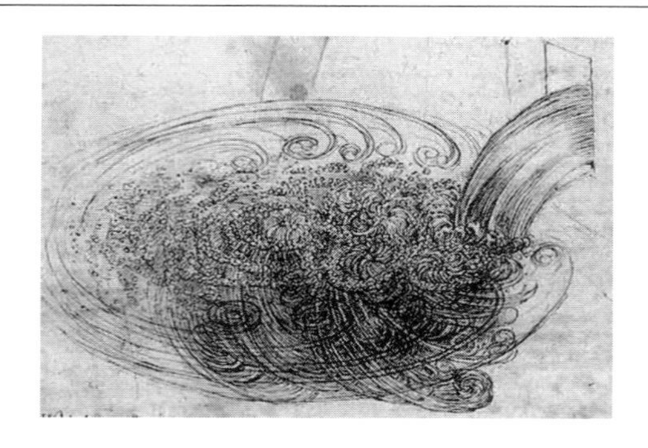

図 **1.1** da Vinci が描いた乱流のスケッチ.

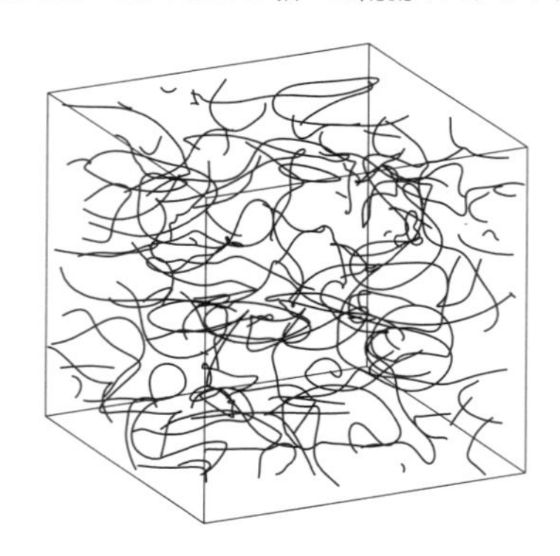

図 **1.2** 量子渦タングル. 曲線は量子渦の芯を表す. 量子渦のこの 3 次元的な乱れた配置が, 超流動成分の乱流を生じる.

流が十分に解明されたとはいえない. da Vinci が指摘したように, 渦は乱流を理解するうえで重要な鍵になるかもしれないが, 通常の粘性流体中では渦は生成・消滅を繰り返す不安定な存在であり, 乱流と渦の関係を理解することは容易でなく, いまだ解決されていない.

こうした流体力学・乱流の研究とは独立に, 低温物理学の分野では, 量子流体の研究が進められていた. 最初に研究された量子流体である液体 ^{4}He では, 超流動と量子渦が観測された. そして, 超流動 ^{4}He を管内で高速で流したとき, 図 1.2 のように, 量子渦が 3 次元的に複雑に絡み合ってできる超流動成分の乱流が生じることがわかった. これが, 典型的な量子乱流である. 量子渦は循環が保存された安定な位相欠陥なので, 量子乱流では要素還元的記述が可能になる. 普通の流体 (これを以後, 古典流体とよぶ）の場合，渦が不安定であるため，このような見方はとれない．「乱流は渦からなる」という da Vinci のメッセージは，古典流体の乱流よりも，むしろ量子乱流で具現化している．そうすると，乱流という自然界の大問題に，量子流体力学および量子乱流の研究が，新たなアプローチを拓くことが期待される．

1.4　さまざまな量子流体

量子流体力学の舞台となる代表的な系は，超流動 ^{4}He，超流動 ^{3}He，冷却原子気体である．本節では，これらの系を，その研究史も含めて概観する．

超流動 ^{4}He　理想 Bose 気体における Bose 凝縮は，1925 年に Einstein によって理論的に示された．当時，Bose 凝縮を起こす系は知られていなかったが，1927 年に発見された液体 ^{4}He のラムダ転移，および 1930 年代後半に発見された液体 ^{4}He の超流動現象が Bose 凝縮に関係することが明らかになる．超流動現象を説明するために，Tisza および Landau は，**2 流体模型**（two-fluid model）とよばれる，強力な現象論を導入した．2 流体模型によれば，系は，非粘性の**超流体**（superfluid）と粘性をもった**常流体**（normal fluid）が混合したものであり，両者の比率は温度に依存する．この 2 流体模型は，観測された超流動現象をうまく説明することができた．

しかし，量子渦の出現が，超流動の物理をより豊かにすることになる．1949 年に Gorter と Mellink は**熱対向流**（thermal counterflow）[*5]の実験を行い，臨界速度を超えると 2 流体の間に摩擦（**相互摩擦**（mutual friction）とよばれる）が働くことを発見した．1947 年に Onsager が循環の量子化を提案し，1955 年に Feynman がこのアイデアを発展させ「量子渦糸」という概念を導入し，臨界速度を越えた熱対向流では量子渦糸が 3 次元的に複雑に絡み合った量子渦タングルが形成され，超流動成分の乱流が実現していると提唱した．一方，Hall と Vinen は相互摩擦が量子渦と常流体の相互作用に起因することを実験で明らかにし，Vinen による 1957 年の熱対向流での量子乱流（超流動乱流）の発見，1961 年の循環量子の観測へとつながる．

このように，超流動 ^{4}He の流体力学において量子渦が非常に重要な役割を担っているということは明らかになってきた．量子渦の運動方程式は知られていたが，それは非線形および非局所的で，渦輪などの非常に簡単な場合を除いて解析解はない．乱流のように複雑な現象を調べるには数値計算が必要となる．超流動 ^{4}He の場合，循環

[*5] 熱の流入により駆動され，超流体と常流体が逆向きに流れる流れ．詳細は第 3 章で述べる．

が量子化され，渦芯が原子サイズとなり非常に細いことから，「渦糸」描像が妥当となる*6．1970年代から80年代にかけてSchwarzは**量子渦糸模型**（vortex filament model）の直接数値計算を行い，熱対向流中で量子渦が3次元的に複雑に絡み合った量子渦タングル（図1.2）が形成されることを示した．これはFeynman以来の描像を裏づけたことになる．

流体力学の分野では，さまざまな可視化実験が行われ，流れ場の解明に貢献してきた．流体力学では流体中に微小なトレーサー粒子を混入し，それに光を当てて運動を追跡することで流れ場の可視化を行う．こうした可視化手法を低温環境に適用することの困難から，液体ヘリウム中の可視化実験は長く行われなかったのだが，2000年代に入って状況は一変した．超流動 ^{4}He の可視化に用いられるおもなトレーサー粒子は，ミクロンサイズの固体水素微粒子と，レーザーで励起してつくられる準安定な He_2^* 分子である．こうしたトレーサー粒子により，量子渦や常流動流れ場の可視化が行われ，この分野の理解が大きく進むこととなる．

こうした研究動向とは別に，近年量子乱流と古典乱流の対応に注目が集まっている．熱対向流は古典流体では実現しない流動状態であるので，そこで起こる渦糸乱流は古典乱流とは関係のない量子流体特有の乱流状態であると認識されていた．しかし，1990年代後半から，熱対向流とは異なる方法で量子乱流が生成され，古典乱流の最も重要な統計則であるKolmogorov則を支持する実験結果が得られた．こうした研究が強い動機となり，量子乱流と古典乱流の対応という大きな問題が展開するようになった．渦糸模型，およびBose凝縮体の巨視的波動関数が従うGross–Pitaevskii方程式の数値計算は，Kolmogorov則を支持する結果を出した．量子乱流と古典乱流は，何が共通で何が異なるのか，活発な研究が行われるようになった．

超流動 ^{3}He　超流動 ^{4}He の他に，量子流体力学の舞台となる重要な系に，超流動 ^{3}He がある．^{3}He 原子はスピン1/2をもつFermi粒子であり，液体 ^{3}He は，液体 ^{4}He のようにBose凝縮を起こして超流動になるという筋書きは成り立たない．事実，液体 ^{3}He は，1 K の温度領域では液体 ^{4}He に見られるような異常は示さず，0.1 K 以下で縮退し，典型的な**Fermi液体**となる．そのため，液体 ^{3}He の低温でのふるまいは，むしろ，Fermi粒子系である金属電子系のそれに近い．1957年に超伝導のBCS

*6「渦糸」という概念は，1858年のHelmholtzの論文に始まる．渦糸は流体力学・応用数学の分野で膨大な研究が行われてきた．しかし，古典流体力学の分野では，「渦糸」は現実的ではないトイ模型であった．しかし，超流動ヘリウムでは「量子渦糸」は現実的な模型となる．

(Bardeen–Cooper–Schrieffer) 理論[*7]が登場した後，液体 ^{3}He でも Cooper 対の凝縮による超流動の可能性が理論的に指摘され，その探索が低温物理学の重要課題となった．

1972 年，Osheroff，Richardson，Lee は，約 1 mK の超低温度領域において液体 ^{3}He の超流動転移を発見した．超流動 ^{3}He でも 2 個の ^{3}He 原子が Cooper 対を形成し凝縮するが，それまで知られていた超伝導のスピン一重項で軌道角運動量 0 の s 波対ではなく，スピン三重項で軌道角運動量が 1 の p 波対であった．超流動 ^{3}He は初めて発見された「異方的超流体」であり，秩序変数が 9 成分の複素数場で記述される「多成分超流体」でもある．超流動 ^{3}He では，ゼロ磁場下では，圧力と温度に依存して A 相および B 相が実現し，有限磁場下では A_1 相が実現する．この系では，多成分の秩序変数を反映してさまざまな位相欠陥やダイナミクスが期待される．容器回転下での A 相および B 相の多彩な渦は，おもに NMR (nuclear magnetic resonance, 核磁気共鳴) によって観測された．量子乱流は，おもに B 相を舞台として研究が行われている．

原子気体 Bose–Einstein 凝縮体 1995 年，新たな量子凝縮系として冷却原子気体の BEC が実現した．超流動 ^{4}He や ^{3}He は粒子間の相互作用が強い液体状態にあるため，その諸特性の理解に Einstein が提示した理想 Bose 気体の理論をそのまま適用することはできない．Einstein の予言を検証するためには，Bose 粒子の集団を気体に近い状況で，凝縮が起こる転移温度以下に冷却する必要がある．ところが，気体からなる多粒子系の温度を下げると，一般的に気体から液体，固体と相転移を起こし，気体の状態のまま Bose 凝縮が起こるような低温まで冷却することは困難である．固体となった状態では Einstein が予言した量子統計性による Bose 凝縮は起こらない．粒子集団が固化する原因は粒子間相互作用の影響が強くなるためであり，これを避けるためには，気体の密度を極力低くして，相互作用があまり効かない状態を保つ必要がある．3 次元理想 Bose 気体が Bose 凝縮を起こす転移温度は，第 2 章で示すように原子数密度の 2/3 乗に比例する．低密度にすれば，Bose 凝縮を起こすためにより低温が必要となる．

このような動機の下，1970 年代後半からスピン偏極した気体水素を用いた BEC の生成実験が始まった．気体水素の凝縮体生成は困難を極めたが，ここで BEC 生成のために必要な技術である蒸発冷却が考案された．またこれとは別に，原子物理学や量子光学の分野では 1980 年代から原子集団のトラップやレーザー冷却に関する研究が

[*7] 2 個の電子が，格子振動を介した引力により Cooper 対を形成，凝縮するということが超伝導の本質であると主張する理論．

図 1.3 マサチューセッツ工科大学（Massachusetts Institute of Technology: MIT）のグループによる，回転ポテンシャル中の原子気体 BEC における量子渦格子の観測結果．写真は BEC の密度プロファイルを表しており，蜂の巣のように見える密度の孔が量子渦の渦芯に相当する．（Wolfgang Ketterle グループのウェブサイトより．www.rle.mit.edu/cua_pub/ketterle_group/Nice_pics.htm）

飛躍的な発展を遂げた．1990 年代に入ると，これらレーザー冷却と蒸発冷却を合わせて原子気体の BEC を実現させようとする試みが始まり，1995 年に実現した．実際，実験で用いられる原子気体の数密度は $10^{19} \sim 10^{21}\mathrm{m}^{-3}$ のオーダーで，室温の空気の数密度 $10^{25}\mathrm{m}^{-3}$ に比べればかなり低い．この希薄な原子気体が量子凝縮を起こすためには 10^{-5}K 程度以下の温度に冷却する必要がある．

このようにして実現した原子気体 BEC は，超流動ヘリウムなどの量子凝縮系に比べて，際立った特徴をもっている．実験研究において特筆すべきは，光学技術を用いて，凝縮体を制御・可視化できることである．特に凝縮体の集団運動や，量子渦・ソリトンなどの位相欠陥の可視化が可能であり，この系の物理の理解に大きく貢献した．図 1.3 に実験で観測された回転する BEC における量子渦格子を示す [5]．スピノール BEC に代表される，多成分超流体が実現することもこの系の大きな魅力である．理論的には，この系は希薄であるがゆえに，弱く相互作用する Bose 粒子系であり，平均場近似の **Gross–Pitaevskii 模型**が定量的に有効になるなど，理論的取扱いが容易になる．

原子気体 BEC でも量子流体力学の研究が行われた．液体ヘリウムと異なるのは，この系は捕獲ポテンシャルに閉じ込められた有限系であるという点である．初期の研究は，1 本の量子渦，または回転下での量子渦格子の研究が中心であったが，3 次元および 2 次元の量子乱流が実験で生成されるに及んで，量子乱流としての興味ももたれるようになった．

本書ではその詳細は割愛するが，量子流体力学が議論されている他の重要な系として，Fermi 粒子の冷却原子系がある [6]．外場を用いた Fermi 粒子間の相互作用の制御により，Fermi 粒子の対状態を弱結合 Cooper 対から強結合分子に連続的に変化させることができ，BCS 状態から分子の BEC 状態への量子凝縮の移行現象が観測された．このときに実現する Fermi 超流体においても量子渦が観測されており，その動力学が議論されている．

第2章　量子流体力学の基礎

本章では，超低温で実現する量子流体を記述するための理論的手法について解説する．量子流体力学の舞台となる代表的な系である超流動 ^{4}He，超流動 ^{3}He，および原子気体 BEC を理解するためには，相互作用する多数の量子力学的粒子がどのような基底状態を構成し，また，そこからどのような低エネルギーの励起が起こりうるかを知る必要がある．これらは場の量子論に基礎を置く理論的枠組みによって記述されるが，本章の前半でその基礎について解説する．後半では，次章以降で述べるそれぞれの系の量子流体力学を記述するための基礎理論を，歴史的背景や実験技術を紹介しながら説明する．

2.1　量子統計力学の基礎

量子凝縮状態にある量子流体系は，量子統計に従い，互いに相互作用を及ぼし合う多数の粒子から構成される．本節では量子統計力学の基本的事項を述べ，話の出発点として相互作用のない理想気体の統計的性質と Bose 凝縮を概観する．

物　質　波

量子力学は 1900 年の Planck の量子仮説に始まる．Planck は黒体輻射のエネルギー分布の実験結果を記述する Planck の公式を提案し，電磁波のエネルギーが，その振動数 ν に Planck 定数 h を乗じたエネルギー量子 $h\nu$ の整数倍に限るという仮説を立てた．その後，Einstein は光電効果に関連して，光がエネルギー量子を単位とした粒子のようにふるまうという光量子仮説を提案し，光電効果を説明した．一方で，光が干渉や回折といった波動性を示すことは歴然とした事実である．このことから，光は粒子性と波動性の両方を併せもつ存在であると考えられた．

de Broglie は波と考えられていた光が粒子性をもつなら，その逆として，粒子も波動性をもちうると考えた．大きさ p の運動量をもつ粒子は波長 $\lambda = h/p$ の波動性をもつことを提案し，これを **de Broglie の関係式**とよぶ．電子，中性子，いくつかの原子や分子で波動性が観測され，物質波の概念は確立した．

原子や分子等のミクロな粒子の物質波としての性質は，その温度を下げることによって，より顕著なものとなる．温度 T の下で運動する質量 m の粒子から構成される理想気体を考えよう．個々の粒子の平均2乗速度で決まる運動エネルギーは Boltzmann 定数 k_{B} を用いて $m\overline{v^2}/2 = 3k_{\mathrm{B}}T/2$ のように温度と関係づけられる．これにより，分子の平均運動量は $\overline{p} = \sqrt{3mk_{\mathrm{B}}T}$ となり，de Broglie の関係から

$$\lambda = \frac{h}{\sqrt{2\pi m k_{\mathrm{B}} T}} \tag{2.1}$$

となる．ここで分母の数因子が3から 2π に代わっているが，これは習慣上のもので本質的な意味はない．これは**熱的 de Broglie 波長**（thermal de Broglie wavelength）とよばれており，温度を下げると物質波の波長が伸びるという重要な事実を示している．

粒子の集団で構成される気体の系において，粒子の平均間隔が de Broglie 波長に比べてどの程度であるかによって，系が粒子（古典）的か波動（量子）的であるかが決まる．気体の数密度を n とすると，$n\lambda^3 \ll 1$ では波動性は見えずに系は古典的であるが，$n\lambda^3 \gg 1$ では量子性が顕著となる．$n\lambda^3 = 1$ で決まる温度

$$T_0 = \frac{2\pi\hbar^2 n^{2/3}}{m k_{\mathrm{B}}} \tag{2.2}$$

を縮退温度とよび（$\hbar = h/2\pi$ を用いた），$T < T_0$ のときに量子効果が重要な役割を果たす．

量子統計——同種粒子の非識別性——

多粒子系における量子効果を考えるにあたって，**同種粒子の非識別性**の原理は本質的である．これは原子核やそれを取り巻く電子などの構成がまったく同じ同種の粒子を，量子力学では区別しないということである．この同種粒子の非識別性により，多粒子系の波動関数がもつべきある重要な性質が導かれる．

同種の2粒子の状態を特徴づける位置とスピンなどの内部自由度を含む一般化した「座標」をそれぞれ x_1 と x_2 で表し，全系の波動関数を $\Psi(x_1, x_2)$ と書こう．2粒子が区別できないということは，x_1 と x_2 を入れ替えた状態は元の状態と同じということである．量子力学的には，波動関数は位相因子 $e^{i\theta}$（θ は実数）がついても異なる状態を表さないので，$\Psi(x_2, x_1) = e^{i\theta}\Psi(x_1, x_2)$ と表せる．座標のとり方は任意なので，x_1 と x_2 を入れ替えた関係式 $\Psi(x_1, x_2) = e^{i\theta}\Psi(x_2, x_1)$ も同様に成立する．二つの関

係がともに成り立たなければならないので，$(e^{i\theta})^2 = 1$ であり，$e^{i\theta} = \pm 1$ となる．すなわち，

$$\Psi(x_1, x_2) = \pm\Psi(x_2, x_1) \tag{2.3}$$

となることがわかる．このように同種の 2 粒子の波動関数はラベルの入れ替えに対して対称的（+ のとき）または反対称的（− のとき）のどちらかであることがわかる．この + か − かは粒子の種類によって決まっており，対称的な粒子を**ボソン**（boson）または **Bose 粒子**，反対称的な粒子を**フェルミオン**（fermion）または **Fermi 粒子**とよぶ．粒子のもつスピンと粒子の置換に対する対称性の間には，相対論的量子力学に基づく一般的な関係があり，整数スピン（$s = 1, 2, \cdots$）をもつ粒子はボソンで，半整数スピン（$s = 1/2, 3/2, \cdots$）をもつ粒子はフェルミオンである．

波動関数がもつ対称性により，ある状態を占有する粒子の数に，ボソンとフェルミオンの違いが現れる．今，2 粒子の間には相互作用がないとしよう．このとき，$\Psi(x_1, x_2)$ は座標 x_1 と x_2 に独立に依存するので，$\Psi(x_1, x_2) = \phi_j(x_1)\phi_k(x_2) \equiv \Phi(x_1, x_2)$ と書ける．これは，粒子 1 と 2 がそれぞれ波動関数 ϕ_j，ϕ_k で表される 1 粒子量子状態（j，k は状態の量子数）にあることを示している．粒子の区別ができる場合はこれでよいが，区別ができない場合はこのままでは条件式 (2.3) を満たさない．そこで，次のような重ね合せ

$$\Psi(x_1, x_2) = \frac{1}{\sqrt{2}}\left[\Phi(x_1, x_2) \pm \Phi(x_2, x_1)\right] \tag{2.4}$$

を考えることによって，対称化（+ 符号）または反対称化（− 符号）を要請する．2 粒子を状態 $\Psi(x_1, x_2)$ に見出す確率は

$$\begin{aligned}|\Psi(x_1, x_2)|^2 = \frac{1}{2}[&|\Phi(x_1, x_2)|^2 + |\Phi(x_2, x_1)|^2 \\ &\pm \Phi^*(x_1, x_2)\Phi(x_2, x_1) \pm \Phi(x_1, x_2)\Phi^*(x_2, x_1)]\end{aligned} \tag{2.5}$$

となる．右辺の最初の 2 項は対角項，残りは非対角項（干渉項）とよばれる．これから 2 粒子を同じ状態 $\phi_j(x_1) = \phi_k(x_2)$ に見出す確率は，非対角項が存在しない古典的な場合と比較して，ボソンの場合は 2 倍になり，フェルミオンの場合は 0 となることがわかる．

以上の考察を N 粒子系に一般化すると，ボソンは何個でも同じ量子状態を占めることができ，N 粒子を同じ状態に見出す確率は古典的な場合と比べて $N!$ 倍になるこ

とが導かれる．一方，フェルミオンは干渉効果により，常に1個の粒子しか同じ量子状態を占めることができない．フェルミオンのこのような性質は **Pauli の排他原理** (Pauli's exclusion principle) とよばれる．また，この状態の占有数の数え方に対して，ボソンの場合は **Bose–Einstein 統計**，フェルミオンの場合は **Fermi–Dirac 統計**とよばれる．

2.1.1　同種 N 粒子系の状態

次に，質量 m の同種 N 粒子系を記述する方法について述べる．ただし，ここでも粒子間の相互作用を無視する．系のハミルトニアンは1粒子のハミルトニアンの和 $H_0 = \sum_{i=1}^{N} h_i$, $h_i = -\hbar^2\nabla_i^2/2m + V_{\mathrm{ext}}$ で与えられ (V_{ext} は1体のポテンシャル), 1粒子状態 $\phi_j(x_i)$ およびエネルギー固有値 ε_j は, Schrödinger 方程式 $h_i\phi_j(x_i) = \varepsilon_j\phi_j(x_i)$ から得られる．固有関数 ϕ_j は正規直交条件および完全性を満足するように選ぶことができ，

$$\int dx \phi_j(x)\phi_k^*(x) = \delta_{j,k}, \qquad \sum_j \phi_j(x)\phi_j^*(x') = \delta(x-x') \tag{2.6}$$

が成立する．

N 粒子系の波動関数 $\Psi(x_1, x_2, \cdots, x_N)$, およびエネルギー固有値 E は, Schrödinger 方程式 $H_0\Psi = E\Psi$ を満たし，対称化の手続きをふまえて，

$$\begin{aligned} \Psi(x_1, x_2, \cdots, x_N) &= A\sum_P \delta_P P[\phi_{j_1}(x_1)\phi_{j_2}(x_2)\cdots\cdots\phi_{j_N}(x_N)] \\ E &= \varepsilon_{j_1} + \varepsilon_{j_2} + \cdots\cdots + \varepsilon_{j_N} \end{aligned} \tag{2.7}$$

のように与えられる．ここで，A は規格化因子，P は粒子の座標の置換演算子で，ボソンの場合は $\delta_P = 1$，フェルミオンの場合は偶（奇）置換に対して $\delta_P = +1(-1)$ とする．これは粒子の置換に対して，波動関数がボソンなら対称性，フェルミオンなら反対称性を満たしていることを表す．

また，個数表示とよばれる方法で同種粒子系を記述すると便利である．個数表示は粒子に個別性がないことを積極的に取り入れた表記法であり，エネルギー ε_j の1粒子状態を占める粒子数 n_j の組 $\{n_j\}$ によって状態を指定する．今考えている相互作用のない N 粒子系では，その固有状態 $|\{n_j\}, N\rangle$ は

$$\hat{H}_0|\{n_j\},N\rangle = E(\{n_j\},N)|\{n_j\},N\rangle,$$
$$|\{n_j\},N\rangle \equiv |n_{j_1},n_{j_2},n_{j_3},\cdots\rangle \tag{2.8}$$

と表される．ここで，

$$N=\sum_j n_j, \qquad E(\{n_j\},N)=\sum_j \varepsilon_j n_j \tag{2.9}$$

である．また，固有状態は正規直交条件 $\langle\{n'_j\},N|\{n_j\},N\rangle = \delta_{\{n_j\},\{n'_j\}}$ を満たす．個数表示におけるハミルトニアン演算子 $\hat{H}_0$ の具体的な表記については，2.3 節で述べる．

熱平衡におけるエネルギー ε_j の状態を占有する粒子数の統計平均 $\langle n_j\rangle \equiv f(\varepsilon_j)$ は分布関数とよばれる．これは，大正準集合での統計平均を求めることにより得られ，

$$f(\varepsilon_j)=\frac{1}{e^{\beta(\varepsilon_j-\mu)}\pm 1} \tag{2.10}$$

と与えられる．ここで，$\beta=1/k_{\mathrm{B}}T$ は逆温度，μ は化学ポテンシャルである．$+$ および $-$ 符号はそれぞれフェルミオン系が従う **Fermi 分布関数**およびボソン系が従う **Bose 分布関数**を表している．

理想 Bose 気体の性質

ボソンは一つの量子状態を任意の個数の粒子が占拠できる．この性質から，ある温度以下で一つの状態に全粒子数と同程度のマクロな数のボソンが凝縮する Bose–Einstein 凝縮が起こることを，体積 V の一様な理想 Bose 気体を例に見てみよう．以下の議論では，$N/V=$ 一定のまま，$N\to\infty$，$V\to\infty$ をとる熱力学的極限を考えている．

一様系（$V_{\mathrm{ext}}=0$）では，固有関数は平面波 $\phi_j \propto e^{i\boldsymbol{k}\cdot\boldsymbol{r}}$，固有エネルギーは $\varepsilon_j=\hbar^2k^2/2m$ と与えられるので，状態を指定するラベル j として，波数ベクトル $\boldsymbol{k}$ を使用することにする．体積が $V=L^3$ の 3 次元系を想定し，$\phi_{\boldsymbol{k}}$ に対して周期的境界条件を課すことにより，$\boldsymbol{k}=(k_x,k_y,k_z)=(2\pi/L)(l_x,l_y,l_z)$ のように波数ベクトルは整数の組 (l_x,l_y,l_z) で指定される．

式 (2.10) で $-$ 符号をもつ Bose 分布関数に注目する．$f(\varepsilon_{\boldsymbol{k}}) \geq 0$ であるから，$\varepsilon_{\boldsymbol{k}}-\mu>0$ である．今の問題では，$\varepsilon_{\boldsymbol{k}}$ の最低値はゼロ（$\varepsilon_0=0$）であるので，$\mu<0$ でなければならない．$f(\varepsilon_{\boldsymbol{k}})$ の総和は全粒子数の平均値 $\langle N\rangle$ となり，それを

$$\langle N\rangle=\sum_{\boldsymbol{k}} f(\varepsilon_{\boldsymbol{k}})=N_0+N' \tag{2.11}$$

と書こう．波数 $\boldsymbol{k}$ に対する和は，整数の組 (l_x, l_y, l_z) がとりうる値にわたる和を意味する．N_0 は $\boldsymbol{k}=0$ の基底状態を占める粒子数，N' は励起状態にある粒子数であり，それぞれ

$$N_0 = \frac{1}{e^{\alpha}-1} \tag{2.12}$$

$$N' = \frac{V}{(2\pi)^3}\int_0^{\infty} dk \frac{4\pi k^2}{e^{\alpha+\beta\varepsilon_{\boldsymbol{k}}}-1} = \frac{V}{\lambda^3}F_{3/2}(\alpha) \tag{2.13}$$

と与えられる．ここで，系の体積が十分大きいことを仮定し，$\sum_{\boldsymbol{k}} \to (L/2\pi)^3 \int d\boldsymbol{k}$ のように波数の和を積分におき換えて，角度方向の積分を実行した．また，λ は式 (2.1) の熱的 de Broglie 波長であり，$-\beta\mu = \alpha(>0)$ とおいた．関数 $F_{3/2}(\alpha)$ は

$$F_{3/2}(\alpha) = \frac{2}{\sqrt{\pi}}\int_0^{\infty} \frac{\sqrt{x}dx}{e^{x+\alpha}-1} = \sum_{n=1}^{\infty} \frac{e^{-n\alpha}}{n^{3/2}} \tag{2.14}$$

で与えられ，$\alpha=0$ で最大値 $F_{3/2}(0) \approx 2.612$ をとる．

十分高温では，ほとんどすべての粒子が励起状態にあり，$N_0 = O(1)$，$N' \simeq N$ となる．ここから温度を下げると，λ は増加するので，$N' \simeq N$ の条件を満たすためには，式 (2.13) より $F_{3/2}(\alpha)$ も増加する必要がある．このとき，$F_{3/2}(\alpha)$ は α の単調減少関数であるので，α，つまり $|\mu|$ は減少しなければならない．その極限として，α または μ がゼロに達したとき，

$$\frac{V}{\lambda^3}F_{3/2}(0) = N \tag{2.15}$$

を満たす温度を $T = T_{\mathrm{B}}$ とおくと，

$$T_{\mathrm{B}} = \frac{2\pi\hbar^2}{mk_{\mathrm{B}}}\left(\frac{N}{F_{3/2}(0)V}\right)^{2/3} \tag{2.16}$$

が得られる．式 (2.15) は，λ が粒子間の平均間隔 $(V/N)^{1/3}$ と同程度になることを評価しており，式 (2.16) は式 (2.2) の縮退温度と数因子のみが異なる．つまり，粒子の波動性が $T \lesssim T_{\mathrm{B}}$ の低温では重要になり，量子効果が現れる．

T_{B} は全粒子が熱的に励起される最低の温度を表す，一方，$T \leq T_{\mathrm{B}}$ では $N' \sim N$ からは μ は定まらず，N_0 の出現を考慮しなければならない．式 (2.12) より，N_0 は $\alpha \to 0$ で発散してしまうので，実際には α はきわめてゼロに近い値 $\alpha \simeq O(1/N)$ をとることにより，N_0 は巨視的な数となる．その値は温度に依存し，$N_0(T) = N - N'(T)$ から決まる．$N'(T)$ は式 (2.13) を $\alpha = 0$ とおく近似で評価し，(2.16) を用いると，$N'(T) = N(T/T_{\mathrm{B}})^{3/2}$ と求められる．したがって $T \leq T_{\mathrm{B}}$ で，

$$N_0(T) = N\left[1 - \left(\frac{T}{T_{\rm B}}\right)^{3/2}\right] \tag{2.17}$$

となる．このように温度が $T_{\rm B}$ 以下では最低エネルギーをもつ運動量空間の $\boldsymbol{k} = 0$ 状態を全粒子数 N 程度の巨視的個数の粒子が占拠し，Bose 凝縮が起こる．これに伴い，$T = T_{\rm B}$ で圧縮率は発散し，また，比熱もそこで異常なふるまいをする．これは Bose 凝縮が一種の相転移であることを示している．Bose 凝縮は，粒子間の相互作用が本質である通常の相転移とは大きく異なっており，相互作用の助けを借りずに純粋に量子統計力学的な効果で起こる相転移である．

理想 Fermi 気体の性質

超流動 ^{3}He の議論で必要となる，理想 Fermi 気体における基本的な性質を簡単に述べておく．Fermi 分布関数は式 (2.10) の + 符号のものに相当する．一様な系を想定すると，$T = 0$ における Fermi 分布関数 $f_{\boldsymbol{k}}$ は，$\beta \to \infty$ として，

$$f(\varepsilon_{\boldsymbol{k}}) = \begin{cases} 0 & (\varepsilon_{\boldsymbol{k}} > \mu(T=0)) \\ 1/2 & (\varepsilon_{\boldsymbol{k}} = \mu(T=0)) \\ 1 & (\varepsilon_{\boldsymbol{k}} < \mu(T=0)) \end{cases} \tag{2.18}$$

と表され $\varepsilon_{\boldsymbol{k}} = \mu(T=0)$ で分布が不連続となる．$T = 0$ における $\mu(T=0) \equiv \varepsilon_{\rm F}$ を **Fermi エネルギー**とよび，$0 < \varepsilon_{\boldsymbol{k}} < \varepsilon_{\rm F}$ の状態は粒子が 1 個ずつ占有し．$\varepsilon_{\boldsymbol{k}} > \varepsilon_{\rm F}$ の状態は空となっている．波数 $\boldsymbol{k} = (k_x, k_y, k_z)$ 空間での分布を考えると，$\varepsilon_{\boldsymbol{k}} = \hbar^2 k^2/2m$ であるから，$\hbar^2 k_{\rm F}^2/2m = \varepsilon_{\rm F}$ を満たす **Fermi 波数** $k_{\rm F}$ が存在し，$k < k_{\rm F}$ で $f(\varepsilon_{\boldsymbol{k}}) = 1$，$k > k_{\rm F}$ で $f(\varepsilon_{\boldsymbol{k}}) = 0$ となる．これは，$\boldsymbol{k}$ 空間中の半径 $k_{\rm F}$ の球内の状態で粒子が詰まり，その外の状態では粒子が空になっていることを表す．このような球面を **Fermi 面**とよぶ．

Fermi 波数 $k_{\rm F}$ の大きさは次のようにして求められる．フェルミオンとして，体積 $V = L^3$ 中のスピン 1/2 をもつ N 個の粒子を想定する．$T = 0$ では，Fermi 球内にある波数 $\boldsymbol{k}$ の状態をスピンアップとダウン（$\sigma =\uparrow$ or $\downarrow$）の粒子が 2 個占有するので，全粒子数は

$$N = \sum_{\boldsymbol{k},\sigma} f(\epsilon_{\boldsymbol{k}}) = 2\frac{V}{(2\pi)^3}\int_0^{k_{\rm F}} 4\pi k^2 dk = \frac{V k_{\rm F}^3}{3\pi^2} \tag{2.19}$$

と求められる．よって，

$$k_{\mathrm{F}} = \left(3\pi^2 \frac{N}{V}\right)^{1/3} \tag{2.20}$$

と表される．Fermi エネルギーは

$$\varepsilon_{\mathrm{F}} = \frac{\hbar^2}{2m}\left(3\pi^2 \frac{N}{V}\right)^{2/3} \tag{2.21}$$

と書ける．この ε_{F} を温度に換算し，

$$\varepsilon_{\mathrm{F}} = k_{\mathrm{B}} T_{\mathrm{F}} \tag{2.22}$$

で与えられる T_{F} を **Fermi 温度**という．式 (2.21) より，T_{F} も式 (2.2) で与えられる縮退温度と数因子のみ異なることがわかり，量子効果が現れる温度の目安を与える．典型的な金属における自由電子の Fermi 温度は $T_{\mathrm{F}} \sim 10^4$ K，また，本書で述べる ^{3}He 原子の場合，$T_{\mathrm{F}} \sim 1$ K である．

有限温度の場合，$T \ll T_{\mathrm{F}}$ が成り立てば，Fermi 分布は $\varepsilon = \mu$ のまわりの幅 $k_{\mathrm{B}}T$ 程度で階段関数のとびがなだらかに崩れたものとなる．つまり，低温における励起状態には Fermi 面近傍の状態を占有する粒子のみが寄与することを意味する．フェルミオン系の熱力学的諸量の計算には，Fermi 面近傍の状態の数が必要になるので，その表式を導いておく．式 (2.19) より，波数が k と $k + dk$ の間にある，単位体積での各スピンあたりの状態の数は $(2\pi)^{-3} 4\pi k^2 dk$ であるが，これをエネルギー ε と $\varepsilon + d\varepsilon$ の間にある状態数として，$N(\varepsilon)d\varepsilon$ と表したとき，$N(\varepsilon)$ を**状態密度**（density of state）という．$\varepsilon = \hbar^2 k^2/(2m)$ の関係を用いると，Fermi 面上での状態密度は

$$N_{\mathrm{F}} \equiv N(\varepsilon = \varepsilon_{\mathrm{F}}) = \frac{m k_{\mathrm{F}}}{2\pi^2 \hbar^2} \tag{2.23}$$

と求められる．$N(\varepsilon = \varepsilon_{\mathrm{F}}) \equiv N_{\mathrm{F}}$ と表記する．

2.2　素励起描像

粒子間の相互作用を考慮すると，理想気体の議論のように 1 粒子波動関数のエネルギー固有状態をもとに励起状態を記述することはできない．しかし，基底状態からかけ離れていない弱い励起状態のみが実現する十分低温下の量子流体に対して，以下の素励起描像を適用することで理想気体と同様な理論的取扱いが可能になる．

基底状態から弱く励起された量子流体は，励起状態を表す**素励起**あるいは**準粒子**(quasiparticle) とよばれる粒子の集団として記述できる．$T = 0$ の基底状態は，素励起が存在しないという意味で「(量子) 真空」とよばれる．素励起は真空中を運動する粒子のようにふるまい，運動量 $\hbar \boldsymbol{k}$ とエネルギー $\epsilon_{\boldsymbol{k}}$ をもつ．理想気体と同様に，素励起集団の構成要素は，Bose–Einstein 統計に従う Bose 型素励起と Fermi–Dirac 統計に従う Fermi 型素励起に分類される．素励起はあくまで流体全体の励起状態を粒子的にとらえたものであり，流体を構成する粒子である原子や分子そのものと混同してはならない．

本書では，超流体中の量子真空中を伝播する素励起を取り扱う．ここでは簡単のために，あらわに超流体の存在を前提にせずに，ボソンからなる量子流体である **Bose 流体**とフェルミオンからなる **Fermi 流体**における素励起描像を一般的な視点から概観する．

2.2.1 Bose 流体の素励起

Bose 流体に現れる素励起は，その量子統計性を引きずって Bose 型となる．この種の素励起は流体を構成する粒子の個別的な運動ではなく，むしろ粒子の集団的運動によって実現するため，集団励起とよばれる．上で述べたように，素励起と構成粒子の数は一致せず，この型の素励起は単独で生成されたり消滅したりすることができる．

集団励起の典型的な例として，結晶中を伝播する**フォノン** (phonon) が挙げられる．フォノンは Bose 流体の低エネルギー励起としても存在し，これは流体力学の音波に相当する素励起である．ただし，ここでいうフォノンは基底状態からの微小揺らぎを量子化したものであり，これを常温で現れる空気中や水中の音波と混同してはならない．後者は流体中を伝わる古典的な粗密波であり，そこに量子統計性は現れない．

十分な低温で実現する弱い励起状態では，素励起が希薄でその数密度は小さい．このとき，励起状態を素励起の理想気体とみなすことができる．熱平衡状態にある Bose 流体中の素励起の分布は Bose–Einstein 統計に従い，

$$f_{\mathrm{B}}\left(\epsilon_{\boldsymbol{k}}\right) = \frac{1}{e^{\beta \epsilon_{\boldsymbol{k}}} - 1} \tag{2.24}$$

となる．ここで，素励起の数は保存しないため，理想気体の表式 (2.10) と違って指数関数の肩に化学ポテンシャルが現れない．

Bose 流体の熱力学的諸性質は，分布関数 (2.24) を用いて計算され，その温度依存性は励起スペクトル $\epsilon_{\boldsymbol{k}}$ の形に依存する．フォノンの励起スペクトルは，流体の圧縮率

によって決まる音速 c_{s} を使って線形分散 $\epsilon_{\boldsymbol{k}} = c_{\mathrm{s}}\hbar k$ で表される．ここで，$k = |\boldsymbol{k}|$ である．このような線形分散は，系を特徴づける長さ[*1]に比べて十分長い波長をもつ低エネルギーの素励起に対して適用される．波長がこの長さと同程度以下の高いエネルギー励起のスペクトルは，構成粒子間の相互作用の具体的な形に依存して線形分散からずれる．したがって，Bose 流体の熱力学的ふるまいは，極低温領域では一般に低エネルギー励起として存在するフォノンによって支配されるが，エネルギーの高い素励起が現れる高温側では取り扱う系の相互作用に依存する．

2.2.2　Fermi 流体の素励起

相互作用するフェルミオンの集団は，低温下における液体 ^{3}He のふるまいを説明するために Landau が導入した **Fermi 液体論**（Fermi liquid theory）[7] によって記述される．この理論では，相互作用のない理想 Fermi 気体に粒子間相互作用を徐々に「印加」し，相関の強い流体（正常状態）へ相転移などを経ずに連続的に移行したと仮定する．この際，理想 Fermi 気体の運動量 $\hbar\boldsymbol{k}$ をもつ1粒子状態は，正常状態の同じ運動量をもつある固有状態へと移り変わる．この固有状態は，一つの粒子の運動とまわりの粒子との相互作用の効果が繰り込まれた状態である．Fermi 液体論ではこの状態を一つの粒子とみなし，相互作用の「衣を着た粒子」とよぶ[*2]．これに対して，相互作用のない理想気体中の粒子を「裸の粒子」とよぶ．衣を着た粒子と裸の粒子には一対一対応があるので，Fermi 流体も理想 Fermi 気体のように Fermi 面を形成し，式 (2.20) と同じ数密度 N/V と Fermi 波数 k_{F} の関係が成り立つ．

素励起描像を適用するために，衣を着た粒子のエネルギー $\varepsilon_{\boldsymbol{k}}$ の基準を化学ポテンシャル μ にとり，$\epsilon_{\boldsymbol{k}} = \varepsilon_{\boldsymbol{k}} - \mu$ を導入する．このとき，衣を着た粒子の分布関数は Fermi–Dirac 統計に従い，

$$f_{\mathrm{F}}\left(\epsilon_{\boldsymbol{k}}\right) = \frac{1}{e^{\beta\epsilon_{\boldsymbol{k}}} + 1} \tag{2.25}$$

と表される．$T = 0$ の基底状態では，Fermi 球内に衣を着た粒子がびっしり詰まっており，球外には衣を着た粒子が存在しない．ある励起状態，すなわち，素励起は Fermi 面上の衣を着た粒子を Fermi 球外（$\varepsilon_{\boldsymbol{k}} > \mu = \varepsilon_{\mathrm{F}}$）に移動させることで実現する．こ

[*1] 典型的な場合，この長さは流体を構成する粒子の平均間隔，あるいは，後述の超流動相で定義される回復長である．

[*2] 文献によってはここでいう「衣を着た粒子」のことを「準粒子」とよぶ場合がある．この用法は，前述の素励起と同じ意味合いで用いられる準粒子とは異なっている．本書では混乱を避けるために，後者の場合にのみ準粒子という言葉を適用する．

のとき，$\epsilon_{\boldsymbol{k}}=\varepsilon_{\boldsymbol{k}}-\varepsilon_{\mathrm{F}}$ は素励起のエネルギーと解釈される．Fermi 球外に遷移した衣を着た粒子の数，すなわち，素励起の数は保存しない．したがって，分布関数 (2.25) は，Bose 流体中の素励起の分布関数 (2.24) と同様に，「素励起の化学ポテンシャル」をゼロとしたときの量子統計分布であるといえる．Fermi 流体にも音波などの集団励起（Bose 型素励起）が一般に存在するが，十分低温領域においてその寄与は Fermi 型素励起の寄与に比べて小さいため無視できる．

Fermi 温度に比べて十分低い温度の下では，理想 Fermi 気体の場合と同様に Fermi 面近傍の衣を着た粒子のみが励起される．このような素励起に対して，$|\epsilon_{\boldsymbol{k}}|\ll\mu\approx\varepsilon_{\mathrm{F}}$ を仮定し，エネルギー $\epsilon_{\boldsymbol{k}}$ を $k-k_{\mathrm{F}}$ に関して 1 次まで展開した形

$$\epsilon_{\boldsymbol{k}}\approx v_{\mathrm{F}}\hbar(k-k_{\mathrm{F}}) \tag{2.26}$$

で表す．ここで，$\boldsymbol{v}_{\mathrm{F}}=\hbar^{-1}(\partial\epsilon_{\boldsymbol{k}}/\partial\boldsymbol{k})|_{\boldsymbol{k}=\boldsymbol{k}_{\mathrm{F}}}$ は **Fermi 速度**とよばれ，その大きさを

$$v_{\mathrm{F}}\equiv\frac{\hbar k_{\mathrm{F}}}{m^*} \tag{2.27}$$

と定義する．相互作用の効果は有効質量 m^* の値に繰り込まれている．理想 Fermi 気体では裸の粒子の質量に等しく，$m^*=m$ となる．液体 ^{3}He に関して $m^*/m=1+F_1/3$ の値が観測されており*3，ゼロ圧力下で $m^*/m\approx 2.8$ となり，圧力とともに増加して 33 bar で $m^*/m\approx 5.7$ である．m^*/m が 1 に比べて大きい値をとるということは，液体 ^{3}He が強相関系であることを意味している．また，理想 Fermi 気体に対して導入した Fermi 面上での各スピンあたりの状態密度 (2.23) は

$$N_{\mathrm{F}}=\frac{m^*k_{\mathrm{F}}}{2\pi^2\hbar^2} \tag{2.28}$$

と再表示される．

Pauli の排他原理の制約により，十分な低温下では，Fermi 球内の深部にいる衣を着た粒子は散乱しない．散乱に寄与できるのは Fermi 面近傍の粒子のみである．温度の上昇とともに素励起の数が増加すると，素励起同士の散乱が頻繁に起こることで素励起の寿命 τ は短くなる．このとき，エネルギーの不確定性を $\hbar/\tau$ 程度であると考えると，この値が素励起のエネルギー $\epsilon_{\boldsymbol{k}}$ よりも十分小さいことが，Fermi 液体論を適用できる条件となる．素励起の 2 体散乱問題を具体的に解くことにより，寿命は

*3 F_1 は Landau パラメータとよばれ，Fermi 液体効果を表す現象論的な変数である．Landau パラメータは 2.7 節で Fermi 液体補正を考慮する際に改めて導入する．

$\tau = CT^{-2}$ となり温度の2乗に反比例することがわかる．液体 ^{3}He では比例定数は $C \sim 10^{-12}$ s $\cdot$ K^2 となることが観測されている．したがって，$\epsilon_{\boldsymbol{k}} \sim k_{\mathrm{B}}T$ と $\hbar/\tau$ を比較することにより，Fermi 液体論が成立しなくなる温度は $T_{\mathrm{Q}} \sim 0.1$ K 程度と見積もられる．

2.3　Bose 凝縮と巨視的波動関数

相互作用する多粒子系に対して超流動状態と素励起描像を記述するうえで，量子場の演算子を用いた表記法が便利である．以下ではまず，ボソン系とフェルミオン系の**場の量子化**（quantization of fields）について説明し，系のハミルトニアンを場の演算子を用いて書き下す．次に Bose 凝縮相を表す秩序変数である巨視的波動関数を導入し，対称性の自発的破れの概念との関連性を述べる．

2.3.1　場の量子化

まずボソン系に対して，次の正準交換関係を満たす演算子 $\hat{a}_j$ と $\hat{a}_j^\dagger$ を導入する．

$$[\hat{a}_j, \hat{a}_k^\dagger] = \delta_{j,k}, \qquad [\hat{a}_j, \hat{a}_k] = 0, \qquad [\hat{a}_j^\dagger, \hat{a}_k^\dagger] = 0 \tag{2.29}$$

ここで，$\delta_{j,k}$ は Kronecker のデルタであり，$[A, B] = AB - BA$ は交換子とよばれる．$\hat{a}_j$ と $\hat{a}_j^\dagger$ は互いに Hermite な演算子であり，前者は状態 j のボソンを1個減らす作用を，後者は1個増やす作用を表すもので，それぞれ**消滅演算子**（destruction operator），**生成演算子**（creation operator）とよばれる．j 状態を占めるボソンの数を表す**数演算子**（number operator）を $\hat{n}_j = \hat{a}_j^\dagger \hat{a}_j$ と定義し，式 (2.8) で導入した個数状態が $\hat{n}_j$ の固有状態となり，

$$\hat{n}_j|n_j\rangle = n_j|n_j\rangle \tag{2.30}$$

を与えることを要請する．ここでは状態 j の粒子数のみに注目しているので，簡単のために $|n_{j_1}, n_{j_2}, \cdots, n_j, \cdots, n_{j_N}\rangle$ を $|n_j\rangle$ と書いた．生成および消滅演算子としての性質は関係式

$$\begin{aligned} \hat{a}_j|n_j\rangle &= \sqrt{n_j}|n_j - 1\rangle \\ \hat{a}_j^\dagger|n_j\rangle &= \sqrt{n_j + 1}|n_j + 1\rangle \end{aligned} \tag{2.31}$$

が成立することにより示される．粒子のない状態ではさらに粒子を減らすことができないので，$\hat{a}_j|0\rangle = 0$ が成り立つ．また，以上の関係式から固有値 n_j が負でない整数 $n_j = 0, 1, 2, \cdots$ となることが示せ，Bose 統計の特徴が現れる（量子力学で習う 1 次元調和振動子の演算子を用いた解法と同じ議論である）．

フェルミオンの場合，数演算子を同じく $\hat{n}_j = \hat{a}_j^\dagger \hat{a}_j$ と書き，演算子 $\hat{a}_j$，$\hat{a}_j^\dagger$ は次の反交換関係

$$\{\hat{a}_j, \hat{a}_k^\dagger\} = \delta_{j,k}, \qquad \{\hat{a}_j, \hat{a}_k\} = 0, \qquad \{\hat{a}_j^\dagger, \hat{a}_k^\dagger\} = 0 \tag{2.32}$$

を満足するものとする．ここで $\{A, B\} = AB + BA$ は反交換子である．これらの関係を用いれば，$\hat{n}_j^2 = (\hat{a}_j^\dagger \hat{a}_j)^2 = \hat{a}_j^\dagger \hat{a}_j = \hat{n}_j$ が示され，固有値 n_j は 0 または 1 の値しかとれない．これにより，Pauli の排他原理の要請が満たされている．$\hat{a}_j|0\rangle = 0$ に加え，粒子が一ついる状態にさらに粒子を付け加えることはできないので，$\hat{a}_j^\dagger|1\rangle = 0$ が成立する．

以上では状態 j の粒子を生成・消滅させる演算子を考えたが，これを用いて実空間の場所 $\boldsymbol{r}$ に局在した粒子を生成・消滅させる演算子を考えることができる．これを**場の演算子**（field operator）といい，それぞれ $\hat{\Psi}^\dagger(\boldsymbol{r})$，$\hat{\Psi}(\boldsymbol{r})$ と書く．場の演算子は 1 体の固有関数 $\phi_j(\boldsymbol{r})$ を用いて展開することができ，

$$\hat{\Psi}(\boldsymbol{r}) = \sum_j \hat{a}_j \phi_j(\boldsymbol{r}), \qquad \hat{\Psi}^\dagger(\boldsymbol{r}) = \sum_j \hat{a}_j^\dagger \phi_j^*(\boldsymbol{r}) \tag{2.33}$$

で与えられる．その逆変換は，式 (2.6) の正規直交条件を用いて，

$$\hat{a}_j = \int d\boldsymbol{r} \phi_j^*(\boldsymbol{r}) \hat{\Psi}(\boldsymbol{r}), \qquad \hat{a}_j^\dagger = \int d\boldsymbol{r} \phi_j(\boldsymbol{r}) \hat{\Psi}^\dagger(\boldsymbol{r}) \tag{2.34}$$

と書ける．

ボソンの場合，交換関係 [式 (2.29)] および完全性 [式 (2.6)] から，場の演算子の交換関係は

$$\begin{aligned} &[\hat{\Psi}(\boldsymbol{r}), \hat{\Psi}^\dagger(\boldsymbol{r}')] = \delta(\boldsymbol{r} - \boldsymbol{r}') \\ &[\hat{\Psi}(\boldsymbol{r}), \hat{\Psi}(\boldsymbol{r}')] = 0, \qquad [\hat{\Psi}^\dagger(\boldsymbol{r}), \hat{\Psi}^\dagger(\boldsymbol{r}')] = 0 \end{aligned} \tag{2.35}$$

が導かれる．同様に，フェルミオンの場合は，反交換関係（式 (2.32)）から

$$
\begin{aligned}
&\{\hat{\Psi}(\boldsymbol{r}), \hat{\Psi}^\dagger(\boldsymbol{r}')\} = \delta(\boldsymbol{r} - \boldsymbol{r}') \\
&\{\hat{\Psi}(\boldsymbol{r}), \hat{\Psi}(\boldsymbol{r}')\} = 0, \qquad \{\hat{\Psi}^\dagger(\boldsymbol{r}), \hat{\Psi}^\dagger(\boldsymbol{r}')\} = 0
\end{aligned}
\tag{2.36}
$$

が得られる．ここで $\delta(\boldsymbol{r} - \boldsymbol{r}')$ はデルタ関数である．

場の演算子の物理的意味を見るために，次の積分を考える．

$$
\int d\boldsymbol{r} \hat{\Psi}^\dagger(\boldsymbol{r})\hat{\Psi}(\boldsymbol{r}) = \int d\boldsymbol{r} \sum_{j,k} \hat{a}_j^\dagger \hat{a}_k \phi_j^*(\boldsymbol{r})\phi_k(\boldsymbol{r}) = \sum_j \hat{a}_j^\dagger \hat{a}_j = \hat{N} \tag{2.37}
$$

最後の項は数演算子の定義より，系の全粒子数演算子 $\hat{N}$ を表している．すなわち，左辺の被積分関数 $\hat{\Psi}^\dagger(\boldsymbol{r})\hat{\Psi}(\boldsymbol{r}) \equiv \hat{n}(\boldsymbol{r})$ は位置 $\boldsymbol{r}$ における粒子数密度演算子に相当する．

さて以上のことを念頭におき，相互作用のある粒子系のハミルトニアンを場の演算子を用いて書くことを試みる．まず，1 粒子ハミルトニアンの和で構成される運動エネルギーと 1 体ポテンシャルの寄与 H_0 は，式 (2.9) の占有数 n_j を演算子に昇格させると $\hat{H}_0 = \sum_j \epsilon_j \hat{n}_j = \sum_j \epsilon_j \hat{a}_j^\dagger \hat{a}_j$ となる．これを式 (2.34) および (2.6) から，場の演算子を用いて書き下すと，

$$
\hat{H}_0 = \int d\boldsymbol{r} \hat{\Psi}^\dagger(\boldsymbol{r}) \left(-\frac{\hbar^2}{2m}\nabla^2 + V_{\mathrm{ext}} \right) \hat{\Psi}(\boldsymbol{r}) \tag{2.38}
$$

と表される．

次に粒子間の相互作用を場の演算子で書くことを試みる．相互作用は 2 体力であるとし，粒子のスピンには依存しないと仮定して，そのポテンシャルを $U(\boldsymbol{r} - \boldsymbol{r}')$ としよう．j 番目の粒子の位置ベクトルを $\boldsymbol{r}_j$ とおくと，N 粒子全体の相互作用エネルギーは，粒子間の和をとることで $H_{\mathrm{int}} = (1/2)\sum_{j,k\neq j} U(\boldsymbol{r}_j - \boldsymbol{r}_k)$ と書ける．デルタ関数を用いた粒子数密度の表現 $n(\boldsymbol{r}) = \sum_j \delta(\boldsymbol{r} - \boldsymbol{r}_j)$ を用いることによって，

$$
\begin{aligned}
H_{\mathrm{int}} &= \frac{1}{2}\sum_{j,k\neq j} \int d\boldsymbol{r} \int d\boldsymbol{r}' \delta(\boldsymbol{r} - \boldsymbol{r}_j)\delta(\boldsymbol{r}' - \boldsymbol{r}_k) U(\boldsymbol{r} - \boldsymbol{r}') \\
&= \frac{1}{2}\int d\boldsymbol{r} \int d\boldsymbol{r}' n(\boldsymbol{r}) n(\boldsymbol{r}') U(\boldsymbol{r} - \boldsymbol{r}') - \frac{1}{2} N U(0)
\end{aligned}
\tag{2.39}
$$

を得る．右辺第 2 項は，第 1 項の積分に含まれる $j = k$ の寄与を差し引く役割をもつ．粒子数密度を演算子に拡張して量子化し，$\hat{n}(\boldsymbol{r}) = \hat{\Psi}^\dagger(\boldsymbol{r})\hat{\Psi}(\boldsymbol{r})$ と式 (2.35) または (2.36) の交換関係を用いると，

$$
\hat{H}_{\mathrm{int}} = \frac{1}{2}\int d\boldsymbol{r} \int d\boldsymbol{r}' \hat{\Psi}^\dagger(\boldsymbol{r})\hat{\Psi}^\dagger(\boldsymbol{r}') U(\boldsymbol{r} - \boldsymbol{r}') \hat{\Psi}(\boldsymbol{r}')\hat{\Psi}(\boldsymbol{r}) \tag{2.40}
$$

が得られる．

このようにして，全系のハミルトニアンは，ボソン，フェルミオンともに

$$\hat{H} = \hat{H}_0 + \hat{H}_{\mathrm{int}} = \int d\boldsymbol{r} \hat{\Psi}^\dagger(\boldsymbol{r}) \left(-\frac{\hbar^2}{2m}\nabla^2 + V_{\mathrm{ext}} \right) \hat{\Psi}(\boldsymbol{r}) + \frac{1}{2} \int d\boldsymbol{r} \int d\boldsymbol{r}' \hat{\Psi}^\dagger(\boldsymbol{r}) \hat{\Psi}^\dagger(\boldsymbol{r}') U(\boldsymbol{r}-\boldsymbol{r}') \hat{\Psi}(\boldsymbol{r}') \hat{\Psi}(\boldsymbol{r}) \quad (2.41)$$

と場の演算子を用いて書ける．

2.3.2 非対角長距離秩序

さて，前々節では理想気体に対する Bose 凝縮を議論したが，相互作用がある場合には 1 粒子状態という概念は明確な意味をもたない．ここでは Penrose と Onsager によって与えられた相互作用のある系にも適用できる一般的な Bose 凝縮の定義を紹介する [8].

一般的に，量子力学に従う多粒子系の統計的性質の記述には，波動関数を用いる記述よりも**密度行列**（density matrix）を用いる方が便利である．ボソンに注目し，多体状態を表す固有関数 $|\Phi\rangle$ を用いて密度行列を

$$\hat{\rho} = \sum_j p_j |\Phi_j\rangle\langle\Phi_j| \quad (2.42)$$

と定義する．これは，密度演算子とよばれることもある．p_j は系が固有状態 j にいる確率を表し，ある一つの j を除いて他のすべての p_j がゼロのとき，系は**純粋状態**にあるといい，その他の場合は**混合状態**にあるという．密度行列の座標表示は，

$$\rho(\boldsymbol{r}_1, \cdots, \boldsymbol{r}_N; \boldsymbol{r}'_1, \cdots, \boldsymbol{r}'_N; t) = \sum_j p_j \Phi_j^*(\boldsymbol{r}_1, \cdots, \boldsymbol{r}_N, t) \Phi_j(\boldsymbol{r}'_1, \cdots, \boldsymbol{r}'_N, t) \quad (2.43)$$

である．密度行列 (2.42) は系の統計性や平衡，非平衡といった事実に依らない任意の系に適用できる一般的な定義である．量子系の時間発展は量子 Liouville 方程式 $i\hbar\dot{\hat{\rho}} = [\hat{H}, \hat{\rho}]$ で与えられ，純粋状態の場合は Schrödinger 方程式と同等である．また，任意の演算子の期待値は

$$\langle \hat{A} \rangle = \mathrm{Tr}[\hat{\rho}\hat{A}] \quad (2.44)$$

と書け，統計的記述にも用いられる．ここで，Tr は対角和を表す．

この密度行列を用いて，次の 1 粒子縮約密度行列を定義する．

$$\begin{aligned}\rho_1(\boldsymbol{r},\boldsymbol{r}';t) &= \langle\hat{\Psi}^\dagger(\boldsymbol{r},t)\hat{\Psi}(\boldsymbol{r}',t)\rangle \\ &= \mathrm{Tr}\left[\hat{\rho}\hat{\Psi}^\dagger(\boldsymbol{r},t)\hat{\Psi}(\boldsymbol{r}',t)\right] \\ &= N\sum_j p_j \int d\boldsymbol{r}_2\cdots d\boldsymbol{r}_N \Phi_j^*(\boldsymbol{r},\boldsymbol{r}_2,\cdots\boldsymbol{r}_N;t) \\ &\quad\times\Phi_j(\boldsymbol{r}',\boldsymbol{r}_2,\cdots\boldsymbol{r}_N;t)\end{aligned} \tag{2.45}$$

ここで，$\hat{\Psi}$ は前節で定義した場の演算子である．これは，系の位置 $\boldsymbol{r}'$ で粒子を1個消滅させ，位置 $\boldsymbol{r}$ で粒子を1個生成させて系が元と同じ状態に留まる確率振幅を表しており，一種の長距離相関を表している．対角成分である $\rho_1(\boldsymbol{r},\boldsymbol{r};t)$ は時刻 t，位置 $\boldsymbol{r}$ における粒子密度を与え，1粒子密度行列の規格化は全粒子数 $N=\int d\boldsymbol{r}n(\boldsymbol{r})=\int d\boldsymbol{r}\rho_1(\boldsymbol{r},\boldsymbol{r})$ により定義されている．

1粒子密度行列は $\rho_1(\boldsymbol{r},\boldsymbol{r}')=[\rho_1(\boldsymbol{r}',\boldsymbol{r})]^*$ であるので，Hermite行列である．Hermite行列は適当なユニタリ変換を用いれば必ず対角化可能であり，固有値は実数であることが線形代数の基本定理として示される．この性質を用いれば

$$\rho_1(\boldsymbol{r},\boldsymbol{r}';t)=\sum_j n_j(t)\chi_j^*(\boldsymbol{r},t)\chi_j(\boldsymbol{r}',t) \tag{2.46}$$

のように，完全直交系 $\chi_j(\boldsymbol{r},t)$ を用いて展開することができる．n_j は状態ベクトル χ_j に対する固有値であり，その状態の占有数に対応する．非平衡である場合は，n_j や χ_j は時間に依存し，χ_j は1粒子ハミルトニアンなどの特定の演算子の固有関数である必要はない．

ここで，「ある一つの状態（$j=0$ とする）に対する固有値が $\mathcal{O}(N)$ であり，残りすべて $(j\neq 0)$ の状態の固有値が $\mathcal{O}(1)$ であるとき，系はBose凝縮を起こしている」と定義する．定義として $\mathcal{O}(N)$ や $\mathcal{O}(1)$ の条件を用いることは数学的に曖昧さが残るが，熱力学的極限（$N/V=$ 一定のまま，$N\to\infty$，$V\to\infty$ をとること）を考えると，その曖昧さはなくなる．今，1粒子密度行列を

$$\rho_1(\boldsymbol{r},\boldsymbol{r}';t)=N_0\chi_0^*(\boldsymbol{r},t)\chi_0(\boldsymbol{r}',t)+\sum_{j\neq 0} n_j\chi_j^*(\boldsymbol{r},t)\chi_j(\boldsymbol{r}',t) \tag{2.47}$$

のように最大固有値 $n_0=N_0$ をもつ項とそれを除いた項に分けて書く．波動関数の規格化より，$\chi_j\sim V^{-1/2}$ であるので，$n_0\sim\mathcal{O}(N)$，$n_j\sim\mathcal{O}(1)$ とすると，熱力学的極限で第1項のみが残ることがわかる．ここで，$\boldsymbol{r}\neq\boldsymbol{r}'$ に対し，熱力学的極限に相当する極

限 $|\boldsymbol{r}-\boldsymbol{r}'|\to\infty$ をとったときに，$\rho_1(\boldsymbol{r},\boldsymbol{r}',t)$ が有限の値になる場合，この系は**非対角長距離秩序**（off-diagonal long-range order）をもつという．$\sqrt{N_0}\chi_0(\boldsymbol{r},t)\equiv\Psi(\boldsymbol{r},t)$ とおくと，BEC が存在する条件は

$$\lim_{|\boldsymbol{r}-\boldsymbol{r}'|\to\infty}\rho_1(\boldsymbol{r},\boldsymbol{r}';t)=\Psi^*(\boldsymbol{r},t)\Psi(\boldsymbol{r}',t)\neq 0 \tag{2.48}$$

となることであるともいえる．

Ψ は秩序変数または**凝縮体波動関数**（condensate wave function）とよばれ，その空間積分 $\int|\Psi(\boldsymbol{r})|^2d\boldsymbol{r}=N_0$ は凝縮体に含まれる粒子数であると解釈できる．系が非対角長距離秩序をもつ（すなわち Bose 凝縮を起こす）と，N と同程度の巨視的な数の粒子が Ψ で記述される同じ量子状態を占有し，それらの粒子がまったく同じようにふるまう結果，微視的な量子効果が巨視的なスケールへと増幅される．この意味で，Ψ は**巨視的波動関数**（macroscopic wave function）ともよばれる．

一方，Fermi 粒子系の場合は，Pauli の排他原理により ρ_1 の最大固有値は 1 以上にはなれず，系が単一の量子状態に凝縮することはない．しかしながら，2 個の Fermi 粒子が対をつくるような状況を考え，2 粒子密度行列 $\rho_2(\boldsymbol{r}_1\alpha,\boldsymbol{r}_2\beta:\boldsymbol{r}_1'\alpha',\boldsymbol{r}_2'\beta')=\langle\hat{\Psi}^\dagger_\alpha(\boldsymbol{r}_1)\hat{\Psi}^\dagger_\beta(\boldsymbol{r}_2)\hat{\Psi}_{\beta'}(\boldsymbol{r}_2')\hat{\Psi}_{\alpha'}(\boldsymbol{r}_1')\rangle$ を導入すれば，非対角長距離秩序が存在しうる（α, β はスピン自由度を表す添字）[9]．Bose 粒子系と同様の議論により，熱力学的極限で $\rho_2\to\Psi^*(\boldsymbol{r}_1\alpha,\boldsymbol{r}_2\beta)\Psi(\boldsymbol{r}_1'\alpha',\boldsymbol{r}_2'\beta')$ と書けるとき，Fermi 粒子系は 2 粒子の非対角長距離秩序をもち，$\Psi(\boldsymbol{r}_1\alpha,\boldsymbol{r}_2\beta)$ は秩序パラメータまたは Cooper 対の波動関数とみなすことができる．超伝導や液体 ^{3}He の超流動状態では 2 個の電子やヘリウム原子が Cooper 対をつくり，それらが Bose 凝縮した状態であると考えられる．

2.3.3 対称性の破れと秩序変数

凝縮体波動関数 $\Psi(\boldsymbol{r},t)$ は，BEC を特徴づける秩序変数であり，時間依存性も含む力学変数である．$\Psi(\boldsymbol{r},t)$ は，もはや場の演算子ではなく，複素数の古典的な場（c-数）であり，振幅と位相を用いて，

$$\Psi(\boldsymbol{r},t)=\sqrt{n_0(\boldsymbol{r},t)}\mathrm{e}^{i\theta(\boldsymbol{r},t)} \tag{2.49}$$

と特徴づけられる．振幅の 2 乗 $n_0(\boldsymbol{r},t)=|\Psi(\boldsymbol{r},t)|^2=N_0|\chi_0(\boldsymbol{r},t)|^2$ は凝縮体密度を表す．以降の議論では，添字の 0 をとった n を凝縮体密度とする．そして，場所の関数として導入した位相 $\theta(\boldsymbol{r})$ が超流動現象において本質的な役割を演じる．

相転移と自発的対称性の破れ

このような秩序変数の出現は，対称性の破れを伴う相転移現象に一般的なものである．巨視的な系の多くで見られる相転移は，一般的に次のように特徴づけられる．系に特徴的な転移温度 T_c が存在し，それより高温側では，系固有の相互作用の強さよりも熱揺らぎが優勢になり，無秩序相が実現する．そして注目する物理量の長距離相関は指数関数的に減衰し，短距離相関のみが存在する．一方，T_c より低温では熱揺らぎは減少し，長距離相関が生じて秩序相が実現する．この相を特徴づける熱力学的変数として，秩序変数が新たに導入される．

系のハミルトニアンはそれぞれの固有の対称性を備えており，相転移はその対称性が T_c の上下で変化した結果と見ることができる．高温相ではこの対称性をもった状態が実現しているのに対し，低温相では対称性の低下した状態が実現した結果，秩序相が現れたと考えることができる．このことを T_c 以下で，**自発的対称性の破れ**（spontaneous symmetry breaking）が起きたという．例えば，式 (2.41) のハミルトニアンで，場の演算子を定数の位相 θ を用いて $\hat{\Psi} \rightarrow \hat{\Psi}\mathrm{e}^{i\theta}$ のように変換しても，ハミルトニアンは不変である．この性質を**大域的 U(1) ゲージ対称性**（global U(1)-symmetry）という．Bose 凝縮が起きた場合，式 (2.49) のように $\hat{\Psi}$ の期待値をとって，波動関数の位相がある値に定まってしまうことは，大域的 U(1) ゲージ対称性の破れを意味している．この状況は，2 次元スピン（スピンの XY 模型）の強磁性転移と非常に似ている．強磁性転移では，スピンの回転対称性が破れ，スピンの向きが一方向にそろう．ここでは，凝縮した状態の波動関数 $\Psi(\boldsymbol{r})$ の位相が強磁性転移における巨視的磁化の方向に対応している．このように BEC 転移と XY 模型の強磁性転移は対称性の自発的破れの観点からは数学的に同等である．しかし，実際の系では両者の間に大きな違いがあることに注意したい．後述するように，Bose 粒子系において対称性の破れで定まった波動関数の位相が空間的に変化すると，この空間勾配に比例した巨視的な数の粒子を一斉に駆動させる質量流束を生む．これはまさに，超流体系に特有の巨視的効果である．

Ginzburg–Landau 理論

相転移に伴って現れる秩序変数のふるまいは，一般的に **Ginzburg–Landau 理論**とよばれる現象論によって定性的に理解することができる．$T > T_\mathrm{c}$ では秩序変数はゼロで，$T < T_\mathrm{c}$ になると秩序変数が有限の値になることを説明するために，自由エネルギーが秩序変数 Ψ のどのような関数でなければならないかを考える．まず，想定する

物質系は一様とし，単位体積あたりの自由エネルギー $f_{\mathrm{bulk}}(\Psi)$ を考える[*4]．$\Psi \to \Psi e^{i\theta}$ に伴う対称性を保持するためには，$f_{\mathrm{bulk}}(\Psi)$ は $|\Psi|$ の偶関数である必要がある．T_{c} 近傍では秩序変数の値は小さいので，f_{bulk} を $|\Psi|$ で展開すると，

$$f_{\mathrm{bulk}}(\Psi) = f_0 + \alpha|\Psi|^2 + \frac{\beta}{2}|\Psi|^4 + \cdots \tag{2.50}$$

と書き表せる．ここでの議論では $|\Psi|^4$ の項までの展開を考え，系の安定性を考慮して $\beta > 0$ の場合に話を限る．系の平衡状態は自由エネルギーの最小に対応するので，T_{c} 近傍で秩序変数がもつ性質を満たすためには，α が T_{c} 上下で符合を変える必要がある．α を温度のなめらかな関数と仮定すると，$T = T_{\mathrm{c}}$ 近傍では，$\alpha = \alpha_0(T - T_{\mathrm{c}})$ $(\alpha_0 > 0)$ のように書くことができる．このとき，$T > T_{\mathrm{c}}$ では $\Psi = 0$，$T < T_{\mathrm{c}}$ では $|\Psi|^2 = -\alpha/\beta$ の値をとる．

次に，秩序変数が空間的に変化している場合に拡張する．まず，空間を微小な領域に分割する．この微小領域は全体の体積に比べて十分小さいが，秩序変数が形成される程度のマクロな数の粒子が占有できる程度の大きさはもつものとする．各領域ごとに熱平衡における秩序変数 Ψ が存在し，Ψ の領域から領域への変化が十分緩やかであるとすれば，$\Psi = \Psi(\boldsymbol{r})$ のように連続変数 $\boldsymbol{r}$ の関数とみなせる．秩序変数の空間変化に伴うエネルギーを考慮するためには，空間微分を含む勾配エネルギーを取り込む必要がある．系が等方的である場合，勾配エネルギーは，Ψ の空間変化の 1 次までをとり，$f_{\mathrm{grad}} = \gamma|\nabla\Psi(\boldsymbol{r})|^2 + \cdots$ $(\gamma > 0)$ のように表すことができる．よって，秩序変数の空間変化を考慮したときの自由エネルギー $F = \int d\boldsymbol{r}(f_{\mathrm{bulk}} + f_{\mathrm{grad}})$ は

$$F[\Psi, \Psi^*] = \int d\boldsymbol{r}\left[f_0 + \alpha|\Psi(\boldsymbol{r})|^2 + \frac{\beta}{2}|\Psi(\boldsymbol{r})|^4 + \gamma|\nabla\Psi(\boldsymbol{r})|^2 + \cdots\right] \tag{2.51}$$

のように表される．このような自由エネルギーの展開を **Ginzburg–Landau 展開**という．

平衡状態は自由エネルギーが極値をとる条件 $\delta F/\delta\Psi^* = 0$ から得られる非線形微分方程式

$$-\gamma\nabla^2\Psi + \alpha\Psi + \beta|\Psi|^2\Psi = 0 \tag{2.52}$$

を満たす解によって与えられる．秩序変数の空間変化はこの方程式で特徴づけられる．境界条件などにより秩序変数がゼロとなる場所があり，そこから十分離れた場所では

[*4] 添字の bulk はバルクといい，秩序変数の空間勾配を無視できる領域を指す．物質の界面など境界条件が生じる場所では秩序変数に空間勾配が生じうるが，その場所から十分離れた場所（バルク）では秩序変数は平衡値をとる．

秩序変数の絶対値がバルクの平衡値 $-\alpha/\beta \equiv \Psi_{\text{bulk}}^2$ にまで回復しているとする．ここで，簡単のため Ψ は至るところで実数とした．このとき，秩序変数の絶対値の空間変化の長さスケールを ξ とおくと，ξ は式 (2.52) の左辺第1項の勾配項と第3項の非線形項のつり合いによって決まる．勾配項と非線形項の大きさはそれぞれ $(\gamma/\xi^2)\Psi_{\text{bulk}}$，$\beta\Psi_{\text{bulk}}^3$ と同程度となるので，これらを比較することにより，**回復長** (healing length)

$$\xi = \sqrt{\frac{\gamma}{|\alpha|}} \tag{2.53}$$

を得る．回復長は秩序変数の空間変化の長さスケールを特徴づける．例えば，後述の量子渦の渦芯の太さのスケールは，回復長によって特徴づけられる．

2.4　秩序変数の運動方程式と量子渦

ここでは式 (2.41) のハミルトニアンから出発し，粒子間の相互作用が弱い場合の，BEC の秩序変数の運動方程式を導出する．この運動方程式は Gross–Pitaevskii 方程式とよばれており [10, 11]，超流体の運動の基本的ふるまいや量子渦の性質を調べるうえで基礎となる方程式である．

2.4.1　Gross–Pitaevskii 方程式

外部ポテンシャル $V_{\text{ext}}(\boldsymbol{r})$ に閉じ込められた Bose 粒子系を記述する多体ハミルトニアンは，ボソンに対する場の演算子 $\hat{\Psi}(\boldsymbol{r})$ を用いた式 (2.41) である．その理論的取扱いを簡単にするため，以下では粒子間に働く相互作用として，粒子の大きさを無視して $\boldsymbol{r} = \boldsymbol{r}'$ のときのみに働く相互作用

$$U(\boldsymbol{r} - \boldsymbol{r}') = g\delta(\boldsymbol{r} - \boldsymbol{r}') \tag{2.54}$$

を用いる．g は相互作用の強さを表す結合定数である．この記述は液体ヘリウムに対してはよい近似とはいえないが，後述のように，極低温の希薄原子気体では非常によい近似となっている．よって，大正準集合におけるハミルトニアン $\hat{K} = \hat{H} - \mu\hat{N}$ は

$$\begin{aligned}\hat{K} = &\int d\boldsymbol{r}\hat{\Psi}^\dagger(\boldsymbol{r})\left[-\frac{\hbar^2\nabla^2}{2m} + V_{\text{ext}}(\boldsymbol{r}) - \mu\right]\hat{\Psi}(\boldsymbol{r}) \\ &+ \frac{g}{2}\int d\boldsymbol{r}\hat{\Psi}^\dagger(\boldsymbol{r})\hat{\Psi}^\dagger(\boldsymbol{r})\hat{\Psi}(\boldsymbol{r})\hat{\Psi}(\boldsymbol{r})\end{aligned} \tag{2.55}$$

となる．このハミルトニアンを用いて，Heisenberg の運動方程式

$$i\hbar\frac{\partial\hat{\Psi}(\boldsymbol{r},t)}{\partial t}=[\hat{\Psi}(\boldsymbol{r},t),\hat{K}] \tag{2.56}$$

を式 (2.35) の交換関係を用いて書き下すと

$$i\hbar\frac{\partial\hat{\Psi}(\boldsymbol{r},t)}{\partial t}=\left[-\frac{\hbar^2\nabla^2}{2m}+V_{\mathrm{ext}}(\boldsymbol{r})-\mu+g\hat{\Psi}^{\dagger}(\boldsymbol{r},t)\hat{\Psi}(\boldsymbol{r},t)\right]\hat{\Psi}(\boldsymbol{r},t) \tag{2.57}$$

を得る．

Bose 凝縮が起こっている場合は, 場の演算子の期待値 $\langle\hat{\Psi}\rangle\equiv\Psi$ をとって, 古典場 Ψ に対する運動方程式を考えることができた．このことを少し違った表現で導入しよう．今，式 (2.46) で使用した状態ベクトル χ_j を用いて場の演算子を $\hat{\Psi}(\boldsymbol{r},t)=\sum_j\chi_j(\boldsymbol{r},t)\hat{a}_j(t)$ と展開する．ここで，凝縮体の項 $(j=0)$ とそれ以外の成分に

$$\hat{\Psi}(\boldsymbol{r},t)=\chi_0(\boldsymbol{r},t)\hat{a}_0(t)+\sum_{j\neq 0}\chi_j(\boldsymbol{r},t)\hat{a}_j(t) \tag{2.58}$$

と分け, 演算子 $\hat{a}_0$ と $\hat{a}_0^{\dagger}$ を c-数 $\sqrt{N_0}$ におき換えることを考える．これを **Bogoliubov 近似**とよぶ．これは，演算子 $\hat{a}_0$ と $\hat{a}_0^{\dagger}$ は $\sqrt{N_0}$ のオーダーであり，$\hat{a}_0$ と $\hat{a}_0^{\dagger}$ の非可換性を無視する近似であるともいえる．この近似より，場の演算子 (2.58) の凝縮成分 $\chi_0\hat{a}_0$ は古典場となり，式 (2.58) は

$$\hat{\Psi}(\boldsymbol{r},t)=\Psi(\boldsymbol{r},t)+\delta\hat{\Psi}(\boldsymbol{r},t) \tag{2.59}$$

と表すことができる．ここで $\Psi\equiv\sqrt{N_0}\chi_0$，$\delta\hat{\Psi}\equiv\sum_{j\neq 0}\chi_j\hat{a}_j$ と定義した．もし非凝縮成分 $\delta\hat{\Psi}$ を無視することができるなら，場の演算子は古典場 Ψ に正確に一致し，系は古典的な波のようにふるまうことを意味する．

$\delta\hat{\Psi}$ が無視できる場合，式 (2.57) は

$$i\hbar\frac{\partial\Psi(\boldsymbol{r},t)}{\partial t}=\left[-\frac{\hbar^2\nabla^2}{2m}+V_{\mathrm{ext}}(\boldsymbol{r})-\mu+g|\Psi(\boldsymbol{r},t)|^2\right]\Psi(\boldsymbol{r},t) \tag{2.60}$$

となる．これは**非線形 Schrödinger 方程式**，または，**Gross–Pitaevskii 方程式**（以下，GP 方程式）とよばれており，極低温の非一様な Bose 気体のふるまいを理論的に研究するために，Gross と Pitaevskii によって独立に導出された [10, 11]．波動関数の定常解は，その時間微分をゼロとおくことで得られる定常 GP 方程式

$$\left[-\frac{\hbar^2\nabla^2}{2m}+V_{\rm ext}(\boldsymbol{r})+g|\Psi(\boldsymbol{r})|^2\right]\Psi(\boldsymbol{r})=\mu\Psi(\boldsymbol{r}) \tag{2.61}$$

を解くことで得られる．化学ポテンシャル μ は，凝縮粒子数を与える規格化条件

$$\int d\boldsymbol{r}|\Psi|^2=N_0 \tag{2.62}$$

で決まる．波動関数の時間発展を追うにあたって，式 (2.60) 右辺の化学ポテンシャル μ の項は，波動関数の位相を一定の割合 $\mu/\hbar$ で変化させているだけであり，波動関数を $\Psi\to\Psi e^{i\mu t/\hbar}$ と変換することによって，消去することができる．また，GP 方程式 (2.60) は式 (2.55) から得られるラグランジアン汎関数，およびエネルギー汎関数

$$L[\Psi,\Psi^*]=\int d\boldsymbol{r}\frac{i\hbar}{2}\left(\Psi^*\frac{\partial\Psi}{\partial t}-\frac{\partial\Psi^*}{\partial t}\Psi\right)-E[\Psi,\Psi^*] \tag{2.63}$$

$$E[\Psi,\Psi^*]=\int d\boldsymbol{r}\left(\frac{\hbar^2}{2m}|\nabla\Psi|^2+V_{\rm ext}(\boldsymbol{r})|\Psi|^2+\frac{g}{2}|\Psi|^4\right) \tag{2.64}$$

に最小作用の原理を適用することで導出できる．また，外部ポテンシャルが時間に依存しないとき，式 (2.60) を用いることにより，容易に $dE/dt=0$，つまり全エネルギーが保存量であることを示せる．

式 (2.60) は Schrödinger 方程式に似ているが，その式が記述する物理的意味はまったく異なる．Schrödinger 方程式は粒子の存在確率の時間発展を記述するが，GP 方程式は凝縮体密度 n と位相 θ で特徴づけられる凝縮体波動関数 $\Psi=\sqrt{n}e^{i\theta}$ の時間発展を記述する決定論的方程式である．GP 方程式は超流動ヘリウムに対しては定性的な側面での記述でしか使用できないが，希薄原子気体 BEC では相互作用に起因する非凝縮成分はたかだか数パーセントであり，純粋な凝縮体を仮定した GP 方程式は定量的にもよい記述を与える．

流体力学方程式

式 (2.60) に左から Ψ^* を掛け，その複素共役を元の式から差し引いて，$\Psi=\sqrt{n}e^{i\theta}$ を用いると，連続の方程式

$$\frac{\partial n(\boldsymbol{r},t)}{\partial t}+\nabla\cdot\boldsymbol{j}(\boldsymbol{r},t)=0 \tag{2.65}$$

を得る．ここで流束密度

$$\boldsymbol{j}(\boldsymbol{r},t)=\frac{\hbar}{2im}(\Psi^*\nabla\Psi-\Psi\nabla\Psi^*)=n(\boldsymbol{r},t)\frac{\hbar}{m}\nabla\theta(\boldsymbol{r},t) \tag{2.66}$$

を導入した．この式より，凝縮体の流れの速度場 $\boldsymbol{v}(\boldsymbol{r},t)$ は波動関数の位相 $\theta(\boldsymbol{r},t)$ を用いて

$$\boldsymbol{v}(\boldsymbol{r},t) = \frac{\hbar}{m}\nabla\theta(\boldsymbol{r},t) \tag{2.67}$$

の関係で結ばれることがわかり，位相をポテンシャルとするポテンシャル流れである．この $\boldsymbol{v}(\boldsymbol{r},t)$ は超流動速度とよばれ，後述するように超流動性を担う流動成分の流速を表す．これは，波動関数の位相の空間勾配が確率流束に比例するという量子力学的特性が，巨視的な質量流束として現れたものである．

また，式 (2.60) に $\Psi = \sqrt{n}e^{i\theta}$ を代入し，実部と虚部に分けると，

$$\frac{\partial\sqrt{n}}{\partial t} = -\frac{\hbar}{2m}(\nabla\sqrt{n}\nabla\theta + \sqrt{n}\nabla^2\theta) \tag{2.68}$$

$$\hbar\frac{\partial\theta}{\partial t} = -\frac{\hbar^2}{2m}\left[(\nabla\theta)^2 - \frac{\nabla^2\sqrt{n}}{\sqrt{n}}\right] - V_{\mathrm{ext}} - gn \tag{2.69}$$

となる．式 (2.68) は連続の方程式 (2.65) と同じである．式 (2.69) の両辺の ∇ をとると，

$$m\frac{\partial\boldsymbol{v}}{\partial t} = -\nabla\left(\mu(\boldsymbol{r},t) + \frac{mv^2}{2}\right) \tag{2.70}$$

が得られる．ここで，時間と空間座標に依存する化学ポテンシャル

$$\mu(\boldsymbol{r},t) = gn + V_{\mathrm{ext}}(\boldsymbol{r}) - \frac{\hbar^2}{2m\sqrt{n}}\nabla^2\sqrt{n} \tag{2.71}$$

を導入した．式 (2.70) が超流体における Euler 方程式である．式 (2.71) の最後の項は，$\hbar$ を含んだ量子補正の効果を表す寄与とみなせることから，**量子圧力項**（quantum pressure term）とよばれている．n の空間変化が緩やかであれば，量子圧力項は無視できる．

2.4.2 循環の量子化と量子渦

速度場の回転（rotation）で定義される量 $\boldsymbol{\omega} \equiv \nabla\times\boldsymbol{v}$ を**渦度**（vorticity）という．速度場が式 (2.67) のようにポテンシャル流で与えられているとき，

$$\boldsymbol{\omega} = \frac{\hbar}{m}\nabla\times(\nabla\theta) = 0 \tag{2.72}$$

である．これは渦なしの条件とよばれる．すべての空間領域に超流体が存在する場合，単連結領域では[*5]，速度場 $\boldsymbol{v}$ のある閉じた経路に沿った 1 周線積分（これを**循環**

[*5] 領域内に描いた任意の閉曲線を，そのまま連続的に一点にまで縮めることができるとき，この領域を単連結とよぶ．一方，領域内に描いた閉曲線を連続的に縮めていっても一点には収束できないような場合を多重連結とよぶ．

（circulation）とよぶ）

$$\Gamma = \oint_C \boldsymbol{v} \cdot d\boldsymbol{r} \tag{2.73}$$

は Stokes の定理よりゼロである．すなわち，超流体が存在する単連結領域では，回転流は生じない．しかし，超流体が存在しない領域を含んだ多重連結領域を考えると，そこでは式 (2.72) は成立せず，式 (2.73) が有限の値を与えうる．このとき，$\Psi = \sqrt{n}e^{i\theta}$ が空間座標の一価関数であるという要請から，循環は，q を整数として，

$$\Gamma = \oint_C \boldsymbol{v}_s \cdot d\boldsymbol{l} = \frac{\hbar}{m}\oint_C \nabla\theta \cdot d\boldsymbol{l} = \frac{\hbar}{m}2\pi q \equiv \kappa q \tag{2.74}$$

となる．整数 q は量子渦の**巻数**（winding number）とよばれる．$q \neq 0$ のときは渦流が存在していることを意味し，Γ の値は**循環量子**（quantum of circulation）$\kappa = h/m$ を単位として量子化されることがわかる．このように循環が量子化された渦を量子渦とよぶ．超流動ヘリウムや原子気体 BEC における流体力学は量子渦の運動によって支配されており，これが本書で扱う量子流体力学の主役であるといっても過言ではない．

量子渦の構造の理解として，図 2.1(a) のように z 方向に無限に伸びた円筒内の中心に位置している 1 本の直線の渦糸を考えよう．この渦糸のつくる速度場は円柱座標系 (r, ϕ, z) を用いて

$$\boldsymbol{v} = \left(0,\ \frac{q\kappa}{2\pi r},\ 0\right) \tag{2.75}$$

である．$r = 0$ で $v = |\boldsymbol{v}|$ は発散し，渦糸上は特異点となっている．v が発散することに伴う運動エネルギーのコストは凝縮体密度が $r = 0$ でゼロになることによって回避され，**渦芯**とよばれる構造を形成する．したがって，上記の多重連結領域が実現している．

この渦芯構造は定常 GP 方程式 (2.61) の解を求めることにより理解される．円筒の半径は十分大きいものとし，閉じ込めポテンシャル V_{ext} を無視する．波動関数の z 方向は一様と仮定し，$\Psi(r,\phi) = \sqrt{n_{\mathrm{b}}}f(r)e^{iq\phi}$ とおいたとき，式 (2.61) は

$$-\frac{\hbar^2}{2m}\frac{1}{r}\frac{d}{dr}\left(r\frac{df}{dr}\right) + \frac{\hbar^2 q^2}{2mr^2}f + gn_{\mathrm{b}}f^3 - \mu f = 0 \tag{2.76}$$

となる．ここで，定数 $n_{\mathrm{b}} = \mu/g$ はバルクにおける密度の平衡値である．特徴的な長さの単位として，GP 方程式の運動エネルギー項と相互作用エネルギー項の比較から得られる回復長

$$\xi = \frac{\hbar}{\sqrt{2mgn_{\mathrm{b}}}} \tag{2.77}$$

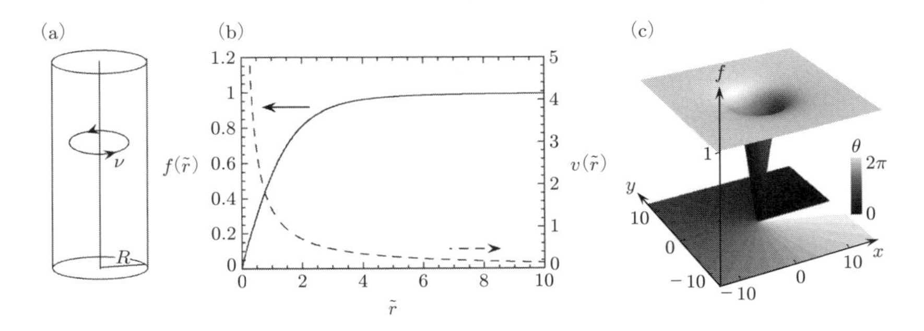

図 2.1　(a) 円筒容器中の 1 本の量子渦．(b) $q=1$ をもつ 1 本の量子渦に対する動径方向の波動関数の振幅 $f(r)$ と速度 $v(r)$ の変化．$\tilde{r} \ll 1$ における解の漸近形は $f(\tilde{r}) \sim \tilde{r}^q$ である．(c) 直交座標 (x, y) に対する振幅 f のプロット．$f=0$ における x–y 面には位相 $\theta(x, y)$ の等高線プロットを示した．

を用いて式 (2.76) を無次元化すると，

$$\frac{1}{\tilde{r}}\frac{d}{d\tilde{r}}\left(\tilde{r}\frac{df}{d\tilde{r}}\right) - \frac{q^2}{\tilde{r}^2}f + f - f^3 = 0 \tag{2.78}$$

を得る．ここで $\tilde{r} = r/\xi$ である．境界条件として，渦の中心 $\tilde{r}=0$ では $f(\tilde{r})=0$，$\tilde{r} \to \infty$ では，密度がバルクの値になるように $f(\tilde{r})=1$ を要請し，$q=1$ に対して，数値的に得た解を図 2.1(b) に示した．凝縮体密度は回復長程度の長さで 0 からバルク値に漸近する．この密度の減少している領域が渦芯とよばれる．回復長は式 (2.77) より原子間相互作用 g と密度 $n_{\rm b}$ に依存する．回復長は，超流動 ^{4}He の場合で数Å，原子気体 BEC 系でも 0.1 μm 程度であり，渦芯は系のサイズと比べて非常に細い．図 2.1(c) は量子渦の構造をより見やすくするために，x–y 面での振幅 f と位相 θ のプロットを示した．振幅がゼロとなる渦芯の中心は位相の特異点となっている．位相の特異点は $\theta=0$（黒）と 2π（白）を分ける分岐（brunch cut）の端に対応しており，特異点のまわりで位相は 0 から 2π まで一周していることがわかる．

渦をもつ状態は一種の励起状態である，図 2.1 で示したような円筒容器中において，回転流を担う渦が熱平衡状態として安定に存在するためには，環境体とみなせる円筒容器も回転している必要がある．今，この円筒は回転角振動数 $\boldsymbol{\Omega} = \Omega\hat{\boldsymbol{z}}$ で回転しているとし，渦が安定に存在する条件を，系の自由エネルギーに基づいて熱力学的に考察してみよう．一般に物理系はその自由エネルギーを最小にする平衡状態をとろうとする．回転振動数 Ω で回転する系では，自由エネルギーは $F = E - \Omega L_z$ で与えられる．ここで，$L_z = \langle \hat{L}_z \rangle$ は系の角運動量の z 成分である．渦があれば系の内部エネルギー E は上昇する．一方で，渦はそのまわりに回転流を伴い，系の角運動量 L_z を増加させる．この E の増加と $-\Omega L_z$ の減少の競合でことは決まり，渦がない状態に比べて渦がある状態の自由エネルギーが低くなれば，後者が回転系における平衡状態となる．

1本の渦がある状態に対する自由エネルギーを $F_1 = E - \Omega L_z$，渦がない場合の自由エネルギーを $F_0 = E_0$ とおくとき，$F_1 - F_0 < 0$ となれば，渦をもつ状態の方が自由エネルギーが下がる．したがって，渦を安定化させる臨界回転振動数は

$$\Omega_{\mathrm{c}} = \frac{E_1 - E_0}{L_z} \tag{2.79}$$

で与えられる．1本の渦をもつ状態の内部エネルギー E_1 は，図2.1(b) で示した数値解を用いて評価できる．円筒の半径を R とすると，渦の単位長さあたりの系の内部エネルギーの増分 $E_1 - E_0$ は，式(2.75) を用いて，

$$E_1 - E_0 = \int d\boldsymbol{r} \frac{1}{2} m n v^2 = \pi q^2 \frac{n_{\mathrm{b}} \hbar^2}{m} \ln\left(1.464 \frac{R}{\xi}\right) \tag{2.80}$$

と計算される．また，単位長さあたりの渦に伴う角運動量は

$$L_z = \int d\boldsymbol{r} m n v r \sim \pi q n_{\mathrm{b}} \hbar R^2 \tag{2.81}$$

となる．よって，1本の渦がある状態が熱力学的に安定となる臨界回転振動数 Ω_{c} は

$$\Omega_{\mathrm{c}} = \frac{q\hbar}{mR^2} \ln\left(1.464 \frac{R}{\xi}\right) \tag{2.82}$$

で与えられる．さらに振動数を上げれば，複数本の量子渦をもつ状態がエネルギー的により安定となる．

式(2.80) より，渦のエネルギーは q の2乗に比例していることがわかる．すなわち，例えば同じ巻数 $q = 2$ の渦状態に対して，$q = 2$ の渦が1本あるときのエネルギーよりも，$q = 1$ の渦2本の方がエネルギーが低いといえる．したがって，通常の実験で生じる安定な渦は $q = 1$ と考えてよい．

2.5　素励起と Landau の臨界速度

BEC の熱力学的性質をミクロな視点から議論するためには，その素励起スペクトルを知る必要がある．本節ではまず，平衡状態からの微小な揺らぎによる低エネルギー

励起について述べる．これを調べるには流体力学方程式による解析法と，Bogoliubov–de Gennes 方程式による解析法があるが，両者は等価な結果を与える．次に，超流動の安定性と Landau の臨界速度について述べる．

2.5.1　流体力学方程式による解析

まずは前節で導入した流体力学的方程式の線形解析を用いて，凝縮体の低エネルギー励起を考察しよう．外部ポテンシャル V_{ext} を無視した一様系を考える．平衡状態では密度 n_{b} は一様で速度はゼロであり，その平衡からの微小変化 $n(\boldsymbol{r},t)=n_{\mathrm{b}}+\delta n(\boldsymbol{r},t)$, $\boldsymbol{v}(\boldsymbol{r},t)=\delta\boldsymbol{v}(\boldsymbol{r},t)$ を考える．これらを式 (2.65) と式 (2.70) に代入し，微小量の 2 次以上は無視する線形化を行うと

$$m\frac{\partial^2\delta n}{\partial t^2}=\nabla^2\left(gn_{\mathrm{b}}-\frac{\hbar^2}{4m}\nabla^2\right)\delta n \tag{2.83}$$

を得る．$\delta n\propto e^{i(\boldsymbol{k}\cdot\boldsymbol{r}-\omega t)}$ の平面波解を代入すると，運動方程式は

$$m\omega^2\delta n=\left(gn_{\mathrm{b}}k^2+\frac{\hbar^2k^4}{4m}\right)\delta n \tag{2.84}$$

となる．$\epsilon_{\boldsymbol{k}}=\hbar\omega$ として励起エネルギーを表すと

$$\epsilon_{\boldsymbol{k}}=\hbar\sqrt{\frac{gn_{\mathrm{b}}}{m}k^2+\frac{\hbar^2}{4m^2}k^4} \tag{2.85}$$

と与えられる．この式が弱く相互作用する一様 Bose 気体の低エネルギー励起の分散関係であり，以下で見るように，素励起スペクトルを与える．

相互作用がない場合は式 (2.85) で $g=0$ とおくと $\epsilon_{\boldsymbol{k}}=\hbar^2k^2/2m$ であり，自由粒子のエネルギーを与える．一方，$g\neq 0$ のとき，低エネルギー（長波長）極限 $k\to 0$ では

$$\epsilon_{\boldsymbol{k}}=\hbar c_{\mathrm{s}}k \tag{2.86}$$

となり，長波長揺らぎは k に比例した**音波**となる．ここで，

$$c_{\mathrm{s}}=\sqrt{\frac{gn_{\mathrm{b}}}{m}} \tag{2.87}$$

は音速を与える．分散は，$k\sim[\hbar^2/(2mgn_{\mathrm{b}})]^{-1/2}=\xi^{-1}$ を境にそのふるまいが k の 1 次から 2 次に変化する．

2.5.2　Bogoliubov–de Gennes 方程式による解析

BEC の素励起スペクトルを求める方法として，GP 方程式から出発することも可能である．まず，上述の流体力学的方程式と等価な形式として，GP 方程式の線形解析によって Bogoliubov–de Gennes（BdG）方程式を導出する．次に，後でフェルミオン系における理論解析で用いることを念頭において，定常解からの揺らぎを場の演算子とした量子論的枠組みで BdG 方程式を導出する．これにより，2.2 節で述べた素励起（準粒子）の概念がより明確になる．

GP 方程式の線形解析による BdG 方程式の導出

GP 方程式の定常解 Ψ のまわりの小さな揺らぎに対する運動方程式を考えよう．微小な揺らぎとして古典的な場の揺らぎを考え，凝縮体波動関数を

$$\Psi(\boldsymbol{r},t) = [\Psi(\boldsymbol{r}) + \delta\Psi(\boldsymbol{r},t)]e^{-i\mu t/\hbar} \tag{2.88}$$

とおく．微小な揺らぎ $\delta\Psi$ を

$$\delta\Psi(\boldsymbol{r},t) = \sum_j{}' \left[u_j(\boldsymbol{r})e^{-i\omega_j t} + v_j^*(\boldsymbol{r})e^{i\omega_j^* t}\right] \tag{2.89}$$

と設定する．ここで，u_j と v_j は量子数 j の励起状態における揺らぎの振幅を記述するモード関数であり，$'$ のついた和は基底状態を除いた励起状態にわたる和を表す．この形を式 (2.60) に代入し，u_j と v_j に対して 1 次の項までを残すと

$$\begin{aligned} \hat{H}_{\mathrm{B}} \begin{pmatrix} u_j \\ v_j \end{pmatrix} &= \epsilon_j \begin{pmatrix} u_j \\ v_j \end{pmatrix} \\ \hat{H}_{\mathrm{B}} &= \begin{pmatrix} h + 2g|\Psi|^2 & g\Psi^2 \\ -g\Psi^{*2} & -h - 2g|\Psi|^2 \end{pmatrix} \end{aligned} \tag{2.90}$$

と書ける．ここで，$h = -\hbar^2\nabla^2/2m + V_{\mathrm{ext}} - \mu$ は 1 粒子ハミルトニアンである．これは固有値 $\epsilon_j = \hbar\omega_j$，固有ベクトル (u_j, v_j) を与える固有値方程式であり，BdG 方程式とよばれている．この方程式の左辺の行列 $\hat{H}_{\mathrm{B}}$ は非 Hermite であり，固有値 ϵ_j は実数である必要はなく，一般的に複素数である．

簡単な例として，再び一様系 $(V_{\mathrm{ext}} = 0)$ の場合を見てみよう．この場合，$\Psi = \sqrt{n_{\mathrm{b}}}$，$\mu = gn_{\mathrm{b}}$ とし，揺らぎは平面波による展開を用いて $(u_j, v_j)^{\mathrm{T}} = (u_{\boldsymbol{k}}, v_{\boldsymbol{k}})^{\mathrm{T}} e^{i\boldsymbol{k}\cdot\boldsymbol{r}}$（^{T} は転置を表す）とおき換えると，BdG 方程式は，

$$\begin{pmatrix} \hbar^2k^2/2m + gn_{\rm b} & gn_{\rm b} \\ -gn_{\rm b} & -\hbar^2k^2/2m - gn_{\rm b} \end{pmatrix} \begin{pmatrix} u_{\boldsymbol{k}} \\ v_{\boldsymbol{k}} \end{pmatrix} = \epsilon_k \begin{pmatrix} u_{\boldsymbol{k}} \\ v_{\boldsymbol{k}} \end{pmatrix} \tag{2.91}$$

と書ける．この固有値は容易に求めることができ，流体力学的方程式で得られた分散である式 (2.85) と一致することがわかる．

量子場の展開による BdG 方程式の導出

Bogoliubov 近似では，Bose 場の演算子は式 (2.59) のように展開し，凝縮体波動関数 $\Psi = \langle\hat{\Psi}\rangle$ の寄与のみを残すことによって GP 方程式を導出した．ここでは，揺らぎの演算子 $\delta\hat{\Psi}$ の寄与を取り入れてハミルトニアンを展開することにより，BdG 方程式を導出する．

式 (2.59) を大正準集合におけるハミルトニアン $\hat{K} = \hat{H} - \mu\hat{N}$ に代入すると，$\delta\hat{\Psi}$ の 1 次の寄与は Ψ が満たす定常 GP 方程式 (2.61) を与えることからゼロとなり，揺らぎの影響は $\delta\hat{\Psi}$ の 2 次以上の寄与から生じる．3 次以上の項は無視すると，$\hat{K} = E - \mu N + \hat{K}_2$ と書ける．ここで，E は式 (2.64) のエネルギー汎関数，$\hat{K}_2$ は $\delta\hat{\Psi}$ の 2 次の寄与を表し，

$$\begin{aligned}\hat{K}_2 = \int d\boldsymbol{r}\biggl[&\delta\hat{\Psi}^\dagger\left(-\frac{\hbar^2\nabla^2}{2m} + V_{\rm ext} - \mu\right)\delta\hat{\Psi} \\ &+ \frac{g}{2}\left(4|\Psi|^2\delta\hat{\Psi}^\dagger\delta\hat{\Psi} + \Psi^2\delta\hat{\Psi}^\dagger\delta\hat{\Psi}^\dagger + \Psi^{*2}\delta\hat{\Psi}\delta\hat{\Psi}\right)\biggr]\end{aligned} \tag{2.92}$$

となる．揺らぎ $\delta\hat{\Psi}$，および $\delta\hat{\Psi}^\dagger$ が従う運動方程式は，Heisenberg の方程式 $i\hbar\partial_t\delta\hat{\Psi} = [\delta\hat{\Psi}, \hat{K}_2]$ より，

$$i\hbar\frac{\partial}{\partial t}\begin{pmatrix} \delta\hat{\Psi} \\ \delta\hat{\Psi}^\dagger \end{pmatrix} = \hat{H}_{\rm B}\begin{pmatrix} \delta\hat{\Psi} \\ \delta\hat{\Psi}^\dagger \end{pmatrix} \tag{2.93}$$

と書ける．

式 (2.92) のハミルトニアンは $\delta\hat{\Psi}$ と $\delta\hat{\Psi}^\dagger$ の 2 次形式となっているので，適当な線形変換を用いれば，対角化することができる．今，ベクトルで表した演算子 $\boldsymbol{\delta\hat{\Psi}} = (\delta\hat{\Psi}, \delta\hat{\Psi}^\dagger)^{\rm T}$ は次の共役操作 $\overline{\boldsymbol{\delta\hat{\Psi}}} \equiv \hat{\sigma}_x(\delta\hat{\Psi}^\dagger, \delta\hat{\Psi})^{\rm T}$（$\hat{\sigma}_x$ は Pauli 行列の x 成分[*6]）で不変であるこ

[*6] Pauli 行列 $\hat{\sigma}_\alpha$ $(\alpha = x, y, z)$ の具体的な形は以下で与えられる．

$$\hat{\sigma}_x = \begin{pmatrix} 0 & 1 \\ 1 & 0 \end{pmatrix}, \quad \hat{\sigma}_y = \begin{pmatrix} 0 & -i \\ i & 0 \end{pmatrix}, \quad \hat{\sigma}_z = \begin{pmatrix} 1 & 0 \\ 0 & -1 \end{pmatrix}$$

とに注目し，$\boldsymbol{\delta\hat{\Psi}}$ を次のように展開する．

$$\boldsymbol{\delta\hat{\Psi}} = \sum_j{}' \left[\hat{b}_j \boldsymbol{w}_j + \hat{b}_j^\dagger \overline{\boldsymbol{w}_j}\right] \tag{2.94}$$

このような変換を **Bogoliubov 変換**とよぶ．ここで，ベクトル $\boldsymbol{w}_j = (u_j, v_j)^{\mathrm{T}}$ と $\overline{\boldsymbol{w}_j} \equiv \hat{\sigma}_x \boldsymbol{w}_j^* = (v_j^*, u_j^*)^{\mathrm{T}}$ を定義した（以下では，後者を前者の Bogoliubov 共役とよぶ）．元の演算子 $\delta\hat{\Psi}$ で式 (2.94) 表現すると，

$$\delta\hat{\Psi}(\boldsymbol{r}, t) = \sum_j{}' \left[\hat{b}_j(t) u_j(\boldsymbol{r}) + \hat{b}_j^\dagger(t) v_j^*(\boldsymbol{r})\right] \tag{2.95}$$

のようにモード展開していることに相当し，先に示した式 (2.89) と類似した形となっている．$\hat{b}_j^\dagger$ と $\hat{b}_j$ は j 番目の励起状態を占有する「粒子」の生成消滅演算子を表し，ボソンの交換関係

$$[b_j, b_k^\dagger] = \delta_{jk}, \qquad [b_j, b_k] = [b_j^\dagger, b_k^\dagger] = 0 \tag{2.96}$$

を満たすことを要請する．このように，量子数 j のモードの励起は，量子数 j の状態を占有する「粒子」をつくったり消したりで表現することができ，この粒子のことを素励起または準粒子とよぶ．

次に，励起状態のモード関数 $\boldsymbol{w}_j$ およびその励起エネルギー ϵ_j を決定するために，演算子の時間発展を $b_j \propto e^{-i\epsilon_j t/\hbar}$ とおく．式 (2.94) を式 (2.93) に代入すると，

$$\hat{H}_{\mathrm{B}} \boldsymbol{w}_j = \epsilon_j \boldsymbol{w}_j \tag{2.97}$$

となり，式 (2.90) と同様の BdG 方程式が得られ，素励起スペクトルは式 (2.85) と一致する．長波長揺らぎの素励起は，粒子間相互作用の影響で k に比例した集団運動としての音波，すなわちフォノンとなる．

ここで，BdG 方程式がもつ一般的な性質をまとめておく．次のような内積を定義する．

$$(\boldsymbol{w}_j, \boldsymbol{w}_l) \equiv \int d\boldsymbol{r} \boldsymbol{w}_j^\dagger \hat{\sigma}_z \boldsymbol{w}_l = \int d\boldsymbol{r} [u_j^*(\boldsymbol{r}) u_l(\boldsymbol{r}) - v_j^*(\boldsymbol{r}) v_l(\boldsymbol{r})] \tag{2.98}$$

今，BdG 方程式 (2.97) と $\hat{H}_{\mathrm{B}}^\dagger \hat{\sigma}_z = \hat{\sigma}_z \hat{H}_{\mathrm{B}}$ の関係式を用いて，内積 $(\boldsymbol{w}_j, \hat{H}_{\mathrm{B}} \boldsymbol{w}_l) = (\hat{H}_{\mathrm{B}} \boldsymbol{w}_j, \boldsymbol{w}_l)$ を計算すると，

$$(\epsilon_l - \epsilon_j^*)(\boldsymbol{w}_j, \boldsymbol{w}_l) = 0 \tag{2.99}$$

の関係式を得る．これより，$\epsilon_j^* \neq \epsilon_l$ ならば内積 $(\boldsymbol{w}_j, \boldsymbol{w}_l)$ はゼロにならなければならず，モード関数の直交条件を与える．一方，$j = l$ の場合でも，固有値が複素数の場合は $(\boldsymbol{w}_j, \boldsymbol{w}_j) = 0$ となることがわかる．よって，固有値が実数で $j = l$ のとき，内積 $(\boldsymbol{w}_j, \boldsymbol{w}_j) = ||\boldsymbol{w}_j||^2$（ノルムとよぶ）は値をもちうる．この値に何を与えるかは任意であるが，式 (2.96) の交換関係を要請することによって，規格直交性を与える関係式

$$
\begin{aligned}
(\boldsymbol{w}_j, \boldsymbol{w}_l) &= \int d\boldsymbol{r} \left(u_j^* u_l - v_j^* v_l \right) = \delta_{jl} \\
(\boldsymbol{w}_j, \overline{\boldsymbol{w}_l}) &= \int d\boldsymbol{r} \left(u_j^* v_l^* - v_j^* u_l^* \right) = 0
\end{aligned}
\tag{2.100}
$$

が得られる．

固有値が実数の場合，ϵ_j をもつ固有ベクトル $\boldsymbol{w}_j = (u_j, v_j)$ が存在すれば，その Bogoliubov 共役なベクトル $\overline{\boldsymbol{w}_j} = \hat{\sigma}_x \boldsymbol{w}_j^* = (v_j^*, u_j^*)$ が存在し，その固有値は $-\epsilon_j$ である．このように固有値が対で現れることは，規格化因子の符号のとり方の違いに対応しており，実際 $\overline{\boldsymbol{w}_j}$ のノルムを計算すると，$||\overline{\boldsymbol{w}_j}||^2 = -1$ となることがわかる．二つの状態は物理的に同等の状態を表現しており，以下では正のノルムをもつ状態のみを考える．さらに，$\epsilon_j = 0$，$\boldsymbol{w}_j = \alpha(\Psi, -\Psi^*)^{\mathrm{T}}$ を満たす解が必ず存在していることにも注目されたい．これは凝縮体全体の位相を回転させるゼロエネルギーのモードであり，これは大域的 U(1) 対称性の破れに伴う **Nambu–Goldstone モード**に相当する．

$\boldsymbol{w}_j$ が BdG 方程式を満たすとき，ハミルトニアンは対角化される．式 (2.94) を式 (2.92) に代入し，BdG 方程式 (2.97) を用いると，

$$
\hat{K}_2 = -\sum_j{}' \epsilon_j N_j' + \sum_j{}' \epsilon_j \hat{b}_j^\dagger \hat{b}_j \tag{2.101}
$$

を得る．第 1 項目は基底状態のエネルギーに対する量子揺らぎの補正を表し，$N_j' = \int d\boldsymbol{r} |v_j|^2$ である．第 2 項目の導出には式 (2.100) の規格化条件を用いており，このとき $b_j^\dagger b_j$ は j 番目の励起モードの数演算子を表す．これは基底状態からの低エネルギー励起状態の性質を，素励起の理想気体とみなして扱えることを意味する．熱平衡における演算子 $\hat{b}_j^\dagger \hat{b}_j$ の期待値は式 (2.24) の Bose 分布関数に従う．

熱力学的不安定性と動的不安定性

固有エネルギー ϵ_j は定常解 Ψ からの励起エネルギーを表すので，定常解 Ψ に対しての安定性が議論できる．もしも Nambu–Goldstone モードを除くすべてのモードに

対して $\epsilon_j > 0$ であるならば，その定常解からの励起は系の（熱力学的）エネルギーを上昇させるので，定常解は熱力学的に安定な解であるといえる．しかし，少なくとも一つのモードに対して $\epsilon_j < 0$ となり励起エネルギーが負である場合，このモードを励起することで系のエネルギーを減少させることができる．すなわち定常解は熱力学的に不安定であることを示している．この不安定性は**熱力学的不安定性**（thermodynamic instability）または **Landau 不安定性**とよばれている．

定常解が Landau 不安定性を有していたとしても，GP 方程式の時間発展ではエネルギーが保存されるので，擾乱（じょうらん）に対して定常解のまわりの微小振動が起こるだけである．エネルギーを下げるためには，全系からエネルギーを抜くための散逸機構が必要である．Landau 不安定性は，そのような機構が存在すれば，負のエネルギーをもつ素励起モードが励起されることによって系はエネルギーを下げ，より安定な状態へ変化することを示している．一方，固有エネルギーが虚数成分をもつ場合は，式 (2.89) からもわかるように，GP 方程式の時間発展で揺らぎが指数関数的に増大しうる．このときの定常解の不安定性は**動的不安定性**（dynamic instability）とよばれている．冷却原子系などでは散逸効果が非常に小さいために，多くの場合，動的不安定性が支配的だが，同時に Landau 不安定性も重要となる場合があり，その区別に注意が必要である．

2.5.3　超流動の Landau 臨界速度

さてここまでの知見をもとに，弱く相互作用する BEC が流れをもつ場合の安定性を調べてみよう．静止した容器中で BEC が一定の超流動速度 $\boldsymbol{v}$ で流れている定常状態を考える．簡単のため，容器の壁の凸凹などの境界の効果は無視し，一様な流れが実現しているものとする．このとき凝縮体は運動量 $\hbar\boldsymbol{k} = m\boldsymbol{v}$ の状態に凝縮しており，Ψ と μ は

$$\Psi(\boldsymbol{r}) = \sqrt{n_{\mathrm{b}}}e^{im\boldsymbol{v}\cdot\boldsymbol{r}/\hbar}, \qquad \mu = gn_{\mathrm{b}} + \frac{mv^2}{2} \tag{2.102}$$

とおけばよい．超流動が不安定化して容器の壁が流体を引きずるとき，まず内部運動がしだいに励起される，すなわち，素励起が流体中に現れることから始まるであろう．この素励起による揺らぎは，定常解 Ψ が因子 $e^{im\boldsymbol{v}\cdot\boldsymbol{r}/\hbar}$ をもつことを考慮して，

$$\begin{pmatrix} u_j(\boldsymbol{r}) \\ v_j(\boldsymbol{r}) \end{pmatrix} = \begin{pmatrix} u_{\boldsymbol{k}}e^{im\boldsymbol{v}\cdot\boldsymbol{r}/\hbar} \\ v_{\boldsymbol{k}}e^{-im\boldsymbol{v}\cdot\boldsymbol{r}/\hbar} \end{pmatrix} \frac{e^{i\boldsymbol{k}\cdot\boldsymbol{r}}}{\sqrt{V}} \tag{2.103}$$

と書ける．式 (2.102) と (2.103) を式 (2.93) に代入し，固有値を $\epsilon'_{\boldsymbol{k}}$ として，式 (2.91) と同様に固有値方程式を解くことによって，

$$\epsilon'_{\boldsymbol{k}} = \epsilon_{\boldsymbol{k}} + \hbar \boldsymbol{k} \cdot \boldsymbol{v} \tag{2.104}$$

が得られる．ここで $\epsilon_{\boldsymbol{k}}$ は式 (2.85) の速度がない場合の分散であり，$\boldsymbol{v}$ で動く座標系から見た準粒子の励起エネルギーを表す．つまり，$\boldsymbol{v}=0$ の容器から見た（実験室系での）励起エネルギー $\epsilon'_{\boldsymbol{k}}$ は Galilei 変換により $\hbar\boldsymbol{k}\cdot\boldsymbol{v}$ だけ変化することを示している．

$T=0$ で超流動速度 $\boldsymbol{v}$ の流れがあるとき，容器の壁との相互作用により準粒子が自発的に励起されるようになれば，超流動の流れは流体力学的に不安定になる．これが実現するのは，$\boldsymbol{v}$ の流れがあるときの準粒子のエネルギー $\epsilon'_{\boldsymbol{k}}$ が負になり，前項で述べた熱力学的不安定性が起こるときである．これより

$$\epsilon'_{\boldsymbol{k}} = \epsilon_{\boldsymbol{k}} + \hbar \boldsymbol{k} \cdot \boldsymbol{v} \geq 0 \tag{2.105}$$

が流れをもつ BEC の熱力学的安定性を保証する条件であり，この条件が満たされている流れは安定であるといえる．$\boldsymbol{k}$ と $\boldsymbol{v}$ が反平行のときに $\epsilon'_{\boldsymbol{k}}$ が最小となることに注意すれば，臨界速度 v_{c} は，$\epsilon_{\boldsymbol{k}}/\hbar k$ を k の関数として見たときに，

$$v_{\mathrm{c}} = \min\left(\frac{\epsilon_{\boldsymbol{k}}}{\hbar k}\right) \tag{2.106}$$

で与えられる．$\epsilon_{\boldsymbol{k}}$ は式 (2.85) で与えられ，$k \to 0$ の極限ではフォノン分散 $\epsilon_{\boldsymbol{k}} \sim \hbar ck$ になるために，$v_{\mathrm{c}} = c$ が得られ，音速が超流動の臨界速度を与えることがわかる．しかしながら，この臨界速度は十分条件を与えているにすぎず，超流動ヘリウムや原子気体 BEC で行われた実際の実験では，音速よりも小さい速度で超流動は不安定になることが知られている．これには，後述するロトンとよばれる素励起や量子渦の生成が関与している．一方，自由粒子系を想定すれば，励起エネルギーは $\epsilon_{\boldsymbol{k}} = \hbar^2 k^2/2m$ であるので任意の k の励起に対して安定条件が満たされなくなり，どんなに小さな v の流れでも，系は不安定となる．すなわち，理想 Bose 気体は超流動性を示さない．

2.6 超流動 ^{4}He

歴史的に超伝導と並んで，最初に研究対象となった量子凝縮系が，液体 ^{4}He である．1925 年に Einstein は理想 Bose 気体の Bose 凝縮を理論的に提案したが，時を同じく

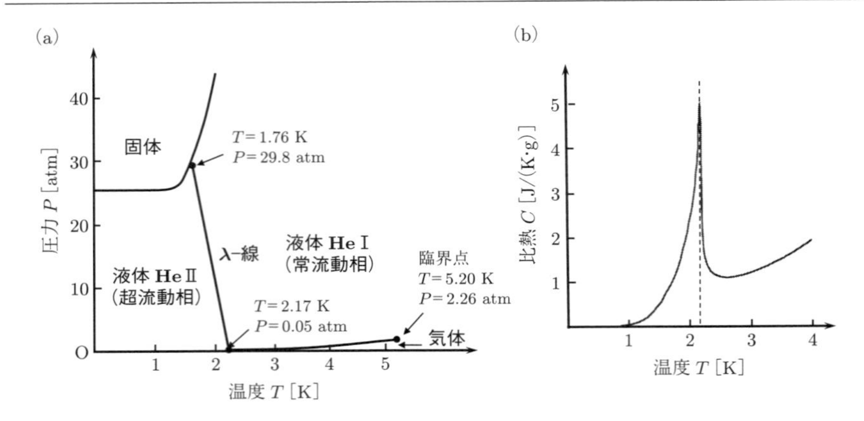

図 2.2　(a) ^{4}He の P–T 相図．(b) 飽和蒸気圧における，液体 ^{4}He のラムダ温度（T_λ = 2.172 K）近傍の比熱の温度依存性．1 atm = 1.013 × 10^5 Pa.

して，低温物理学の分野では液体 ^{4}He が示す特異な性質である超流動現象が精力的に調べられていた．超流動 ^{4}He は，膨大な研究の蓄積があり，その後の超流動 ^{3}He や原子気体 BEC の研究の道標となった．本節では，特に本書の内容に関係する事項と歴史的背景について述べる．

量 子 液 体

図 2.2(a) に ^{4}He の圧力–温度（P–T）相図を示す．ヘリウムは最も液化しにくい物質で，1 気圧の下での沸点は 4.2 K である．また，さらに温度を下げて $T = 0$ に近づいたとしても，ヘリウムは固体相へ転移せずに，液体のままである．固体相への転移は 25 気圧以上の高圧条件でないと起こらない．

$T = 0$ まで液体に留まる理由は，ヘリウム原子の質量が小さいこと，および原子間相互作用の性質に関連している．ヘリウム原子は電子配置が閉殻の貴ガス元素であり，単原子分子として安定に存在する．そのような原子の 2 体相互作用のモデルとして，Lennard-Jones ポテンシャル

$$U(r) = 4\epsilon\left[\left(\frac{\sigma}{r}\right)^{12} - \left(\frac{\sigma}{r}\right)^{6}\right] \tag{2.107}$$

を採用しよう．ここで，r は 2 粒子間の距離であり，σ と ϵ は原子の種類に依存するフィッティングパラメータである．式 (2.107) は，長距離 $r > \sigma$ における原子の電荷

分布の揺らぎに起因し r^{-6} に比例する van der Waals 引力，そして短距離 $r < \sigma$ における電子雲の重なりが禁止されることにより r^{-12} に比例する剛体芯反発力を表している．両者の力がつり合う距離が $r_0 = 2^{1/6}\sigma$ で与えられ，ポテンシャルは極小値 $-\epsilon$ をとる．ヘリウム原子の場合，$\sigma \sim 2.5$ Å，$\epsilon/k_{\mathrm{B}} \sim 10\,\mathrm{K}$ である．

温度が下がって，熱揺らぎによる原子の運動エネルギーが ϵ より小さくなると，原子は自由に動けなくなり，距離 r_0 で周期的に並んで固体を形成するようになる．一方，量子力学によると，原子がある場所に局在すれば，不確定性原理によって零点振動のエネルギーが増大する．位置の不確定性は $\Delta x \sim \sigma$ と考えられるので，運動量の不確定性は $\Delta p \sim \hbar/\sigma$ となり，零点振動のエネルギーを $E_{\mathrm{zero}} \sim (\Delta p)^2/2m \sim \hbar^2/2m\sigma^2$ と見積もることができる．通常の固体では $\epsilon \gg E_{\mathrm{zero}}$ が成立しており，零点振動は無視できる．ところがヘリウム原子の場合，束縛エネルギー ϵ が小さく，さらに質量 m が小さいという事情のために，$\epsilon \sim E_{\mathrm{zero}}$ という状況が実現している．そのために，$T = 0$ でも固体にならずに，量子的な零点振動によって融けた液体状態となるのである．この意味で，液体ヘリウムは**量子液体**（quantum liquid）とよばれる．

液体 ^{4}He のラムダ転移

Kamerling-Onnes が ^{4}He の液化に初めて成功したのは 1908 年である．引き続き，液体 ^{4}He のさまざまな物性が測定され，比熱，密度，音波の速度や吸収係数などに $T = 2.2\,\mathrm{K}$ 付近で異常が起こることが明らかになった．例えば，図 2.2(b) に示すように，比熱の温度変化を測定すると $T = 2.172\,\mathrm{K}$ で鋭いピークが観測された．通常このような物理量の異常は何らかの相転移を示唆するが，その前後で ^{4}He が液体であることには変わりない．そこで 2.172 K の高温側を**ヘリウム I**，低温側を**ヘリウム II** という．この比熱の温度曲線の形がギリシャ文字のラムダ (λ) に似ているため，ヘリウム I からヘリウム II への転移を**ラムダ転移**，転移温度 2.172 K を**ラムダ温度**（またはラムダ点）といい，T_λ で表す．

超　流　動

1938 年に，Kapitza たちによって液体 ^{4}He の超流動が発見された．通常の流体は，多かれ少なかれ，粘性をもっている．「超流動」とは，一言でいえば，その粘性がなくなる現象である．液体 ^{4}He の場合，超流動は $T < T_\lambda$ のヘリウム II 相で実現する．

以下に，超流動を象徴する現象の例をいくつか挙げる．

(1) 毛細管流法と振動円板法による粘性測定

粘性を測定する典型的な方法の一つは，毛細管流法である．ヘリウムIがヘリウムIIになると，普通の流体が粘性のために通り抜けられないような管径 $10^{-4} \sim 10^{-5}$cm 程度の毛細管（スーパーリーク）を，容易に通り抜けられるようになる．これは粘性が非常に小さくなったことを意味する．半径 a，長さ ℓ の細管内を，粘性係数 η の流体が層流（Poiseuille 流）として流れる場合，その平均流速は $\bar{v} = (a^2/8\eta\ell)\Delta P$ で与えられ，管両端の圧力差 ΔP に比例する．毛細管に流体を流し平均流速を測定すれば，粘性係数 η がわかる．この方法で液体 ^{4}He の粘性を測定すると，$T > T_\lambda$ では有限の粘性が観測されるが，$T < T_\lambda$ では粘性がなくなることがわかった．

一方，粘性を測定する別の方法として振動円板法（ねじれ振り子法）がある．これは，ねじった糸の先に円板をつるして流体中に浸し，ねじれの回復に伴う円板の回転振動の減衰率から粘性係数を求めるというものである．振動円盤法で液体 ^{4}He の粘性を測定すると，ヘリウムIでは毛細管流法と同じ結果が得られたが，$T < T_\lambda$ のヘリウムIIでは η は減少はするものの有限の値が残った．測定方法により粘性が異なるということは，通常の粘性流体ではありえない．

(2) 固体表面を流れるフィルムフロー

ヘリウムIIの入った小容器を，大きな槽に入ったヘリウムIIに漬ける．容器内の液面が外の液面より低ければ，外部のヘリウムIIが容器をはい上がって侵入し，内外の液面を等しくする．逆に，容器内の液面が高ければ，内部のヘリウムIIがはい出し，やはり内外の液面が等しくなる．光の干渉による測定で，容器の壁面には厚さ $200 \sim 300$ Å の薄膜が形成されていることがわかった．この現象はフィルムフローとよばれる．

(3) 熱機械効果（機械熱効果）

毛細管でつながれた二つの同じ容器A，BをヘリウムIIが満たしている．最初，両者は温度 T，圧力 P の平衡状態にあり，液面の高さも等しいとしよう．ここで容器B内のヘリウムIIを加熱すると，毛細管を通って液体がAからBへ流れ，液面差が生じる．この液面差（圧力差）は加熱量に依存する．この現象は熱機械効果とよばれる．これを裏返した現象が機械熱効果である．容器Aの流体を加圧したとしよう．ヘリウムIIは毛細管を通って容器AからBへ流れ込むが，このときAの流体の温度が上がりBの流体の温度が下がる．容器Aで一定の圧力をかけ続ける限り，その温度差は消えず，全体が一定温度になることはない．つまり毛細管は，ヘリウムIIの質量は通すが，エントロピーは遮断しているのである．このように，温度差と圧力差が関係するということが，ヘリウム II の重要な熱流動特性である．

BEC と超流動

前項で述べた超流動現象は通常の古典流体では起こりえないものであり，その発見当初から大きな関心を集めた．1938 年，London は液体 ^{4}He のラムダ転移は Bose 凝縮によって起こるという考えを提案した．理想気体の Bose 凝縮の転移温度を与える式 (2.16) に液体 ^{4}He の粒子数密度 $N/V = 2.1 \times 10^{28}$ m^{-3} と ^{4}He 原子の質量 $m_4 = 6.6 \times 10^{-27}$ kg を代入すると $T_{\rm B} = 3.1$ K となり，ラムダ温度 $T_\lambda = 2.172$ K に近い．この London のアイデアは基本的には正しいが，実際の液体 ^{4}He には原子間相互作用が存在し，理想 Bose 気体とはみなせない．$T = 0$ では，理想 Bose 気体の場合は全原子が最低エネルギー状態に凝縮するのに対し，液体 ^{4}He では原子間相互作用のために，式 (2.47) で与えられる凝縮粒子数 N_0 は全原子数の 1 割程度にすぎないことが実験により観測されている [12]．しかしそれでも，BEC が形成されていることは確かである．

素励起，Landau スペクトル，臨界速度

Landau は，実験で観測された比熱の温度変化を説明するために，ヘリウム II 中では図 2.3(a) に示されるような分散関係をもち，Bose 統計に従う素励起が存在すると考えた．波数 k が小さい領域の素励起は線形の分散をもつフォノンであり，液体中の密度の揺らぎを表す音波に相当する．素励起スペクトルは，k が大きくなると，マクソンとよばれる極大を経て，極小値付近の**ロトン**（roton）とよばれる素励起につながる．この一連のスペクトルを **Landau スペクトル**という．このスペクトルは $k = 3.6$Å^{-1} まで続くが，その先では素励起が不安定になり，素励起描像が成り立たなくなる．Landau スペクトルを用いて計算された素励起の比熱は，観測された比熱の温度曲線とよい一致を示すことが知られている．

また，Landau スペクトルを式 (2.106) に適用して，超流動が壊れる Landau 臨界速度を求めることができる．臨界速度は図 2.3(a) で示すように，Landau スペクトルの曲線に原点から接線を引いたときの傾きに相当する．よって，臨界速度はロトン付近の素励起によって与えられ，$v_{\rm c} \approx 60$ m/s となる．この Landau の臨界速度は，イオンを用いた実験により観測されている [13].

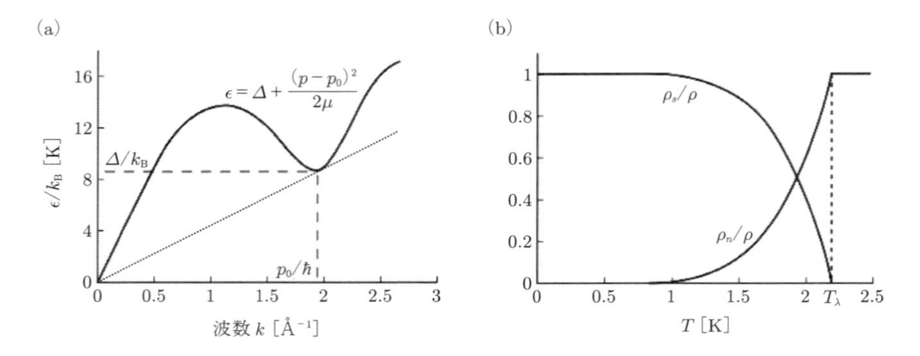

図 2.3　(a) 超流動 ^{4}He 中の素励起の分散関係（Landau スペクトル）．$k = k_0$ の極小値付近のスペクトルは近似的に $\epsilon = \Delta + \hbar^2(k-k_0)^2/2\mu$，$\Delta/k_B = 8.6$K，$k_0 = 1.9$Å^{-1}，$\mu = 0.15m_4$ と表される．(b) 超流動 ^{4}He の 2 流体模型における超流動密度 ρ_s および常流動密度 ρ_n の温度変化．

2.6.1　2 流体模型

Tisza[14]，および Landau[15] は，超流動現象を理解すべく，**2 流体模型**とよばれる強力な現象論を導入した．$T < T_\lambda$ の液体 ^{4}He は独立な 2 成分，**超流体**（superfluid）と**常流体**（normal fluid）から構成されており，それぞれが速度場 $\boldsymbol{v}_s$，$\boldsymbol{v}_n$ で流れるものとする．質量密度 ρ_n の常流体はエントロピーをもつ粘性流体であるが，質量密度 ρ_s の超流体はエントロピーをもたない非粘性流体（理想流体）である．流体全体の密度 ρ と運動量密度 $\boldsymbol{j}$ は，

$$\rho = \rho_s + \rho_n \tag{2.108}$$

$$\boldsymbol{j} = \rho_s \boldsymbol{v}_s + \rho_n \boldsymbol{v}_n \tag{2.109}$$

で与えられる．これらの関係式は速度場が二つあることに対応して，二つの座標系（例えば，実験室系と $\boldsymbol{v}_s$ で動く座標系）との間で Galilei 変換が成立することにより示される．以下ではまず，超流動密度の定義を与え，常流動流が素励起集団の平均流で与えられることを示す．次に，古典流体と同様に与えられる，常流動成分の五つの自由度が従う運動方程式に加えて，新たに超流体の三つの自由度が加わった八つの自由度に対する 2 流体系の流体力学方程式について述べる．

超流動密度と常流動密度

2 流体の構成成分の区別を明確にするために，以下のような思考実験を考えよう．はじめ無限に広い一様な空間において，十分に重たい平板が板面と平行な方向に速度 $\boldsymbol{v}$ で運動している．空間全体には超流動体が満たされており，平板と同じ速度 $\boldsymbol{v}$ で一緒に運動し，熱平衡状態に達している．ただし，平板と流体を合せた系は孤立系であるとする．物理的に明白であるが，Galilei 不変性により，この状態の熱力学的性質は系全体の速度 $\boldsymbol{v}$ には依存しない．

次に外から力を加えて平板の運動速度を徐々に小さくして静止させたとする．このとき，粘性をもつ常流体の速度 $\boldsymbol{v}_{\rm n}$ は平板の減速に追従し，やがて $\boldsymbol{v}_{\rm n}=0$ となる．一方，粘性をもたない超流体は初期速度 $\boldsymbol{v}$ を保った状態で熱平衡化するだろう．この散逸過程において，平板と接する場所等で量子渦の生成が起こらない限り，平板から十分離れた場所での秩序変数の空間分布は，実質的に保持される．したがって，秩序変数の位相因子の勾配で定義される超流体の速度 $\boldsymbol{v}_{\rm s}$ は初期速度 $\boldsymbol{v}_{\rm s}=\boldsymbol{v}$ である．超流動密度はこの流れに参加している質量密度として定義される．この状態の質量流束密度を $\bar{\boldsymbol{j}}$ とすると，超流動密度 $\bar{\rho}_{\rm s}$ は

$$\bar{\boldsymbol{j}}=\bar{\rho}_{\rm s}\boldsymbol{v} \tag{2.110}$$

の関係から決まる．

ここではまず，Bogoliubov 理論の枠内で同じ状況を想定し，超流動密度と常流動密度の具体的な表式を求めよう．系の体積を V としたとき，質量流束密度の平均値 $\bar{\boldsymbol{j}}$ は場の演算子を用いて，

$$\bar{\boldsymbol{j}}=\frac{1}{V}\int d\boldsymbol{r}{\rm Re}\left\langle\hat{\Psi}^{\dagger}(\boldsymbol{r})(-i\hbar\nabla)\hat{\Psi}(\boldsymbol{r})\right\rangle \tag{2.111}$$

と表される．ここで，V は系の体積，m は超流体を構成する粒子の質量である．巨視的波動関数が超流動速度 $\boldsymbol{v}$ をもつときの表式 (2.102) および (2.103) を代入し，質量密度の平均値 $\bar{\rho}=(m/V)\int d\boldsymbol{r}\left\langle\hat{\Psi}^{\dagger}(\boldsymbol{r})\hat{\Psi}(\boldsymbol{r})\right\rangle$ を用いて整理すると，

$$\bar{\boldsymbol{j}}=\bar{\rho}\boldsymbol{v}+\frac{1}{V}\sum_{\boldsymbol{k}}\hbar\boldsymbol{k}f_{\rm B}(\epsilon'_{\boldsymbol{k}}) \tag{2.112}$$

を得る．ここで，$\epsilon'_{\boldsymbol{k}}=\epsilon_{\boldsymbol{k}}+\hbar\boldsymbol{k}\cdot\boldsymbol{v}$ は，Doppler シフトした励起エネルギー (2.104) である．式 (2.110) を思い出し，さらに速度 $\boldsymbol{v}$ が十分小さいとして式 (2.112) の右辺第 2 項で 1 次の寄与までとると，0 次の項は $\boldsymbol{k}$ の方向の和で消えて，

$$\bar{\boldsymbol{j}} = \bar{\rho}_{\rm s}\boldsymbol{v} \equiv (\bar{\rho} - \bar{\rho}_{\rm n})\,\boldsymbol{v} \tag{2.113}$$

$$\bar{\rho}_{\rm n} = -\frac{\hbar^2}{3V}\sum_{\boldsymbol{k}} k^2 \frac{df_{\rm B}(\epsilon_{\boldsymbol{k}})}{d\epsilon_{\boldsymbol{k}}} \tag{2.114}$$

を得る．ここで，流体の等方性を仮定した．全質量密度 $\bar{\rho}$ から超流動密度 $\bar{\rho}_{\rm s}$ を差し引いた量 $\bar{\rho}_{\rm n}$ は常流動密度とみなせる．

常流動密度の表式 (2.114) は，等方的な流体である超流動 ^{4}He にも適用できることが以下の考察からわかる．速度 $\boldsymbol{v}$ で動く座標系における質量流束 $\boldsymbol{J}'$ は，式 (2.112) で与えられる $\bar{\boldsymbol{j}}$ から $\bar{\rho}\boldsymbol{v}$ を差し引くことにより，$\boldsymbol{J}' = V(\bar{\boldsymbol{j}} - \bar{\rho}\boldsymbol{v}) = \sum_{\boldsymbol{k}} \hbar\boldsymbol{k} f_{\rm B}(\epsilon'_{\boldsymbol{k}})$ と書ける．この表式の物理的解釈は明白であり，この座標系での質量流速 $\boldsymbol{J}'$ が分布関数 $f_{\rm B}(\epsilon'_{\boldsymbol{k}})$ に従って分布する素励起集団の全運動量 $\sum_{\boldsymbol{k}} \hbar\boldsymbol{k} f_{\rm B}(\epsilon'_{\boldsymbol{k}})$ として表現されている．この表式および常流動密度 (2.114) において，流体の具体的な情報は $\epsilon'_{\boldsymbol{k}} = \epsilon_{\boldsymbol{k}} + \hbar\boldsymbol{k}\cdot\boldsymbol{v}$ に集約されている．したがって，素励起の分散関係 $\epsilon_{\boldsymbol{k}}$ さえ与えられていれば，超流動密度と常流動密度を求めることができる．

液体 ^{4}He の場合，$\bar{\rho}_{\rm s}$ および $\bar{\rho}_{\rm n}$ は図 2.3(b) に示される温度の関数である．$T > T_\lambda$ では $\bar{\rho}_{\rm s} = 0$ だが，$T < T_\lambda$ のヘリウム II になると $\bar{\rho}_{\rm s}$ が増加し，それに伴い $\bar{\rho}_{\rm n}$ が減少する．$\epsilon_{\boldsymbol{k}}$ にフォノンとロトンのスペクトルを用いて式 (2.114) を計算すると，

$$\bar{\rho}_{\rm n,phonon} = \frac{2\pi^2(k_{\rm B}T)^4}{45\hbar^3c^5} \tag{2.115}$$

$$\bar{\rho}_{\rm n,roton} = \frac{2p_0^4}{3(2\pi)^{3/2}\hbar^3}\left(\frac{\mu}{k_{\rm B}T}\right)^{1/2} e^{-\Delta/(k_{\rm B}T)} \tag{2.116}$$

となる．計算結果は図 2.3(b) の実験結果とよい一致を示し，$T = 0.6\,{\rm K}$ 以下ではフォノンの寄与が支配的で，これ以上になるとロトンの寄与が優勢になる．ラムダ温度近傍では素励起の密度が増加し，素励起描像が適用されない．

2 流体力学方程式

次に，2 流体系の流体力学方程式の導出を行う．流体力学で注目する自由度は，密度，速度，圧力のような微視的構造が平均化された量であり，これらが熱力学的量として定義されるためには，微小に分割された空間領域にマクロな数の粒子が存在し，そこで局所的熱平衡が実現している必要がある．また，そのような局所的物理量の空間的・時間的変動は十分緩やかな状況を想定する．この条件下では，前節で得た流束密度や質量密度を $\bar{\boldsymbol{j}} \to \boldsymbol{j}(\boldsymbol{r},t)$，$\bar{\rho} \to \rho(\boldsymbol{r},t)$ のように拡張できる．このとき，古典流体

と同様に，流体全体に対する三つの保存量である，質量，運動量，エネルギーの保存則が要求される．しかしながら，常流動成分は古典流体と同様に扱える一方で，凝縮状態に由来する超流動成分に対する流体力学成立の条件については注意が必要である．凝縮体を特徴づける秩序変数には，凝縮体密度 $n(\boldsymbol{r},t)$ を与える振幅と位相 $\theta(\boldsymbol{r},t)$ の二つの自由度があり，弱く相互作用する BEC においては，その運動方程式は式 (2.65) と (2.70) で与えられた．しかしながら，相互作用が強い液体状態にある場合，n はその局所平衡値へきわめて短い時間で緩和してしまうため，全密度 ρ などの他の自由度によって表され，流体力学の独立な変数ではなくなる．一方，超流動速度場 $\boldsymbol{v}_{\mathrm{s}}$ は位相 $\theta(\boldsymbol{r},t)$ の勾配で表され，秩序変数のトポロジカルな制約で決まっているために，その緩和時間は一般的に長い．したがって，流体力学の自由度として独立な保存量のようにふるまう．

これらの自由度に対する流体力学方程式の系統的な導出にはいくつかの方法があるが，以下では本書を理解するために必要な結果のみを記述する．より詳しく知りたい読者は [16] などを参照されたい．自由度として，質量密度 ρ，運動量密度 $\boldsymbol{j}$，エネルギー密度 E，超流動速度 $\boldsymbol{v}_{\mathrm{s}}$ を選ぶことになるが，ここではエネルギー E の代わりに，それに寄与する熱力学的変数として，単位質量あたりのエントロピー密度 s をとることにする．それらの保存則を書き下すと，

$$\frac{\partial \rho}{\partial t} + \nabla \cdot \boldsymbol{j} = 0 \tag{2.117}$$

$$\frac{\partial j_i}{\partial t} + \frac{\partial \Pi_{ij}}{\partial r_j} = 0 \tag{2.118}$$

$$\frac{\partial \boldsymbol{v}_{\mathrm{s}}}{\partial t} + \nabla \left(\mu + \frac{1}{2} v_{\mathrm{s}}^2 \right) = 0 \tag{2.119}$$

$$\frac{\partial (\rho s)}{\partial t} + \nabla \cdot (\rho s \boldsymbol{v}_{\mathrm{n}}) = 0 \tag{2.120}$$

となる．ここで Π_{ij} は応力テンソルとよばれ，等方的な圧力 P を用いて，

$$\Pi_{ij} = P\delta_{ij} + \rho_{\mathrm{s}} v_{\mathrm{s}i} v_{\mathrm{s}j} + \rho_{\mathrm{n}} v_{\mathrm{n}i} v_{\mathrm{n}j} \tag{2.121}$$

と表される．式 (2.120) はエントロピーが常流体のみにより，運ばれることを示している．一般的に，非可逆過程によるエントロピーの生成項が式 (2.120) には存在し，それに伴う散逸項が式 (2.118)～(2.120) に付加されるが [17]，表記を簡略化するために省略した．

式 (2.119) は，弱く相互作用する Bose 気体の議論で導出された Euler 方程式 (2.70) と同形であるが，熱力学的考察に基づいて導出された一般の液体状態にも適用できる関係式である．ベクトル解析の公式 $\nabla(\boldsymbol{v}_{\mathrm{s}}^2/2) = \boldsymbol{v}_{\mathrm{s}} \times (\nabla \times \boldsymbol{v}_{\mathrm{s}}) + (\boldsymbol{v}_{\mathrm{s}} \cdot \nabla)\boldsymbol{v}_{\mathrm{s}}$ および $\nabla \times \boldsymbol{v}_{\mathrm{s}} = 0$ を用い，化学ポテンシャルに対する熱力学的関係式である Gibbs–Duhem の式

$$d\mu = \frac{1}{\rho}dP - sdT \tag{2.122}$$

により，式 (2.119) を書き換えると，

$$\rho_{\mathrm{s}}\left[\frac{\partial \boldsymbol{v}_{\mathrm{s}}}{\partial t} + (\boldsymbol{v}_{\mathrm{s}} \cdot \nabla)\boldsymbol{v}_{\mathrm{s}}\right] = -\frac{\rho_{\mathrm{s}}}{\rho}\nabla P + \rho_{\mathrm{s}} s \nabla T \tag{2.123}$$

となる．常流体の速度場 $\boldsymbol{v}_{\mathrm{n}}$ の運動方程式は，式 (2.117) から式 (2.119) を差し引くことにより得られ，

$$\rho_{\mathrm{n}}\left[\frac{\partial \boldsymbol{v}_{\mathrm{n}}}{\partial t} + (\boldsymbol{v}_{\mathrm{n}} \cdot \nabla)\boldsymbol{v}_{\mathrm{n}}\right] = -\frac{\rho_{\mathrm{n}}}{\rho}\nabla P - \rho_{\mathrm{s}} s \nabla T + \eta_{\mathrm{n}}\nabla^2 \boldsymbol{v}_{\mathrm{n}} \tag{2.124}$$

となる．ここで，係数 η_{n} により特徴づけられる粘性による散逸項を現象論的に導入した（粘性項は非可逆過程の寄与を取り入れることにより導出される）．超流体，常流体に対し，圧力勾配は $\rho_{\mathrm{s}} : \rho_{\mathrm{n}}$ の比率で同方向に働くが，温度勾配は同じ力が逆方向に働いている．すなわち，超流体は低温領域から高温領域に駆動されるのに対し，常流体は逆方向に駆動される．これは，後に超流動乱流のところで出てくる熱対向流を生じる機構になっている．流速が十分小さいときは超流体と常流体は独立に流れる．しかし流速が大きくなると，超流体の渦である量子渦が成長し，それを介して 2 成分の運動は独立でなくなる．

このような 2 流体力学から，さまざまな音波を導出することができる．平衡状態のまわりで変数の線形化を行うと，2 種類の音波が存在することがわかる．一つは圧力勾配を復元力とし，超流体と常流体が $\boldsymbol{v}_{\mathrm{s}} = \boldsymbol{v}_{\mathrm{n}}$ となって同位相で伝播する密度波である．これは通常の流体でも存在する波で，**第 1 音波**（first sound）とよばれ，音速は $c_1 = (\partial P/\partial \rho)_s$ である．他方，温度勾配を復元力とし，超流体と常流体が $\rho_{\mathrm{s}}\boldsymbol{v}_{\mathrm{s}} + \rho_{\mathrm{n}}\boldsymbol{v}_{\mathrm{n}} = 0$ を満たしつつ逆位相で伝播するエントロピー波が存在する．これは**第 2 音波**（second sound）とよばれ，音速 c_2 は $c_2 = \sqrt{Ts^2\rho_{\mathrm{s}}/\rho_{\mathrm{n}}C}$ である（C は定積比熱）．通常流体ではエントロピーは熱拡散を行うだけで，このように波として伝播することはない．したがって，第 2 音波は 2 流体力学に特有の波である．第 2 音波は実際に観測され，このような 2 流体力学の描像が正しいことを示している．

この 2 流体模型により，前述したいくつかの超流動現象がどのように説明されるのかを見てみよう．まず，(1) の毛細管流法と振動円盤法により測定された粘性係数の相違である．前者では，毛細管を流れるのは超流体で，その粘性を測ったのだが，後者では円板の運動に作用する常流体の粘性を測っていて，そのために結果が異なったのである．次に (2) のフィルムフローである．液体 ^{4}He は表面張力が小さく，容器の壁がファンデルワールス引力により ^{4}He 原子を引きつけ，その表面に薄膜をつくる．すなわち，^{4}He はきわめて固体壁を濡らしやすい液体である．この薄膜は液化が始まる前に形成されており，ヘリウム I からヘリウム II に転移してもその厚さは不変である．ヘリウム II がつくるこの薄膜内を，超流体がサイフォンの原理（曲管を通じて高所から低所へ圧力差により流体を移動させる装置）により流れたものが，フィルムフローである．ヘリウム I の場合には，粘性のために薄膜内を流れることができない．次に，(3) の熱機械効果である．温度 T の熱平衡状態では，図 2.3(b) に示される比で，2 成分が混合している．2 個の容器のうち，容器 B が加熱されると，温度勾配により，毛細管を通って超流体が A から B へ流れ込む．このとき，常流体は粘性のため毛細管中を移動できない．式 (2.123) の定常状態は $dP = \rho s dT$ であり，温度差と圧力差がこのつり合いを満たした状態で平衡となる．機械熱効果も同様である．A の加圧 dP が毛細管を通じて A から B への超流体の移動を引き起こす．このとき，A では $\rho_{\rm n}/\rho$ が増加して温度が上昇し，B では逆に温度が下がる．$dT = dP/\rho s$ を満たす温度差が生じた状態で平衡となる．

2.7 超流動 ^{3}He

フェルミオンである ^{3}He 原子は Fermi–Dirac 統計に従う．量子効果が強く働いた低温領域で実現する液体 ^{3}He は，Bose 流体である液体 ^{4}He とまったく異なるふるまいを示す．Fermi 流体では，Pauli の排他原理により同じ状態を二つ以上の粒子が占有することはできないが，二つのフェルミオンが **Cooper 対**を組むことによってボソンを形成し，それらが凝縮して超流動相が実現する．

本節では，超流動 ^{3}He を記述するために必要なフェルミオン超流動の理論的定式化を行い，この系の超流動性について説明する．量子流体力学の観点から見て超流動 ^{3}He の最も重要な特徴は，Cooper 対の内部自由度に起因して複数の対称性が破れた多成分超流体が実現することである．また，異方的な流れをもち，超流動速度がポテンシャル流として記述されないことは 1 成分超流体と対照的である．前半では Cooper

対の性質を定性的に説明する単純な模型を導入した後にフェルミオン超流体の定式化を行う．後半ではこの系の超流動性について説明する．その際，議論を一様な流れに限定し，量子渦などの非一様な流れについては3.3節で述べる．

2.7.1　Cooper 対の対称性

まず，フェルミオン超流体を構成する Cooper 対の対称性について述べる．簡単のため，Cooper 対を形成することを想定して2個の ^{3}He 原子を考え，その2体波動関数 $\Phi_{\alpha\beta}(\boldsymbol{r}_1,\boldsymbol{r}_2)$ を考える．ここで，$(\boldsymbol{r}_1,\alpha)$，$(\boldsymbol{r}_2,\beta)$ は1番目と2番目の粒子の空間座標とスピンの向き（$\alpha,\beta=\uparrow$ or $\downarrow$）を表している．2体波動関数はフェルミオンの入れ替え $(\boldsymbol{r}_1,\alpha)\leftrightarrow(\boldsymbol{r}_2,\beta)$ に関して符号を反転し，

$$\Phi_{\beta\alpha}(\boldsymbol{r}_2,\boldsymbol{r}_1)=-\Phi_{\alpha\beta}(\boldsymbol{r}_1,\boldsymbol{r}_2) \tag{2.125}$$

を満たす．

^{3}He 原子中の電荷分布は ^{4}He 原子のそれとほとんど同じであるため，^{3}He 原子間の相互作用ポテンシャルは，^{4}He の場合と同様に，式(2.107)で表される形をもつ[*7]．一様な系を想定して，2粒子の重心運動が無視できるとき，2体波動関数は相対座標部分 $\psi(\boldsymbol{r})$ とスピン部分 $\chi_{\alpha\beta}$ に分離した形

$$\Phi_{\alpha\beta}(\boldsymbol{r}_1,\boldsymbol{r}_2)=\psi(\boldsymbol{r})\,\chi_{\alpha\beta} \tag{2.126}$$

で書き下すことができる．

2体波動関数 $\Phi_{\alpha\beta}(\boldsymbol{r}_1,\boldsymbol{r}_2)$ の対称性を，$\psi(\boldsymbol{r})$ と $\chi_{\alpha\beta}$ のそれぞれの対称性によって分類しよう．相対座標部分 $\psi(\boldsymbol{r})$ の固有状態は，相互作用ポテンシャルが球対称であるので，球面調和関数 $Y_{lm}(\hat{\boldsymbol{r}})$（$l=0,1,2,\cdots;m=0,\pm1,\pm2,\cdots\pm l$）で記述することができる．このとき，$l$ が偶数の状態は偶パリティ $\psi(-\boldsymbol{r})=\psi(\boldsymbol{r})$，$l$ が奇数の状態は奇パリティ $\psi(-\boldsymbol{r})=-\psi(\boldsymbol{r})$ となる．一方，スピン部分は，粒子対がスピン1/2の対で構成されていることを考慮すると，固有状態はスピン一重項状態（$S=0$）とスピン三重項状態（$S=1$，$S_z=0,\pm1$）のいずれかである．今，スピン部分を2×2行列（$\chi_{\alpha\beta}$）で表現し，これを単位行列 $\hat{\sigma}_0$ と Pauli 行列 $\hat{\sigma}_\mu$（$\mu=x,y,z$）で展開する．このうち，$\hat{\sigma}_y$ はスピンの入れ替えに対して $(\hat{\sigma}_y)_{\beta\alpha}=-(\hat{\sigma}_y)_{\alpha\beta}$ となり反対称であるか

[*7] ^{3}He 原子の核スピン（$S=1/2$）に起因した双極子間相互作用は十分弱く，ここでは近似的に無視する．このとき，相互作用ポテンシャル $U(\boldsymbol{r}_1-\boldsymbol{r}_2)$ は相対座標 $\boldsymbol{r}=\boldsymbol{r}_1-\boldsymbol{r}_2$ の絶対値 $r=|\boldsymbol{r}|$ にのみ依存する．

ら，スピン一重項状態を表している．残りの $\mu = 0, x, z$ の行列は $(\hat{\sigma}_\mu)_{\beta\alpha} = (\hat{\sigma}_\mu)_{\alpha\beta}$ となり対称であるから，スピン三重項状態に対応する．したがって，対称性 (2.125) を考慮すると，2 体波動関数の行列表示 $(\hat{\Phi})_{\alpha\beta} = \Phi_{\alpha\beta}$ は慣例にならって以下のように表現できる．

$$\hat{\Phi} = \begin{cases} \hat{\Phi}_{\mathrm{s}} \equiv \psi_0(\boldsymbol{r})\hat{\sigma}_0 i\hat{\sigma}_y & \text{(偶パリティ・スピン一重項)} \\ \hat{\Phi}_t \equiv [\boldsymbol{\psi}(\boldsymbol{r})\cdot\hat{\boldsymbol{\sigma}}]\, i\hat{\sigma}_y & \text{(奇パリティ・スピン三重項)} \end{cases} \tag{2.127}$$

ここで，$\hat{\boldsymbol{\sigma}} = [\hat{\sigma}_x, \hat{\sigma}_y, \hat{\sigma}_z]^{\mathrm{T}}$ であり，$\psi_0(\boldsymbol{r}) = \psi_0(-\boldsymbol{r})$ は偶パリティ，$\boldsymbol{\psi}(\boldsymbol{r}) = [\psi_x(\boldsymbol{r}), \psi_y(\boldsymbol{r}), \psi_z(\boldsymbol{r})]^{\mathrm{T}} = -\boldsymbol{\psi}(-\boldsymbol{r})$ は奇パリティをもつ波動関数である．すなわち，ψ_0 に対して偶数の l の対状態のみが，$\psi_{x,y,z}$ に対しては奇数の l の対状態のみが可能である．

典型的な 2 体問題では，相対角運動量をもたない $l = 0$ の s 波対状態に比べて，$l > 0$ の対状態は遠心力ポテンシャルによる余分な運動エネルギーを有しているため，$l = 0$，$S = 0$ の s 波スピン一重項状態が最もエネルギー的に好まれる．通常の超伝導体では $l = 0$ のスピン一重項の Cooper 対が凝縮し，s 波超伝導体（または一般化して s 波超流体）とよばれる．一方，超流動 ^{3}He では $l = 1$，$S = 1$（スピン三重項）の Cooper 対が凝縮した p 波超流体が実現していることが実験的に確かめられている．p 波三重項状態が好まれる要因としては，スピン三重項状態をエネルギー的により優位にするスピン揺らぎを媒介にした準粒子間相互作用の存在が挙げられる．また，近距離で働く非常に強い反発芯ポテンシャルが存在することで，相対距離が短い領域で 2 体波動関数の振幅が十分減衰するため，遠心力ポテンシャルによるエネルギーの増大が効果的に抑制されることが影響していると考えられる．

$l = 1$，$S = 1$ のとき，状態の縮退度は相対座標部分に関して $2l + 1 = 3$，スピン部分に関して $2S + 1 = 3$ である．したがって，その Cooper 対の凝縮によって生じる秩序変数は $(2l + 1) \times (2S + 1) = 9$ 成分の複素数場で記述される．このような多成分超流体ではその多自由度性のために複数の相が可能であり，超流動状態の記述も 1 成分超流体に比べて複雑になる．1972 年に ^{3}He の超流動転移が Osheroff，Richardson，Lee 等によって初めて発見され [18]，その後すぐに超流動 ^{3}He には A 相（^{3}He-A），B 相（^{3}He-B），A_1 相（^{3}He-A_1）の三つの相が存在することが明らかになった．図 2.4 に超流動 ^{3}He の相図を示す．ゼロ磁場下では A 相と B 相しか実現せず，A_1 相は有限磁場下の常流動相に沿った薄い領域でのみ実現する．超流動 ^{3}He の磁性的性質は重要であるが，流動現象に重きを置く本書の目的を考慮し，本節ではゼロ磁場下で定式化を行い，A 相と B 相における超流動性に焦点を当てて紹介する．文献 [19] では超流

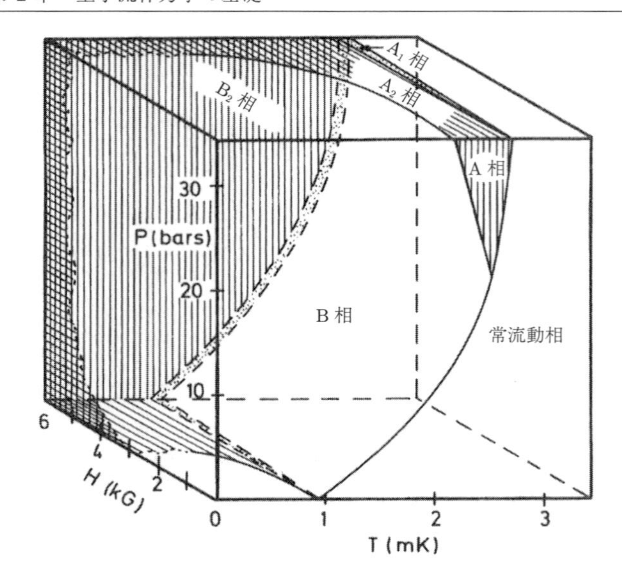

図 2.4　超流動 ^{3}He の温度（T），磁場（H）および圧力（P）についての相図．B 相は低温低磁場側に存在する．A 相の領域はゼロ磁場下において高圧高温領域に現れ，磁場の大きさとともにその領域は増大し，高磁場では B 相の領域は消失する．A_1 相は磁場が有限のときのみ存在し，A 相と常流動相に存在する狭い領域で実現する．磁場下の B 相と A 相はそれぞれ B_2 相，A_2 相とよばれることもある．(D. Vollhardt and P. Wölfle: *The Superfluid Phases of Helium 3*, Taylor & Francis (1990) より．)

動 ^{3}He に関する広範な話題が取り扱われているので，さらに詳しく勉強したい読者はこれを参照してほしい．

Cooper 不安定性

Cooper 対の凝縮を直感的に理解するための簡単な考察を紹介する．まず，$T = 0$ で基底状態にあるスピン 1/2 のフェルミオンが $N - 2$ 個からなる系を考える．ここで，粒子間の相互作用はないものとする．この系の Fermi 面の直上に，2 個のフェルミオンを付け加えよう．もし，この 2 粒子間に引力相互作用が働いた場合，何が起こるであろうか？

前節の議論と同様に，この 2 粒子の重心運動は無視し，2 体波動関数 (2.126) を考える．2 粒子間の相対座標部分の波動関数 $\psi(\boldsymbol{r})$ に対する Schrödinger 方程式は，

$$\left[-\frac{\hbar^2}{m}\nabla^2 + U(r)\right]\psi(\boldsymbol{r}) = (2\epsilon + 2\varepsilon_{\mathrm{F}})\,\psi(\boldsymbol{r}) \tag{2.128}$$

で与えられる．ここで，2ϵ は Fermi エネルギー ε_{F} の 2 倍の値を基準にした 2 粒子のエネルギーである．波動関数の Fourier 展開 $\psi(\boldsymbol{r}) = \sum_{\boldsymbol{k}}\psi_{\boldsymbol{k}}e^{i\boldsymbol{k}\cdot\boldsymbol{r}}$ を代入し，

$$\xi_{\boldsymbol{k}} = \frac{\hbar^2 k^2}{2m} - \mu \tag{2.129}$$

を用いると，

$$(\epsilon - \xi_{\boldsymbol{k}'})\,\psi_{\boldsymbol{k}'} = \frac{1}{16\pi^3}\int_{|k|>k_{\mathrm{F}}} d\boldsymbol{k}\psi_{\boldsymbol{k}}U_{\boldsymbol{k}'-\boldsymbol{k}} \tag{2.130}$$

を得る．ここで，$U_{\boldsymbol{k}} \equiv \int d\boldsymbol{r}U(\boldsymbol{r})e^{-i\boldsymbol{k}\cdot\boldsymbol{r}}$ を用いた．式 (2.130) の右辺の積分範囲は，引力が Fermi 球外の粒子間にのみ作用することを反映している．また，化学ポテンシャル μ は $T=0$ において ε_{F} に等しいことを用いた．

相互作用ポテンシャル $U(\boldsymbol{r})$ の球対称性により，式 (2.130) は相対角運動量 $\hbar l$ の各成分に分解することができる．$U_{\boldsymbol{k}'-\boldsymbol{k}}$ を Legendre 多項式 $P_l(\hat{\boldsymbol{k}}'\cdot\hat{\boldsymbol{k}})$ で展開して，

$$U_{\boldsymbol{k}'-\boldsymbol{k}} = \sum_l (2l+1)U_l(k',k)P_l\left(\hat{\boldsymbol{k}}'\cdot\hat{\boldsymbol{k}}\right) \tag{2.131}$$

と表す．また，$\psi_{\boldsymbol{k}}$ を球面調和関数 $Y_{lm}(\hat{\boldsymbol{k}})$ を用いて $\psi_{\boldsymbol{k}} = \sum_{l,m}a_{lm}\psi_l(k)Y_{lm}(\hat{\boldsymbol{k}})$ と展開する．解析解を得るために，Fermi 面近傍の薄い球殻上（エネルギー幅 $2\epsilon_{\mathrm{c}}$，$\epsilon_{\mathrm{c}} \ll \varepsilon_{\mathrm{F}}$）に存在する $l=L$ の対にのみ作用する相互作用

$$U_l(k',k) = -g_l\delta_{l,L}\theta(\epsilon_{\mathrm{c}} - |\xi_{\boldsymbol{k}}|)\theta(\epsilon_{\mathrm{c}} - |\xi_{\boldsymbol{k}'}|) \tag{2.132}$$

を設定し，そのエネルギー固有値を $\epsilon = \epsilon_L$ とする．ここで，g_L は結合定数，θ は階段関数，$\delta_{l,L}$ は Kronecker のデルタである．このとき，式 (2.130) は以下の積分方程式に帰着する．

$$(\xi_{\boldsymbol{k}'} - \epsilon_L)\,\psi_L(k') = \frac{g_L N_{\mathrm{F}}}{2}\int_0^{\epsilon_{\mathrm{c}}} d\xi_k\psi_L(k) \tag{2.133}$$

ここで，N_{F} は式 (2.23) で与えられる．この方程式の解は，右辺を定数 C とおくことにより，形式的に $\psi_L(k) = C/(\xi_{\boldsymbol{k}} - \epsilon_L)$ と表される．この解を式 (2.133) に代入し，ϵ_L について解けば，$g_L N_{\mathrm{F}} \ll 1$ が成り立つ弱結合の場合，

$$\epsilon_L = -\epsilon_{\mathrm{c}}\exp\left(-\frac{2}{g_L N_{\mathrm{F}}}\right) \tag{2.134}$$

を得る．

式 (2.134) は相対角運動量 $\hbar L$ の対に引力（$g_L > 0$）が作用する場合，$\epsilon_L < 0$ の束縛状態が存在することを意味する．つまり，この束縛対が形成されることにより系のエネルギーを減少させることができる．したがって，Fermi 面近傍のフェルミオン対に引力相互作用が存在すれば，系のエネルギーを下げるために次々と束縛対が形成され，対の数が巨視的な量に達して対凝縮状態が実現する．次項で紹介する BCS 理論の枠組みでは，このような対凝縮状態は，フェルミオン場の演算子 $\hat{\Psi}_\alpha$，$\hat{\Psi}^\dagger_\alpha$ で定義される対相関関数 $\langle \hat{\Psi}_\alpha(\boldsymbol{r}_1)\hat{\Psi}_\beta(\boldsymbol{r}_2)\rangle$，$\langle \hat{\Psi}^\dagger_\alpha(\boldsymbol{r}_1)\hat{\Psi}^\dagger_\beta(\boldsymbol{r}_2)\rangle$ を古典場（平均場）として扱うことによって記述される．

式 (2.134) は対凝縮を特徴づけるエネルギーであり，超流動転移温度 T_c と関連づけて $k_\mathrm{B}T_\mathrm{c} \sim -\epsilon_L$ と見積もられる．$g_L N_\mathrm{F} \ll 1$ の弱結合領域では，$g_L N_\mathrm{F}$ が大きくなるにつれて転移温度が指数関数的に低くなる．液体 ^{3}He の $L = 0, 1, 2$ に対する $g_L N_\mathrm{F}$ の値は Fermi 液体論による補正項の実測値を現象論的に組み込んだ理論計算により見積もられており，s 波（$L = 0$）と d 波（$L = 2$）に対して斥力（$g_{0,2}N_\mathrm{F} < 0$）を示し，p 波は引力（$0.3 \lesssim g_1 N_\mathrm{F} \lesssim 0.4$）となる*8．

2.7.2　フェルミオン超流体の定式化

上で述べた2体波動関数の対称性・多自由度性は，^{3}He の超流動状態にも反映される．ここでは相互作用の効果が小さい弱結合領域で Cooper 対の凝縮状態を定式化する．

BCS ハミルトニアンの対角化

フェルミオンに対する場の演算子を $\hat{\Psi}_\alpha(\boldsymbol{r})$ とし，式 (2.41) をスピンをもつ場合に拡張することによって，外場の存在しない一様系の多体ハミルトニアンを

$$
\begin{aligned}
\hat{K} = &\sum_\alpha \int d\boldsymbol{r}_1 \hat{\Psi}^\dagger_\alpha(\boldsymbol{r}_1)\left(-\frac{\hbar^2}{2m}\nabla_1^2 - \mu\right)\hat{\Psi}_\alpha(\boldsymbol{r}_1) \\
&+ \frac{1}{2}\sum_{\alpha,\beta}\int d\boldsymbol{r}_1 \int d\boldsymbol{r}_2 \hat{\Psi}^\dagger_\alpha(\boldsymbol{r}_1)\hat{\Psi}^\dagger_\beta(\boldsymbol{r}_2)U(\boldsymbol{r}_1 - \boldsymbol{r}_2)\hat{\Psi}_\beta(\boldsymbol{r}_2)\hat{\Psi}_\alpha(\boldsymbol{r}_1)
\end{aligned}
\tag{2.135}
$$

*8 有効相互作用 (2.132) について十分な理解は得られていない．カットオフエネルギー ϵ_c は，小さくとも Fermi 液体論が成立しなくなるエネルギー $k_\mathrm{B}T_\mathrm{Q}$ 程度，大きくとも Fermi エネルギー ε_F の程度であると予想される．これにより，$T_\mathrm{Q} \sim 0.1$ K，$T_\mathrm{F} \sim 1$ K を用いると，$0.3 \lesssim g_1 N_\mathrm{F} \lesssim 0.4$ を得る．

と書く．対凝縮を想定して，対ポテンシャルとよばれる平均場

$$\Delta_{\alpha\beta}(\boldsymbol{r}_1, \boldsymbol{r}_2) \equiv U(\boldsymbol{r}_1 - \boldsymbol{r}_2)\langle\hat{\Psi}_\beta(\boldsymbol{r}_2)\hat{\Psi}_\alpha(\boldsymbol{r}_1)\rangle = -\Delta_{\beta\alpha}(\boldsymbol{r}_2, \boldsymbol{r}_1) \tag{2.136}$$

を導入しよう．最後の等式は，式 (2.125) と同じ対称性を表しており，$U(\boldsymbol{r}_1 - \boldsymbol{r}_2) = U(\boldsymbol{r}_2 - \boldsymbol{r}_1)$，および，反交換関係 (2.36) を用いた．式 (2.135) を平均場からの揺らぎ $\hat{\Psi}_\beta(\boldsymbol{r}_2)\hat{\Psi}_\alpha(\boldsymbol{r}_1) - \langle\hat{\Psi}_\beta(\boldsymbol{r}_2)\hat{\Psi}_\alpha(\boldsymbol{r}_1)\rangle$，$\hat{\Psi}^\dagger_\alpha(\boldsymbol{r}_1)\hat{\Psi}^\dagger_\beta(\boldsymbol{r}_2) - \langle\hat{\Psi}^\dagger_\beta(\boldsymbol{r}_2)\hat{\Psi}^\dagger_\alpha(\boldsymbol{r}_1)\rangle$ に関して線形化すれば，有効ハミルトニアン

$$\begin{aligned}\hat{K}' = \sum_\alpha \int d\boldsymbol{r}_1 \hat{\Psi}^\dagger_\alpha(\boldsymbol{r}_1)\left(-\frac{\hbar^2}{2m}\nabla_1^2 - \mu\right)\hat{\Psi}_\alpha(\boldsymbol{r}_1) \\ + \frac{1}{2}\sum_{\alpha,\beta}\int d\boldsymbol{r}_1 \int d\boldsymbol{r}_2 \Big[\Delta_{\alpha\beta}(\boldsymbol{r}_1, \boldsymbol{r}_2)\langle\hat{\Psi}^\dagger_\beta(\boldsymbol{r}_2)\hat{\Psi}^\dagger_\alpha(\boldsymbol{r}_1)\rangle \\ + \Delta^*_{\alpha\beta}(\boldsymbol{r}_1, \boldsymbol{r}_2)\hat{\Psi}_\beta(\boldsymbol{r}_2)\hat{\Psi}_\alpha(\boldsymbol{r}_1) + \hat{\Psi}^\dagger_\alpha(\boldsymbol{r}_1)\hat{\Psi}^\dagger_\beta(\boldsymbol{r}_2)\Delta_{\alpha\beta}(\boldsymbol{r}_1, \boldsymbol{r}_2)\Big]\end{aligned} \tag{2.137}$$

を得る．$\hat{K}'$ を使って Heisenberg の運動方程式を書き下すと，

$$i\hbar\frac{\partial\hat{\Psi}_\alpha(\boldsymbol{r}_1, t)}{\partial t} = \left(-\frac{\hbar^2\nabla_1^2}{2m} - \mu\right)\hat{\Psi}_\alpha(\boldsymbol{r}_1) + \sum_\beta \int d\boldsymbol{r}_2 \Delta_{\alpha\beta}(\boldsymbol{r}_1, \boldsymbol{r}_2)\hat{\Psi}^\dagger_\beta(\boldsymbol{r}_2) \tag{2.138}$$

を得る．

ボソンの場合と同様に場の演算子に対して Bogoliubov 変換を施し，$\hat{K}'$ を式 (2.101) のように対角化した形で低温領域の励起状態を表示する．表記を簡略化するために場の演算子のベクトル表示 $\boldsymbol{\Psi} = \left(\hat{\Psi}_\uparrow, \hat{\Psi}_\downarrow, \hat{\Psi}^\dagger_\uparrow, \hat{\Psi}^\dagger_\downarrow\right)^{\mathrm{T}}$ を導入し，これに対して Bogoliubov 変換

$$\boldsymbol{\Psi} = \sum_j \left[\hat{b}_j(t)\boldsymbol{w}_j + \hat{b}^\dagger_j(t)\overline{\boldsymbol{w}_j}\right] \tag{2.139}$$

を適用する．ここで，Bogoliubov 係数のベクトル表示 $\boldsymbol{w}_j = (u_{j\uparrow}, u_{j\downarrow}, v_{j\uparrow}, v_{j\downarrow})^{\mathrm{T}}$，$\overline{\boldsymbol{w}_j} = \left(v^*_{j\uparrow}, v^*_{j\downarrow}, u^*_{j\uparrow}, u^*_{j\downarrow}\right)^{\mathrm{T}}$ を導入した．これを運動方程式 (2.138) に代入し，素励起の励起エネルギーを ϵ_j として $\hat{b}_j \propto e^{-i\epsilon_j t/\hbar}$ に注意して整理すると，BdG 方程式

$$\epsilon_j \boldsymbol{u}_j(\boldsymbol{r}_1) = \int d\boldsymbol{r}_2 \begin{pmatrix} \hat{\xi}(\boldsymbol{r}_1, \boldsymbol{r}_2) & \hat{\Delta}(\boldsymbol{r}_1, \boldsymbol{r}_2) \\ -\hat{\Delta}^*(\boldsymbol{r}_1, \boldsymbol{r}_2) & -\hat{\xi}(\boldsymbol{r}_1, \boldsymbol{r}_2) \end{pmatrix} \boldsymbol{u}_j(\boldsymbol{r}_2) \tag{2.140}$$

が得られる．ここで，2×2 行列 $\hat{\xi}(\boldsymbol{r}_1, \boldsymbol{r}_2) = \delta(\boldsymbol{r}_1 - \boldsymbol{r}_2)(-\hbar^2\nabla_2^2/2m - \mu)\hat{\sigma}_0$，$\left[\hat{\Delta}(\boldsymbol{r}_1, \boldsymbol{r}_2)\right]_{\alpha\beta} = \Delta_{\alpha\beta}(\boldsymbol{r}_1, \boldsymbol{r}_2)$ を用いて右辺の 4×4 行列を表現した．一方，$\Psi_\alpha^\dagger$ に対する運動方程式に式 (2.139) を代入することにより，式 (2.140) の解 $(\epsilon_j, \boldsymbol{w}_j)$ に関して固有値の符号を反転させた解 $(-\epsilon_j, \overline{\boldsymbol{w}_j})$ がいつも存在することがわかる．以下では，前者を非負の固有値 $(\epsilon_j \geq 0)$ とみなし，その固有関数によって完全規格直交系を構成しよう．ベクトル $\boldsymbol{w}_j$ に関する規格直交性および完全性は

$$\int d\boldsymbol{r}_1 \boldsymbol{w}_j^\dagger(\boldsymbol{r}_1)\boldsymbol{w}_k(\boldsymbol{r}_1) = \delta_{jk}, \qquad \int d\boldsymbol{r}_1 \boldsymbol{w}_j^\dagger(\boldsymbol{r}_1)\overline{\boldsymbol{w}_k}(\boldsymbol{r}_1) = 0 \tag{2.141}$$

$$\sum_j \left[\boldsymbol{w}_j(\boldsymbol{r}_1)\boldsymbol{w}_j^\dagger(\boldsymbol{r}_2) + \overline{\boldsymbol{w}_j}(\boldsymbol{r}_1)\overline{\boldsymbol{w}_j}^\dagger(\boldsymbol{r}_2)\right] = \delta(\boldsymbol{r}_1 - \boldsymbol{r}_2)\check{\mathcal{I}} \tag{2.142}$$

と書かれる．ここで，$\check{\mathcal{I}}$ は 4×4 の単位行列である．また，式 (2.139) の逆変換は

$$b_j = \int d\boldsymbol{r}_1 \boldsymbol{w}_j^\dagger \boldsymbol{\Psi}, \qquad b_j^\dagger = \int d\boldsymbol{r}_1 \overline{\boldsymbol{w}_j}^\dagger \boldsymbol{\Psi} \tag{2.143}$$

である．これらの関係式により，素励起の演算子 b_j，$b_j^\dagger$ は式 (2.32) と同様のフェルミオンの反交換関係を満たす．

以上の結果を用いると，$\hat{K}'$ は以下の形に対角化される．

$$\hat{K}' = \sum_j \epsilon_j b_j^\dagger b_j - \sum_{j,\alpha} \epsilon_j \int d\boldsymbol{r}_1 \left|v_{j\alpha}\right|^2 - \int\int d\boldsymbol{r}_1 d\boldsymbol{r}_2 \frac{\mathrm{Tr}\left[\hat{\Delta}(\boldsymbol{r}_1, \boldsymbol{r}_2)\hat{\Delta}^*(\boldsymbol{r}_1, \boldsymbol{r}_2)\right]}{2U(\boldsymbol{r}_1 - \boldsymbol{r}_2)} \tag{2.144}$$

ここで，Tr はスピン成分を表す 2×2 行列に関する対角成分の和を表している．今，Fermi 型の素励起を想定しているので，熱平衡状態における数演算子 $b_j^\dagger b_j$ の期待値は，式 (2.25) を適用して

$$\langle b_j^\dagger b_j \rangle = f_{\mathrm{F}}(\epsilon_j) = \frac{1}{e^{\beta\epsilon_j} + 1} \tag{2.145}$$

で与えられる．

励起状態の性質を知るためには，式 (2.140) の固有値問題を解く必要があるが，これを解析的に扱うことは一般に難しい．なぜなら，式 (2.140) 右辺の行列が対ポテンシャル $\hat{\Delta}(\boldsymbol{r}_1, \boldsymbol{r}_2)$ を通じて固有ベクトル $\boldsymbol{w}_j$ に依存しているからである．式 (2.139) を式 (2.136) に代入して対ポテンシャルを再表示すると，ギャップ方程式

$$\Delta_{\alpha\beta}(\boldsymbol{r}_1, \boldsymbol{r}_2) = U(\boldsymbol{r}_1 - \boldsymbol{r}_2) \sum_j \{u_{j\alpha}(\boldsymbol{r}_1) v_{j\beta}^*(\boldsymbol{r}_2) f_{\mathrm{F}}(\epsilon_j)$$

$$+ v_{j\alpha}^*(\boldsymbol{r}_1) u_{j\beta}(\boldsymbol{r}_2) \left[1 - f_{\mathrm{F}}(\epsilon_j)\right]\} \tag{2.146}$$

を得る．励起状態を得るためには (2.146) と (2.140) を連立させて方程式を自己無撞着に解かなければならない．$T=0$ や超流動転移温度近傍を除けば，その計算は数値計算に頼らざるをえない．

エネルギーギャップ

空間的に一様な状態については，いくつかの重要な結論を解析的に導き出すことができる．このとき，素励起の運動量 $\hbar\boldsymbol{k}$ は良い量子数となり，固有ベクトル $\boldsymbol{w}_j$ を平面波の形

$$\boldsymbol{w}_j(\boldsymbol{r}_1) = \frac{1}{\sqrt{V}} \boldsymbol{w}_{\boldsymbol{k}} e^{i\boldsymbol{k}\cdot\boldsymbol{r}_1} \tag{2.147}$$

で表すことができる．ここで，$\boldsymbol{w}_{\boldsymbol{k}} = (u_{\boldsymbol{k}\uparrow}, u_{\boldsymbol{k}\downarrow}, v_{\boldsymbol{k}\uparrow}, v_{\boldsymbol{k}\downarrow})^{\mathrm{T}}$ である．これをギャップ方程式 (2.146) に代入すると，$\Delta_{\alpha\beta}(\boldsymbol{r}_1, \boldsymbol{r}_2)$ は，相対座標 $\boldsymbol{r} = \boldsymbol{r}_1 - \boldsymbol{r}_2$ にのみに依存することがわかる．その Fourier 変換を導入し，

$$(\hat{\Delta}_{\boldsymbol{k}})_{\alpha\beta} \equiv \int d\boldsymbol{r} e^{-i\boldsymbol{k}\cdot\boldsymbol{r}} \Delta_{\alpha\beta}(\boldsymbol{r}_1, \boldsymbol{r}_2) = -(\hat{\Delta}_{-\boldsymbol{k}})_{\beta\alpha} \tag{2.148}$$

とする．最後の等式では対称性 (2.136) を利用した．式 (2.147) を BdG 方程式 (2.140) に代入して整理することにより，空間に依存しない方程式

$$\epsilon_j \boldsymbol{w}_{\boldsymbol{k}} = \begin{pmatrix} \xi_{\boldsymbol{k}} \hat{\sigma}_0 & \hat{\Delta}_{\boldsymbol{k}} \\ \hat{\Delta}_{\boldsymbol{k}}^\dagger & -\xi_{\boldsymbol{k}} \hat{\sigma}_0 \end{pmatrix} \boldsymbol{w}_{\boldsymbol{k}} \tag{2.149}$$

を得る．$\xi_{\boldsymbol{k}}$ は式 (2.129) で定義したものである．

式 (2.149) の 4×4 行列の固有値問題の解は一般に複雑であるが，$\hat{\Delta}_{\boldsymbol{k}}$ がユニタリ行列の定数倍となって，

$$\hat{\Delta}_{\boldsymbol{k}} \hat{\Delta}_{\boldsymbol{k}}^\dagger = \hat{\Delta}_{\boldsymbol{k}}^\dagger \hat{\Delta}_{\boldsymbol{k}} = |\Delta(\boldsymbol{k})|^2 \hat{\sigma}_0 \tag{2.150}$$

と書けるとき，解は比較的単純な形で表せる．この状態は**ユニタリ状態**とよばれており，以下ではこの状態を前提にする*9．このとき，ある波数 $\boldsymbol{k}$ に対して四つの固有値が得られるが，そのうち二つは縮退しており，残りの二つは上で示した符号を反転させた解 $(-\epsilon_j)$ である．前者二つの固有値を $\epsilon_j = \epsilon_{\boldsymbol{k}\beta}$ $(\beta = \uparrow, \downarrow)$ と表し，その固有ベク

*9 実際，後で示す超流動 ^{3}He の典型的な相である B 相と A 相ではユニタリ状態が実現している．

トル $\boldsymbol{w}_{\boldsymbol{k}\beta} = (\mathcal{U}_{\boldsymbol{k}\uparrow\beta}, \mathcal{U}_{\boldsymbol{k}\downarrow\beta}, \mathcal{V}_{\boldsymbol{k}\uparrow\beta}, \mathcal{V}_{\boldsymbol{k}\downarrow\beta})^{\mathrm{T}}$ の行列表示 $\hat{\mathcal{U}}_{\boldsymbol{k}} = (\mathcal{U}_{\boldsymbol{k}\alpha\beta})$，$\hat{\mathcal{V}}_{\boldsymbol{k}} = (\mathcal{V}_{\boldsymbol{k}\alpha\beta})$ とともに書き下すと，

$$\epsilon_{\boldsymbol{k}\uparrow,\downarrow} = \epsilon_{\boldsymbol{k}} = \sqrt{\xi_{\boldsymbol{k}}^2 + |\Delta(\boldsymbol{k})|^2} \tag{2.151}$$

$$\hat{\mathcal{U}}_{\boldsymbol{k}} = \frac{\epsilon_{\boldsymbol{k}} + \xi_{\boldsymbol{k}}}{\sqrt{2\epsilon_{\boldsymbol{k}}\left(\epsilon_{\boldsymbol{k}} + \xi_{\boldsymbol{k}}\right)}}\hat{\sigma}_0, \quad \hat{\mathcal{V}}_{\boldsymbol{k}} = \frac{1}{\sqrt{2\epsilon_{\boldsymbol{k}}\left(\epsilon_{\boldsymbol{k}} + \xi_{\boldsymbol{k}}\right)}}\hat{\Delta}_{\boldsymbol{k}}^{\dagger} \tag{2.152}$$

となることは式 (2.149) に直接代入すれば確かめられる．この結果を式 (2.144) に代入して期待値をとると，

$$\langle \hat{K}' \rangle = \sum_{\boldsymbol{k}} |\Delta(\boldsymbol{k})|^2 \left[\frac{1 - 2f_{\mathrm{F}}\left(\epsilon_{\boldsymbol{k}}\right)}{2\epsilon_{\boldsymbol{k}}} - \frac{1}{\epsilon_{\boldsymbol{k}} + \xi_k}\right] + 2\sum_{\boldsymbol{k}} \epsilon_{\boldsymbol{k}} f_{\mathrm{F}}\left(\epsilon_{\boldsymbol{k}}\right) \tag{2.153}$$

となり，対ポテンシャルは $|\Delta(\boldsymbol{k})|^2$ を通じてのみ，エネルギーへ寄与していることがわかる．

低エネルギー励起を調べると対ポテンシャルの役割がより明らかになる．Fermi 温度 T_{F} に比べて十分低い温度 $T \ll T_{\mathrm{F}}$ において，励起される素励起の波数の大きさ $k = |\boldsymbol{k}|$ は Fermi 波数 $k_{\mathrm{F}} \approx \sqrt{2m\mu}/\hbar$ 近傍の値に限られる．1 粒子エネルギー $\xi_{\boldsymbol{k}}$ を微小なベクトル $\delta\boldsymbol{k} \equiv \boldsymbol{k} - \boldsymbol{k}_{\mathrm{F}} = (k - k_{\mathrm{F}})\hat{\boldsymbol{k}}$ に関して線形化することにより，

$$\xi_{\boldsymbol{k}} = \frac{\hbar^2\left(\boldsymbol{k}_{\mathrm{F}} + \delta\boldsymbol{k}\right)^2}{2m} - \mu \approx v_{\mathrm{F}}\hbar(k - k_{\mathrm{F}}) \tag{2.154}$$

を得る．これを式 (2.151) に代入することにより，低エネルギー領域における励起エネルギーの表式

$$\epsilon_{\boldsymbol{k}} \approx |\Delta(\boldsymbol{k}_{\mathrm{F}})| + \frac{\hbar^2(k - k_{\mathrm{F}})^2 v_{\mathrm{F}}^2}{2\,|\Delta(\boldsymbol{k}_{\mathrm{F}})|} \quad (\xi_{\boldsymbol{k}} \ll |\Delta(\boldsymbol{k}_{\mathrm{F}})|) \tag{2.155}$$

を得る．ここで，ギャップ $|\Delta(\boldsymbol{k})|$ の k 依存性が十分緩やかであるとして，Fermi 面上での値 $|\Delta(\boldsymbol{k}_{\mathrm{F}})|$ におき換えた．この形からわかるように，対ポテンシャルの存在が低エネルギー励起にエネルギーギャップ $|\Delta(\boldsymbol{k}_{\mathrm{F}})|$ を生じさせている．$|\Delta(\boldsymbol{k}_{\mathrm{F}})|$ の波数依存性は Fermi 分布関数 (2.145) にも反映されるため，系の巨視的性質に強い影響を及ぼす．

対ポテンシャルの対称性

式 (2.127) と同様な分類を対ポテンシャルにも適用することができる．対相関関数 $\hat{F}(\boldsymbol{r}) \equiv \hat{\Delta}(\boldsymbol{r}_1, \boldsymbol{r}_2)/U(\boldsymbol{r}_1 - \boldsymbol{r}_2)$ の Fourier 変換 $\hat{F}_{\boldsymbol{q}}$ を球面調和関数 $Y_{lm}(\hat{\boldsymbol{q}})$ で展開して，

$$\hat{F}_{\boldsymbol{q}} = \int d\boldsymbol{r} \hat{F}(\boldsymbol{r}) e^{-i\boldsymbol{q}\cdot\boldsymbol{r}} = \sum_{lm} \hat{F}_{lm}(q) Y_{lm}(\hat{\boldsymbol{q}}) \tag{2.156}$$

とおく．一方，この式と相互作用ポテンシャルの展開式 (2.131) を対ポテンシャルの Fourier 変換 $\hat{\Delta}_{\boldsymbol{k}} = V^{-1} \sum_{\boldsymbol{q}} \hat{F}_{\boldsymbol{q}} U_{\boldsymbol{k}-\boldsymbol{q}}$ に代入することにより，

$$\hat{\Delta}_{\boldsymbol{k}} = \sum_{lm} \hat{\Delta}_{lm}(k) Y_{lm}(\hat{\boldsymbol{k}}) \tag{2.157}$$

を得る．ここで，$\hat{\Delta}_{lm}(k) = (2\pi^2)^{-1} \int dq q^2 U_l(k,q) \hat{F}_{lm}(q)$ を用いた．$l = L$ の対凝縮を想定し，有効相互作用 (2.132) を採用する．この場合，式 (2.157) の l に関する和は $l = L$ の項のみが生き残る．また，式 (2.156) より，行列 $\hat{\Delta}_{lm}(k)$ の対称性は Cooper 対を表すスピン行列 $\hat{F}(\boldsymbol{r})$ の対称性をそのまま反映する．したがって，$\hat{F}(\boldsymbol{r})^{\mathrm{T}} = -\hat{F}(\boldsymbol{r})$ のとき L は偶数，$\hat{F}(\boldsymbol{r})^{\mathrm{T}} = \hat{F}(\boldsymbol{r})$ のとき，L は奇数のみが許される．s 波（$L = 0$）の場合，球面調和関数は定数 $Y_{00}(\hat{\boldsymbol{k}}) = (4\pi)^{-1/2}$ となるので，$\hat{\Delta}_{\boldsymbol{k}}$ は方向 $\hat{\boldsymbol{k}}$ に依存せず等方的である．一方，p 波（$L = 1$）では $\hat{\Delta}_{\boldsymbol{k}}$ は球面調和関数 $Y_{1m}(\hat{\boldsymbol{k}})$ を通じて方向 $\hat{\boldsymbol{k}}$ に依存する．

以上の結果をふまえると，Fermi 面上での対ポテンシャルを式 (2.127) と同じ形式で

$$\hat{\Delta}_{\boldsymbol{k}_{\mathrm{F}}} = \begin{cases} d_0 \hat{\sigma}_0 i\hat{\sigma}_y & (s \text{ 波一重項}) \\ \left[\boldsymbol{d}(\hat{\boldsymbol{k}}) \cdot \hat{\boldsymbol{\sigma}}\right] i\hat{\sigma}_y & (p \text{ 波三重項}) \end{cases} \tag{2.158}$$

と表せる．対ポテンシャルの対称性 (2.148) を考慮すると，$\boldsymbol{d}(-\hat{\boldsymbol{k}}) = -\boldsymbol{d}(\hat{\boldsymbol{k}})$ が成立する．s 波の場合，ユニタリ性 (2.150) は自動的に満たされている．一方，p 波に対するユニタリ状態が実現する条件は $\boldsymbol{d} \times \boldsymbol{d}^* = 0$ に帰着する．このとき，式 (2.155) におけるエネルギーギャップは

$$|\Delta(\boldsymbol{k}_{\mathrm{F}})| = \begin{cases} |d_0| & (s \text{ 波一重項}) \\ |\boldsymbol{d}(\hat{\boldsymbol{k}})| & (p \text{ 波三重項}) \end{cases} \tag{2.159}$$

と書かれる．p 波超流動 ^{3}He は「異方的超流体」とよばれるが，対ポテンシャル (2.158)，あるいは，エネルギーギャップ (2.159) が $\hat{\boldsymbol{k}}$ に依存していることで，その異方性が巨視的物理量に反映されることがその理由である．

Ginzburg–Landau 展開

ここで，2.3.3 項で導入した Ginzburg–Landau 理論との関係について簡単に述べておこう．勾配エネルギーを無視した自由エネルギー $F_{\mathrm{bulk}} = \int d\boldsymbol{r} f_{\mathrm{bulk}}$ は凝縮エ

ネルギーの表式 (2.153) を使って $F_{\mathrm{bulk}} = \langle \hat{K}' \rangle - TS$ と書かれる．ここで，$S = -2k_{\mathrm{B}} \sum_{\boldsymbol{k}} \{ f_{\mathrm{F}}(\epsilon_{\boldsymbol{k}}) \ln f_{\mathrm{F}}(\epsilon_{\boldsymbol{k}}) + [1 - f_{\mathrm{F}}(\epsilon_{\boldsymbol{k}})] \ln [1 - f_{\mathrm{F}}(\epsilon_{\boldsymbol{k}})] \}$ は Fermi 型素励起の理想気体のエントロピーである．秩序変数の振幅 $|\Delta(\boldsymbol{k}_{\mathrm{F}})|$ の温度依存性を評価するために，方向依存性を抜き出し，

$$|\Delta(\boldsymbol{k}_{\mathrm{F}})|^2 = \Delta^2 g(\hat{\boldsymbol{k}}) \tag{2.160}$$

とする．ここで，$g(\hat{\boldsymbol{k}})$ は $\langle g(\hat{\boldsymbol{k}}) \rangle_{\hat{\boldsymbol{k}}} = 1$ のように規格化された関数である．f_{bulk} の導出は計算が複雑になるため，ここでは結果のみを示す．Ginzburg–Landau 展開は，$|\Delta(\boldsymbol{k}_{\mathrm{F}})|$ が小さくなる転移温度 T_{c} 近傍で，f_{bulk} を $|\Delta(\boldsymbol{k}_{\mathrm{F}})|$ に関してべき展開することにより求まり，

$$f_{\mathrm{bulk}} \sim f_0 + \alpha \Delta^2 + \beta \Delta^4 \tag{2.161}$$

となる．ここで，

$$\alpha = \frac{N_{\mathrm{F}}}{T_{\mathrm{c}}}(T - T_{\mathrm{c}}), \qquad \beta = \frac{7\zeta(3)}{16\pi^2} \frac{N_{\mathrm{F}}}{(k_{\mathrm{B}} T_{\mathrm{c}})^2} \langle g^2(\hat{\boldsymbol{k}}) \rangle_{\hat{\boldsymbol{k}}} \tag{2.162}$$

を用いた．$\zeta(s) = \sum_{n=1}^{\infty} n^{-s}$ は zeta 関数で，$\zeta(3) \approx 1.2$ である．自由エネルギーを極小にする $\Delta(T)$ は

$$\Delta^2(T) = \frac{8\pi^2}{7\zeta(3)} \langle g^2(\hat{\boldsymbol{k}}) \rangle_{\hat{\boldsymbol{k}}}^{-1} (k_{\mathrm{B}} T_{\mathrm{c}})^2 \quad \left(1 - \frac{T}{T_{\mathrm{c}}} \right) \tag{2.163}$$

となる．この結果は，数因子を無視すると，ギャップの大きさはエネルギースケール $k_{\mathrm{B}} T_{\mathrm{c}}$ で特徴づけられ，転移点近傍で一般に $\Delta(T) \sim k_{\mathrm{B}} T_{\mathrm{c}} (1 - T/T_{\mathrm{c}})^{1/2}$ と見積もられることを示している．

2.7.3　超流動密度

エネルギーギャップの異方性はさまざまな物理量にも反映され，等方的な超流体では現れない効果を生む．ここでは，超流動 ^{3}He の超流動性を記述する超流動密度と常流動密度の表式を求めよう．超流動密度の導出にあたって考える状況は 2.6.1 項で紹介したものと同様である．

超流体が満たされた一様空間で速度 $\boldsymbol{v}$ で動く十分に重い平板を考える．この平板を静止させたときに，速度 $\boldsymbol{v}$ を保つ流れに参加している質量成分を超流動成分と定義する．式で表すと，

$$\boldsymbol{j} = \check{\boldsymbol{\rho}}_{\mathrm{s}} \boldsymbol{v} \tag{2.164}$$

であり，超流動 ^{3}He ではその異方性を反映して，超流動密度は 3×3 テンソル $\check{\boldsymbol{\rho}}_{\mathrm{s}}$ で表現される．

今，運動量 $m\boldsymbol{v}$ をもつ 1 粒子波動関数の位相の空間依存性をあらわに抜き出して，流体を構成する粒子の消滅演算子を

$$\hat{\Psi}_\alpha(\boldsymbol{r}_1) = \hat{\Psi}^{\boldsymbol{v}}_\alpha(\boldsymbol{r}_1) e^{im\boldsymbol{v}\cdot\boldsymbol{r}_1/\hbar} \tag{2.165}$$

と書こう．この書き換えに伴って，対ポテンシャルも

$$\hat{\Delta}(\boldsymbol{r}_1, \boldsymbol{r}_2) = \hat{\Delta}^{\boldsymbol{v}}(\boldsymbol{r}_1, \boldsymbol{r}_2) e^{im\boldsymbol{v}\cdot(\boldsymbol{r}_1+\boldsymbol{r}_2)/\hbar} \tag{2.166}$$

と表す．一様系の固有ベクトルの表式 (2.147) を Bogoliubov 変換 (2.139) と式 (2.165) の関係に注意して，

$$\begin{pmatrix} u_{j\alpha}(\boldsymbol{r}_1) \\ v_{j\alpha}(\boldsymbol{r}_1) \end{pmatrix} = \begin{pmatrix} u^{\boldsymbol{v}}_{\boldsymbol{k}\alpha} e^{im\boldsymbol{v}\cdot\boldsymbol{r}_1/\hbar} \\ v^{\boldsymbol{v}}_{\boldsymbol{k}\alpha} e^{-im\boldsymbol{v}\cdot\boldsymbol{r}_1/\hbar} \end{pmatrix} \frac{e^{i\boldsymbol{k}\cdot\boldsymbol{r}_1}}{\sqrt{V}} \tag{2.167}$$

とおく．これらを用いて，BdG 方程式を求めると，式 (2.149) の各変数に単に右肩添字 $\boldsymbol{v}$ をつけた式が得られる．変数の対応は，$\delta\epsilon^0_{\boldsymbol{k}} = \hbar\boldsymbol{k}\cdot\boldsymbol{v}$ として，

$$\epsilon^{\boldsymbol{v}}_j = \epsilon_j - \delta\epsilon^0_{\boldsymbol{k}}, \qquad \xi^{\boldsymbol{v}}_{\boldsymbol{k}} = \frac{\hbar^2 k^2}{2m} - \mu^{\boldsymbol{v}}, \qquad \hat{\Delta}^{\boldsymbol{v}}_{\boldsymbol{k}} = \int d\boldsymbol{r} e^{-i\boldsymbol{k}\cdot\boldsymbol{r}} \hat{\Delta}^{\boldsymbol{v}}(\boldsymbol{r}_1, \boldsymbol{r}_2)$$

である．$\mu^{\boldsymbol{v}} = \mu - m\boldsymbol{v}^2/2 \sim \varepsilon_{\mathrm{F}}$ は流体全体が速度 $\boldsymbol{v}$ で流れているときの化学ポテンシャルのシフトを表している．結局，$\boldsymbol{v} = 0$ の場合との形式的な違いは，ギャップ方程式の中に含まれる Fermi 分布関数 $f_{\mathrm{F}}(\epsilon_j) = f_{\mathrm{F}}(\epsilon^{\boldsymbol{v}}_j + \delta\epsilon^0_{\boldsymbol{k}})$ の引数の違いのみとなる．速度 $\boldsymbol{v}$ が十分小さいとして $(\delta\epsilon^0_{\boldsymbol{k}}/\epsilon_{\boldsymbol{k}})^2$ 程度の項を無視すれば，その違いも解消され，固有値 ϵ_j は，$\boldsymbol{v} = 0$ のときの結果 (2.151) を使って，

$$\epsilon_j = \epsilon_{\boldsymbol{k}} + \delta\epsilon^0_{\boldsymbol{k}} = \epsilon_{\boldsymbol{k}} + \hbar\boldsymbol{k}\cdot\boldsymbol{v} \tag{2.168}$$

と書ける．

以上の結果をもとにして，2.6.1 項の議論と同様に質量流束密度

$$\boldsymbol{j} = \frac{1}{V}\sum_\alpha \int d\boldsymbol{r}_1 \mathrm{Re}\left\langle \hat{\Psi}^\dagger_\alpha(\boldsymbol{r}_1)(-i\hbar\boldsymbol{\nabla}_1)\hat{\Psi}_\alpha(\boldsymbol{r}_1) \right\rangle \tag{2.169}$$

を計算する．$\boldsymbol{j}$ に式 (2.139) および (2.167) を代入して整理すると，質量密度 $\rho = (m/V)\sum_\alpha \int d\boldsymbol{r} \left\langle \Psi^\dagger_\alpha(\boldsymbol{r}_1)\Psi_\alpha(\boldsymbol{r}_1) \right\rangle$ を用いて

$$\boldsymbol{j} = \rho \boldsymbol{v} - \boldsymbol{j}_{\rm n} \tag{2.170}$$

を得る．ここで，速度 $\boldsymbol{v}$ に関して3次以上の項を無視し，

$$\boldsymbol{j}_{\rm n} \equiv -\frac{2}{V}\sum_{\boldsymbol{k}} \delta\epsilon^0_{\boldsymbol{k}} \frac{df_{\rm F}(\epsilon_{\boldsymbol{k}})}{d\epsilon_{\boldsymbol{k}}} \hbar \boldsymbol{k} \tag{2.171}$$

とした．$\beta\varepsilon_{\rm F} \gg 1$，$\varepsilon_{\rm F} \gg |\Delta(\boldsymbol{k}_{\rm F})|$ の条件下では，

$$\boldsymbol{j}_{\rm n} \approx 3\rho \left\langle (\hat{\boldsymbol{k}}\cdot\boldsymbol{v})\hat{\boldsymbol{k}} Y(\beta|\Delta(\boldsymbol{k}_{\rm F})|) \right\rangle_{\hat{\boldsymbol{k}}} \equiv \check{\boldsymbol{\rho}}^0_{\rm n}\boldsymbol{v} \tag{2.172}$$

と書ける．ここで，$Y(x) = (1/2)\int_0^\infty dy\ {\rm sech}^2(\sqrt{y^2+x^2}/2)$ は芳田関数とよばれ，x の単調減少関数である．超流動密度を定義した表式 (2.164) と式 (2.170) および式 (2.172) を比較することよって，テンソル $\check{\boldsymbol{\rho}}^0_{\rm n}$ は質量密度 ρ から超流動密度 $\check{\boldsymbol{\rho}}_{\rm s}$ を差し引いたものであることがわかる．したがって，テンソル

$$\left(\check{\boldsymbol{\rho}}^0_{\rm n}\right)_{ij} = 3\rho \left\langle [\hat{k}_i \hat{k}_j Y(\beta|\Delta(\boldsymbol{k}_{\rm F})|) \right\rangle_{\hat{\boldsymbol{k}}} \tag{2.173}$$

は常流動密度とみなすことができる．芳田関数 $Y(x)$ の二つの極限 $x \ll 1$ および $x \gg 1$ でのふるまいは

$$Y(x) = \begin{cases} 1 - 7\zeta(3)x^2/(4\pi^2) & (x \ll 1) \\ \sqrt{2\pi x}e^{-x} & (x \gg 1) \end{cases} \tag{2.174}$$

となる．したがって，常流動密度 (2.173) は $T \to 0$ で消失する．一方，$|\Delta(k_{\rm F})| = 0$ となる超流動転移温度 $T \to T_{\rm c}$ では全質量密度 $\rho\delta_{jk}$ と一致する．

Fermi 液体補正

相関の強い液体状態にある超流動 ^{3}He では，Fermi 液体論による補正を考慮に入れる必要がある．まず第一に，有効質量 m^* によって Fermi 面上での各スピンあたりの状態密度 $N_{\rm F}$ が式 (2.28) で表されることに注意する．これにより，式 (2.173) に因子 m^*/m が乗じられる．ところが，このようにして計算された超流動密度は $m^*/m \neq 1$ のとき $T \to T_{\rm c}$ で $\rho\delta_{ij}$ と一致しない．この不一致を取り除くためには，素励起間の相互作用をあらわに考慮する必要がある．以下で見るように，この相互作用の効果は，速度場 $\boldsymbol{v}$ が遮蔽された有効速度場 $\boldsymbol{v}_{\rm eff}$ におき換わることに帰着する．

このことを確かめるために，式 (2.168) の右辺第2項 $\delta\epsilon^0_{\boldsymbol{k}} = \hbar\boldsymbol{k}\cdot\boldsymbol{v}$ を，$\boldsymbol{v} = 0$ のときの励起エネルギー $\epsilon_{\boldsymbol{k}}$ に対する摂動ととらえることで，Fermi 液体補正を考慮した励

起エネルギーの変動 $\delta\epsilon_{\boldsymbol{k}}$ に対する表式を求めよう．この摂動によって生じる分布関数の変動 $\delta f_{\mathrm{F}}(\epsilon_{\boldsymbol{k}})$ は素励起間の相互作用として励起エネルギーに反映され，励起エネルギーの変動は

$$\delta\epsilon_{\boldsymbol{k}} = \delta\epsilon_{\boldsymbol{k}}^0 + 2\sum_{\boldsymbol{k}'} F_{\boldsymbol{k}\boldsymbol{k}'}\delta f_{\mathrm{F}}(\epsilon_{\boldsymbol{k}'}) \tag{2.175}$$

と書ける．ここで，$F_{\boldsymbol{k}\boldsymbol{k}'}$ は素励起間の相互作用を表しており，Fermi 液体相互作用とよばれる．十分低温では，Fermi 面近傍の素励起のみが関与するため，$F_{\boldsymbol{k}\boldsymbol{k}'}$ は $\boldsymbol{k} \approx k_{\mathrm{F}}\hat{\boldsymbol{k}}$ と $\boldsymbol{k}' \approx k_{\mathrm{F}}\hat{\boldsymbol{k}}'$ の相対角 $\hat{\boldsymbol{k}}\cdot\hat{\boldsymbol{k}}'$ の関数となり，Legendre 関数 $P_l(\hat{\boldsymbol{k}}\cdot\hat{\boldsymbol{k}}')$ を使って $F_{\boldsymbol{k}\boldsymbol{k}'} = (2N_{\mathrm{F}})^{-1}\sum_{l=0}^{\infty} F_l P_l(\hat{\boldsymbol{k}}\cdot\hat{\boldsymbol{k}}')$ と展開できる．ここで，F_l は Landau パラメータとよばれる．

式 (2.175) は，$\delta f_{\mathrm{F}}(\epsilon_{\boldsymbol{k}}) = (\partial f_{\mathrm{F}}/\partial\epsilon_{\boldsymbol{k}})\delta\epsilon_{\boldsymbol{k}}$ と表すことによって自己無撞着に解かれる．今，$\delta\epsilon_{\boldsymbol{k}} = \hbar\boldsymbol{k}\cdot\boldsymbol{v}_{\mathrm{eff}}$ を式 (2.175) に代入し，式 (2.171) により $\boldsymbol{j}_{\mathrm{n}} = -2\sum_{\boldsymbol{k}}(\hbar\boldsymbol{k}\cdot\boldsymbol{v}_{\mathrm{eff}})(df_{\mathrm{F}}/d\epsilon_{\boldsymbol{k}})\hbar\boldsymbol{k}$ と表して整理すると，

$$\boldsymbol{v}_{\mathrm{eff}} = \boldsymbol{v} - \frac{F_1}{3\rho}\frac{m}{m^*}\boldsymbol{j}_{\mathrm{n}} \tag{2.176}$$

を得る．ここで，$\rho = mk_{\mathrm{F}}^3/(3\pi^2)$ を用いた．式 (2.176) の右辺第 2 項は，Fermi 液体相互作用による速度場 $\boldsymbol{v}$ に対する遮蔽効果を表している．式 (2.176) を，表式 $\boldsymbol{j}_{\mathrm{n}} = -2\sum_{\boldsymbol{k}}(\hbar\boldsymbol{k}\cdot\boldsymbol{v}_{\mathrm{eff}})(df/d\epsilon_{\boldsymbol{k}})\hbar\boldsymbol{k}$ に代入した後，$\boldsymbol{j}_{\mathrm{n}}$ について解き，改めて $\boldsymbol{j}_{\mathrm{n}} = \check{\boldsymbol{\rho}}_{\mathrm{n}}\boldsymbol{v}$ と表示することにより，Fermi 液体補正を考慮に入れた超流動密度 $\check{\boldsymbol{\rho}}_{\mathrm{s}}$ と常流動密度 $\check{\boldsymbol{\rho}}_{\mathrm{n}}$ は以下のようになる．

$$\check{\boldsymbol{\rho}}_{\mathrm{s}} = \rho - \check{\boldsymbol{\rho}}_{\mathrm{n}}, \qquad \check{\boldsymbol{\rho}}_{\mathrm{n}} = \left(1 + \frac{F_1}{3\rho}\check{\boldsymbol{\rho}}_{\mathrm{n}}^0\right)^{-1}\frac{m^*}{m}\check{\boldsymbol{\rho}}_{\mathrm{n}}^0 \tag{2.177}$$

芳田関数のふるまい (2.174) を利用して超流動密度の極限でのふるまいを示しておこう．エネルギーギャップ $|\Delta(\boldsymbol{k}_{\mathrm{F}})|$ が $k_{\mathrm{B}}T$ に比べて無視できるときには $Y(\beta|\Delta(\boldsymbol{k}_{\mathrm{F}})|) \to 1$ となる．このとき，$\check{\boldsymbol{\rho}}_{\mathrm{n}}^0 \to \rho$ となり，超流動密度への寄与はなくなる．一方，温度が十分低く $\beta|\Delta(\boldsymbol{k}_{\mathrm{F}})|$ が無限大とみなせる極限では $Y(\beta|\Delta(\boldsymbol{k}_{\mathrm{F}})|) \to 0$ が得られ，今度は $\check{\boldsymbol{\rho}}_{\mathrm{s}} \to \rho$ となって全質量流速は超流動成分のみによって運ばれる．

2.7.4 B 相の超流動性

必要な定式化は一通り終えたので具体的な計算に移ろう．超流動 ^{3}He では複数の相が表れることはすでに述べた．p 波超流体である超流動 ^{3}He では，各相における対ポ

テンシャルの具体的な形が超流動性にも強く反映される．事実，超流動速度や量子渦の性質は各相ごとに大きく異なっている．ゼロ磁場下で実現する ^{3}He-B（B 相）および ^{3}He-A（A 相）に着目し，その超流動性の特徴について個別に紹介していこう．

$L=1$ の対ポテンシャル $\hat{\Delta}_{\boldsymbol{k}_{\mathrm{F}}}$ が球面調和関数 $Y_{10}(\hat{\boldsymbol{k}}) \propto \hat{k}_z$ および $Y_{1\pm1}(\hat{\boldsymbol{k}}) \propto \mp(\hat{k}_x \pm i\hat{k}_y)$ の線形結合で書かれることから，式 (2.158) で定義される複素ベクトル $\boldsymbol{d}(\hat{\boldsymbol{k}}) = (d_x, d_y, d_z)^{\mathrm{T}}$ の各成分 $d_\mu(\hat{\boldsymbol{k}})$ $(\mu = x, y, z)$ の波数依存性は，$Y_{1m}(\hat{\boldsymbol{k}})$ $(m = 0, \pm1)$ の三つの展開係数で記述されることになる．慣例では，球面調和関数の展開係数の代わりに d_μ を $\hat{k}_j$ $(j = x, y, z)$ の線形結合

$$\boldsymbol{d}(\hat{\boldsymbol{k}}) = \check{\boldsymbol{d}}\hat{\boldsymbol{k}} \tag{2.178}$$

で表示し，3×3 の複素行列 $\check{\boldsymbol{d}}$ で状態を表現する．

B 相の状態を $\check{\boldsymbol{d}}$ で表すと，

$$\check{\boldsymbol{d}} = |\Delta_{\mathrm{B}}| e^{i\Theta} \check{\boldsymbol{R}}(\boldsymbol{\theta}) \tag{2.179}$$

で記述される．ここで，$\check{\boldsymbol{R}}(\boldsymbol{\theta})$ は 3 次元回転行列であり，$\check{\boldsymbol{R}}^{\mathrm{T}}\check{\boldsymbol{R}} = 1$ を満たす．$\boldsymbol{\theta}$ は回転軸の方向，$\theta = |\boldsymbol{\theta}|$ はベクトル $\boldsymbol{\theta}$ まわりの回転角を表している．B 相の重要な特徴はエネルギーギャップが等方的になることである．実際に B 相のエネルギーギャップを計算すると，

$$|\Delta(\boldsymbol{k}_{\mathrm{F}})|^2 = |\boldsymbol{d}(\hat{\boldsymbol{k}})|^2 = |\Delta_{\mathrm{B}}|^2 \hat{\boldsymbol{k}}^{\mathrm{T}} \check{\boldsymbol{R}}^{\mathrm{T}} \check{\boldsymbol{R}} \hat{\boldsymbol{k}} = |\Delta_{\mathrm{B}}|^2 \tag{2.180}$$

となる．この性質により B 相は p 波超流体であるにもかかわらず，等方的なエネルギーギャップをもつ s 波超流体と多くの点で共通した性質をもつ．

自由エネルギー f_{bulk} が $|\Delta_{\mathrm{B}}|^2$ の関数であることは，式 (2.180) を式 (2.161) に代入すればわかる．つまり，対ポテンシャルの内部自由度 Θ および $\boldsymbol{\theta}$ に対してエネルギーは縮退していることになる．これは自発的な対称性の破れを表している．s 波超流体で複素秩序変数の位相 Θ だけが縮退変数であったが，^{3}He-B では $\boldsymbol{\theta}$ も縮退変数に加わる．転移点近傍における秩序変数のふるまいを示しておこう．式 (2.163) により，転移点近傍での秩序変数の振幅 $|\Delta_{\mathrm{B}}(T)|$ の温度依存性は

$$\frac{|\Delta_{\mathrm{B}}(T)|}{k_{\mathrm{B}}T_{\mathrm{c}}} = a_{\mathrm{B}} \left(1 - \frac{T}{T_{\mathrm{c}}}\right)^{1/2} \tag{2.181}$$

となる．ここで，$a_{\mathrm{B}} = \sqrt{8\pi^2/(7\zeta(3))} \approx 3.06$ である．

このようにエネルギーギャップが等方的な場合，s 波超流体と同様な流体力学的な性質を示す．式 (2.180) を Fermi 補正なしの常流動密度の表式 (2.173) に代入すると，$(\check{\boldsymbol{\rho}}_{\mathrm{n}}^0)_{ij} = \rho Y(\beta|\Delta_{\mathrm{B}}|)\delta_{ij}$ となる．その結果，B 相における常流動密度テンソルは式 (2.177) よりスカラー量

$$\check{\boldsymbol{\rho}}_{\mathrm{n}} = \frac{Y(\beta|\Delta_{\mathrm{B}}|)}{1+(F_1/3)Y(\beta|\Delta_{\mathrm{B}}|)}\frac{m^*}{m}\rho \tag{2.182}$$

で表される．

次に超流動速度の表式を導いておこう．超流動 ^{4}He の場合と同様に，超流動 ^{3}He においても超流動速度は複素数場である対ポテンシャルの位相因子の空間勾配によって特徴づけられる．超流動速度 $\boldsymbol{v}_{\mathrm{s}}$ と対ポテンシャルの位相の関係を示すために，前項の超流動密度の議論に立ち戻ろう．消滅演算子の位相因子の抜き出し (2.165) に伴い，対ポテンシャル (2.166) は位相因子 $e^{im\boldsymbol{v}\cdot(\boldsymbol{r}_1+\boldsymbol{r}_2)/\hbar}$ が抜き出された．$\boldsymbol{v} = \boldsymbol{v}_{\mathrm{s}}$ であることと Cooper 対の重心座標が $\boldsymbol{R} = (\boldsymbol{r}_1+\boldsymbol{r}_2)/2$ であることに注意すると，一様な超流動状態の対ポテンシャルは

$$\Delta_{\alpha\beta}(\boldsymbol{r}_1,\boldsymbol{r}_2) = \Delta_{\alpha\beta}(\boldsymbol{R},\boldsymbol{r}) = \Delta^{\boldsymbol{v}}_{\alpha\beta}(\boldsymbol{r})e^{2im\boldsymbol{v}_{\mathrm{s}}\cdot\boldsymbol{R}/\hbar} \tag{2.183}$$

と書けることがわかる．この表式を相対座標に関して Fourier 変換すれば，対ポテンシャルが $\hat{\Delta}_{\boldsymbol{k}_{\mathrm{F}}}(\boldsymbol{R}) = \hat{\Delta}^{\boldsymbol{v}}_{\boldsymbol{k}_{\mathrm{F}}}e^{2im\boldsymbol{v}_{\mathrm{s}}\cdot\boldsymbol{R}/\hbar}$ と書けることがわかる．これより，B 相の対ポテンシャル $\hat{\Delta}_{\boldsymbol{k}_{\mathrm{F}}}$ の位相因子 Θ と一様な超流動速度 $\boldsymbol{v}_{\mathrm{s}}$ との関係は

$$\boldsymbol{v}_{\mathrm{s}} = \frac{\hbar}{2m}\nabla\Theta(\boldsymbol{r}) \tag{2.184}$$

となり，通常の 1 成分超流体と同様，位相が速度ポテンシャルの役割を果たしている．超流動 ^{4}He の場合，超流動速度における位相勾配の前の係数の分母は流体の構成要素である ^{4}He 原子質量であったが，式 (2.184) においてそれは ^{3}He 原子質量の 2 倍となっている．この違いは，後者は二つの粒子で構成される Cooper 対の凝縮体であることに由来している．よって，超流動 ^{3}He における循環量子は $\kappa = h/(2m)$ となる．

以上より，B 相の超流動のふるまいは，超流動密度が等方的であることと超流動速度がポテンシャル流である点において 1 成分超流体と同様であることがわかる．しかし，ここでは式 (2.179) に見られる位相 Θ 以外の内部自由度の変動を考慮に入れていない．一般の問題では，3 次元回転を特徴づける $R(\boldsymbol{\theta})$ の揺らぎを考慮に入れなければならない．$R(\boldsymbol{\theta})$ の空間変化に関しては非一様な流れを伴う量子渦を紹介する際に触れることとする．

2.7.5　A 相の超流動性

A 相の超流動のふるまいには p 波 Cooper 対の異方的特性があらわに顔を出し，1 成分超流体や B 相のそれと大きく異なっている．A 相は高圧下の超流動転移温度付近で起こることが知られており，対ポテンシャルは

$$\boldsymbol{d}(\hat{\boldsymbol{k}}) = |\Delta_{\mathrm{A}}| \left(\hat{\boldsymbol{m}} \cdot \hat{\boldsymbol{k}} + i\hat{\boldsymbol{n}} \cdot \hat{\boldsymbol{k}} \right) \hat{\boldsymbol{d}} \tag{2.185}$$

と表される．式 (2.178) のように行列 $\check{\boldsymbol{d}}$ で表示すると $(\check{\boldsymbol{d}})_{\mu j} = \hat{d}_\mu(\hat{m}_j + i\hat{n}_j)$ となる．対ポテンシャルの内部自由度は，振幅 $|\Delta_{\mathrm{A}}|$ と三つの実単位ベクトル $\hat{\boldsymbol{d}}$，$\hat{\boldsymbol{m}}$，$\hat{\boldsymbol{n}}(\perp\hat{\boldsymbol{m}})$ で構成されている．B 相と違って相対座標空間とスピン空間の自由度は分離しており，前者は $\hat{\boldsymbol{m}}$，$\hat{\boldsymbol{n}}$ で，後者は $\hat{\boldsymbol{d}}$ で表されている．

$\hat{\boldsymbol{m}}$，$\hat{\boldsymbol{n}}$ の外積で定義されるベクトル

$$\hat{\boldsymbol{l}} = \hat{\boldsymbol{m}} \times \hat{\boldsymbol{n}} \tag{2.186}$$

を導入すると便利である．ベクトル $\hat{\boldsymbol{l}}$ の方向は Cooper 対の相対角運動量の方向と一致している．このことは以下のことからわかる．対ポテンシャル $\hat{\Delta}_{\boldsymbol{k}_{\mathrm{F}}}$ が波数 $\hat{\boldsymbol{k}}$ に関する球面調和関数 $Y_{1m}(\hat{\boldsymbol{k}})$ の線形結合で表されていたことを思い出そう．簡単のため式 (2.185) において $\hat{\boldsymbol{m}} = \hat{\boldsymbol{x}}$，$\hat{\boldsymbol{n}} = \hat{\boldsymbol{y}}$ とおけば，$\boldsymbol{d}(\hat{\boldsymbol{k}}) \propto \hat{\boldsymbol{m}} \cdot \hat{\boldsymbol{k}} + i\hat{\boldsymbol{n}} \cdot \hat{\boldsymbol{k}} = \hat{k}_x + i\hat{k}_y$ は量子化軸を $\hat{\boldsymbol{l}} = \hat{\boldsymbol{z}}$ の方向にとった球面調和関数 $Y_{11}(\hat{\boldsymbol{k}}) \propto (\hat{k}_x + i\hat{k}_y)$ で表されていることがわかる．したがって，方向 $\hat{\boldsymbol{l}}$ は対ポテンシャル $\boldsymbol{d}(\hat{\boldsymbol{k}})$ を構成する球面調和関数 $Y_{11}(\hat{\boldsymbol{k}})$ の量子化軸，すなはち，Cooper 対の角運動量の方向に対応する．

B 相との重要な違いはエネルギーギャップが異方的になることである．A 相のエネルギーギャップは

$$|\Delta(\boldsymbol{k}_{\mathrm{F}})|^2 = |\boldsymbol{d}(\hat{\boldsymbol{k}})|^2 = |\Delta_{\mathrm{A}}|^2 \left[1 - \left(\hat{\boldsymbol{k}} \cdot \hat{\boldsymbol{l}} \right)^2 \right] \tag{2.187}$$

となり，振幅 $|\Delta_{\mathrm{A}}|$ と $\hat{\boldsymbol{l}}$ で特徴づけられる．エネルギーギャップ $|\Delta(\boldsymbol{k}_{\mathrm{F}})|$ は，相対角運動量の方向に対して素励起の波数の方向 $\hat{\boldsymbol{k}}$ が平行 $\hat{\boldsymbol{k}} = \hat{\boldsymbol{l}}$ もしくは反平行 $\hat{\boldsymbol{k}} = -\hat{\boldsymbol{l}}$ のとき消失し，$\hat{\boldsymbol{k}}\perp\hat{\boldsymbol{l}}$ のとき最大値 $|\Delta_{\mathrm{A}}|$ をとる．

自由エネルギーの表式 (2.161) に式 (2.187) を代入することにより，秩序変数 (2.185) の振幅 $|\Delta_{\mathrm{A}}|$ 以外の自由度は縮退変数となっていることがわかる．式 (2.187) を式 (2.163) に代入することにより，転移点近傍におけるエネルギーギャップの振幅は

$$\frac{|\Delta_{\mathrm{A}}(T)|}{k_{\mathrm{B}}T_{\mathrm{c}}} = a_{\mathrm{A}}\left(1 - \frac{T}{T_{\mathrm{c}}}\right)^{1/2} \tag{2.188}$$

と書ける．ここで，$a_{\mathrm{A}} = \sqrt{10\pi^2/(7\zeta(3))} \approx 3.42$ である．

エネルギーギャップの異方性によって，A 相の超流動密度はスカラー量にはならない．式 (2.187) を用いると，Fermi 液体補正なしの常流動密度 $\check{\boldsymbol{\rho}}_{\mathrm{n}}^0$ と超流動密度 $\check{\boldsymbol{\rho}}_{\mathrm{s}}$ は，$\hat{\boldsymbol{l}}$ を z 軸正の向きと平行にとり，

$$\check{\boldsymbol{\rho}}_{\mathrm{n}}^0 = \begin{pmatrix} \rho_{\mathrm{n}\perp}^0 & 0 & 0 \\ 0 & \rho_{\mathrm{n}\perp}^0 & 0 \\ 0 & 0 & \rho_{\mathrm{n}\|}^0 \end{pmatrix}, \quad \check{\boldsymbol{\rho}}_{\mathrm{s}} = \begin{pmatrix} \rho_{\mathrm{s}\perp} & 0 & 0 \\ 0 & \rho_{\mathrm{s}\perp} & 0 \\ 0 & 0 & \rho_{\mathrm{s}\|} \end{pmatrix}$$
$$\rho_{\mathrm{s}\perp,\|} = \left(1 + \frac{F_1}{3}\frac{\rho_{\mathrm{n}\perp,\|}^0}{\rho}\right)^{-1}\left(1 - \frac{\rho_{\mathrm{n}\perp,\|}^0}{\rho}\right) \tag{2.189}$$

と表される．$\rho_{\mathrm{n}\perp,\|}^0$ は $\hat{k}_l = \hat{\boldsymbol{k}} \cdot \hat{\boldsymbol{l}}$ に関する積分 $\rho_{\mathrm{n}\perp}^0 = (3/2)\rho\int_0^1 (1 - \hat{k}_l^2) Y d\hat{k}_l$ および $\rho_{\mathrm{n}\|}^0 = 3\rho\int_0^1 \hat{k}_l^2 Y d\hat{k}_l$ で計算される．一般に，$\rho_{\mathrm{s}\perp} \geq \rho_{\mathrm{s}\|}$ の関係が満たされる．これは $\hat{l}$ と平行または反平行方向に伝播する素励起はエネルギーギャップが存在しないために励起されやすく，垂直方向に比べて超流動性が抑制されるからである．

超流動速度の表式には異方性の効果がさらに著しく現れる．$\hat{\boldsymbol{m}}$, $\hat{\boldsymbol{n}}$, $\hat{\boldsymbol{l}}$ は右手系を構成しており，対ポテンシャルの位相因子の微小変化 $\delta\Theta$ は $\hat{\boldsymbol{l}}$ まわりの微小角度 $-\delta\Theta$ の回転で表現されることに注意しよう．この微小変化による，$\hat{\boldsymbol{m}}$ および $\hat{\boldsymbol{n}}$ の微小変化 $\delta\hat{\boldsymbol{m}}$ および $\delta\hat{\boldsymbol{n}}$ を $\delta\Theta$ で表現すると，$\delta\hat{\boldsymbol{m}} = -\delta\Theta\hat{\boldsymbol{n}}$, $\delta\hat{\boldsymbol{n}} = \delta\Theta\hat{\boldsymbol{m}}$ となる．したがって，A 相での超流動速度は

$$\boldsymbol{v}_{\mathrm{s}} = -\frac{\hbar}{2m}\sum_j \hat{n}_j(\boldsymbol{x})\nabla\hat{m}_j(\boldsymbol{x}) = \frac{\hbar}{2m}\sum_j \hat{m}_j(\boldsymbol{x})\nabla\hat{n}_j(\boldsymbol{x}) \tag{2.190}$$

と表現される．この表式から明らかなように，A 相における超流動速度はもはや 1 成分超流体のようにポテンシャル流としては記述されない．この違いは量子渦のふるまいに決定的な違いを生む．1 成分超流体では渦度 $\nabla \times \boldsymbol{v}_{\mathrm{s}}$ は渦芯で発散するのに対して，A 相では渦度は連続となり循環は量子化されない．これについては後の章で議論する．

2.8　冷却原子気体 BEC

1995年に実験的に初めて実現した冷却原子気体 BEC は，高度な光学技術を用いてつくられた巨視的量子系である．その特徴の一つとして，気体の密度が非常に希薄であることが挙げられる．具体的にはおよそ $10\,\mu\mathrm{m}$ スケールの超高真空中に $10^4 \sim 10^6$ 個程度の原子が，磁場などでつくられるポテンシャルに閉じ込められ，その原子数密度 n は $10^{19} \sim 10^{21}\ \mathrm{m}^{-3}$ 程度である．空気の分子密度が $10^{25}\ \mathrm{m}^{-3}$ 程度であり，これに比べてもかなり低密度であることがわかる．このような低密度の系を極低温まで冷却することにより，超流動のような巨視的量子現象を実現することができる．

2.8.1　レーザー冷却と蒸発冷却

冷却原子系の典型的な平均原子間距離は，$n^{-1/3} \approx 10^{-7}$ m 程度であり，式 (2.1) の熱的 de Broglie 波長が平均原子間距離程度になるためには $10^{-5} \sim 10^{-6}$ K 程度の極低温が要求される．1995年に実現された原子気体 BEC はルビジウム，ナトリウム，リチウムのようなアルカリ原子である．現在では，この3種の原子の他に，水素，カリウム，ヘリウム（励起状態），セシウム，イッテルビウム，クロム，カルシウム，ストロンチウム，ジスプロシウム，エルビウム，と多くの原子種の BEC が実現されている．

原子気体を冷却する方法は，通常の液体ヘリウムのような物性系を冷却する技術とはまったく異なる．原子集団は磁場，レーザーを用いて真空中に閉じ込められ，レーザー冷却および蒸発冷却とよばれる冷却技術を用いて冷却される．ここでは，これらに関して簡単に説明しておくが，その詳細は文献 [20] などを参照してほしい．

レーザー冷却

これは，一言でいうと，動いている原子をレーザー光を用いて止める技術である．レーザー光の中の原子集団を考える．原子は基底状態と励起状態の2状態で記述されると仮定し，レーザーの角周波数 ω は2状態間の遷移角周波数よりも少しだけ小さいとし，$\omega = \omega^* - \delta\omega$ と書く．ここで ω^* は遷移角周波数，$\delta\omega > 0$ は ω と ω^* のずれである．レーザーの進む方向を x 軸に取り，基底状態にある一つの原子の x 方向の速度を v_x とすると，この原子が感じるレーザーの周波数 ω_{eff} はドップラー効果により $\omega_{\mathrm{eff}} = \omega(1 - v_x/c)$ となる．$\delta\omega \sim -\omega v_x/c$ のとき $\omega_{\mathrm{eff}} \sim \omega^*$ となり，レーザーの対向方向に運動する原子（$v_x < 0$ をもつ）が選択的にレーザー光を吸収し，励起されることになる．このとき，一つの光子から運動量 $\hbar\omega^*/2\pi c$ を正の方向に受け取る．一方，励起状態の原子が光子を放出して基底状態に遷移する際に，光子は等方的に放出されるので，その反跳運動量の平均はゼロである．こうして，レーザーに対向する原子はレーザー中で減速されることになる．3 次元空間中に同じ周波数，および強さの 6 本のレーザーを 2 本ずつ，3 方向から対向させて集光することにより，3 次元方向すべてにおいて原子を減速することができ，原子を冷却させることができる．この方法によって冷却できる最低温度は 2 状態間の線幅によって決まり，原子の s と p 状態を 2 状態として用いるアルカリ原子の場合には 10^{-4} K のオーダーまで冷却することができる．

蒸発冷却

レーザー冷却で実現される原子気体の温度は，原子気体が BEC となる温度に比べるとまだ高く，蒸発冷却とよばれる冷却がさらに必要である．これは原子の閉じ込め中心から離れた原子が大きな運動エネルギーをもっているという事実を利用する．熱平衡状態にある原子集団に対して閉じ込め中心から離れた原子を選択的に逃した後，残った原子が原子間の衝突を介して再び熱平衡化すると，系の温度は原子を逃す前に比べて低くなっている．この過程を繰り返すことによって典型的には 10^{-7}K あるいはそれ以下のオーダーまで原子を冷却することができ，原子気体 BEC が実現される．

2.8.2　冷却原子気体 BEC の特徴

量子凝縮状態として超流動ヘリウムと比べたとき，冷却原子気体 BEC の典型的な特徴をいくつか挙げておく．下記 1 から 4 の性質は他の物性系にはない，この系の特有の性質であり，この系が Bose 凝縮および超流動のミクロな視点からの理解を大きく前進させたといっても過言ではないだろう．

1. 原子密度 n が非常に小さく，多くの場合において

$$|a| \ll n^{-1/3}, \qquad r_0 \ll n^{-1/3} \tag{2.191}$$

を満たしている．ここで a は原子の s 波散乱長，r_0 は粒子間相互作用が到達する典型的な距離を表す．$n^{-1/3}$ は平均原子間距離なので，この条件は s 波散乱長や粒子間相互作用の到達距離が平均原子間距離よりも十分小さい，ということを

意味する．この条件が満たされることにより，十分低温の領域において相互作用由来の非凝縮成分を無視することができる．その結果，動的な性質を含めた凝縮体の運動は2.4節で導出したGP方程式によって，定量的に非常によく記述することができる．

2. 原子密度が小さいことにより，原子の平均衝突時間（$\sim 10^{-3}\,\mathrm{s}$）は，系のサイズによって決まる凝縮体全体のダイナミクスの時間スケール（$\sim 10^{-3}\,\mathrm{s}$）と同程度になる．したがって，系は粒子間の衝突によって局所的に緩和する前に時間発展をするので，局所平衡近似の成り立たない非平衡なダイナミクスを調べることができる．一方で液体ヘリウムの場合には原子の平均衝突時間（$\sim 10^{-12}\,\mathrm{s}$）が系全体のダイナミクスの時間スケール（$\sim 10^{-2}\,\mathrm{s}$）よりも圧倒的に短いため，局所平衡近似の成り立つ線形応答領域の非平衡ダイナミクスとなる．
3. 原子数，原子種，原子の閉じ込めの種類や形状，原子の内部自由度など，系をコントロールする非常に多くの自由度が存在し，多種多様な実験が可能である．また，原子間の相互作用を特徴づける散乱長 a は原子種を変えるだけではなく，外部磁場を変えることによっても制御可能である．これは2原子間に束縛状態が存在し，散乱長 a が束縛状態と非束縛状態のエネルギー差に依存すること，およびそのエネルギー差が外部磁場によって変化するからである．特に，ある一つの束縛状態と非束縛状態のエネルギー差がゼロになると，散乱長は発散する．これはFeshbach共鳴とよばれ，共鳴が起こる磁場近傍で散乱長を（その符号を含めて）大きく変えることができる．
4. **飛行時間（Time-of-flight：TOF）法**とよばれる方法により，原子集団の密度の空間分布や運動量分布などを測定することができる．この方法は，凝縮体の閉じ込めを切って自由落下させながら膨張させ，ある程度の時間が経過した後に，原子の光学遷移に共鳴したレーザー光をパルス的に原子集団に照射し，吸収されたレーザー光の影をCCDカメラで撮影する，というものである．図2.5はTOFによって観測された冷却原子気体の密度の空間分布かつ運動量分布を表す．このように凝縮体の可視化が超流動ヘリウムに比べて圧倒的に容易である．また近年は凝縮体密度だけでなく，位相や相関関数など，Bose凝縮に特有の物理量の測定もできるようになっている．
5. 原子気体は超高真空中に閉じ込められており，磁場やレーザーなどを用いた外からの系に対する操作がない限り，系全体はほぼ孤立系である．したがって系全体のダイナミクスは保存系のダイナミクスとなり，常に熱浴と接触して熱力学的平

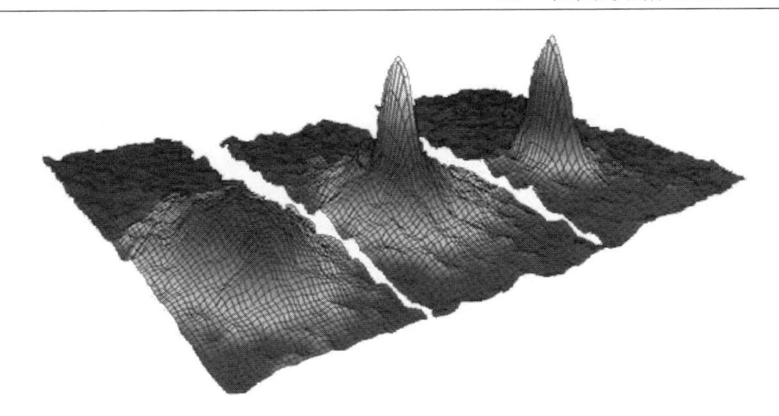

図 2.5　TOF による BEC の観測結果．左から約 200 nK，100 nK，50 nK における粒子密度の空間および運動量分布．200 nK から 100 nK にかけて，運動量がゼロの領域の密度のピークが成長し，BEC の出現を表している．(http://jilawww.colorado.edu/bec/ より．)

衡状態にあるような他の物性系とは大きく異なる．

6. エネルギー保存則により，2 原子の散乱によって束縛状態を形成することはないが，3 原子が散乱することによって 2 原子の束縛状態が構成されることがあり，凝縮体を構成する原子集団から束縛状態を構成した 2 原子が失われる．この過程は 3 体ロスとよばれ，凝縮体の寿命は原理的に有限になる．3 体ロスによる凝縮体の寿命は原子の種類やスピン状態によって異なるが，典型的なルビジウム原子の場合 1～100 s 程度であり，凝縮体が示すダイナミクスの時間スケール $\sim 10^{-3}$ s に比べて十分長い．

2.8.3　原子の束縛ポテンシャル

冷却原子気体は束縛ポテンシャルに閉じ込められており，その閉じ込めの効果を無視することはできない．例えば GP 方程式 (2.60) を考えると，閉じ込めの効果は外場 V_{ext} で記述され，多くの場合は調和振動子ポテンシャル

$$V_{\text{ext}}(x, y, z) = \frac{m}{2}(\omega_x^2 x^2 + \omega_y^2 y^2 + \omega_z^2 z^2) \tag{2.192}$$

で近似できる．ここで $\omega_{x,y,z}$ は調和振動子の強さを特徴づける角周波数である．原子を真空中に閉じ込める方法として，磁場を用いる方法とレーザーを用いる方法がよく

用いられているので紹介する．

磁場を用いた原子のトラップ

磁場を用いた原子の閉じ込めには，原子の超微細スピンを用いる．最も簡単なアルカリ原子の場合について考えよう．アルカリ原子は最外殻電子数は1，電子の全スピンは1/2であり，軌道角運動量は0である．電子スピンと原子核スピンは超微細相互作用によって結合し，準位の分裂が起こる．原子核スピンの大きさが $I=3/2$ のときを例として考える．角運動量の合成則により $F=I+1/2=2$ と $F=I-1/2=1$ の二つの準位に分裂する．磁場下における原子1個あたりのハミルトニアンは，磁場の大きさを B，原子核スピンと電子スピンに対する角運動量演算子をそれぞれ $\hat{\boldsymbol{I}}$ と $\hat{\boldsymbol{J}}$ として

$$\hat{H}_{\mathrm{atom}} = A\hat{\boldsymbol{I}}\cdot\hat{\boldsymbol{J}} + g_{\mathrm{L}}\mu_{\mathrm{B}}B\hat{J}_z - \frac{\mu}{I}B\hat{I}_z \tag{2.193}$$

となる．ここで μ_{B}, μ はそれぞれ電子と原子核の磁気モーメント，g_{L} は Landé の g 因子である．第1項は超微細相互作用の項であり，その大きさを A とした．第2項，第3項は電子スピン，核スピンに対する Zeeman 項であり，通常第2項に比べて第3項は無視できる．B が小さいときには合成スピン F がよい量子数になり，状態 $|F, m_F\rangle$ $(m_F=-F,-F+1,\cdots,F-1,F)$ に対するハミルトニアンの固有値を B の2次のオーダーまで計算すると

$$\begin{aligned} |F=2, m_F\rangle &\rightarrow \frac{3A}{4} + \frac{g_{\mathrm{L}}\mu_{\mathrm{B}}Bm_F}{4} - \frac{(g_{\mathrm{L}}\mu_{\mathrm{B}}B)^2(m_F^2-4)}{32A} \\ |F=1, m_F\rangle &\rightarrow -\frac{5A}{4} - \frac{g_{\mathrm{L}}\mu_{\mathrm{B}}Bm_F}{4} + \frac{(g_{\mathrm{L}}\mu_{\mathrm{B}}B)^2(m_F^2-4)}{32A} \end{aligned} \tag{2.194}$$

となる．この中で，$|2,2\rangle$, $|2,1\rangle$, $|1,-1\rangle$ は磁場 B の増加関数であり，残りの状態は磁場の減少関数である．

BEC が実現する低温に冷やされた原子はゆっくり運動するので，磁場が空間的に変化するとそれを断熱変化として感じる．上記の三つの状態にある原子は磁場の大きさが減少する方向へ力を受けるので，磁場の大きさが極小になる場所をつくればそこに原子を閉じ込めることができる．この状態を**弱磁場シーキング状態**（weak field seeking state: WFSS）という．一方，磁場の大きさが増える方向に力を受ける**強磁場シーキング状態**（strong field seeking state: SFSS）はエネルギー的には WFSS よりも低いが，磁場トラップはできない．

レーザーを用いた原子のトラップ

原子の 2 状態間（アルカリ原子の場合には原子の s と p 状態を用いる）の共鳴周波数近傍のレーザーを用いて原子を閉じ込めることもできる．この原理を理解するために，2 準位をもつ物質と電磁場の系を記述する模型，例えば Jaynes–Cummings 模型を用いた解析を用いることが多いが，ここではより簡単に，古典的な Lorentz 模型

$$m\ddot{x} + 2m\gamma\dot{x} + m\omega_0^2 x = -\sigma e E_0 \cos(\omega t) \equiv \sigma e E(t) \tag{2.195}$$

を考えることにする．ここで，x は電子の位置座標，m は電子の質量，γ は現象論的な減衰定数，ω_0 は 2 準位間の共鳴周波数，E_0, σ, ω はそれぞれ入射電場の強さ，偏光，周波数であり，入射電場は単色であることを仮定している．今，$\omega \sim \omega_0$ かつ $\gamma \ll \omega_0$ を仮定すると（回転波近似），この微分方程式の解は

$$x(t) \sim \frac{\sigma e E_0}{2m\omega_0} \frac{\cos(\omega t)}{\omega - \omega_0} \tag{2.196}$$

となる．したがって，この電場がかかったときにつくられる分極 $P(t) = \sigma e x(t)$ によるエネルギーの時間平均値 E_{int} は

$$E_{\mathrm{int}} = \frac{1}{2}\overline{P(t)E(t)} = \frac{(\sigma e E_0)^2}{8m\omega_0}\frac{1}{\delta} \tag{2.197}$$

となる．ここで $\delta \equiv \omega - \omega_0$ は離調（detuning）とよばれる．$\omega < \omega_0$ の場合（赤色に離調した場合），電磁場の入射によって E_{int} が減少し，$\omega > \omega_0$ の場合（青色に離調した場合）には E_{int} が増加する．したがって，電磁場の強度 E_0 が空間に依存する状況を考えると，$E_{\mathrm{int}}(\boldsymbol{r})$ は原子を閉じ込めるポテンシャルとして作用する．例えば，空間の 1 点に赤色に離調したレーザーを集光することによって，原子を閉じ込めることができる．

2.8.4　原子間相互作用

原子間の相互作用 $U(\boldsymbol{r} - \boldsymbol{r}')$ の具体的な形としては，式 (2.107) の Lennard-Jones ポテンシャルのような形が現実的である．しかしながら，希薄気体，かつ低エネルギー散乱を考える場合，ポテンシャルの短距離における詳細は重要ではないことがわかる．これを見るために 2 粒子の中心力ポテンシャルによる散乱問題を考えよう．2 粒子に対する Schrödinger 方程式は相対座標 $\boldsymbol{r}$ を用いて

$$\left[-\frac{\hbar^2\nabla^2}{2m_{12}}+U(r)\right]\psi(\boldsymbol{r})=E\psi(\boldsymbol{r}) \tag{2.198}$$

である．ここで 2 粒子の質量を m_1 および m_2 とし，$m_{12}^{-1}=m_1^{-1}+m_2^{-1}$ は換算質量を表す．長距離における van der Waals ポテンシャルを $U(r)\sim -C_6/r^6$ と書くとき，運動エネルギー項との比較から原子間相互作用が及ぶ特徴的な距離が $r_0=(2m_{12}C_6/\hbar^2)^{1/4}$ と評価される．典型的には $r_0\approx 5\,\mathrm{nm}$ である．これに相当するエネルギー $E_\mathrm{c}\sim\hbar^2/m_{12}r_0^2$ を温度に換算すると，$E_\mathrm{c}/k_\mathrm{B}\approx 0.1-1\,\mathrm{mK}$ 程度となる．極低温原子気体の系では，粒子間の平均距離は $n^{-1/3}\approx(10^{14}/\mathrm{cm}^3)^{-1/3}\approx 0.2\,\mu\mathrm{m}$ であり，r_0 よりも十分大きい．また，BEC が起こる温度は $T_\mathrm{c}\approx 1\,\mu\mathrm{K}$ であり，これは $E_\mathrm{c}/k_\mathrm{B}$ よりも十分小さい．このときの原子の運動エネルギーは $\hbar^2k^2/2m_{12}\ll E_\mathrm{c}$ であるから，

$$kr_0\ll 1 \tag{2.199}$$

を満たす低エネルギー散乱がここでは重要となる．

長距離 $(r\to\infty)$ での波動関数の漸近解は

$$\psi(\boldsymbol{r})=e^{ikx}+f(\theta,\phi)\frac{e^{ikr}}{r},\qquad k=\frac{\sqrt{2m_{12}E}}{\hbar} \tag{2.200}$$

のように書ける．第 1 項は x 軸負の方向から正の方向に入射する散乱前の平面波であり，第 2 項は散乱後の球面波を表す．ポテンシャル $U(r)$ が球対称な場合は，ポテンシャルを中心とした空間の等方性に加えて，粒子の入射方向である x 軸まわりに回転対称性をもつために，方位角 ϕ の依存性を無視することができる．散乱波の振幅を求めるためには，波動関数を Legendre 多項式 $P_l(\cos\theta)$ を用いて

$$\psi(\boldsymbol{r})=\sum_{l=0}^{\infty}P_l(\cos\theta)\frac{\chi_l(r)}{kr} \tag{2.201}$$

と展開する．この表現は，波動関数が異なる角運動量量子数 l をもつ部分波で展開されることを表しており，$l=0$ は s 波散乱，$l=1$ は p 波散乱などとよばれる．これを式 (2.198) に代入し，動径成分の波動関数 χ_l が満たす方程式として

$$\frac{d^2\chi_l}{dr^2}-\frac{l(l+1)}{r^2}\chi_l+\frac{2m_{12}}{\hbar^2}[E-U(r)]\chi_l=0 \tag{2.202}$$

を得る．境界条件は $\chi(r=0)=0$，また，長距離 $r\to\infty$ ではポテンシャル項と遠心力項は無視されるので，解の形として

$$\chi_l = A_l \sin\left(kr - \frac{l\pi}{2} + \delta_l\right) \tag{2.203}$$

と書ける．δ_l は散乱の位相シフトとよばれ，$U(r) = 0$ の場合の波動関数の漸近形 $\chi_l^0(r) = krj_l(kr)$ ($j_l(x)$ は第 1 種球 Bessel 関数) を基準に決められる．よって，この位相シフトが粒子間の相互作用の特性を決めるものとなる．散乱波の振幅は，式 (2.203) を代入した式 (2.201) と式 (2.200) を比較することで，

$$f(\theta) = \frac{1}{2ik}\sum_{l=0}^{\infty}(2l+1)(e^{2i\delta_l} - 1)P_l(\cos\theta) \tag{2.204}$$

と書ける．

位相シフト δ_l を評価するために，式 (2.202) で $U(r) = 0$，$\chi_l \to \chi_l^0$ とした式に χ_l を掛けたものから，式 (2.202) に χ_l^0 を掛けたものを辺々差し引き，両辺を r で積分すると，$r \to \infty$ において，$k\sin\delta_l = -(2m_{12}/\hbar^2)\int_0^\infty drU(r)\chi_l(r)\chi_l^0$ と表せる．ポテンシャルが弱く，位相シフトが小さいと仮定して評価すると，$\delta_l \sim -k^{-1}(2m_{12}/\hbar^2)\int_0^\infty drU(r)\chi_l^0(r)^2 \propto k^{2l+1}$ が得られる．これより，低エネルギー散乱 ($k \to 0$) では $l = 0$ の s 波散乱が重要であることがわかる．このとき，

$$-\lim_{k\to 0} f(\theta) = -\lim_{k\to 0}\frac{\delta_0}{k} \equiv a \tag{2.205}$$

で定義される長さ a を s 波散乱長（s-wave scattering length）とよぶ．これは，$l = 0$ の動径方向の波動関数の位相が $U(r)$ による散乱でどれだけずれるかを表すものであり，ポテンシャルが斥力的か引力的かによってその符号が決まる．

このように希薄気体における低エネルギー散乱は，波動関数の漸近形によってその性質が決まり，s 波散乱長 a という一つのパラメータにより集約される．これらの事実は 2 体相互作用の詳細な形には依存しない．よって原子間相互作用ポテンシャルのモデルとして，実際のポテンシャル U に代わって，長距離における波動関数の漸近形と同じふるまいを与える有効ポテンシャルを用いることが許される．

一つの簡単な例として，半径 a をもつ剛体芯ポテンシャルが挙げられる．Schrödinger 方程式は

$$(\nabla^2 + k^2)\psi(\boldsymbol{r}) = 0 \qquad (r \geq a) \tag{2.206}$$

$$\psi(\boldsymbol{r}) = 0 \qquad (r < a) \tag{2.207}$$

と書ける．式 (2.206) の一般解は

$$\psi(\boldsymbol{r}) = \sum_{l=0}^{\infty} \sum_{m=-l}^{l} A_{lm} \left[j_l(kr) - n_l(kr) \tan \delta_l \right] Y_{lm}(\theta, \phi) \tag{2.208}$$

と書ける．ここで，$n_l(x)$ は第2種球 Bessel 関数，Y_{lm} は球面調和関数である．境界条件 $\psi(a) = 0$ より，$\tan \delta_l = j_l(ka)/n_l(ka)$ と求められる．s 波に対しては $\delta_0 = -ka$ であり，上記の一般的な結果と一致している．散乱波は

$$\psi(\boldsymbol{r}) \propto \frac{\sin k(r-a)}{kr} \tag{2.209}$$

と与えられる．

式 (2.209) の解は $r = 0$ で発散するので，$r < a$ の領域まで外挿はできないが，式 (2.209) に ∇^2 を作用させると

$$(\nabla^2 + k^2)\psi(\boldsymbol{r}) = 4\pi \frac{\tan(ka)}{k} \delta(\boldsymbol{r}) \frac{\partial}{\partial r} [r\psi(\boldsymbol{r})] \tag{2.210}$$

を満たすことが示せる．ここで，$k \to 0$ を考え，

$$U_{\mathrm{ps}}(\boldsymbol{r})\psi(\boldsymbol{r}) \equiv \frac{2\pi\hbar^2 a}{m_{12}} \delta(\boldsymbol{r}) \frac{\partial}{\partial r} [r\psi(\boldsymbol{r})] \tag{2.211}$$

で定義される擬ポテンシャル $U_{\mathrm{ps}}(\boldsymbol{r})$ を導入することで，式 (2.206) は

$$\left[-\frac{\hbar^2 \nabla^2}{2m_{12}} + U_{\mathrm{ps}}(\boldsymbol{r}) \right] \psi(\boldsymbol{r}) = E\psi(\boldsymbol{r}), \qquad E = \frac{\hbar^2 k^2}{2m_{12}} \tag{2.212}$$

と書ける．このようにすると，結果を変えることなく，剛体球ポテンシャルが擬ポテンシャルにとって代わり，境界条件のない簡単な方程式に書き換えることができる．もしも $\psi(r = 0)$ が発散しないならば，$U_{\mathrm{ps}}(\boldsymbol{r}) = g\delta(\boldsymbol{r})$ とおける．ここで，粒子が同じ質量をもつ場合を考えて $m_{12} = m/2$ とすると

$$g = \frac{4\pi\hbar^2 a}{m} \tag{2.213}$$

が得られる．これが原子間相互作用の強さを表す結合定数であり，GP 方程式 (2.60) の非線形項の係数 g が定量的に与えられた．散乱波の波動関数は式 (2.209) であり，$k \to 0$ $(kr > 0)$ の極限では $\psi \sim 1 - a/r$ のようにふるまう．これより $a > 0$ $(a < 0)$ では原子はお互いに遠ざかる（近づく）ことがわかり，この散乱波のふるまいが斥力および引力の起源であることがわかる．

2.8.5　凝縮体の定常状態

凝縮体の運動を議論する前に，閉じ込めポテンシャル中の凝縮体に対する定常状態の理論的扱いに関して述べる．$T=0$ 近傍における凝縮体の運動方程式は GP 方程式 (2.60) によって記述され，その定常状態は式 (2.61) によって記述される．この方程式は非線形方程式であるため，解析解を求めることは一般的に困難である．そこで近似理論を用いることになる．以下では閉じ込めポテンシャル中の凝縮体に対して有用な，**Thomas–Fermi 近似**について解説する．また，ここでは斥力相互作用 $g>0$ の場合のみを考えることにする．

定常 GP 方程式 (2.61) において，斥力相互作用に由来する左辺第 3 項の寄与 $g|\Psi|^2\Psi$ に比べて，波動関数の空間変化が与える左辺第 1 項の寄与 $-\hbar^2\nabla^2\Psi/(2m)$ が十分小さいような状況を仮定する．後で見るが，この状況は凝縮体の全粒子数 N が十分大きいときに成り立つ．このとき，GP 方程式の左辺第 1 項目を無視することができて，

$$\left[V_{\mathrm{ext}}(\boldsymbol{r})+g|\Psi(\boldsymbol{r})|^2-\mu\right]\Psi(\boldsymbol{r})=0 \tag{2.214}$$

となる．このような近似を Thomas–Fermi 近似とよぶ．この方程式は波動関数 $\Psi(\boldsymbol{r})$ について容易に解くことができ，

$$\bar{n}_0(\boldsymbol{r})\equiv|\Psi(\boldsymbol{r})|^2=\begin{cases}\dfrac{\mu-V_{\mathrm{ext}}(\boldsymbol{r})}{g} & (\mu\geq V_{\mathrm{ext}}(\boldsymbol{r}))\\[2ex] 0 & (\mu<V_{\mathrm{ext}}(\boldsymbol{r}))\end{cases} \tag{2.215}$$

となる．ここで $\bar{n}_0(\boldsymbol{r})$ は定常状態における凝縮体の粒子密度である．

具体的な $V_{\mathrm{ext}}(\boldsymbol{r})$ として調和振動子ポテンシャル (2.192) を考える．このとき，$\mu=V_{\mathrm{ext}}(\boldsymbol{r})$ を満たす x, y, z の集合は回転楕円体の表面となる．回転楕円体内での密度 $\bar{n}_0(\boldsymbol{r})$ は

$$\bar{n}_0(\boldsymbol{r})=\bar{n}(0)\left(1-\frac{x^2}{R_x^2}-\frac{y^2}{R_y^2}-\frac{z^2}{R_z^2}\right) \tag{2.216}$$

となる．ここで，$\bar{n}(0)=\mu/g$ は原点 $r=0$ における数密度であり，密度は x, y, z の各方向に進むにつれて 2 次関数で減少する．$R_{x,y,z}=\sqrt{2\mu/(m\omega_{x,y,z}^2)}$ は各方向で密度がゼロとなる半径であり，**Thomas–Fermi 半径**とよばれる．凝縮体の全粒子数 N は $\bar{n}_0(\boldsymbol{r})$ を回転楕円体内において積分することによって得られ，

$$N = \int_{\mu \geq V_{\rm ext}} d\boldsymbol{r} \bar{n}_0(\boldsymbol{r}) = \frac{16\sqrt{2}\pi\mu^{5/2}}{15gm^{3/2}\tilde{\omega}^3} \tag{2.217}$$

となる．ここで，幾何平均 $\tilde{\omega} = (\omega_x \omega_y \omega_z)^{1/3}$ を用いた．

ここで，調和振動子を特徴づける長さとして $\tilde{a}_{\rm ho} \equiv \sqrt{\hbar/(m\tilde{\omega})}$ を定義する．これは調和振動子ポテンシャルにおける Schrödinger 方程式の基底状態の特徴的な広がりである．また，結合定数 g と散乱長 a に対する関係式 (2.213) を用いれば

$$N = \frac{\tilde{R}^5}{15a\tilde{a}_{\rm ho}^4} \tag{2.218}$$

となる．ここで幾何平均 $\tilde{R} = (R_x R_y R_y)^{1/3}$ を用いた．化学ポテンシャル μ は式 (2.217) と式 (2.218) を用いて

$$\mu = \frac{\hbar\tilde{\omega}}{2}\left(\frac{15Na}{\tilde{a}_{\rm ho}}\right)^{2/5} = \frac{\hbar\tilde{\omega}}{2}\left(\frac{\tilde{R}}{\tilde{a}_{\rm ho}}\right)^2 \tag{2.219}$$

となる．

この Thomas–Fermi 近似が成立する条件を，系のエネルギーを見積もることにより考察しよう．式 (2.64) のエネルギーにおける第2項目（ポテンシャルエネルギー）と第3項目（相互作用エネルギー）はそれぞれ

$$E_{\rm pot} \equiv \int d\boldsymbol{r}\, V_{\rm ext}\bar{n}_0 = \frac{3}{7}\mu N, \qquad E_{\rm int} \equiv \frac{g}{2}\int d\boldsymbol{r}\, \bar{n}_0^2 = \frac{2}{7}\mu N \tag{2.220}$$

となる．一方，第1項目（勾配エネルギー）は，式 (2.215) を用いると，波動関数の空間微分が $\bar{n}_0(\boldsymbol{r}) = 0$ となる場所で不連続となるので，凝縮体のサイズ $\tilde{R}$ を用いて，

$$E_{\rm grad} \sim \frac{\hbar^2}{m\tilde{R}^2}N \tag{2.221}$$

で見積もることにする．勾配エネルギーと他の二つのエネルギーの比は

$$\frac{E_{\rm grad}}{E_{\rm pot} + E_{\rm int}} \sim \left(\frac{\tilde{a}_{\rm ho}}{\tilde{R}}\right)^4 \sim \left(\frac{\tilde{a}_{\rm ho}}{aN}\right)^{4/5} \tag{2.222}$$

となる．したがって $N \gg \tilde{a}_{\rm ho}/a$ のとき，つまり N が十分大きいときに Thomas–Fermi 近似が正当化される．実験で用いられる典型的な値として $a \approx 10^{-8}$ m，$\tilde{a}_{\rm ho} \approx 10^{-6}$ m を用いると $N \gg 10^2$ となり，実験で用いられる典型的な粒子数 $10^4 \lesssim N \lesssim 10^6$ だと，Thomas–Fermi 近似も正当化されている．

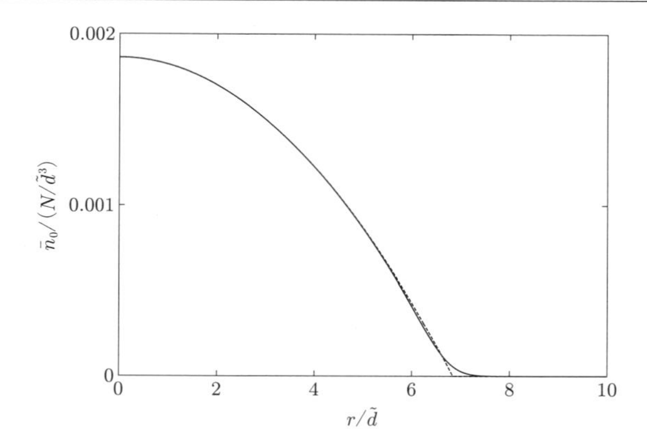

図 2.6 等方的な調和振動子ポテンシャル中における凝縮体密度 $\bar{n}_0$ の動径方向依存性．$Na/\tilde{a}_{\rm ho} = 1000$ で計算している．実線が数値的に得られた解で，点線が Thomas–Fermi 近似によって得られた解．

調和振動子ポテンシャルが等方的 $(\omega_x = \omega_y = \omega_z = \tilde{\omega})$ なとき，$Na/\tilde{a}_{\rm ho} = 1000$ における Thomas–Fermi 近似と数値解との比較を行ったのが図 2.6 である．ポテンシャルの中心付近において数値解と Thomas–Fermi 近似との差はほとんどなく，Thomas–Fermi 近似が非常によい近似であることがわかる．しかし，中心から離れていくと凝縮体密度の空間変化が顕著となり，凝縮体がほとんどなくなる表面近傍で数値解と Thomas–Fermi 近似との差が見られる．

2.8.6 凝縮体の集団運動

冷却原子の系が BEC となっていることを示す実験的証拠として，原子の運動量分布の原点近傍における鋭いピーク [21]，量子渦の観測 [5]，永久流の観測 [22] などがある．しかし，ここでこれから述べる凝縮体の定常状態からの低エネルギーの集団運動もまた，初期の冷却原子の実験において BEC の存在を強く支持する現象として非常に重要であり，また，凝縮体の流体的なふるまいを理解するための格好の題材でもある．

定常状態からの凝縮体の集団運動を議論するのに BdG 方程式 (2.97) を解析する方法があるが，ここではよりなじみの深い，流体力学方程式 (2.65)，(2.70) を解析する方法を用いることにする．$\boldsymbol{v} = 0$ のとき，流体力学方程式の定常状態は

$$\nabla \left[g\bar{n}_0(\boldsymbol{r}) + V_{\mathrm{ext}}(\boldsymbol{r}) - \frac{\hbar^2}{2m\sqrt{\bar{n}_0(\boldsymbol{r})}} \nabla^2 \sqrt{\bar{n}_0(\boldsymbol{r})} \right] = 0 \tag{2.223}$$

となる．ここで $\bar{n}_0$ として，式 (2.215) を代入すれば，右辺第 1 項目と第 2 項目は化学ポテンシャル μ となり，右辺第 3 項目である量子圧力項を無視すればこの方程式が満たされる．ここから定常解に対する Thomas–Fermi 近似は量子圧力項を無視する近似であることが理解できる．

式 (2.83) を導いたときと同様に，$n(\boldsymbol{r},t) = \bar{n}_0(\boldsymbol{r}) + \delta n(\boldsymbol{r},t)$，$\boldsymbol{v}(\boldsymbol{r},t) = \delta\boldsymbol{v}(\boldsymbol{r},t)$ とおき，式 (2.65) と (2.70) に代入して，微小量の 2 次以上は無視する線形化を行う．以前との違いは定常解の $\bar{n}_0(\boldsymbol{r})$ が空間的に非一様になっている点である．Thomas–Fermi 近似より，量子圧力項を無視すると，

$$\frac{\partial \delta n(\boldsymbol{r},t)}{\partial t} \sim -\nabla \cdot [\bar{n}_0(\boldsymbol{r}) \delta\boldsymbol{v}(\boldsymbol{r},t)], \qquad \frac{\partial \delta\boldsymbol{v}(\boldsymbol{r},t)}{\partial t} \sim -\frac{g}{m} \nabla \delta n(\boldsymbol{r},t) \tag{2.224}$$

また，この二つの式から，

$$\frac{\partial^2 \delta n(\boldsymbol{r},t)}{\partial^2 t} \sim \frac{g}{m} \nabla \cdot \{\bar{n}_0(\boldsymbol{r}) \nabla \delta n(\boldsymbol{r},t)\} \tag{2.225}$$

が得られる．$\delta n(\boldsymbol{r},t)$ の空間依存性と時間依存性に対して変数分離を行うと，時間部分に対して $\delta n(\boldsymbol{r},t) = \cos(\Omega t) \delta n(\boldsymbol{r})$ となり，

$$\Omega^2 \delta n(\boldsymbol{r}) \sim -\frac{g}{m} \nabla \cdot [\bar{n}_0(\boldsymbol{r}) \nabla \delta n(\boldsymbol{r})] \tag{2.226}$$

が得られる．

式 (2.226) は線形の常微分方程式であるため，容易に解くことができるが，ここでは別のやり方として凝縮体の運動を仮定し，対応する振動数 Ω を求めることにする．解 $\delta n(\boldsymbol{r})$ の形として次のような x, y, z に対する 2 次式を仮定しよう．

$$\begin{aligned} \delta n(\boldsymbol{r}) = {} & \alpha_{xx} x^2 + \alpha_{yy} y^2 + \alpha_{zz} z^2 + \alpha_{xy} xy + \alpha_{yz} yz + \alpha_{zx} zx \\ & + \alpha_x x + \alpha_y y + \alpha_z z + \alpha_0 \end{aligned} \tag{2.227}$$

ここで 10 個の係数 $\alpha_{xx}, \cdots, \alpha_0$ を調節することによって，与えられた運動に対して式 (2.226) を満たし，かつ Ω が求められるようになる．

まずは最も簡単な例として，等方的なトラップポテンシャル ($\omega_x = \omega_y = \omega_z = \tilde{\omega}$) の状況を考えてみよう．このとき $\bar{n}_0(\boldsymbol{r})$ は

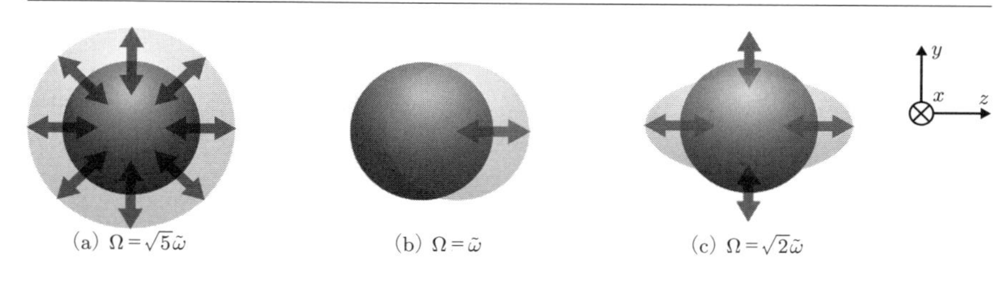

図 2.7 等方的な調和振動子ポテンシャル中における (a) ブリージングモード，(b) 双極子振動，および (c) 四重極子振動のイメージ．

$$\bar{n}_0(\boldsymbol{r}) = \frac{m\tilde{\omega}^2(\tilde{R}^2 - r^2)}{2g} \tag{2.228}$$

となる．凝縮体の典型的な運動として，$\alpha_{xx} = \alpha_{yy} = \alpha_{zz}$, $\alpha_{xy} = \alpha_{yz} = \alpha_{zx} = \alpha_x = \alpha_y = \alpha_z = 0$ を考える．これは図 2.7(a) に示すような, 等方的な凝縮体が等方的に広がったり縮んだりするようなダイナミクスを示し, ブリージング (息継ぎ) モードとよばれている．この条件において, 式 (2.226) を書き直すと $(\alpha_{xx}r^2+\alpha_0)\Omega^2 = \alpha_{xx}\tilde{\omega}^2(5r^2-3\tilde{R}^2)$ となる．この式が座標 r に対する恒等式となるには

$$\Omega = \sqrt{5}\tilde{\omega}, \qquad \alpha_0 = -\frac{3}{5}\alpha_{xx}\tilde{R}^2 \tag{2.229}$$

となる．この Ω がブリージングモードの振動数となる．

あと二つ簡単な例を挙げることにしよう．一つ目は，$\alpha_{xx} = \alpha_{yy} = \alpha_{zz} = \alpha_{xy} = \alpha_{yz} = \alpha_{zx} = \alpha_x = \alpha_y = 0$, $\alpha_z \neq 0$ であり，これは図 2.7(b) に示すような，凝縮体が z 方向に並進振動するような運動（双極子振動）である．このとき，$\Omega = \tilde{\omega}$，$\alpha_0 = 0$ となる．二つ目は，$\alpha_{xx} = \alpha_{yy} \neq \alpha_{zz}$, $\alpha_{xy} = \alpha_{yz} = \alpha_{zx} = \alpha_x = \alpha_y = \alpha_z = 0$ であり，このとき，$\Omega = \sqrt{2}\tilde{\omega}$，$\alpha_{xx} = -\alpha_{zz}/2$，$\alpha_0 = 0$ となる．α_{xx} と α_{zz} の符号が異なることから，これは図 2.7(c) に示すような，凝縮体が z 方向と xy 面とで四重極子振動するような運動である．

次に調和振動子ポテンシャル (2.192) が異方的な場合を考える．ここで xy 方向には等方的であるとし $\omega_x = \omega_y = \omega_\perp$, $\omega_z = \lambda\omega_\perp$ とする．λ は xy 方向と z 方向の異方性を表すパラメータであり，$\lambda \ll 1$ で凝縮体は細長い葉巻型となり，$\lambda \gg 1$ で凝縮体は円盤状となる．$r_\perp = \sqrt{x^2+y^2}$ として，定常状態における凝縮体密度 $\bar{n}_0(\boldsymbol{r})$ は

$$\bar{n}_0(\boldsymbol{r}) = \frac{m\omega_\perp^2\{R_\perp^2 - (r_\perp^2 + \lambda^2 z^2)\}}{2g} \tag{2.230}$$

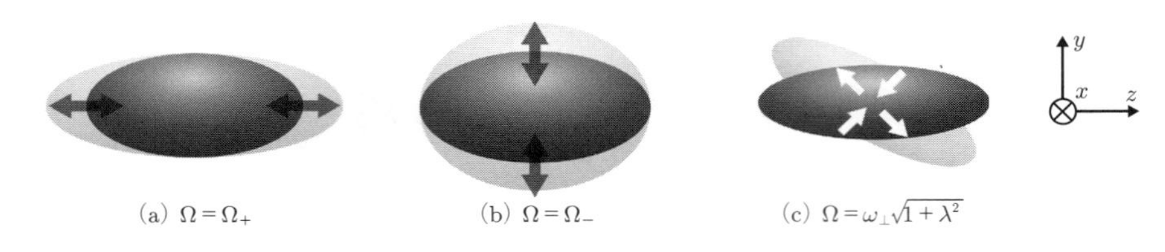

図 **2.8**　式 (2.231) で記述される (a) $\Omega = \Omega_-$，(b) $\Omega = \Omega_+$ の振動数をもつ凝縮体の振動，および (c) シザースモードのイメージ．

となる．ここで $R_x = R_y = R_\perp$ とした．まずは等方的な場合における四重極子振動のときと同様に $\alpha_{xx} = \alpha_{yy} \neq \alpha_{zz}$, $\alpha_{xy} = \alpha_{yz} = \alpha_{zx} = \alpha_x = \alpha_y = \alpha_z = 0$ とすると，二つの解

$$\begin{aligned}
&\Omega = \Omega_\pm = \omega_\perp \sqrt{2 + \frac{3\lambda^2}{2} \pm \sqrt{4 - 4\lambda^2 + \frac{9\lambda^4}{4}}} \\
&\alpha_0 = \frac{(-\Omega_\pm^2/\omega_\perp^2 + 3\lambda^2 - 1)\alpha_{zz}\tilde{R}^2}{5\lambda^2}, \quad \alpha_{xx} = \frac{(\Omega_\pm^2/\omega_\perp^2 - 3\lambda^2)\alpha_{zz}}{2\lambda^2}
\end{aligned} \tag{2.231}$$

が得られる．図 2.8(a), (b) に凝縮体のふるまいを示す．凝縮体は異方的な膨張・収縮を示すが，Ω_- は閉じ込めの弱い方向に，Ω_+ は閉じ込めの強い方向に振動している．振動数 $\Omega_\pm$ であるが，等方的な場合 $\lambda = 1$ において

$$\begin{aligned}
&\Omega_+ = \sqrt{5}\tilde{\omega}, \qquad \alpha_0 = -\frac{3\alpha_{zz}\tilde{R}^2}{5}, \qquad \alpha_{xx} = \alpha_{zz} \\
&\Omega_- = \sqrt{2}\tilde{\omega}, \qquad \alpha_0 = 0, \qquad \alpha_{xx} = -\frac{\alpha_{zz}}{2}
\end{aligned} \tag{2.232}$$

となり，Ω_+ はブリージングモードに，Ω_- は四重極子振動に帰着する．つまり，この二つの運動はブリージングモードと四重極子振動の重ね合せ状態であることがわかる．

もう一つ，よく知られている運動として $\alpha_{xx} = \alpha_{yy} = \alpha_{zz} = \alpha_{xy} = \alpha_{zx} = \alpha_x = \alpha_y = \alpha_z = 0$, $\alpha_{yz} \neq 0$ を考える．このとき，$\alpha_0 = 0$, $\Omega = \omega_\perp\sqrt{1 + \lambda^2}$ となる．図 2.8(c) に凝縮体のふるまいを示す．凝縮体は x 軸まわりに剛体回転しているように見えるが，凝縮体の内部の流れ $\boldsymbol{v}$ を計算すると，式 (2.224) より

$$\boldsymbol{v} = -\frac{g\alpha_{yz}}{m\Omega}(0, z, y) \tag{2.233}$$

となり（図中の白矢印で示している），$\nabla \times \boldsymbol{v} = 0$，つまり流れは非回転的であることがわかる．凝縮体密度はハサミを閉じたり開いたりしているようにふるまうので，**シザースモード**とよばれている．

2.9 原子気体多成分 BEC

これまでは，単一成分の BEC を考えてきたが，冷却原子気体の系では多成分の秩序変数で特徴づけられる BEC を実験的に比較的容易につくることが可能である．このような多成分凝縮体では，凝縮体の密度と位相に加えて，成分間の密度差や位相差などの内部自由度が現れ，より多彩な BEC の性質を見ることができる．本節では内部自由度をもつ冷却原子気体 BEC として，2 種原子の混合気体からなる 2 成分 BEC とスピン自由度をもつスピノール BEC について解説する．

2.9.1 2 成分 BEC

多成分凝縮体として最も単純なものは，異なる原子種の凝縮体が混合された凝縮体である．例えば ^{23}Na と ^{87}Rb などの凝縮体の混合が考えられる．簡単のために 2 種類の原子種による系を考える．このときの全系のハミルトニアンは

$$\begin{aligned}\hat{H} = \sum_{i=1,2}\Bigg[&\int d\boldsymbol{r}\,\hat{\Psi}_i^\dagger(\boldsymbol{r})\left(-\frac{\hbar^2}{2m_i}\nabla^2 + V_{\text{ext}}^i(\boldsymbol{r})\right)\hat{\Psi}_i(\boldsymbol{r}) \\ &+ \frac{1}{2}\int d\boldsymbol{r}\,d\boldsymbol{r}'\,\hat{\Psi}_i^\dagger(\boldsymbol{r})\hat{\Psi}_i^\dagger(\boldsymbol{r}')V_{ii}(\boldsymbol{r}-\boldsymbol{r}')\hat{\Psi}_i(\boldsymbol{r}')\hat{\Psi}_i(\boldsymbol{r})\Bigg] \\ &+ \int d\boldsymbol{r}\,d\boldsymbol{r}'\,\hat{\Psi}_1^\dagger(\boldsymbol{r})\hat{\Psi}_2^\dagger(\boldsymbol{r}')V_{12}(\boldsymbol{r}-\boldsymbol{r}')\hat{\Psi}_2(\boldsymbol{r}')\hat{\Psi}_1(\boldsymbol{r})\end{aligned} \tag{2.234}$$

となる．ここで，$\hat{\Psi}_i(\boldsymbol{r})$ は $i(=1,2)$ 番目の原子種に対するボソンの消滅演算子，m_i は原子の質量，$V_{\text{ext}}^i(\boldsymbol{r})$ は 1 体ポテンシャルである．ハミルトニアンの第 2 項は同種原子間の相互作用項であり，$V_{ii}(\boldsymbol{r}-\boldsymbol{r}')$ は i 番目の原子の原子間ポテンシャルである．第 3 項は異種原子間の相互作用項であり $V_{12}(\boldsymbol{r}-\boldsymbol{r}')$ は $i=1$ と $i=2$ の原子の原子間ポテンシャルである．

次に 2.3.3 項と同様に，極低温において Bose 凝縮が起こり，秩序変数が現れる状況を考える．この場合，二つの原子種両方に対して Bose 凝縮が起こり，

$$\langle\hat{\Psi}_i^\dagger(\boldsymbol{r})\hat{\Psi}_i(\boldsymbol{r}')\rangle \xrightarrow{|\boldsymbol{r}-\boldsymbol{r}'|\to\infty} \Psi_i^*(\boldsymbol{r})\Psi_i(\boldsymbol{r}') \tag{2.235}$$

で与えられる 2 種類の秩序変数 $\Psi_1(\boldsymbol{r})$, $\Psi_2(\boldsymbol{r})$ が現れる．また，2.8.5 項と同様に，3 種類の粒子間相互作用 $V_{11}(\boldsymbol{r}-\boldsymbol{r}')$, $V_{22}(\boldsymbol{r}-\boldsymbol{r}')$, $V_{12}(\boldsymbol{r}-\boldsymbol{r}')$ は，短距離型で s 波散

乱長 a_{11}, a_{22}, a_{12} で記述されるとする．このとき $\Psi_1(\boldsymbol{r})$, $\Psi_2(\boldsymbol{r})$ に対するエネルギー汎関数は

$$E = \int d\boldsymbol{r} \left[\sum_{i=1,2} \left(\frac{\hbar^2 |\nabla \Psi_i|^2}{2m_i} + V_{\rm ext}^i |\Psi_i|^2 + \frac{g_{ii}}{2} |\Psi_i|^4 \right) + g_{12} |\Psi_1|^2 |\Psi_2|^2 \right] \quad (2.236)$$

となる．ここで $g_{ii} = 4\pi\hbar^2 a_{ii}/m_i$，$g_{12} = 2\pi\hbar^2 a_{12}/m_{12}$ である（m_{12} は換算質量）．このエネルギー汎関数を用いて GP 方程式を導出すれば

$$\begin{aligned} i\hbar \frac{\partial \Psi_1}{\partial t} &= \left(-\frac{\hbar^2 \nabla^2}{2m_1} + V_{\rm ext}^1 + g_{11} |\Psi_1|^2 + g_{12} |\Psi_2|^2 \right) \Psi_1 \\ i\hbar \frac{\partial \Psi_2}{\partial t} &= \left(-\frac{\hbar^2 \nabla^2}{2m_2} + V_{\rm ext}^2 + g_{22} |\Psi_2|^2 + g_{12} |\Psi_1|^2 \right) \Psi_2 \end{aligned} \quad (2.237)$$

が得られる．それぞれの成分の粒子数 $N_i = \int d\boldsymbol{r} |\Psi_i|^2$ は保存量となる．単一成分の GP 方程式との違いは，成分間の相互作用 g_{12} によって，Ψ_1 と Ψ_2 がお互いに影響を及ぼし合う項が存在することである．以下の議論では，三つの結合定数 g_{11}，g_{22}，g_{12} がすべて正の状況を議論することにする．

1 体ポテンシャル $V_{\rm ext}^i$ がない場合の，この系の基底状態の構造を調べる．定常 GP 方程式を得るために，$\Psi_i(\boldsymbol{r}, t) = \Psi_i(\boldsymbol{r}) e^{-i\mu_i t/\hbar}$ を代入し，系が一様であることを仮定すると，

$$n_{b1} = |\Psi_1|^2 = \frac{\mu_1 g_{22} - \mu_2 g_{12}}{g_{11} g_{22} - g_{12}^2}, \qquad n_{b2} = |\Psi_2|^2 = \frac{\mu_2 g_{11} - \mu_1 g_{12}}{g_{11} g_{22} - g_{12}^2} \quad (2.238)$$

が得られる．

この状態の安定性を，BdG 方程式を用いて調べることにする．2.5.2 項と同じやり方で Ψ_i を定常状態とそのまわりの揺らぎに分け，$\Psi_i(\boldsymbol{r}, t) = \{\sqrt{n_{bi}} + \sum_{\boldsymbol{k}} [u_{i\boldsymbol{k}} e^{i(\boldsymbol{k}\cdot\boldsymbol{r} - \omega t)} - v_{i\boldsymbol{k}}^* e^{-i(\boldsymbol{k}\cdot\boldsymbol{r} - \omega^* t)}]\} e^{-i\mu_i t/\hbar}$ と書き，式 (2.237) に代入して，$\boldsymbol{w} = (u_{1\boldsymbol{k}}, v_{1\boldsymbol{k}}, u_{2\boldsymbol{k}}, v_{2\boldsymbol{k}})^{\rm T}$ に対して線形化すると，

$$\begin{aligned} &\hbar\omega \boldsymbol{w} = H_{\rm B} \boldsymbol{w} \\ &H_{\rm B} = \begin{pmatrix} h_1 & -g_{11} n_{b1} & g_{12}\sqrt{n_{b1} n_{b2}} & -g_{12}\sqrt{n_{b1} n_{b2}} \\ g_{11} n_{b1} & -h_1 & g_{12}\sqrt{n_{b1} n_{b2}} & -g_{12}\sqrt{n_{b1} n_{b2}} \\ g_{12}\sqrt{n_{b1} n_{b2}} & -g_{12}\sqrt{n_{b1} n_{b2}} & h_2 & -g_{22} n_{b2} \\ g_{12}\sqrt{n_{b1} n_{b2}} & -g_{12}\sqrt{n_{b1} n_{b2}} & g_{22} n_{b2} & -h_2 \end{pmatrix} \end{aligned} \quad (2.239)$$

となる．ここで，$h_i = \hbar^2 k^2/(2m_i) + g_{ii} n_{bi}$ である．$H_{\rm B}$ を対角化し，ω を求めると

$$\omega_\pm = k\sqrt{\frac{\hbar^2k^2}{8m_+^2} + \frac{c_+^2}{2} \pm \sqrt{\frac{\hbar^4k^4}{64m_-^4} + \frac{\hbar^2k^2c_-^2}{8m_-^2} + \frac{c_+^4}{4} + \frac{n_{b1}n_{b2}(g_{12}^2 - g_{11}g_{22})}{m_1m_2}}}$$

$$\frac{1}{m_\pm^2} = \frac{1}{m_1^2} \pm \frac{1}{m_2^2}, \qquad c_\pm^2 = \frac{g_{11}n_{b1}}{m_1} \pm \frac{g_{22}n_{b2}}{m_2} \tag{2.240}$$

となる．ω_+ は常に実数になるのに対し，ω_- は $g_{12} < \sqrt{g_{11}g_{22}}$ のときにのみ，任意の k において実数になる．このとき，定常解のまわりの揺らぎは振動解となり，定常解の線形安定性が示される．ω_+ は n_{b1} と n_{b2} が同位相で振動するモード，ω_- は逆位相で振動するモードになる．一方で $g_{12} > \sqrt{g_{11}g_{22}}$ のときは，ω_- は純虚数となり，揺らぎは指数関数的に増大するので，定常解は動的に不安定である．

$g_{12} > \sqrt{g_{11}g_{22}}$ のときの基底状態の構造を明らかにするために，系は一様とし，相互作用エネルギーを書き出すと，

$$\begin{aligned} E_{\rm int} &= \int d\boldsymbol{r} \left(\frac{g_{11}n_{b1}^2}{2} + \frac{g_{22}n_{b2}^2}{2} + g_{12}n_{b1}n_{b2} \right) \\ &= \frac{1}{4}\int d\boldsymbol{r} \left\{ \left(1 + \frac{g_{12}}{\sqrt{g_{11}g_{22}}}\right)(\sqrt{g_{11}}n_{b1} + \sqrt{g_{22}}n_{b2})^2 \right. \\ &\qquad \left. + \left(1 - \frac{g_{12}}{\sqrt{g_{11}g_{22}}}\right)(\sqrt{g_{11}}n_{b1} - \sqrt{g_{22}}n_{b2})^2 \right\} \end{aligned} \tag{2.241}$$

となる．ここで $g_{12} > \sqrt{g_{11}g_{22}}$ であれば式 (2.241) の最右辺第 2 項目の係数が負になるので，E_0 を最小化させるには $\left(\sqrt{g_{11}}n_{b1} - \sqrt{g_{22}}n_{b2}\right)^2$ が最大でなければならない．この項が最大になるためには，$n_{b1} = 0$ かつ n_{b2} が最大，もしくは n_{b1} が最大かつ $n_{b2} = 0$ である．つまり，n_{b1} と n_{b2} が分離して存在する，相分離の状態が安定となる．まとめると，$g_{12} < \sqrt{g_{11}g_{22}}$ で混合状態が，$g_{12} > \sqrt{g_{11}g_{22}}$ で相分離状態が安定となる．相分離状態では，それぞれの成分が占める領域の間に境界が存在し，そこでは系の一様性が破れている．このとき，境界付近からの勾配エネルギーの寄与があるが，境界は 2 次元的であるので，熱力学極限では境界の全エネルギーへの影響は無視できる．外部ポテンシャルに閉じ込められているような有限系では境界の影響は重要であり，境界の面積をできるだけ小さくなるような配置が基底状態として構成される．

多成分凝縮体を実現する別の系として，同じ原子種の異なるスピン状態を同時にトラップする方法がある．アルカリ原子の場合，WFSS にある $|F=2,\ m_F=2\rangle$，$|F=2,\ m_F=1\rangle$，$|F=1,\ m_F=-1\rangle$ の状態にある原子を磁場によってトラップできることは以前に述べたが，これらのうちの二つ，例えば $|F=2,\ m_F=1\rangle$，$|F=1,\ m_F=-1\rangle$ の二つの状態にある原子を同時に凝縮させて 2 成分 BEC を実現

することができる．この場合，同じ原子であるために質量は $m_1 = m_2 = m$ のように等しくなるが，1体ポテンシャルや結合定数は，一般的に各成分で異なる．

原子種が異なる多成分BECの場合と異なる点として，二つのスピン状態のエネルギー差に相当する振動数をもつ電磁場を入射することにより，2成分の凝縮体をRabi振動によってお互いにコヒーレントに遷移させることができる．入射する電磁場と原子との相互作用から決まるRabi振動数 Ω_R，および二つのスピン状態間の共鳴振動数と入射する電磁場の振動数の差である離調 δ を用いると，GP方程式(2.237)は

$$\begin{aligned} i\hbar\frac{\partial\Psi_1}{\partial t} &= \left(-\frac{\hbar^2\nabla^2}{2m} + V_{\mathrm{ext}}^1 + g_{11}|\Psi_1|^2 + g_{12}|\Psi_2|^2 - \frac{\hbar\delta}{2}\right)\Psi_1 - \frac{\hbar\Omega_R}{2}\Psi_2 \\ i\hbar\frac{\partial\Psi_2}{\partial t} &= \left(-\frac{\hbar^2\nabla^2}{2m} + V_{\mathrm{ext}}^2 + g_{22}|\Psi_2|^2 + g_{12}|\Psi_1|^2 + \frac{\hbar\delta}{2}\right)\Psi_2 - \frac{\hbar\Omega_R}{2}\Psi_1 \end{aligned} \tag{2.242}$$

に拡張される．ここで，Ψ_1 と Ψ_2 は同種原子種であるので $m_1 = m_2 = m$ とした．最後の項がRabi振動を示す項である．実際に成分間で粒子の遷移が起こっていることを確かめるには，両成分が空間的に一様に混ざっていると仮定し，$\Psi_i = \sqrt{N_i(t)}e^{i\theta_i(t)}$ を式(2.242)に代入する．全粒子数 $N_1 + N_2$ は一定であるが，粒子数の差は $d(N_2 - N_1)/dt = 2\Omega_R\sqrt{N_1 N_2}\sin(\theta_2 - \theta_1)$ となり，相対位相 $\theta_2 - \theta_1$ に依存して，粒子数差の振動が起こることがわかる．これは，凝縮体の内部状態の間で起こるJosephson振動とみなせる．

2.9.2　スピノールBEC

冷却原子を磁場ではなく光学的に閉じ込めることで，原子のスピン自由度を解放させることができ，そのような原子を冷却することによって，スピン自由度をもった凝縮体を実現することができる．このような凝縮体の秩序変数はスピノールで記述することができ，スピノールBECとよばれている．例えば，原子核スピン $I = 3/2$ をもつアルカリ原子のときには，合成スピン $F = 1$ と $F = 2$ の2種類のスピノールBECを実現することができる．このとき，秩序変数の成分の数は，とりうる磁気量子数 m_F の数だけ存在する．以下では，おもに $F = 1$ の場合のスピノールBECについて考察する．

$F = 1$ スピノールBEC

スピン自由度をもっているBose粒子系の多体ハミルトニアンは，磁気量子数 m_F にあるBose粒子の消滅演算子を $\hat{\Psi}_{m_F}$ として

$$\hat{H} = \sum_{m_F=-F}^{F} \left\{ \int d\boldsymbol{r}\, \hat{\Psi}^{\dagger}_{m_F}(\boldsymbol{r}) \left(-\frac{\hbar^2}{2m}\nabla^2 + V^{m_F}_{\rm ext}(\boldsymbol{r}) \right) \hat{\Psi}_{m_F}(\boldsymbol{r}) \right\}$$
$$+ \frac{1}{2} \sum_{m_F^{(1)}\sim m_F^{(4)}=-F}^{F} \int d\boldsymbol{r}\, d\boldsymbol{r}'\, \hat{\Psi}^{\dagger}_{m_F^{(4)}}(\boldsymbol{r}) \hat{\Psi}^{\dagger}_{m_F^{(3)}}(\boldsymbol{r}')$$
$$\times V^{m_F^{(3)}, m_F^{(4)}}_{m_F^{(1)}, m_F^{(2)}}(\boldsymbol{r}-\boldsymbol{r}') \hat{\Psi}_{m_F^{(1)}}(\boldsymbol{r}') \hat{\Psi}_{m_F^{(2)}}(\boldsymbol{r}) \tag{2.243}$$

となる．ここで粒子間相互作用 $V^{m_F^{(3)}, m_F^{(4)}}_{m_F^{(1)}, m_F^{(2)}}(\boldsymbol{r}-\boldsymbol{r}')$ は衝突前の 2 粒子の磁気量子数 $m_F^{(1)}$, $m_F^{(2)}$，および衝突後の 2 粒子の磁気量子数 $m_F^{(3)}$, $m_F^{(4)}$ に依存している．一般的に $V^{m_F^{(3)}, m_F^{(4)}}_{m_F^{(1)}, m_F^{(2)}}(\boldsymbol{r}-\boldsymbol{r}')$ は衝突過程における 2 粒子の合成スピン $\mathcal{F}$ によって分類することができ，

$$\sum_{m_F^{(1)}\sim m_F^{(4)}=-F}^{F} \int d\boldsymbol{r}\, d\boldsymbol{r}'\, \hat{\Psi}^{\dagger}_{m_F^{(4)}}(\boldsymbol{r}) \hat{\Psi}^{\dagger}_{m_F^{(3)}}(\boldsymbol{r}') V^{m_F^{(3)}, m_F^{(4)}}_{m_F^{(1)}, m_F^{(2)}}(\boldsymbol{r}-\boldsymbol{r}') \hat{\Psi}_{m_F^{(1)}}(\boldsymbol{r}') \hat{\Psi}_{m_F^{(2)}}(\boldsymbol{r})$$
$$= \sum_{\mathcal{F}=0}^{2F} \sum_{\mathcal{M}=-\mathcal{F}}^{\mathcal{F}} \sum_{m_F^{(1)}\sim m_F^{(4)}=-F}^{F} \int d\boldsymbol{r}\, d\boldsymbol{r}'\, \hat{\Psi}^{\dagger}_{m_F^{(4)}}(\boldsymbol{r}) \hat{\Psi}^{\dagger}_{m_F^{(3)}}(\boldsymbol{r}')$$
$$\times C^{*\,\mathcal{F},\mathcal{M}}_{1,m_F^{(3)};1,m_F^{(4)}} V_{\mathcal{F}}(\boldsymbol{r}-\boldsymbol{r}') C^{\mathcal{F},\mathcal{M}}_{1,m_F^{(1)};1,m_F^{(2)}} \hat{\Psi}_{m_F^{(1)}}(\boldsymbol{r}') \hat{\Psi}_{m_F^{(2)}}(\boldsymbol{r}) \tag{2.244}$$

と書くことができる．ここで $\mathcal{M}$ は 2 粒子の合成スピンに対する磁気量子数，$C^{\mathcal{F},\mathcal{M}}_{F_1,m_F^{(1)};F_2,m_F^{(2)}}$ は Clebsch–Gordan 係数，$V_{\mathcal{F}}(\boldsymbol{r}-\boldsymbol{r}')$ は合成スピン $\mathcal{F}$ によって分類された粒子間相互作用である．

これまでと同様に，極低温において Bose 凝縮が起こる状況を考え，秩序変数 Ψ_{m_F} を導入する．また，粒子間相互作用 $V_{\mathcal{F}}(\boldsymbol{r}-\boldsymbol{r}')$ もこれまで同様に，s 波散乱長のみで記述されるとする．この場合，奇数の $\mathcal{F}$ は対称性から排除される．$F=1$ の場合，相互作用は 2 種類の s 波散乱長 a_0, a_2 で記述される．ここで $a_{\mathcal{F}}$ は合成スピン $\mathcal{F}$ の相互作用に由来する s 波散乱長である．$\Psi_{m_F}(\boldsymbol{r})$ に対するエネルギー汎関数は

$$E = \sum_{m_F=-1}^{1} \int d\boldsymbol{r} \left[\frac{\hbar^2}{2m} |\nabla \Psi_{m_F}(\boldsymbol{r})|^2 + V^{m_F}_{\rm ext}(\boldsymbol{r}) |\Psi_{m_F}(\boldsymbol{r})|^2 \right]$$
$$+ \int d\boldsymbol{r} \left(\frac{g_0 n(\boldsymbol{r})^2}{2} + \frac{g_1 \boldsymbol{S}(\boldsymbol{r})^2}{2} \right) \tag{2.245}$$

となる．ここで $n(\boldsymbol{r})$，$\boldsymbol{S}(\boldsymbol{r})$ は全凝縮粒子数密度およびスピン密度ベクトルであり

$$n(\boldsymbol{r}) \equiv \Psi^\dagger(\boldsymbol{r})\Psi(\boldsymbol{r}), \qquad \boldsymbol{S}(\boldsymbol{r}) \equiv \Psi^\dagger(\boldsymbol{r})\hat{\boldsymbol{S}}\Psi(\boldsymbol{r}) \tag{2.246}$$

で定義される．ここで，$\hat{\boldsymbol{S}}$ はスピン 1 の演算子*10，およびスピノールによる表示 $\Psi = (\Psi_1, \Psi_0, \Psi_{-1})^{\mathrm{T}}$, $\Psi^\dagger = (\Psi_1^*, \Psi_0^*, \Psi_{-1}^*)$ を用いた．Ψ に対する GP 方程式はエネルギー汎関数から導出することができ，

$$\begin{aligned} i\hbar\frac{\partial\Psi_{\pm1}}{\partial t} &= \left(-\frac{\hbar^2}{2m}\nabla^2 + V_{\mathrm{ext}}^{\pm1} + g_0 n \pm g_1 S_z\right)\Psi_{\pm1} + \frac{g_1 S_{\mp}\Psi_0}{\sqrt{2}} \\ i\hbar\frac{\partial\Psi_0}{\partial t} &= \left(-\frac{\hbar^2}{2m}\nabla^2 + V_{\mathrm{ext}}^{0} + g_0 n\right)\Psi_0 + \frac{g_1(S_+\Psi_1 + S_-\Psi_{-1})}{\sqrt{2}} \end{aligned} \tag{2.247}$$

となる．ここで，$\hat{S}_\pm = \hat{S}_x \pm i\hat{S}_y$ を用いた．外部ポテンシャル $V_{\mathrm{ext}}^{m_F}$ が m_F に依存しないとき，GP 方程式に従う Ψ の時間発展においてエネルギー E，全粒子数 $N = \int d\boldsymbol{r}\, n$ の他に，全スピン $M_x = \int d\boldsymbol{r}\, S_x$, $M_y = \int d\boldsymbol{r}\, S_y$, $M_z = \int d\boldsymbol{r}\, S_z$ も保存される．また，相互作用に対する結合定数は

$$g_0 = \frac{4\pi\hbar^2}{m}\frac{a_0 + 2a_2}{3}, \qquad g_1 = \frac{4\pi\hbar^2}{m}\frac{a_2 - a_0}{3} \tag{2.248}$$

となる．一般的な原子種では，$a_0 \sim a_2$ であるため，$g_0 \gg g_1$ であることが多い．以下では $g_0 > 0$ であるとして議論を進める．

まずは 1 体ポテンシャル $V_{\mathrm{ext}}^{m_F}(\boldsymbol{r}) = 0$ における，系の基底状態について考察する．この場合，系は一様であり，粒子数密度は一定値 n となる．$g_1 < 0$ のとき，エネルギーを最小化するために $\boldsymbol{S}$ は最大となる．したがって，系は強磁性状態 $\Psi_{\mathrm{F}} = \sqrt{n}(1,0,0)^{\mathrm{T}}$ となり，$\boldsymbol{S}^2 = n$ が満たされる．反対に $g_1 > 0$ のとき，系はポーラー状態 $\Psi_{\mathrm{P}} = \sqrt{n}(0,1,0)^{\mathrm{T}}$ となり（反強磁性状態ともよばれる），$\boldsymbol{S} = 0$ が満たされる．ここで，任意の状態 Ψ に対して，全体の位相をシフトさせた状態やスピン空間中で回転させた状態に対してエネルギー (2.245) は不変であるので*11，Ψ_{F} または Ψ_{P} から全体の位相のシフトおよびスピン空間中で回転させた状態すべてが基底状態となる．Ψ に対して全体の位

*10 スピン 1 の $\hat{\boldsymbol{S}}$ の表式は以下で与えられる．

$$\hat{S}_x = \frac{1}{2}\begin{pmatrix} 0 & \sqrt{2} & 0 \\ \sqrt{2} & 0 & \sqrt{2} \\ 0 & \sqrt{2} & 0 \end{pmatrix}, \ \hat{S}_y = \frac{i}{2}\begin{pmatrix} 0 & -\sqrt{2} & 0 \\ \sqrt{2} & 0 & -\sqrt{2} \\ 0 & \sqrt{2} & 0 \end{pmatrix}, \ \hat{S}_z = \begin{pmatrix} 1 & 0 & 0 \\ 0 & 0 & 0 \\ 0 & 0 & -1 \end{pmatrix}$$

*11 $V_{\mathrm{ext}}^{m_F}$ が m_F に依存する場合にはスピン空間中の回転に対して不変ではなくなる．

相を θ だけシフトさせた状態は $e^{i\theta}\Psi$，スピン空間中において $\boldsymbol{n}_F$ 方向に（$\boldsymbol{n}_F$ は単位ベクトル）φ だけ回転させた状態は $e^{-i\hat{\boldsymbol{S}}\cdot\boldsymbol{n}_F\varphi}\Psi$ となるので，これらを合せた状態 $e^{i\theta}e^{-i\hat{\boldsymbol{S}}\cdot\boldsymbol{n}_F\varphi}\Psi$ すべてを考える必要がある．3 次元の回転は角度 α, β, γ を用いたオイラー回転 $e^{-i\hat{S}_z\gamma}e^{-i\hat{S}_y\beta}e^{-i\hat{S}_z\alpha}$ で表示できるので，$g_1 < 0$ の強磁性状態の一般的な表式は

$$e^{i\theta}e^{-i\hat{S}_z\gamma}e^{-i\hat{S}_y\beta}e^{-i\hat{S}_z\alpha}\Psi_F = \frac{\sqrt{n}e^{i(\theta-\alpha)}}{\sqrt{2}}\begin{pmatrix}\sqrt{2}e^{-i\gamma}\cos^2(\beta/2)\\ \sin\beta \\ \sqrt{2}e^{i\gamma}\sin^2(\beta/2)\end{pmatrix}, \tag{2.249}$$

$g_1 > 0$ のポーラー状態の一般的な表式は

$$e^{i\theta}e^{-i\hat{S}_z\gamma}e^{-i\hat{S}_y\beta}e^{-i\hat{S}_z\alpha}\Psi_P = \frac{\sqrt{n}e^{i\theta}}{\sqrt{2}}\begin{pmatrix}-e^{-i\gamma}\sin\beta\\ \sqrt{2}\cos\beta \\ e^{i\gamma}\sin\beta\end{pmatrix} \tag{2.250}$$

となる．具体的な系としては ^{87}Rb が $g_1 < 0$ で強磁性状態，^{23}Na が $g_1 > 0$ でポーラー状態が安定状態となる．

次に，一様な磁場下における基底状態について考察する．磁場の方向を z 軸にとると，磁場が原子に与える影響は原子の磁気量子数に依存し，その依存性は式 (2.194) によって記述されている．したがって磁場の影響は，1 体ポテンシャルへの寄与として，

$$V_{\text{ext}}^{m_F} = pm_F + qm_F^2 \tag{2.251}$$

と記述される．右辺第 1 項，第 2 項は磁気量子数の 1 次および 2 次に依存する項であり，それぞれ 1 次 Zeeman 項，2 次 Zeeman 項とよばれている．また，m_F に依存しない項は基底状態の安定性にはかかわらない（エネルギーを定数だけシフトする）ので無視した．p, q は 1 次および 2 次 Zeeman 項の係数であり，$F = 1$ の場合は式 (2.194) より，

$$p = -\frac{g_L\mu_B B}{4}, \qquad q = \frac{(g_L\mu_B B)^2}{32A} \tag{2.252}$$

で与えられ，それぞれ磁場の 1 次および 2 次に比例する．この場合，エネルギーは Ψ に対する全体の位相のシフトおよびスピンの量子化軸を z 軸まわりに回転させる変換 $e^{i\varphi}e^{i\hat{S}_z\alpha}$ の下でのみ不変となる．また GP 方程式の時間発展下で M_x と M_y は保存

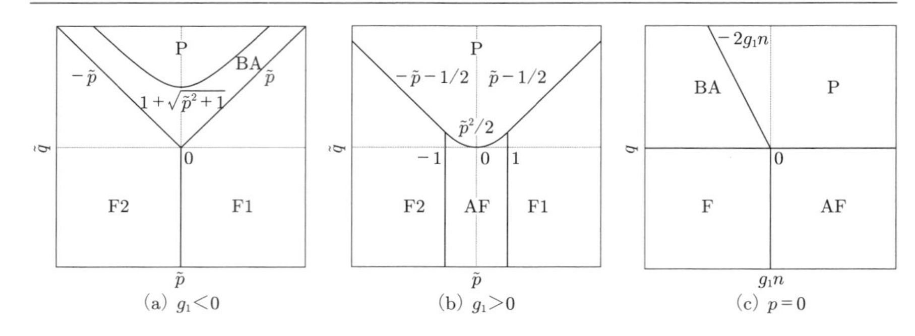

図 2.9　(a) $g_1 < 0$, (b) $g_1 > 0$ における $F = 1$ スピノール BEC の基底状態の相図．横軸は 1 次 Zeeman 項の係数 $\tilde{p} = p/(|g_1|n)$，縦軸は 2 次 Zeeman 項の係数 $\tilde{q} = q/(|g_1|n)$ である．(c) 1 次 Zeeman 項の係数 $p = 0$ のときの $F = 1$ スピノール BEC の基底状態の相図．横軸は相互作用 $g_1 n$，縦軸は 2 次 Zeeman 項の係数 q である．基底状態 F1, F2, P, BA, AF の詳細については本文を参照．

量ではない．図 2.9 に磁場がかかっているときの基底状態の相図を示す．横軸は 1 次 Zeeman 項の係数 $\tilde{p} = p/(|g_1|n)$，縦軸は 2 次 Zeeman 項の係数 $\tilde{q} = q/(|g_1|n)$ であり，それぞれ $|g_1|n$ で無次元化している．p, q の相対的な大きさに依存して，合計五つの異なる状態が基底状態として現れている．

F1（ferromagnetic）と示されている状態はスピンが z 方向に固定された強磁性状態

$$\sqrt{n}e^{i(\theta+\alpha)}(1,0,0)^{\mathrm{T}} \tag{2.253}$$

である．同様に F2 と示されている状態はスピンが $-z$ 方向に固定された強磁性状態

$$\sqrt{n}e^{i(\theta-\alpha)}(0,0,1)^{\mathrm{T}} \tag{2.254}$$

である．P（polar）と示されている状態はポーラー状態

$$\sqrt{n}e^{i\theta}(0,1,0)^{\mathrm{T}} \tag{2.255}$$

である．AF（anti-ferromagnetic）と示されている状態は強磁性状態とポーラー状態の間の中間状態

$$\frac{\sqrt{n}e^{i\theta}}{\sqrt{2}}\left(e^{i\alpha}\sqrt{1+\tilde{p}},\ 0,\ e^{-i\alpha}\sqrt{1-\tilde{p}}\right)^{\mathrm{T}} \tag{2.256}$$

である．スピン密度は $S_x = S_y = 0$，$S_z = n\tilde{p}$ であり，スピンは z 方向を向いている．$\tilde{p} = 0$ のときに $S_z = 0$ となり，ポーラー状態となるが，P とはスピンの量子化

軸が異なっている．BA (broken-axisymmetric) と示されている状態は AF と同様に強磁性状態とポーラー状態の間の中間状態

$$\frac{\sqrt{n}e^{i\theta}}{2\tilde{q}\sqrt{2\tilde{q}}}\begin{pmatrix} e^{i\alpha}(\tilde{p}+\tilde{q})\sqrt{-\tilde{p}^2+\tilde{q}^2+2\tilde{q}} \\ \sqrt{2(\tilde{p}^2-\tilde{q}^2)(\tilde{p}^2+\tilde{q}^2-2\tilde{q})} \\ e^{-i\alpha}(-\tilde{p}+\tilde{q})\sqrt{-\tilde{p}^2+\tilde{q}^2+2\tilde{q}} \end{pmatrix} \tag{2.257}$$

である[*12]．スピン密度は

$$\begin{aligned} S_x &= \frac{\cos\alpha\sqrt{(-\tilde{p}^2+\tilde{q}^2)\{(\tilde{p}^2-2\tilde{q})^2-\tilde{q}^4\}}}{2\tilde{q}^2} \\ S_y &= -\frac{\sin\alpha\sqrt{(-\tilde{p}^2+\tilde{q}^2)\{(\tilde{p}^2-2\tilde{q})^2-\tilde{q}^4\}}}{2\tilde{q}^2} \\ S_z &= \frac{\tilde{p}(-\tilde{p}^2+\tilde{q}^2+2\tilde{q})}{2\tilde{q}^2} \end{aligned} \tag{2.258}$$

となり，スピンの方向は z 軸から傾いている．$\tilde{p}=0$ のときに $S_z=0$ となり，スピンは x–y 面内を向いている．

1 次 Zeeman 項が寄与するエネルギーは $\int d\boldsymbol{r}\ \sum_{m_F} pm_F|\psi_{m_F}|^2 = pM_z = \mathrm{const.}$ となり，GP 方程式に従う時間発展においてこの項は定数となるので，波動関数の位相を変えるだけであり，系の運動を本質的には変えない．以上をふまえてしばしば注目されるのが，$M_z=0$ あるいは $p=0$ の条件を課したときの安定状態の相図である．図 2.9(c) に，1 次 Zeeman 項の係数 $p=0$ のときの基底状態の相図を示す．横軸は相互作用 $g_1 n$，縦軸は 2 次 Zeeman 項の係数 q である．P, BA, AF と書かれている状態は図 2.9(a,b) で示されている状態と同じである．F と書かれている状態は F1 と F2 が縮退している状態であり，Ising 模型と同様に離散的な対称性が破れている状態である．F1 と F2 はともに $S_z \neq 0$ であり，二つのうちのどちらかが系全体を満たすと $M_z=0$ を満たさないので，$M_z=0$ を課すのであれば，F1 と F2 の相分離状態が実現されることが期待される．

$F=2$ スピノール BEC

$F=2$ のスピノール BEC における秩序変数のエネルギー汎関数および GP 方程式も $F=1$ のときと同様の計算によって求めることができ，

[*12] ferromagnetic, polar, anti-ferromagnetic, broken-axisymmetric などの名称は，著者によって若干異なるが，ここでは文献 [23] を参照した．

$$E = \sum_{m_F=-2}^{2} \int d\boldsymbol{r} \left[\frac{\hbar^2}{2m} |\nabla \Psi_{m_F}(\boldsymbol{r})|^2 + V_{\rm ext}^{m_F}(\boldsymbol{r}) |\Psi_{m_F}(\boldsymbol{r})|^2 \right] + \int d\boldsymbol{r} \left(\frac{g_0 n(\boldsymbol{r})^2}{2} + \frac{g_1 \boldsymbol{S}(\boldsymbol{r})^2}{2} + \frac{g_2 |A_{20}(\boldsymbol{r})|^2}{2} \right) \tag{2.259}$$

および，$h_{m_F} = -\hbar^2 \nabla^2/(2m) + V_{\rm ext}^{m_F} + g_0 n$ を導入して，

$$\begin{aligned} i\hbar \frac{\partial \Psi_{\pm 2}}{\partial t} &= (h_{\pm 2} \pm 2g_1 S_z) \Psi_{\pm 2} + g_1 S_{\mp} \Psi_{\pm 1} + g_2 A_{20} \Psi_{\mp 2}^* \\ i\hbar \frac{\partial \Psi_{\pm 1}}{\partial t} &= (h_{\pm 1} \pm g_1 S_z) \Psi_{\pm 1} + g_1 \left(\frac{\sqrt{6} S_{\mp} \Psi_0}{2} + S_{\pm} \Psi_{\pm 2} \right) - g_2 A_{20} \Psi_{\mp 1}^* \\ i\hbar \frac{\partial \Psi_0}{\partial t} &= h_0 \Psi_0 + \frac{\sqrt{6} g_1 (S_+ \Psi_1 + S_- \Psi_{-1})}{2} + g_2 A_{20} \Psi_0^* \end{aligned} \tag{2.260}$$

となる．ここで A_{20} は

$$\begin{aligned} A_{20}(\boldsymbol{r}) &= \sum_{m_F=-2}^{2} (-1)^{m_F} \Psi_{m_F}(\boldsymbol{r}) \Psi_{-m_F}(\boldsymbol{r}) \\ &= 2\{\Psi_2(\boldsymbol{r})\Psi_{-2}(\boldsymbol{r}) - \Psi_1(\boldsymbol{r})\Psi_{-1}(\boldsymbol{r})\} + \Psi_0^2 \end{aligned} \tag{2.261}$$

であり，シングレット対振幅とよばれている．$n(\boldsymbol{r})$, $\boldsymbol{S}(\boldsymbol{r})$ は $F=1$ のときと同様に式 (2.246) で定義されるが，$\hat{\boldsymbol{S}}$ はスピン 2 のスピン演算子である*13．相互作用に対する結合定数は

$$\begin{aligned} g_0 &= \frac{4\pi\hbar^2}{m} \frac{4a_2 + 3a_4}{7}, \qquad g_1 = \frac{4\pi\hbar^2}{m} \frac{a_4 - a_2}{7} \\ g_2 &= \frac{4\pi\hbar^2}{m} \frac{7a_0 - 10a_2 + 3a_4}{35} \end{aligned} \tag{2.262}$$

となる．

---

*13 スピン 2 の $\hat{\boldsymbol{S}}$ の具体的な表式は以下で与えられる．

$$\hat{S}_x = \frac{1}{2} \begin{pmatrix} 0 & 2 & 0 & 0 & 0 \\ 2 & 0 & \sqrt{6} & 0 & 0 \\ 0 & \sqrt{6} & 0 & \sqrt{6} & 0 \\ 0 & 0 & \sqrt{6} & 0 & 2 \\ 0 & 0 & 0 & 2 & 0 \end{pmatrix}, \qquad \hat{S}_y = \frac{i}{2} \begin{pmatrix} 0 & -2 & 0 & 0 & 0 \\ 2 & 0 & -\sqrt{6} & 0 & 0 \\ 0 & \sqrt{6} & 0 & -\sqrt{6} & 0 \\ 0 & 0 & \sqrt{6} & 0 & -2 \\ 0 & 0 & 0 & 2 & 0 \end{pmatrix}$$

$$\hat{S}_z = \begin{pmatrix} 2 & 0 & 0 & 0 & 0 \\ 0 & 1 & 0 & 0 & 0 \\ 0 & 0 & 0 & 0 & 0 \\ 0 & 0 & 0 & -1 & 0 \\ 0 & 0 & 0 & 0 & -2 \end{pmatrix}$$

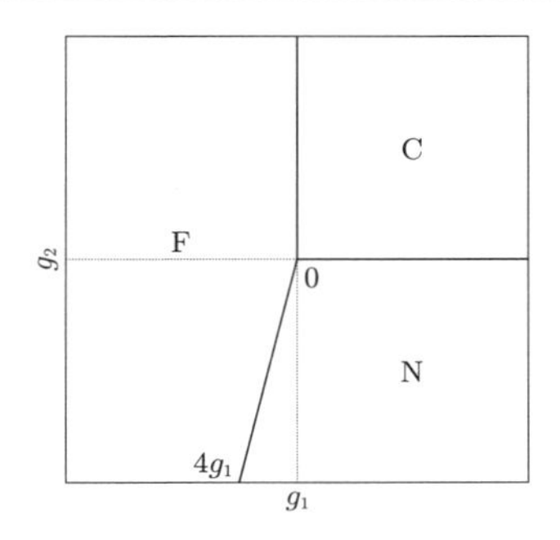

図 2.10 ゼロ磁場下における $F=2$ スピノール BEC の基底状態の相図．横軸は相互作用 g_1，縦軸は相互作用 g_2 である．基底状態 F, C, N の詳細については本文を参照．

$F=1$ のときと同様に外場 $V_{\rm ext}^{m_F}(\boldsymbol{r})=0$ における，系の基底状態について考察する．図 2.10 に基底状態の相図を示す．横軸は相互作用 g_1，縦軸は相互作用 g_2 である．$F=1$ の場合に比べ，基底状態の構造はゼロ磁場であっても複雑となっていることがわかる．F (ferromagnetic) と示されている状態は $\boldsymbol{S}^2=4n, |A_{20}|^2=0$ を満たす強磁性状態であり，代表的な状態は $\Psi_{\rm F}=(1,0,0,0,0)^{\rm T}$ である．この状態は $F=1$ の強磁性状態とよく似ている．C (cyclic) と示されている状態は $\boldsymbol{S}^2=0, |A_{20}|^2=0$ を満たす，サイクリック状態とよばれる非磁性状態であり，代表的な状態は $\Psi_{\rm C}=(1,0,0,\sqrt{2},0)^{\rm T}/\sqrt{3}$ である．N (nematic) と示されている状態は $\boldsymbol{S}^2=0, |A_{20}|^2=1$ を満たす，ネマティック状態とよばれる非磁性状態であり，代表的な状態は $\Psi_{\rm N}=(\sin\eta, 0, \sqrt{2}\cos\eta, 0, \sin\eta)^{\rm T}/\sqrt{2}$ である．この状態の他の状態との決定的な違いは，基底状態が η の自由度をもっていることである．

第3章　超流動ヘリウムの量子渦

量子渦の物理は，おもに超流動ヘリウムを舞台にして，膨大な研究が行われてきた．本章では，超流動ヘリウムの量子渦の物理について述べる．まず超流動 ^{4}He の分野で，量子渦の物理がどのように発展してきたかについて述べ，量子渦の運動を記述する模型について述べる．単独の量子渦が示す基本的な運動について述べた後，量子渦の集団が示す典型的な現象として，回転が加わった超流体における量子渦格子の形成を紹介する．後半では，多成分超流体である超流動 ^{3}He の渦を紹介する．この系では秩序変数の多自由度性に起因して，多彩な渦構造が実現することを示す．

3.1　超流動 ^{4}He の量子渦

2.6 節で述べた 2 流体模型では，非粘性の超流体と粘性をもつ常流体は，相互作用することなく，独立に流れるとした．しかし，超流動 ^{4}He を流したとき，ある臨界流速を超えると散逸が発生することが，1940 年代には知られていた．これが，量子渦を介した超流体と常流体の相互作用である**相互摩擦**に起因することが，明らかにされた．本節では，量子渦のダイナミクスの研究の動機を与えることとなった，これらの研究の歴史的背景をまとめておく．

3.1.1　循環の量子化

循環量子化と量子渦糸という概念は Onsager と Feynman の理論的考察によって導かれ，Vinen によって後に観測された．ここでは，その理論的考察に至った経緯と循環量子化を初観測した実験について簡単に述べる．

Onsager と Feynman の考察

循環の量子化は，Onsager によって初めて提示された．Onsager は，超流体は回転するだろうかという問題を考えた．2.4 節で述べたように，超流体はポテンシャル流で $\nabla \times \boldsymbol{v}_{\mathrm{s}} = 0$ であり，非圧縮性 $\nabla \cdot \boldsymbol{v}_{\mathrm{s}} = 0$ を満たすとする．単連結領域で $\boldsymbol{v}_{\mathrm{s}}$ が容器の壁に平行になるという境界条件 $v_{s,\perp}=0$ を課すならば，$\boldsymbol{v}_s=0$ という解しかない．しかし，Onsager は，回転する半径 a の円筒容器中の超流体を考え，超流体の境界条件を満たしつつ，回転し循環をもつ解があることを示した [24]．1955 年，Feynman は Onsager のこの考え方を発展させ，循環が h/m で量子化された量子渦糸の概念を提出した [25]．Feynman は，もし渦芯が中空ならば，渦芯のまわりの回転流による圧力勾配と流体の表面張力がつり合うと考え，渦芯半径が約 0.5 Å であると評価している．さらに，古典乱流との類推から，超流動を速く流した場合，量子渦糸が 3 次元的に複雑に絡み合った超流動の乱流状態が起こると主張している．

循環量子化の観測

超流動流の循環の量子化の観測は，Vinen によって行われた [26]．多重連結領域をつくるために，液体ヘリウムを入れた円筒容器の中心軸に導線を張る．中心軸に垂直に静磁場を印加し，導線に交流電流を流すと，導線は Lorentz 力により振動する．もしも導線がそのまわりに回転流を伴っていないならば，右回りと左回りの二つの振動モードは振動数が同じで縮退している．しかし，図 3.1(a) に示すように導線が渦を捕獲し，何らかの循環をもつ回転流をもっていれば，Magnus 力[*1]のために二つの振動モードの縮退が解け，うなりが生じる．そのうなりを生じさせる振動数の差を観測することで，導線のまわりの循環がわかる．まずラムダ温度以上のヘリウム I を回転さ

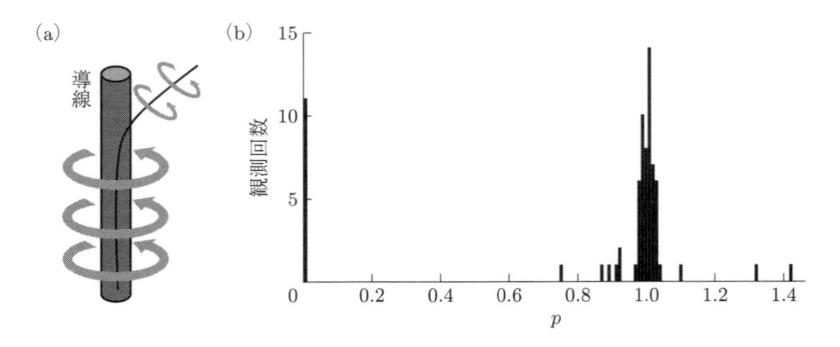

図 3.1　(a) 導線に捕獲された渦の様子を表す模式図．(b) 導線の振動のうなりの周波数から求められた循環のヒストグラム．横軸の p は κ で規格化された循環を表す．(W. F. Vinen: The detection of single quanta circulation in liquid helium II, *Proc. Roy. Soc. London A*, **260**, 218 (1961) より．)

[*1] 回転する物体に，回転軸に垂直な流れ場が当たるとき，物体は回転軸と流れに垂直方向の力を受ける．

せて，そのままラムダ温度以下の 1.3 K まで冷却したヘリウム II で測定が行われた．その結果，図 3.1(b) に示すように，確かに回転流の循環が $\kappa = h/m$ によって量子化されていることが示された．これが循環量子化の初めての観測である．ここでは詳しく述べないが，液体ヘリウム中に注入したイオンによって生成される量子渦輪（渦芯が閉じて円状となった量子渦）の運動を観測することで，やはり循環が κ で量子化され，渦芯が $a \simeq 1.3$ Å の原子サイズであることが示された [27].

3.1.2　熱対向流

こうした研究と前後して，超流動 ^{4}He の流体力学の実験研究が行われていた．歴史的に最もよく調べられてきたのは，**熱対向流**である．熱対向流とは，熱の流入によって引き起こされる超流体と常流体が逆向きに流れる流れを指す．以下では，熱対向流の実験結果を紹介し，観測された流体力学的特性には超流動の乱流状態が関与していることを述べる．

熱対向流の実験

図 3.2 のように，液体ヘリウム槽に端の閉じた円管（管断面の半径を a とする）をつなぎ，ヒーターから単位時間あたり W の熱を注入する．この熱により流体中に温度勾配が生じる．このとき，2.6 節で述べた 2 流体模型で何が起こるかを考えよう．式 (2.123), (2.124) から明らかなように，常流体はヒーターのある高温側から低温側のヘリウム槽へ，超流体はその逆方向に流れる．円管の端が閉じているため，正味の質量流が生じず，その結果，全流速 $\boldsymbol{j} = \rho_{\mathrm{s}}\boldsymbol{v}_{\mathrm{s}} + \rho_{\mathrm{n}}\boldsymbol{v}_{\mathrm{n}}$ がゼロの内部対流（熱対向流）が生じる．注入した熱は，常流体により，単位時間単位面積あたり $W/\pi a^2 = s\rho T v_{\mathrm{n}}$ のエネル

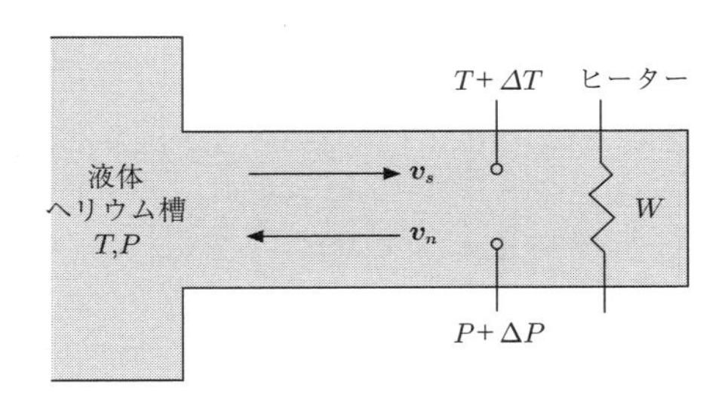

図 3.2　熱対向流実験の模式図．ヘリウム槽，およびヒーター近傍において，温度と圧力が測定される．

ギー流としてヘリウム槽へ運び去られる．全流速がゼロの条件から $\boldsymbol{v}_{\rm s} = -(\rho_{\rm n}/\rho_{\rm s})\boldsymbol{v}_{\rm n}$ となるので，超流体と常流体の相対速度が

$$|\boldsymbol{v}_{\rm n} - \boldsymbol{v}_{\rm s}| = \frac{\rho}{\rho_{\rm s}} v_{\rm n} = \frac{W}{\pi a^2 \rho_{\rm s} s T} \tag{3.1}$$

となるような定常状態が実現するであろう．式 (2.123) より，ヒーター近傍とヘリウム槽の間の温度差 ΔT と圧力差 ΔP の関係は $\nabla T = \nabla P / s\rho$ であり，これを式 (2.124) に代入して $\nabla P = \eta_{\rm n} \nabla^2 \boldsymbol{v}_{\rm n}$ を得る．熱量 W が小さく相対速度が低ければ，常流動流れは層流で Hagen–Poiseuille 流（または Poiseuille 流）となるだろう．このとき，常流体の速度場は

$$v_{\rm n}(r) = \frac{\nabla P_L}{4\eta_{\rm n}}(a^2 - r^2) \tag{3.2}$$

となり，圧力勾配と温度勾配は平均流速 $\overline{v}_{\rm n}$ を用いて，

$$\nabla P_L = \frac{8\,\eta_{\rm n}}{a^2}\overline{v}_{\rm n}, \qquad \nabla T_L = \frac{\nabla P_L}{\rho s} = \frac{8\eta_{\rm n}}{a^2 \rho s}\overline{v}_{\rm n} \tag{3.3}$$

と与えられる．さらに式 (3.1) を用いれば，これらは W の 1 次関数として表される．実験では，ΔT と ΔP が観測される．熱量 W が小さいとき，圧力勾配，温度勾配が上式により定量的に理解されることが，多くの実験により確認されている．

相互摩擦の導入

しかし，流入熱量 W を上げていくと，ある臨界値以上で，式 (3.3) からのずれが起こり，それは W^3 に比例することが Gorter と Mellink により観測された [28]．式 (2.123)，(2.124) は 2 流体が独立に流れることを意味し，式 (3.3) からのずれは説明できない．そこで Gorter らは，式 (2.123)，(2.124) に 2 流体の相互作用を意味する，単位体積あたりに働く相互摩擦 $\boldsymbol{F}_{\rm sn}$ を

$$\rho_{\rm s}\left[\frac{\partial \boldsymbol{v}_{\rm s}}{\partial t} + (\boldsymbol{v}_{\rm s}\cdot\nabla)\boldsymbol{v}_{\rm s}\right] = -\frac{\rho_{\rm s}}{\rho}\nabla P + \rho_{\rm s} s\,\nabla T - \boldsymbol{F}_{\rm sn} \tag{3.4}$$

$$\rho_{\rm n}\left[\frac{\partial \boldsymbol{v}_{\rm n}}{\partial t} + (\boldsymbol{v}_{\rm n}\cdot\nabla)\boldsymbol{v}_{\rm n}\right] = -\frac{\rho_{\rm n}}{\rho}\nabla P - \rho_{\rm s} s\,\nabla T + \eta_{\rm n}\nabla^2\boldsymbol{v}_{\rm n} + \boldsymbol{F}_{\rm sn} \tag{3.5}$$

と導入した．この項により，余分の温度勾配 $\nabla T_T = F_{\rm sn}/\rho s$ が加わり，$\nabla T = \nabla T_L + \nabla T_T$ が観測されることになる．観測結果との比較から

$$F_{\rm sn} \simeq A\rho_{\rm s}\rho_{\rm n}(v_{\rm s} - v_{\rm n})^3 \tag{3.6}$$

であることがわかった．ここで，A は温度の関数である[*2]．

Gorter–Mellink の相互摩擦が，量子渦と常流体の相互作用によることを示したのは，Hall と Vinen である．Hall と Vinen は，超流動ヘリウムを入れた円筒容器を角振動数 Ω で回転させたとき，回転軸方向とそれに垂直な方向で，第 2 音波の減衰に著しい異方性が生じることを観測した [29, 30]．第 2 音波が回転軸に垂直に伝播するときその減衰率は Ω に比例するが，回転軸に平行に伝播するときの減衰率は Ω によらず，垂直方向に伝播する場合に比べて著しく小さかった．これは，回転軸方向に平行な，第 2 音波の散乱体が存在することを示唆する．3.4 節で述べるように，超流動ヘリウムを入れた容器の回転は，回転軸に平行で，Ω に比例した面密度をもつ量子渦格子を形成する．Hall と Vinen は，ロトンの量子渦糸による散乱に起因する相互摩擦により実験結果が説明できることを示し，単位長さの渦糸に働く相互摩擦が

$$\boldsymbol{f} = \frac{B\rho_{\mathrm{s}}\rho_{\mathrm{n}}\kappa}{2\rho}(\boldsymbol{v}_{\mathrm{n}} - \boldsymbol{v}_{\mathrm{s}} - \boldsymbol{v}_L) \tag{3.7}$$

で与えられることを示した．ここで，B は温度に依存する相互摩擦係数，$\boldsymbol{v}_L$ は局所的な渦糸の移動速度である．

超流動乱流の発見

Vinen は熱対向流において，温度差 ΔT と，流れに垂直方向に伝播する第 2 音波の減衰の同時測定を行った [31, 32, 33, 34]．その結果，ヒーターから熱を注入して熱対向流を駆動すると，それを横切る第 2 音波が減衰することを示した．これは，熱対向流中に，第 2 音波の進行を妨げるものが存在していることを意味する．その詳細な解析から，式 (3.6) の相互摩擦が，

$$\boldsymbol{F}_{\mathrm{sn}} = A\rho_{\mathrm{s}}\rho_{\mathrm{n}}\overline{v}_{\mathrm{sn}}^2\boldsymbol{v}_{\mathrm{sn}}$$

の形に書けることがわかった．ここで，$\overline{v}_{\mathrm{sn}}$ は熱対向流による平均化された 2 流体の相対流速であり，$\boldsymbol{v}_{\mathrm{sn}} = \boldsymbol{v}_{\mathrm{s}} - \boldsymbol{v}_{\mathrm{n}}$ は局所的かつ瞬間的な相対流速である．さらに Vinen は注入熱量 W をゼロからある有限値に突然変化させたときの，上式の係数 $A\rho_{\mathrm{s}}\rho_{\mathrm{n}}\overline{v}_{\mathrm{sn}}^2$ の時間変化を測定し，それが超流動の乱流に関係していることを示した．Vinen は，Feynman の考え方に基づき，この超流動乱流の本体は，量子渦が 3 次元的にランダム

---

*2 本来の Gorter–Mellink の相互摩擦は $F_{\mathrm{sn}} = A\rho_{\mathrm{s}}\rho_{\mathrm{n}}(|v_{\mathrm{s}} - v_{\mathrm{n}}|^3 - v_0)$ という形で，1 cm/s のオーダーの臨界速度 v_0 を含んでいるが，この問題はここでは述べない．

に絡み合った**渦タングル**であり，その渦タングルと常流体の相互作用が上記の相互摩擦を生むと考えた．その超流動乱流が等方的ならば，相互摩擦 $\boldsymbol{F}_{\rm sn}$ は式 (3.7) の $\boldsymbol{f}$ を単位体積あたりで渦に沿って積分することにより，渦タングルの線長密度（単位体積あたりの渦の長さ）L を用いて，

$$\boldsymbol{F}_{\rm sn} = \frac{2}{3}\rho_{\rm s}\alpha\kappa L\boldsymbol{v}_{\rm sn} \tag{3.8}$$

となることが示される（α は相互摩擦の係数）．この相互摩擦が，層流分に上乗せされる余分の温度勾配 $\nabla T_T = F_{\rm sn}/\rho s$ を生むので，その測定から L を求めることができる．

Vinen 方程式

熱対向流の実験で観測された，量子渦の線長密度 L の時間変化を記述すべく，Vinen は L の発展方程式を提出した [33]．Vinen は，一様等方な超流動乱流状態は，線長密度 L，平均渦間距離 $\ell \sim L^{-1/2}$ で特徴づけられる渦タングルからなると考えた．このとき，渦が循環 κ により周囲につくる超流動速度場の特徴的な大きさは，$v_{\rm s} \sim \kappa/2\pi\ell$ となる．この渦タングルは，式 (3.7) の相互摩擦によって成長する（渦芯の長さが伸びる）ため，相互摩擦による渦輪の成長と次元解析から，L の成長は

$$\left(\frac{dL}{dt}\right)_{\rm gen.} = \frac{\chi_1 B\rho_{\rm n}}{2\rho}|v_{\rm sn}|L^{3/2} \tag{3.9}$$

で与えられるとした（χ_1 は現象論的パラメータ）．一方，渦タングルの減衰は以下のように考えられるだろう．$T=0$ に近い状況を考える．Feynman も考えたように [25]，二つの渦が接近したとき，後の 3.2.2 項で述べる**再結合**（reconnection）が起こり，そのとき何らかの素励起を放出すれば，それが渦のエネルギーの減衰につながるであろう*3．渦に伴う超流動流の単位質量あたりのエネルギーは，$v_{\rm s}^2$ に比例する．渦自身の移動速度も $v_{\rm s}$ のオーダーであり，渦は時間 $\tau = \ell/v_{\rm s}$ ごとに再結合を行うので，エネルギーの減衰率は $dv_{\rm s}^2/dt = -\chi_2 v_{\rm s}^2/\tau = -\chi_2 v_{\rm s}^3/\ell$ となるであろう（χ_2 も現象論的パラメータ）．これを，$v_{\rm s} \sim \kappa/2\pi\ell \sim (\kappa/2\pi)L^{1/2}$ を用いて L の方程式に書き直すと，

$$\left(\frac{dL}{dt}\right)_{\rm decay} = -\chi_2\frac{\kappa}{2\pi}L^2 \tag{3.10}$$

---

*3 非粘性流体力学の枠組みの中では，このシナリオは自明ではない．しかし，3.2.2 項で述べるように，後に GP 方程式による量子渦の再結合の研究により，このシナリオの正統性が示された．

となる．有限温度でも基本的にはこのシナリオが成り立ち，χ_2 が温度の関数になると考えられる．式 (3.9) と式 (3.10) をまとめた

$$\frac{dL}{dt} = \left(\frac{dL}{dt}\right)_{\mathrm{gen.}} + \left(\frac{dL}{dt}\right)_{\mathrm{decay}} = \frac{\chi_1 B \rho_{\mathrm{n}}}{2\rho}|v_{\mathrm{sn}}|L^{3/2} - \chi_2 \frac{\kappa}{2\pi} L^2 \tag{3.11}$$

を，**Vinen 方程式**という．

ここで，Vinen 方程式の特徴を述べておこう．まず，この方程式は渦の生成は記述しない．すなわち，もし最初に $L = 0$ ならば，その後も $L = 0$ である．実際の系では，流れ場がない状態でもわずかながら量子渦が残存していて，それが対向流を加えたとき増幅してタングルになると考えられている．次に，式 (3.11) の平衡状態は，

$$L^{1/2} = \gamma|v_{\mathrm{sn}}|, \qquad \gamma = \frac{\pi B \rho_{\mathrm{n}} \chi_1}{\kappa \rho \chi_2} \tag{3.12}$$

で与えられ，これは実験結果をよく説明できることが知られている．また，減衰を表す式 (3.10) は，$t = 0$ での L の値を L_0 とすると，

$$\frac{1}{L} = \chi_2 \frac{\kappa}{2\pi} t + \frac{1}{L_0} \tag{3.13}$$

となる解をもつ．これは Vinen 方程式に特徴的な減衰の挙動であり，実際に観測されている [33].

3.2　量子渦糸のダイナミクス

その後，超流動乱流に関しては，おもに熱対向流の実験を中心として膨大な研究が行われた [35]．それは確かに，粗視化された流体力学の枠組みの範疇で，量子乱流の詳細を明らかにするものではあったが，その微視的な機構の理解に関しては核心をつくような進展がなかった．その最大の要因は，量子乱流は量子渦によって構成されるものの，量子渦のダイナミクスから量子乱流を理解する術がなかったからである．2.4 節で述べたように，量子渦は，すべて同じ量子化された循環をもち，渦芯が細く，文字通り渦糸とよべる位相欠陥である．そして本節で述べるように，その運動法則はわかっている．しかし，その運動は非線形・非局所的であり，解析解が得られるのは渦輪の運動などごく限られた場合のみである．このような状況で，量子渦のダイナミクスから量子乱流の物理を導くことは困難であった．

しかし，1980年代に入り，高速大容量の電子計算機が登場するに至って，状況は一変した．ブレイクスルーを行ったのはSchwarzである．Schwarzは超流動ヘリウム中の量子渦糸の3次元ダイナミクスの直接数値シミュレーションを行い，熱対向流で観測される線長密度Lを流入熱量Wおよび温度の関数として求め，実験結果と定量的一致を得た．これは，Feynman以来の量子乱流に対する物理描像を正当化したものであった．

渦糸模型とGP模型

量子渦のダイナミクスを記述するには，**渦糸模型**と**Gross–Pitaevskii（GP）模型**という二つの方法がある．渦糸模型がLagrange式記述であり，GP模型がEuler式記述である[*4]．ここでは両者の特徴について述べる．

渦糸法は，文字通り，量子渦を循環のそろった渦糸として扱う．「糸」とはその渦芯の内部構造を無視することを意味する．超流動^{4}Heの場合，渦芯は原子サイズで，渦のダイナミクスに現れるどのスケールよりもはるかに小さい．渦がその周囲につくる超流動速度場はBiot–Savart則によって表され，それを他の渦が感じて運動する．渦糸法は，古典流体力学の分野で古くから研究され，今でもなお，数理的に興味深い研究対象となっている．しかし，古典流体の場合，渦糸法は理想化された模型であることは否めない．古典粘性流体中では，それぞれの渦は循環を保存せず，生成および消滅を繰り返すからである．ところが，2.4節で述べた事情から，超流動中の量子渦は，これらとは異なり，安定な位相欠陥としてふるまう．そのため，量子渦糸という描像が現実的となる．ただし，渦糸模型はその芯の構造が直接関与する現象，すなわち渦の再結合や生成消滅は記述できない．数値計算を行う場合は，渦糸を点の配列で表し，各点の運動をLagrange的に追うことになる．

もう一つのアプローチは，GP方程式(2.60)を空間を離散化して数値的に解くことである．この方法は，渦芯の内部構造まで含めて凝縮体波動関数の場のダイナミクスをEuler的に解くので，再結合や生成，消滅といった現象も扱うことができる．原子気体BECのように，渦芯のサイズが他の特徴的なサイズ（例えば，系の大きさ）に比べて決して無視できない場合に有効である．

渦糸模型とGP模型のどちらを用いるかは，問題や状況に依存する．超流動ヘリウ

[*4] 流体を無数の粒子の集団と考え，各粒子の運動を調べるという方法がLagrange式記述，一方，流れを表す物理量（流速，圧力，密度，等）を空間の各点$\boldsymbol{r} = (x, y, z)$と時刻$t$の関数として表す方法がEuler式記述である．

ムの巨視的なふるまいを量子渦のダイナミクスから理解するためには，数値計算の規模を現実の系の大きさに合わせる必要がある．超流動ヘリウムの場合，典型的な系の大きさは $10^{-2}\sim10^{-3}$ m，渦芯の大きさは 10^{-9} m 程度であり，系のサイズと最小の構成要素のスケールは 6 桁程度離れている．GP 模型では渦芯の構造を記述するための分解能を要するため，6 桁離れた系全体の計算を行うためには膨大なメモリが必要であり，現実的ではない．一方，渦糸模型では力学変数の点が渦のある場所にしかないため，実際の系を想定した数値計算を実行することが，GP 模型と比較すると容易である．本章ではおもに渦糸模型について述べる．

渦糸と Biot–Savart 則

渦糸はそのまわりに流れ場を伴っており，その流れ場が Biot–Savart 則で与えられることを示す．渦度場 $\boldsymbol{\omega}(\boldsymbol{r})$ を源とする非圧縮性流れ場を $\boldsymbol{v}(\boldsymbol{r})$ とすると，$\boldsymbol{v}(\boldsymbol{r})$ は

$$\nabla\cdot\boldsymbol{v}=0, \qquad \nabla\times\boldsymbol{v}=\boldsymbol{\omega} \tag{3.14}$$

を満たす．これは電磁気学における磁場 $\boldsymbol{B}$ と電流密度 $\boldsymbol{j}$ が満たす関係式と同型である．$\boldsymbol{B}\to\boldsymbol{v}$，$\boldsymbol{j}\to\boldsymbol{\omega}$ と対応させると，この方程式の解は

$$\boldsymbol{v}(\boldsymbol{r})=\frac{1}{4\pi}\int\boldsymbol{\omega}(\boldsymbol{r}')\times\frac{\boldsymbol{r}-\boldsymbol{r}'}{|\boldsymbol{r}-\boldsymbol{r}'|^3}d\boldsymbol{r}' \tag{3.15}$$

となる．

渦糸は，微分幾何を用いて表記される．図 3.3(a) のように，時刻 t における渦糸上の点の位置ベクトルを $\boldsymbol{s}(\xi,t)$ で表す．ここで ξ は渦糸に沿った 1 次元座標である．渦糸は渦度の方向をもつが，ξ の増加する方向が渦度の向きと一致するように選ぶ．このとき

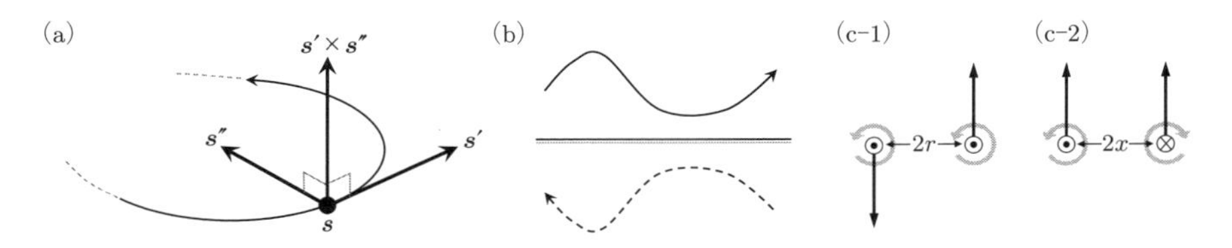

図 3.3 (a) 渦糸と接線ベクトル $\boldsymbol{s}'$，法線ベクトル $\boldsymbol{s}''$，従法線ベクトル $\boldsymbol{s}'\times\boldsymbol{s}''$．(b) 平面境界を挟んだ渦（実線）と鏡像渦（破線）．(c-1) 平行渦対と (c-2) 反平行渦対．

$$\frac{\partial \boldsymbol{s}}{\partial \xi} \equiv \boldsymbol{s}'(\xi, t), \qquad \frac{\partial^2 \boldsymbol{s}}{\partial \xi^2} \equiv \boldsymbol{s}''(\xi, t) \tag{3.16}$$

は，それぞれ，点 $\boldsymbol{s}(\xi, t)$ において渦糸に沿った接線方向の単位ベクトル，および $\boldsymbol{s}'$ に垂直な法線方向のベクトルを表す．$\boldsymbol{s}''$ は，その場所の曲率半径 R の逆数の大きさをもつ．循環 κ の量子渦を渦糸法により表せば，渦度は渦糸上に集中しているので，

$$\boldsymbol{\omega}(\boldsymbol{r}, t) = \kappa \int_{\mathcal{L}} \boldsymbol{s}'(\xi, t)\delta(\boldsymbol{r} - \boldsymbol{s}(\xi, t))d\xi \tag{3.17}$$

となる．ここで，積分は，渦糸に沿った線積分を意味する．式 (3.17) を式 (3.15) に代入すると，

$$\boldsymbol{v}_{\mathrm{s,BS}}(\boldsymbol{r}, t) = \frac{\kappa}{4\pi} \int_{\mathcal{L}} \frac{\boldsymbol{s}'(\xi, t) \times (\boldsymbol{r} - \boldsymbol{s}(\xi, t))}{|\boldsymbol{r} - \boldsymbol{s}(\xi, t)|^3} d\xi \tag{3.18}$$

を得る．これは，電磁気学に出てくる，電流が周囲につくる磁束密度を表す Biot–Savart の法則と同じ形をしている．ある瞬間の渦糸の形状 $\boldsymbol{s}(\xi, t)$ が与えられると，Biot–Savart 則 (3.18) に従って，任意の点 $\boldsymbol{r}$ に超流動速度場 $\boldsymbol{v}_{\mathrm{s,BS}}(\boldsymbol{r}, t)$ がつくられる．

量子渦糸に働く力と Schwarz の式

量子渦糸は，超流動速度場 $\boldsymbol{v}_{\mathrm{s}}(\boldsymbol{r})$ および常流動速度場 $\boldsymbol{v}_{\mathrm{n}}(\boldsymbol{r})$ 中を運動する．量子渦にどのような力が働くかを考えることから，その運動方程式を導く．$T = 0$ では，常流体はなく，働く力は Magnus 力である．有限温度では，これに相互摩擦力が加わる．なお以下，力はすべて渦糸の単位長さあたりに働くものとして表現している．

Magnus 力とは，非圧縮完全流体中を渦度をもった物体が運動するときに受ける揚力のことで，進行方向および渦度に垂直に働く．量子渦糸の場合，Magnus 力は，

$$\boldsymbol{f}_{\mathrm{M}} = \rho_{\mathrm{s}} \kappa \boldsymbol{s}' \times \left(\frac{d\boldsymbol{s}}{dt} - \boldsymbol{v}_{\mathrm{s}} \right) \tag{3.19}$$

である．これは，場所 $\boldsymbol{s}(\xi, t)$ の渦糸が，自分自身の渦度 $\kappa \boldsymbol{s}'$ と，その場所での超流動速度場との相対速度 $d\boldsymbol{s}/dt - \boldsymbol{v}_{\mathrm{s}}$ に垂直な力を受けることを意味している．ここで，$\boldsymbol{v}_{\mathrm{s}}$ は渦が存在する場所 $\boldsymbol{r} = \boldsymbol{s}$ での超流動速度場であるが，これは，式 (3.18) の Biot–Savart 則により渦がつくる速度場 $\boldsymbol{v}_{\mathrm{s,BS}}$ の他に，容器の壁などの境界が存在する場合に境界条件を満たすべく付加する境界誘起場 $\boldsymbol{v}_{\mathrm{s,b}}$ や，熱対向流などの場合に存在する印加場 $\boldsymbol{v}_{\mathrm{s,a}}$ を含む．

有限温度では，常流体と渦の相互作用により，相互摩擦力

$$\boldsymbol{f}_{\mathrm{D}} = -\alpha \rho_{\mathrm{s}} \kappa \boldsymbol{s}' \times [\boldsymbol{s}' \times (\boldsymbol{v}_{\mathrm{n}} - \boldsymbol{v}_{\mathrm{s}})] - \alpha' \rho_{\mathrm{s}} \kappa \boldsymbol{s}' \times (\boldsymbol{v}_{\mathrm{n}} - \boldsymbol{v}_{\mathrm{s}}) \tag{3.20}$$

が働く．右辺第 2 項目は $\boldsymbol{s}'$ と $\boldsymbol{v}_{\rm n} - \boldsymbol{v}_{\rm s}$ に垂直な方向を向き，第 1 項目は第 2 項目と $\boldsymbol{s}'$ 双方に垂直な方向を向いており，一般に右辺は $\boldsymbol{s}'$ に垂直な面内の力を表している．α，α' は温度に依存する係数であり，実験的に知られた値が用いられる [36]．

Magnus 力と相互摩擦力が渦に働く力であるから，渦の単位長さあたりの有効質量を $m_{\rm eff}$ とすれば，単位長さあたりの渦糸の運動方程式は

$$m_{\rm eff}\frac{d^2\boldsymbol{s}}{dt^2} = \boldsymbol{f}_{\rm M} + \boldsymbol{f}_{\rm D}$$

となる．超流動成分が排除された渦芯の有効質量は，渦芯の半径を $r_{\rm c}$ とすれば，$\rho_{\rm s} r_{\rm c}^2$ のオーダーであり，$r_{\rm c}$ が十分小さいため，この運動方程式の左辺は無視される．こうして得られる $\boldsymbol{f}_{\rm M} + \boldsymbol{f}_{\rm D} = 0$ を $d\boldsymbol{s}/dt$ について解くことにより，

$$\frac{d\boldsymbol{s}}{dt} = \boldsymbol{v}_{\rm s} + \alpha\boldsymbol{s}' \times (\boldsymbol{v}_{\rm n} - \boldsymbol{v}_{\rm s}) - \alpha'\boldsymbol{s}' \times [\boldsymbol{s}' \times (\boldsymbol{v}_{\rm n} - \boldsymbol{v}_{\rm s})] \tag{3.21}$$

を得る．これを **Schwarz の式**という [38]．

例えば，固体境界がある場合の超流体に対する境界条件は以下のようにして扱う．超流体は完全流体であるから，固体境界での法線方向の速度成分はゼロにならなければならない (接線方向の滑りはあってよい)．そのため境界誘起場は，流体中で $\nabla\cdot\boldsymbol{v}_{\rm s,b} = 0$，$\nabla \times \boldsymbol{v}_{\rm s,b} = 0$ を満たし，固体境界上の任意の点において，そこでの法線ベクトルを $\widehat{\boldsymbol{n}}$ とすると，

$$(\boldsymbol{v}_{\rm s,BS} + \boldsymbol{v}_{\rm s,b}) \cdot \widehat{\boldsymbol{n}} = 0 \tag{3.22}$$

を満たさなければならない．境界が滑らかな平面である場合，鏡像渦を用いて容易に $\boldsymbol{v}_{\rm s,b}$ をつくることができる．図 3.3(b) のように，流体中の渦に対して，平面境界に対称な位置に渦を置き，その渦度の向きを反転させることで鏡像渦が得られる．その鏡像渦がつくる速度場 $\boldsymbol{v}_{\rm s,b}$ が式 (3.22) を満たすことは，容易に示すことができる．また，滑らかな平面上に半球上突起が置かれた場合も，解析的に $\boldsymbol{v}_{\rm s,b}$ を求めることができる [38]．しかし，より複雑な形状の境界に対して，境界誘起場を求める一般的な方法はない．

ここまでの結果をまとめると，ある瞬間の渦糸の配置が与えられたとき，量子渦糸の運動方程式は以下のようになる．

$$\frac{d\boldsymbol{s}_0}{dt} = \boldsymbol{v}_{\rm s,BS} + \boldsymbol{v}_{\rm s,b} + \boldsymbol{v}_{\rm s,a} \tag{3.23}$$

$$\frac{d\boldsymbol{s}}{dt} = \frac{d\boldsymbol{s}_0}{dt} + \alpha\boldsymbol{s}' \times \left(\boldsymbol{v}_{\rm n} - \frac{d\boldsymbol{s}_0}{dt}\right) - \alpha'\boldsymbol{s}' \times \left[\boldsymbol{s}' \times \left(\boldsymbol{v}_{\rm n} - \frac{d\boldsymbol{s}_0}{dt}\right)\right] \tag{3.24}$$

式 (3.23) の $d\boldsymbol{s}_0/dt$ は $T=0$ での速度を表しており，「理想流体中では，渦はその場所の流れ場とともに動く」という Helmholtz の定理を表している．有限温度ならば，式 (3.24) の右辺第 2 項および第 3 項による相互摩擦の寄与が加わる．

局所誘導近似

渦糸模型によるダイナミクスの計算を最も困難にするのは，式 (3.18) の Biot–Savart 則の積分である．式 (3.23) の $\boldsymbol{v}_{\mathrm{s,BS}}$ で，渦糸上の点 $\boldsymbol{r}=\boldsymbol{s}(\xi_0)$ における，他の渦からの式 (3.18) による寄与を求めようとするとき，$\boldsymbol{s}(\xi)$ が $\boldsymbol{s}(\xi_0)$ に近づくと発散が起こる．これに対処すべく，Arms と Hama は局所誘導の概念を導入した [39]．式 (3.18) の ξ の積分で，ξ_0 の近傍で距離 R 以内の寄与と，それより遠方の寄与に分ける．近傍では

$$
\begin{aligned}
\boldsymbol{s}(\xi) &= \boldsymbol{s}(\xi_0) + (\xi-\xi_0)\boldsymbol{s}'(\xi_0) + \frac{1}{2}(\xi-\xi_0)^2\boldsymbol{s}''(\xi_0) \\
\boldsymbol{s}'(\xi) &= \boldsymbol{s}'(\xi_0) + (\xi-\xi_0)\boldsymbol{s}''(\xi_0)
\end{aligned}
$$

と展開し，式 (3.18) に代入する．$\xi-\xi_0$ を改めて ξ とし，ξ の積分の上限を R，下限を a とすると，この近傍からの寄与は

$$
\begin{aligned}
\boldsymbol{v}_i(\xi_0,t) &= \frac{\kappa}{4\pi}\int_{r_{\mathrm{c}}}^{R}\frac{d\xi}{\xi}\boldsymbol{s}'(\xi_0,t)\times\boldsymbol{s}''(\xi_0,t) \\
&= \beta_{\mathrm{ind}}\boldsymbol{s}'(\xi_0,t)\times\boldsymbol{s}''(\xi_0,t)
\end{aligned} \tag{3.25}
$$

となり，これを局所誘導速度（localized induction velocity），または自己誘導速度（self-induced velocity）という．ここで，

$$
\beta_{\mathrm{ind}} = \frac{\kappa}{4\pi}\log\frac{R}{r_{\mathrm{c}}} \tag{3.26}
$$

である．また，$\boldsymbol{v}_{\mathrm{s,BS}}$ の残りの部分は，この近傍を除いて Biot–Savart 則の積分を行うので，結局，式 (3.23) は

$$
\frac{d\boldsymbol{s}_0}{dt} = \beta_{\mathrm{ind}}\boldsymbol{s}'\times\boldsymbol{s}'' + \frac{\kappa}{4\pi}\int_{\mathcal{L}}^{\prime}\frac{\boldsymbol{s}'(\xi)\times(\boldsymbol{s}-\boldsymbol{s}(\xi))}{|\boldsymbol{s}-\boldsymbol{s}(\xi)|^3}d\xi + \boldsymbol{v}_{\mathrm{s,b}} + \boldsymbol{v}_{\mathrm{s,a}} \tag{3.27}
$$

となる．ここで第 2 項は非局所項とよばれ，積分上端のダッシュは $\boldsymbol{s}$ 近傍を除くことを意味する．

式 (3.27) の右辺第 1 項の局所誘導速度の働きを理解するには，たばこの煙などでできる渦輪が進む様子を思い浮かべればよいであろう．図 3.2(a) より，$\beta_{\mathrm{ind}}\boldsymbol{s}' \times \boldsymbol{s}''$ は，大きさ β_{ind}/R の従法線方向のベクトルになる．すなわち，局所誘導速度は渦が曲がっていることにより生じ，その曲率に比例し（曲率半径に反比例し），従法線方向へと自らを進めるのである．

式 (3.27) で非局所項を無視し，渦の運動が局所誘導速度で決まるとする近似を**局所誘導近似**（localized induction approximation）という．これは運動方程式が積分を含まず，局所的な量のみで記述されるので見通しがよく，解析的に扱うことを可能にする．局所誘導近似に基づいて得られるいくつかの結果を次項で述べる．その一方で，局所誘導近似は渦間相互作用を無視しているため，それが重要となる渦の集団運動を扱う場合は，その近似が破綻する．それについては，6.6.2 項で述べる．

3.2.1　量子渦の基本的な運動

以下では，Schwarz の式 (3.24) と局所誘導近似で得られる式 (3.27) の解析に基づいて得られる，量子渦の基本的な運動について概説する．$T = 0$ では Helmholtz の定理より，渦はその場所の超流動流れ場とともに動くだけである．一方，有限温度で重要となる相互摩擦力が渦の運動にどのように影響を与えるかはそれほど自明ではなく，その効果を以下で明確にしておきたい．

一様な流れ場中の直線渦の運動——位相スリップ——

簡単な例題として，パイプ中の一様な超流動流れ場 $\boldsymbol{v}_{\mathrm{s},a} = v_{\mathrm{s},a}\hat{\boldsymbol{x}}$ 中で直立している直線渦の運動を考える．渦は曲がっていないため，局所誘導速度はゼロである．渦度ベクトルと平行な方向（$\boldsymbol{z}$ 方向とする）から渦の運動を見れば，直線渦は x–y 平面を運動する渦点を考えることと同等である．

まず，$T = 0$ では $d\boldsymbol{s}_0/dt = \boldsymbol{v}_{\mathrm{s},a}$ であり，渦は印加流れ場に沿って運動する．次に，有限温度の効果を考慮するために，相互摩擦力を取り入れる（常流体は静止しており，$\boldsymbol{v}_{\mathrm{n}} = 0$ とする）．超流動 ^{4}He の場合，α' は α に比べて小さいので [36]，α' の項を無視すると運動方程式は

$$\frac{d\boldsymbol{s}}{dt} = \boldsymbol{v}_{\mathrm{s},a} - \alpha\boldsymbol{s}' \times \boldsymbol{v}_{\mathrm{s},a} \tag{3.28}$$

を得る．$\boldsymbol{s}'$ は渦度の向きを表すので，右辺第 2 項は $-\hat{\boldsymbol{z}} \times \hat{\boldsymbol{x}} = -\boldsymbol{y}$ 方向に渦を動かす効果があることがわかる．すなわち相互摩擦力があると，超流動流れ場中で直立す

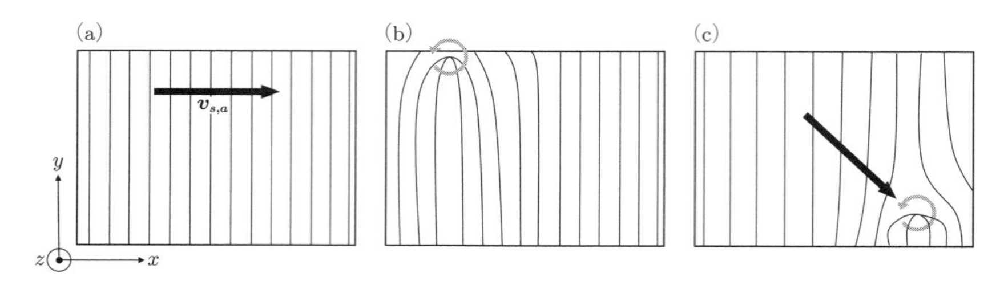

図 3.4　2π の位相スリップによる位相勾配の減少．(a) 一様な超流動流れ場 $\boldsymbol{v}_{\mathrm{s},a}$ を表す等位相線．等位相線が左から右へ $\pi/2$ の単位で増加する平行線として描かれている．(b) 上部に渦が発生したときの等位相線．(c) 発生した渦が相互摩擦により下部に移動したときの等位相線．

る渦は，その流れ場の方向に対して垂直方向に運動する．

実は，ここで示した渦の基本的な運動は，超流動の流れの減衰機構に重要な役割を果たしている．一様な超流動流れ場 $\boldsymbol{v}_{\mathrm{s},a}$ は，秩序変数がもつ位相が一定の割合で空間勾配をもつ状況であり，x–y 平面に等位相線を描けば，図 3.4(a) のように $\boldsymbol{v}_{\mathrm{s},a}$ に垂直な平行線となる．今，この流れの上部の壁近くに 1 本の渦糸が発生したとする．渦糸上は位相の特異点になっており，そのまわりの 2π の位相変化が一様な位相変化に重なり，図 3.4(b) のような非一様な位相分布となる．今この渦糸が式 (3.28) に従って運動したとすると，渦は右下の方向へ移動し，位相分布は図 3.4(c) のように変化する．このとき，渦がパイプを横切ることで 4 本の位相線が消滅し，渦糸ができる前と比較して 2π の位相が減少したことになる．その結果，位相の勾配は渦ができる前よりも緩やかになり，結果として超流動速度は減衰することになる．

これは超流動速度の減衰と渦のかかわりを考える際に Anderson によってなされた重要な指摘である [40]．つまり，超流動速度 $\boldsymbol{v}_{\mathrm{s},a} = (\hbar/m)\nabla\theta$ の減衰は，生じた渦が超流動の流れを垂直に横切って動くときに生じる位相変化により起きるというものである．これを**位相スリップ**とよび，超流動の安定性において渦の運動が本質的な役割を果たす．ここで最初に渦がどのようにできるかに関しては，別の考察が必要となる．

平行渦対および反平行渦対の運動

相互摩擦力の働きを知るうえでもう一つの有効な例題として，平行渦対および反平行渦対の運動を考えよう．図 3.3(c-1) に示すように，同じ循環 κ をもつ 2 本の量子渦糸が渦度の向きを同じにして平行に並んでいるとする．2 本の渦糸の中点を原点とし，渦糸の位置の動径を r とすると，渦糸はいずれも他方から，原点のまわりに反時計回りの方向に大きさ $\kappa/4\pi r$ の速度場（これは非局所場の効果である）を受けることになる．$T=0$ なら動径を一定として，両者は原点のまわりで回転する．相互摩擦があるときは，式 (3.24) で α' の項を無視すれば，$dr/dt=\alpha(\kappa/4\pi r)$ が得られ，その解は $r=\sqrt{r_0^2+(\alpha\kappa/2\pi)t}$ となる（r_0 は初期動径）．すなわち，2 本の渦は回転運動を行いながらも徐々にその距離が遠ざかる，らせん運動を行うことがわかる．これは 2 本の平行渦の有効相互作用が「斥力」であること意味している．一方，2 本の渦度の向きが逆の反平行渦の場合は，図 3.3(c-2) のように，$T=0$ では互いの間隔 $2x$ を保ったまま並進する．相互摩擦があるときは，先の場合と同様にして，$x=\sqrt{x_0^2-(\alpha\kappa/2\pi)t}$ を得る（x_0 は x の初期値）．これは，反平行渦が並進運動を行いつつも，その間隔を徐々に狭め，やがては対消滅を行うことを意味し，両者の有効相互作用が「引力」であることを示している[*5]．

渦輪の運動

最後に，無限媒体中の半径 R の渦輪の運動を考えよう．$T=0$ で流れ場がない状況では，渦輪はその形を保ったまま，その面に垂直方向に β_{ind}/R の自己誘導速度で運動する[*6]．有限温度で，流れ場 $\boldsymbol{v}_{\mathrm{n}}$ および $\boldsymbol{v}_{\mathrm{s},a}$ がある場合を考えよう．簡単のため非局所項と相互摩擦力の α' の項を無視すると（超流動 ^{4}He の場合，α' は α に比べて小さい [36]），運動方程式は以下のようになる．

[*5] 距離が d 離れた 2 本の（反）平行渦間の相互作用は，そのエネルギーを評価することで直接的な表式を導出することができる．2 本の渦が半径 R の円筒内に直立して存在し，巻数をそれぞれ q_1 と q_2 とすると，渦単位長さあたりの相互作用エネルギーの表式は

$$\epsilon_{\mathrm{int}}=mn\int d\boldsymbol{r}\boldsymbol{v}_1\cdot\boldsymbol{v}_2\simeq\frac{2\pi q_1q_2\hbar^2n}{m}\ln\frac{R}{d} \tag{3.29}$$

となる．最後の表式は $R\gg d$, $d\gg\xi$ の条件の下で得られる．これから q_1 と q_2 が同符合のときは斥力，異符号のときは引力となることがわかる．

[*6] 流体力学によると，半径 R の渦輪のエネルギー E_{vr} と自己誘導速度 V_{vr} は渦輪の渦芯の構造を考慮することで，より正確に計算することができ，それぞれ一般に

$$E_{\mathrm{vr}}=\frac{1}{2}\rho_{\mathrm{s}}\kappa^2R\left(\ln\frac{8R}{r_{\mathrm{c}}}-\alpha\right)$$

$$V_{\mathrm{vr}}=\frac{\kappa}{4\pi R}\left(\ln\frac{8R}{r_{\mathrm{c}}}-\beta\right)$$

と書ける．数因子 α と β は，一定体積の流体中の渦芯の中に含まれる流体が剛体的に回転しているときは $(\alpha,\beta)=(7/4,1/4)$，一定体積下で渦芯が真空のときは $(\alpha,\beta)=(2,1/2)$，一定圧力下で渦芯が真空のときは $(\alpha,\beta)=(3/2,1/2)$，などと与えられる．

$$\begin{aligned}\frac{d\boldsymbol{s}_0}{dt} &= \beta_{\mathrm{ind}}\boldsymbol{s}' \times \boldsymbol{s}'' + \boldsymbol{v}_{\mathrm{s},a} \\ \frac{d\boldsymbol{s}}{dt} &= \frac{d\boldsymbol{s}_0}{dt} + \alpha\boldsymbol{s}' \times \left(\boldsymbol{v}_{\mathrm{n}} - \frac{d\boldsymbol{s}_0}{dt}\right) \\ &= \beta_{\mathrm{ind}}\boldsymbol{s}' \times \boldsymbol{s}'' + \boldsymbol{v}_{\mathrm{s},a} + \alpha\boldsymbol{s}' \times (\boldsymbol{v}_{\mathrm{n}} - \boldsymbol{v}_{\mathrm{s},a} - \beta_{\mathrm{ind}}\boldsymbol{s}' \times \boldsymbol{s}'')\end{aligned} \tag{3.30}$$

自己誘導速度が z 方向を向いていて $\boldsymbol{s}' \times \boldsymbol{s}'' = \hat{\boldsymbol{z}}/R$ であり，印加速度場も $\boldsymbol{v}_{\mathrm{n}} = v_{\mathrm{n}}\hat{\boldsymbol{z}}$, $\boldsymbol{v}_{\mathrm{s},a} = v_{\mathrm{s},a}\hat{\boldsymbol{z}}$ であるとする．このとき，式 (3.30) より，R の時間発展方程式

$$\frac{dR}{dt} = \alpha\left(v_{\mathrm{n}} - v_{\mathrm{s},a} - \frac{\beta_{\mathrm{ind}}}{R}\right) \tag{3.31}$$

が得られる．流れ場がないとき，上式は $dR/dt = -\alpha\beta_{\mathrm{ind}}/R$ となり，$R = \sqrt{R_0^2 - 2\alpha\beta_{\mathrm{ind}}t}$ という解をもつ（R_0 は初期半径）．これは相互摩擦により渦輪が収縮することを意味する．初期半径 R_0 の渦輪が，収縮して消滅するまでに要する時間は $t = R_0^2/2\alpha\beta_{\mathrm{ind}}$ であり，その間に自己誘導速度で進む距離は R_0/β_{ind} である．流れ場があるときは，$v_{\mathrm{n}} - v_{\mathrm{s},a} < 0$ ならば常に渦輪は収縮する，$v_{\mathrm{n}} - v_{\mathrm{s},a} > 0$ の場合，$v_{\mathrm{n}} - v_{\mathrm{s},a} > \beta_{\mathrm{ind}}/R$ ならば渦輪は膨張し，$v_{\mathrm{n}} - v_{\mathrm{s},a} < \beta_{\mathrm{ind}}/R$ ならば収縮する．

この考察から，相互摩擦力に関して重要な特徴がわかる．相互摩擦という名称から渦の運動を常に減衰させると思いがちだが，必ずしもそうではなく，流れ場と曲率半径に依存して，渦輪の膨張も収縮も起こる．この現象は 5.3.1 項で述べるように，熱力学的な安定性の議論からも物理的に解釈でき，対向流の不安定性に関与する．

Kelvin 波

Kelvin 波とは，渦の芯がらせん状に変形し，渦芯に沿って伝播する波のことで，1880 年に Kelvin により初めて議論された [37]．Kelvin 波は，量子渦の基本的な運動であるばかりでなく，散逸過程などさまざまな物理において重要な役割を果たす．

Kelvin 波は，本項で述べた量子渦糸のダイナミクスから理解することができる．式 (3.30) で $\boldsymbol{v}_{\mathrm{s},a} = 0$ とした式

$$\frac{d\boldsymbol{s}}{dt} = \beta_{\mathrm{ind}}\boldsymbol{s}' \times \boldsymbol{s}'' + \alpha\boldsymbol{s}' \times (\boldsymbol{v}_{\mathrm{n}} - \beta_{\mathrm{ind}}\boldsymbol{s}' \times \boldsymbol{s}'') \tag{3.32}$$

を考える．常流動速度場は $\boldsymbol{v}_{\mathrm{n}} = v_{\mathrm{n}}\hat{\boldsymbol{z}}$ とし，z 方向に伸びた直線渦が微小振幅 $\epsilon(t)$ をもってらせん状に変形した状態を

$$\boldsymbol{s} = (\epsilon(t)\cos\phi, \epsilon(t)\sin\phi, z), \qquad \phi = kz - \omega t \tag{3.33}$$

で表す．ここで，k は Kelvin 波の波数，ω はその振動数である．Kelvin 波の振幅 ϵ は十分小さいとして，$\boldsymbol{s}' = d\boldsymbol{s}/d\xi \simeq d\boldsymbol{s}/dz$，$\boldsymbol{s}'' = d^2\boldsymbol{s}/d\xi^2 \simeq d^2\boldsymbol{s}/dz^2$ とする．式 (3.33) を式 (3.32) に代入し，ϵ の 2 次以上を無視すると，この $\boldsymbol{s}$ は解であり，分散関係 $\omega = \beta_{\mathrm{ind}}k^2$ と $d\epsilon/dt = \alpha(v_{\mathrm{n}}k - \omega)\epsilon$ を得る．

このように式 (3.32) は相互摩擦がないとき，渦の芯がらせん状に変形し一定の振幅で分散関係 $\omega = \beta_{\mathrm{ind}}k^2$ をもって伝播する解をもつ．これが Kelvin 波である．渦芯の大きさ r_{c} を考慮すると，分散関係は定数 $c \sim \mathcal{O}(1)$ を用いて

$$\omega = \frac{\kappa k^2}{4\pi}\log\left(\frac{c}{kr_{\mathrm{c}}}\right) \tag{3.34}$$

となることが求められている [37]．相互摩擦があるとき，振幅 ϵ は

$$\epsilon(t) = \epsilon(0)\exp\left[\alpha(v_{\mathrm{n}}k - \omega)t\right] = \epsilon(0)\exp\left[\alpha k(v_{\mathrm{n}} - \beta_{\mathrm{ind}}k)t\right] \tag{3.35}$$

のように時間変化を行う．もし $v_{\mathrm{n}} \leq 0$ ならば，Kelvin 波は，相互摩擦のために，波数によらず減衰する．もし $v_{\mathrm{n}} > 0$ ならば，$k < v_{\mathrm{n}}/\beta_{\mathrm{ind}}$ となる長波長の Kelvin 波は増幅され，$k > v_{\mathrm{n}}/\beta_{\mathrm{ind}}$ となる短波長の Kelvin 波は減衰する．

量子渦糸の 3 次元ダイナミクスの数値計算

最後に，一般的な量子渦糸の配置に対して，3 次元ダイナミクスの数値計算をどのように行うかについて簡単に述べておく*7．解くべき方程式は式 (3.23)[または (3.27)]，(3.24) である．

渦糸は離散的な点の配列で表される．このときの隣接する点の間隔 $\delta\xi$ が計算の空間分解能となる．ある瞬間の渦糸の配置に対し，渦糸上の任意の点 $\boldsymbol{s}$ に対して式 (3.27) の右辺を計算する．第 1 項の自己誘導速度は，隣接する点から，$\boldsymbol{s}'$ および $\boldsymbol{s}''$ を求めることにより得られる．第 2 項の非局所項は，存在するすべての渦（固体境界があるなら鏡像渦も含めて）からの Biot–Savart 積分の寄与である*8．$T = 0$ では式 (3.27) により各点 $\boldsymbol{s}$ を動かす．有限温度の場合は，この $d\boldsymbol{s}_0/dt$ を式 (3.24) に代入して $d\boldsymbol{s}/dt$ を求めて点を動かす．この操作を時間発展に伴い繰り返す．

このようにして渦糸の時間発展を追うとき，ある部分の隣接する点の間隔が大きく伸びたり縮んだりすることがある．渦全体に渡り空間分解能は一様であるべきなので，

*7 数値計算法の詳細について述べることは本書の目的ではない．それについては，文献 [38]，[41]，[42]，[43] を参照されたい．

*8 点の総数を N とすると，自己誘導速度の計算時間は N に比例するのに対し，非局所項は N^2 に比例する．この非局所項の計算が数値計算全体の速度を決める．

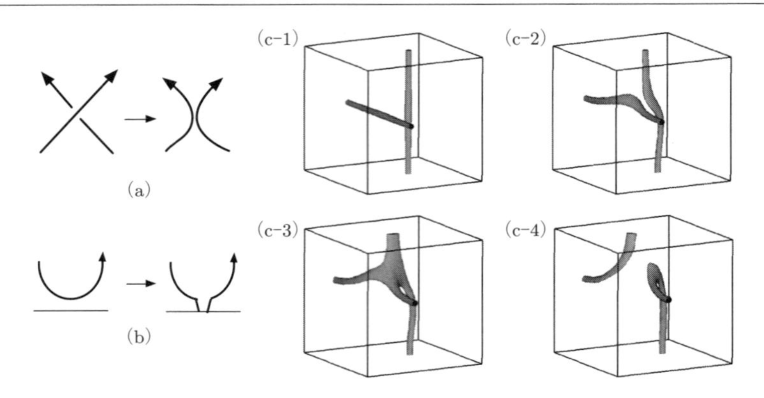

図 **3.5**　渦の再結合．(a) 2 本の渦の再結合．(b) 渦の固体平面境界での分離．これは，渦と鏡像渦の再結合とみなすことができる．(c) GP 方程式の数値解析によって得られた 2 本の量子渦の再結合ダイナミクス．波動関数 Ψ に対する密度 $|\Psi|^2$ が渦芯で急激に減少することを利用して，密度の等値面を表示することで渦の位置がわかる．(M. Kobayashi, and M. Tsubota: Kolmogorov Spectrum of Quantum Turbulence, *J. Phys. Soc. Jpn.*, **74**, 3248 (2005) より．)

伸びたときにはその間に点を挿入し，縮んだときには点を除去するという操作を適宜行う [38].

3.2.2　量子渦糸の再結合

渦糸が時間発展する過程で，2 本の渦が接近することがある．通常の渦の場合，再結合が起こる．再結合とは，図 3.5(a) や (b) のように，接近した渦がトポロジーを変えてつなぎ代わる現象である．量子渦の再結合は，その是非も含めて興味深く重要な問題である．

再結合は渦芯の内部構造が関与する現象であるから，芯の構造をもたない渦糸模型によりそのダイナミクスを記述することはできない．渦糸模型の数値計算で再結合を扱うには，ある臨界距離を定めて，2 本の渦がそれ以内に接近したら再結合を起こさせる，という人為的な操作が必要になる*9．現在行われている数値計算では，空間分解能 $\delta\xi$ を再結合の臨界距離とする方法が用いられている [42, 43].

*9 渦上の点 $\boldsymbol{s}$ は，常に自分の両隣の点を認識しながら運動している．他の渦の点が臨界距離以内に接近したとき，数値計算のプログラム上で，$\boldsymbol{s}$ の隣の点が相手の渦上になるよう，命令を入れるのである．

Kelvin の循環定理と渦の再結合

渦糸模型における再結合は，数値計算上の手続きであり，量子渦が本当に再結合を起こすか否かに答えるものではない．量子渦の再結合は，それだけで非常に深い物理を含む．それについて述べる前に，Kelvin の循環定理と，古典流体における渦の再結合について述べる．

渦を特徴づける重要な量は，式 (2.73) で定義される循環である．渦の移動に伴い，その芯を囲む流体粒子がつくる閉曲線 $\mathcal{C}$ に沿った循環 $\Gamma(\mathcal{C}) = \oint_{\mathcal{C}} \boldsymbol{v} \cdot d\boldsymbol{r}$ が時間が経過するにつれ，どのように変化するかを考える．この閉曲線は流体粒子とともに動くため，循環の変化はその物質微分 $D/Dt = \partial/\partial t + \boldsymbol{v} \cdot \nabla$（Lagrange 微分ともいう）で表され，

$$\frac{D\Gamma(\mathcal{C})}{Dt} = \frac{D}{Dt}\oint_{\mathcal{C}} \boldsymbol{v} \cdot d\boldsymbol{r} = \oint_{\mathcal{C}} \frac{D\boldsymbol{v}}{Dt} \cdot d\boldsymbol{r} + \oint_{\mathcal{C}} \boldsymbol{v} \cdot \frac{Dd\boldsymbol{r}}{Dt} \tag{3.36}$$

と書ける．考えている流体が理想流体であるなら，その速度場 $\boldsymbol{v}$ は Euler の方程式

$$\frac{D\boldsymbol{v}}{Dt} = \boldsymbol{K} - \frac{1}{\rho}\nabla P \tag{3.37}$$

に従う．外力 $\boldsymbol{K}$ が保存力でポテンシャルにより $\boldsymbol{K} = -\nabla\Omega$ と表され，バロトロピー流体[*10]として密度が $\rho(P)$ となるなら，式 (3.37) は

$$\frac{D\boldsymbol{v}}{Dt} = -\nabla(\Omega + \mathcal{P}) \tag{3.38}$$

と書ける．ここで，$\mathcal{P} = \int dp/\rho(P)$ は圧力関数とよばれる．また，式 (3.36) の第 2 項は $\boldsymbol{v} \cdot d(D\boldsymbol{r}/Dt) = \boldsymbol{v} \cdot d\boldsymbol{v} = d(v^2/2)$ となる．よって，式 (3.36) は，

$$\frac{D\Gamma(\mathcal{C})}{Dt} = \oint_{\mathcal{C}} \left(-\nabla(\Omega + \mathcal{P}) + \nabla\frac{v^2}{2}\right) \cdot d\boldsymbol{r} = \left[-\Omega - \mathcal{P} + \frac{v^2}{2}\right]_{\mathcal{C}}$$

となる．ここで，$[\cdots]_{\mathcal{C}}$ は閉曲線 $\mathcal{C}$ を一周したときの変化を表し，$-\Omega - \mathcal{P} + v^2/2$ が空間座標の一価関数であるから，$D\Gamma(\mathcal{C})/Dt = 0$ となり，流体粒子とともに動く閉曲線まわりの循環は保存される．これが Kelvin の循環定理である．これは，完全流体中では，渦は不生不滅であることを意味している．粘性流体であれば，速度場は Navier–Stokes 方程式に従い，式 (3.37) の右辺に粘性項が付加されるので，Kelvin の循環定理は成り立たず，循環は保存されない．

*10 密度が圧力だけの関数となる流体．非圧縮性流体や，等温的あるいは等エントロピー的流れが該当する．

古典粘性流体の場合，渦度の粘性拡散が，再結合に重要な役割を果たしている．古典流体でも量子流体でも，渦は，渦度が渦芯に集中した励起状態である．古典的な粘性流体の場合，その速度場 $\boldsymbol{v}(\boldsymbol{r},t)$ は Navier–Stokes 方程式

$$\rho\left[\frac{\partial \boldsymbol{v}}{\partial t}+(\boldsymbol{v}\cdot\nabla)\boldsymbol{v}\right]=-\nabla P+\eta\nabla^2\boldsymbol{v}$$

に従い，これより，渦度 $\boldsymbol{\omega}=\nabla\times\boldsymbol{v}$ に対する方程式

$$\frac{\partial \boldsymbol{\omega}}{\partial t}=\nabla\times(\boldsymbol{v}\times\boldsymbol{\omega})+\frac{\eta}{\rho}\nabla^2\boldsymbol{\omega} \tag{3.39}$$

が得られる．右辺第2項より，渦が存在すれば，粘性が渦度を拡散するため，渦芯部分の渦度が減少するとともに芯半径が増大して，やがて消滅することがわかる．

古典粘性流体中での渦の再結合は，実験によっても [44]，また Navier–Stokes 方程式の数値解析 [45] によっても，示されている．こうした研究から明らかにされている再結合の一般的なストーリーは，下記の通りである．

1) 2本の渦は十分に離れているときは，おもに自己誘導速度によって運動する．両者が接近すると，非局所項による渦間相互作用が働き始める．
2) 2本の渦が接近する部分では，渦間相互作用により，局所的に渦が互いに反平行になるようにねじれる．
3) 反平行となった渦には，有効引力が働き接近する．この接近は局所的に起こり，双方の渦上に鋭いカスプを形成する．
4) そのカスプが衝突し，渦がつなぎ代わる．
5) 再結合後のカスプがもつ大きな自己誘導速度のため，2本の渦は急速に離れていく．

こうしたことから，再結合に関して重要な特徴が明らかになる．第1に，再結合はきわめて局所的瞬間的に起こるということである．すなわち，渦の大部分は，再結合の前後で何ら変化を受けず，自分の一部が他の渦とつなぎ代わっていることを感知しない．第2に，再結合には何らかの散逸機構が必要であるということである．渦がつなぎ代わるためには，局所的に渦が対消滅しなければならないが，Kelvin の循環定理に従う限りそれは禁止されており，渦は再結合を起こさない．古典粘性流体の場合，式 (3.39) に関連して述べたように，渦度の粘性拡散が接近部分の渦を混ぜ合せ，再結合に結びつくと考えられている．

量子渦の再結合

そうすると，ここで重要な問いが投げかけられる．非粘性の超流体の渦である量子渦は，果たして再結合を起こすのであろうか？　1980 年代に Schwarz が量子渦糸の数値計算を始めたとき，厳しい批判の一つはこれであった．これに対し，Koplik と Levine は，3 次元 GP 方程式の直接数値計算を行い，量子渦が確かに再結合を起こすことを示した [46]．図 3.5(c) に，再結合前後の渦の時間発展を示す．驚くべきことに，それは，上に示したような粘性流体中の再結合と同様のシナリオをたどるものであった．

ここで，まず Kelvin の循環定理との関係が問題になる．循環の物質微分は，式 (3.36) で表される．GP 方程式に基づけば，超流動速度場 $\boldsymbol{v}_\mathrm{s}$ の運動方程式は式 (2.70) で表される．外部ポテンシャル $V_\mathrm{ext}(\boldsymbol{r})$ を無視し，$\nabla \boldsymbol{v}^2/2 = \boldsymbol{v} \times (\nabla \times \boldsymbol{v}) + (\boldsymbol{v} \cdot \nabla)\boldsymbol{v}$ と $\nabla \times \boldsymbol{v}_\mathrm{s} = 0$ を用いると，

$$\frac{D\boldsymbol{v}_\mathrm{s}}{Dt} = -\nabla \left(\frac{g}{m} n - \frac{\hbar^2}{2m^2} \frac{\nabla^2 \sqrt{n}}{\sqrt{n}} \right) \tag{3.40}$$

を得る．先の Kelvin の循環定理の導出からわかるように，上式の右辺のポテンシャルが定義できる限り，$\boldsymbol{v}_\mathrm{s}$ に対しても Kelvin の循環定理は成り立つ．しかし，閉曲線 $\mathcal{C}$ が，渦芯上の密度が $n = 0$ となる領域を囲む場合は，Kelvin の循環定理は成立しない．このとき何が起こるかを Kelvin の循環定理は語ってくれないが，少なくとも再結合を禁止はしない．次に，一般に渦の再結合には粘性が不可欠と考えられている状況で，量子渦の再結合でそれに相当する因子はあるのだろうか？　古典粘性流体の渦の再結合時には音波が放出されることが知られている．Koplik らの後の 3 次元 GP 方程式の研究により [47]，確かに量子渦の再結合時にも音波が放出されることが示された．これが Kelvin の循環定理を破る原因となる．

3.2.3　量子渦の運動の可視化

流体力学の実験において，流れ場の可視化は重要な知見を与える．超流動ヘリウムなどの極低温流体中の可視化実験は困難で，長く行われてこなかった．しかし，今世紀に入ってからいくつかの優れた可視化実験が行われるようになり，興味深い物理が明らかにされている．本項では，一般的な流体の可視化，超流動ヘリウムで用いられるトレーサー粒子の特徴について概観した後，量子渦の再結合を観測した実験結果について紹介する．また，可視化の実験は第 6 章で紹介する量子乱流の実験とも深く関連する．

PIV と PTV

流体力学では，流れ場に微粒子を混入し，それが流れ場に追従するとして，光を当ててその散乱光を撮影することで，粒子の運動を観察する．このとき，その解析には，大別して PIV（Particle Image Velocimetry: 粒子画像流速測定法）と PTV（Particle Tracking Velocimetry: 粒子追跡法）がある．PIV は流体中の粒子群の運動を時間的に連続撮影して可視化画像から微小時間 dt における粒子の変位ベクトル $\boldsymbol{dr}$ を求め，速度ベクトル $\boldsymbol{dr}/dt$ を求める方法である．一方，PTV は単一粒子を追跡することから速度の情報を得る．

普通の粘性流体の場合，微粒子はその流れ場に追従するだろう．しかし，超流動ヘリウム中で，微粒子は何に追従するのだろうか？ d'Alembert のパラドックスにより*11，非圧縮性完全流体の一様な流れにおいて物体は抵抗を受けないので，超流動流れは追わないにしても，常流体と量子渦にどのように影響されるかは自明ではない．こうした事情から，現在，超流動ヘリウムの可視化実験で用いられるトレーサー粒子は，以下に大別される [48, 49]．

1) ミクロンサイズの微粒子．固体水素または固体重水素からなる．わずかに水素を含んだ気体ヘリウムを液体ヘリウムに注入することでつくる．この水素微粒子は，量子渦の芯に捕獲されたり，常流動流れに追従したりする．
2) He_2^* 分子．レーザーで励起してつくる三重項分子で，半径は約 0.6 nm．不安定で，寿命は約 13 秒．崩壊するときの発光でその位置がわかる．おおよそ 1 K 以上では，分子の熱的運動エネルギーが大きく量子渦の芯に捕獲されず常流動流れに追従するが，1 K 以下では運動エネルギーが下がり渦芯に捕獲される．

こうした微粒子を用いた PIV および PTV の実験が超流動 ^{4}He で行われた．

固体水素微粒子による量子渦の可視化

固体水素微粒子の PTV による量子渦の可視化は，Lathrop らによって行われた [50]．ラムダ温度以上の He I では，微粒子は単に霧状になって流体中に分散しているだけだが，He II になるとそれらは 1 次元の糸状に配列するようになった．この現象は，水素

*11 静止した完全流体の中を等速直線運動する物体には抵抗力が働かないという定理．実在の流体には必ず粘性があり，抵抗が現れるのでパラドックスとよばれる．

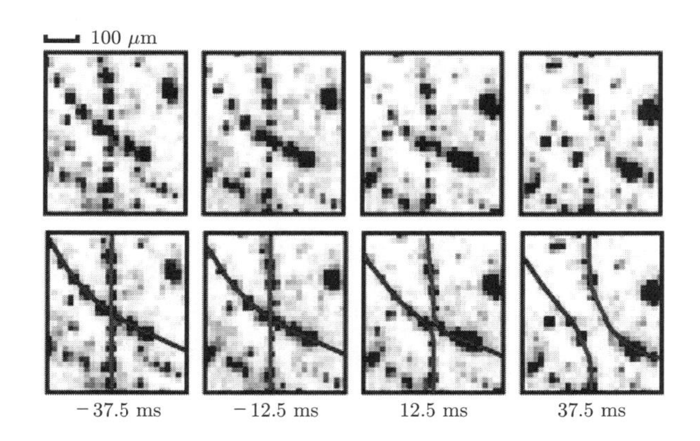

図 3.6 固体水素微粒子で可視化した量子渦の再結合 [52]. 上段が固体水素粒子を用いた観測結果で, 下段はわかりやすくするために渦を線で示したもの. (M. S. Paoletti, M. E. Fisher and D. P. Lathrop: Reconnection dynamics for quantized vortices, *Physica D*, **239**, 1367 (2010) より.)

微粒子が量子渦の芯に捕獲されたことを示すが, そもそもミクロンサイズの粒子が 4 桁も小さい渦芯に捕獲されるものだろうか? この捕獲は, 渦芯まわりの超流動流がつくる動圧の勾配によって起こると考えられている [51]. 直線状の量子渦は, その渦芯まわりに動径 r の場所で $v = \kappa/2\pi r$ の超流動流れを伴っている. それは, Bernoulli の定理より, 圧力 $P = -\rho_s\kappa^2/8\pi^2 r^2$ を生じる. もし渦芯から離れた場所に半径 a の粒子があれば, それは渦芯方向に向けて $\boldsymbol{F} = -(4/3)\pi a^3 \nabla P = -(\rho_s\kappa^2 a^3/3\pi r^3)\hat{\boldsymbol{r}}$ の力を受け, 引き寄せられる.

彼らはさらに図 3.6 に示すように, 量子渦の再結合を観測した [52]. このとき, 2 本の渦は再結合の前後で特徴的なスケーリング則を示すことが観測された. 2 本の渦の最近接距離を $\delta(t)$ とし, 再結合は時刻 $t = t_0$ で起こるとしよう. 量子渦の運動が, 循環量子 κ によって決まるなら, $\delta(t)^2 \simeq \kappa|t - t_0|$ が成り立つことが期待されるが, 実際の多くの再結合のイベントはこの関係を満たすことが示された.

3.2.4 回転超流動と量子渦格子

複数の渦が関与する典型的なダイナミクスとして, 代表的なものが二つある. 一つは第 6 章の主題となる, 量子乱流である. もう一つは, 容器回転下で生じる渦格子である. 超流動ヘリウムを入れた容器を回転させると, 回転軸方向に量子渦が整列し,渦格子が形成される．古典流体の場合は，流体全体が容器の回転角速度 Ω と同じ角速度で剛体回転を行うので，このような量子流体の応答は量子流体力学の特質を発揮したものといえる．この回転超流動の物理は，長く超流動ヘリウムで研究されてきたが，第4章で扱う原子気体 BEC における渦の物理にも深く関与する．本項では，この問題に関する基礎的事項について述べる．

Landau の考察

超流動流体を回すという画期的なアイデアは，1941年の Landau の先駆的な論文に登場する [15]．Landau は2流体模型を提案すると同時に，2流体の寄与を分離する方法として，「回転」を提案した．超流体と常流体を入れた半径 R の円筒容器を，その軸方向（本項では一貫して z 方向とする）に回転角速度 $\boldsymbol{\Omega} = \Omega\hat{\boldsymbol{z}}$ で回すと，何が起こるだろうか？　超流体は回転せず，常流体は容器と同じ角速度で剛体回転 $\boldsymbol{v}_{\rm n}(\boldsymbol{r}) = \boldsymbol{\Omega} \times \boldsymbol{r}$ を行うであろう．このとき z 方向単位長さあたりの流体の角運動量は，$L = \int_0^R 2\pi r dr\, \rho_{\rm n} r \cdot \Omega r = \frac{1}{2}\rho_{\rm n}\pi R^4\Omega$ となる．このように，角運動量は $\rho_{\rm n}$ に比例した温度変化を行うはずである．このことは，回転により流体自由表面に生じるメニスカス（液体表面の上昇）にも影響する．重力は液体の全密度 ρ に作用するが，遠心力は回転する常流体 $\rho_{\rm n}$ にのみ作用する．そのことから，回転軸から R だけ離れた場所での液面の上昇は $h = (\rho_{\rm n}/\rho)(\Omega^2 R^2/2g_{\rm G})$ となり，やはり $\rho_{\rm n}$ に比例した温度依存性を示すであろう（ここで，$g_{\rm G}$ は重力加速度である）．

こうした効果の観測を目指した実験が，1950年前後，いくつかのグループによって行われたが，すべての実験は失敗した [53]．観測された角運動量は $L = (1/2)\rho\pi R^4\Omega$，メニスカスは $h = \Omega^2 R^2/2g_{\rm G}$ となり，温度変化をしなかったのである．当時，何が起こっているかは明らかではなかったが，これらの実験が明確に示していることがある．それは，「超流体も剛体回転をしている」という事実である．

量子渦格子

現在，超流体がどのようにして剛体回転を行うのかはわかっている．図 3.7(a) に示すように，容器が角速度 Ω で回転するとき，回転軸に平行な量子渦が現れ，格子を組む．そしてこの**量子渦格子**がつくる超流動速度場が，剛体回転を行うのである．このことはそれほど自明ではなく，以下に詳細を述べる．

すでに 2.4 節で述べたように，円筒容器中で直立した1本の量子渦が熱力学的に安定に存在するための臨界角速度は，式 (2.82) の Ω_c で与えられる．容器の回転角速度

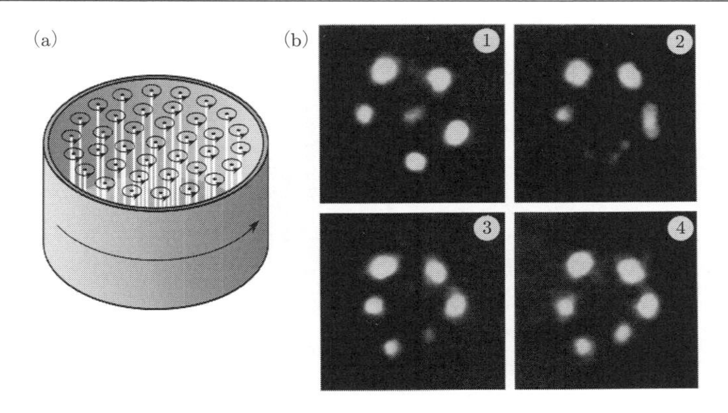

図 3.7 (a) 回転する円筒容器中の量子渦格子．(b) 回転容器中に発生した渦の配置の観測結果．渦糸に捕獲された電子を電場によって流体表面まで引き出し，それをスクリーンに照射して渦糸の配置を可視化したもの．6 本の渦が，左側は五角形の頂点と中心に，右側は六角形の頂点に位置している．(E. J. Yarmchuck and R. E. Packard: Photographic studies of quantized vortex lines, *J. Low Temp. Phys.*, **46**, 479 (1982) より．)

Ω をさらに上げていくと，量子渦が 1 本ずつ系内に侵入して複数の渦が存在する状態となる．それらはすべて回転方向と同じ方向の渦度をもつため，渦間には有効斥力が働き，渦の本数に応じてエネルギーを最小にする配置をとる．円筒容器中においてエネルギー的に最も安定な渦の配置の構造は理論的に調べられており [54]，図 3.7(b) に示すように，実際に観測され可視化されている [55]．回転角速度が上がるにつれてさらに多数の渦が侵入し，渦は三角格子状の配置をとる [56]．

今，量子渦格子が $\boldsymbol{v}_{\mathrm{s}}(\boldsymbol{r}) = \boldsymbol{\Omega} \times \boldsymbol{r}$ の剛体回転を行っているとしよう．このとき，回転軸に垂直な面内における渦の面密度 n_v は以下のように評価できる．すべての渦を囲む閉曲線 $\mathcal{C}$ まわりの循環は，Stokes の定理を用いて，

$$\Gamma = \oint_{\mathcal{C}} \boldsymbol{v}_{\mathrm{s}} \cdot d\boldsymbol{r} = \int_S (\nabla \times \boldsymbol{v}_{\mathrm{s}}) \cdot d\boldsymbol{S} = 2\Omega S \tag{3.41}$$

となる．ここで面積分は，$\mathcal{C}$ で囲まれる面積 S で行う．一方，この循環 Γ を求めるにあたり，1 本 1 本の量子渦の循環 κ を拾うと，渦の総数が $n_v S$ だから，$\Gamma = n_v S \kappa$ となり，これより

$$n_v = \frac{2\Omega}{\kappa} \tag{3.42}$$

を得る．これは Feynman 則とよばれる．

量子渦格子がつくる剛体回転

このような量子渦格子が，超流体の剛体回転を生み，その面密度が Feynman 則に従うことは，以下のようにして示すことができる．x–y 面内の2次元系を考える．場所 $\boldsymbol{r}_i$ に位置し，渦度が z 方向を向いた量子渦が場所 $\boldsymbol{r}$ につくる超流動速度場は，大きさが $\kappa/(2\pi|\boldsymbol{r}-\boldsymbol{r}_i|)$ で，$\hat{\boldsymbol{z}}\times(\boldsymbol{r}-\boldsymbol{r}_i)$ の方向を向いている．よって，量子渦格子が任意の場所 $\boldsymbol{r}$ につくる超流動速度場は，

$$\boldsymbol{v}_{\mathrm{s}}(\boldsymbol{r})=\frac{\kappa}{2\pi}\sum_i\frac{\hat{\boldsymbol{z}}\times(\boldsymbol{r}-\boldsymbol{r}_i)}{|\boldsymbol{r}-\boldsymbol{r}_i|^2} \tag{3.43}$$

である．ここで i の和は，存在するすべての量子渦にわたってとる．連続体近似を用いて量子渦の面密度を $n_v(\boldsymbol{r})$ で表すと，この和は積分で表現できて，

$$\boldsymbol{v}_{\mathrm{s}}(\boldsymbol{r})=\frac{\kappa}{2\pi}\hat{\boldsymbol{z}}\times\int d\boldsymbol{r}'n_v(\boldsymbol{r}')\frac{\boldsymbol{r}-\boldsymbol{r}'}{|\boldsymbol{r}-\boldsymbol{r}'|^2} \tag{3.44}$$

となる．ここで，面密度は場所によらず一様で n であると仮定する．また，$\boldsymbol{r}'$ を，$\boldsymbol{r}$ の方向とそれに垂直な方向（その方向の単位ベクトルを $\hat{\boldsymbol{x}}$ とする）に分解して $\boldsymbol{r}'=r'\cos\theta\,(\boldsymbol{r}/r)+r'\sin\theta\,\hat{\boldsymbol{x}}$ とし，上式に代入して積分を行う（θ は $\boldsymbol{r}$ と $\boldsymbol{r}'$ のなす角である）．$\hat{\boldsymbol{x}}$ を含む項は対称性より消えて，

$$\boldsymbol{v}_{\mathrm{s}}(\boldsymbol{r})=\frac{\kappa\,n_v}{2\pi}\hat{\boldsymbol{z}}\times\frac{\boldsymbol{r}}{r}\int_0^R r'dr'\int_0^{2\pi}d\theta\frac{r-r'\cos\theta}{r^2-2rr'\cos\theta+r^2} \tag{3.45}$$

となる．この θ の積分は実行できて，$r'<r$ のときは $2\pi/r$，$r<r'$ のときは0になるので，

$$\boldsymbol{v}_{\mathrm{s}}(\boldsymbol{r})=\frac{\kappa\,n_v}{2\pi}\hat{\boldsymbol{z}}\times\frac{2\pi}{r^2}\boldsymbol{r}\int_0^r r'dr'=\frac{1}{2}\kappa n_v\hat{\boldsymbol{z}}\times\boldsymbol{r} \tag{3.46}$$

を得る．これは，超流動速度場 $\boldsymbol{v}_{\mathrm{s}}(\boldsymbol{r})$ が，角速度 $\boldsymbol{\Omega}'=\frac{1}{2}\kappa n_v\hat{\boldsymbol{z}}$ の剛体回転 $\boldsymbol{v}_{\mathrm{s}}(\boldsymbol{r})=\boldsymbol{\Omega}'\times\boldsymbol{r}$ を行うことを意味している．

このとき回転座標系でのエネルギーは

$$F=\int d\boldsymbol{r}\left[\frac{1}{2}\rho_{\mathrm{s}}v_{\mathrm{s}}^2-\boldsymbol{\Omega}\cdot(\boldsymbol{r}\times\rho_{\mathrm{s}}\boldsymbol{v}_{\mathrm{s}})\right]=\frac{\pi}{4}\rho_{\mathrm{s}}R^4\Omega'(\Omega'-2\Omega) \tag{3.47}$$

となる．このエネルギー F は，$\Omega'=\Omega$ のとき最小値をとる．すなわち，量子渦格子が Feynman 則に従い面密度 $n_v=2\Omega/\kappa$ で整列し，容器と同じ角速度で剛体回転を行う状態が最も安定となる．

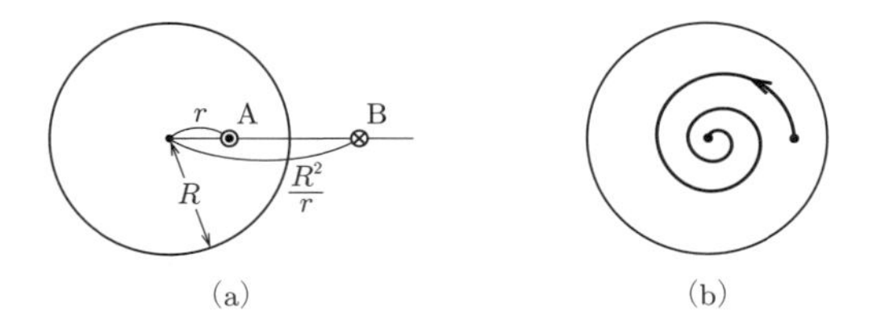

図 3.8 半径 R の 2 次元円筒容器中の量子渦. (a) 渦 A と鏡像渦 B. (b) 相互摩擦による渦のらせん運動.

この面密度 n_v がどの程度になるかを実際に見積もってみよう. 超流動 ^{4}He の場合, $\kappa \simeq 10^{-3}\,\mathrm{cm^2/s}$ である. もし $\Omega = 5\,\mathrm{rad/s}$ で容器が回転すれば, $n_v = 2\Omega/\kappa \simeq 10^4\,\mathrm{cm^{-2}}$ となる. 平均渦間隔は $b \simeq n_v^{-1/2} \simeq 10^{-2}\,\mathrm{cm}$ である.

2 次元回転円筒容器中の量子渦の運動

ここまで述べてきたことを用いて, 角速度 Ω で回転する半径 R の円筒容器中の量子渦の運動を考えよう.

図 3.8(a) のように, 円筒容器中の極座標 (r,θ) の位置に, 循環 κ の量子渦 A があるとする. このとき, 円筒容器表面で, 式 (3.22) のように, 超流動速度場の法線成分が消えるという境界条件が満たされなければならない. これには, 円筒の外の $(R^2/r,\theta)$ に循環 $-\kappa$ の鏡像渦 B を置けばよいことが, 初等幾何により示される. 渦 A そのものは自己誘導速度をもたないが, 鏡像渦 B から周方向に $\kappa/[2\pi(R^2/r-r)]$ の超流動速度場を受ける. このため, 渦 A の運動方程式 (3.23) は, 2 次元極座標表示で書けば,

$$\frac{d\boldsymbol{s}_0}{dt} = \left(0,\ \frac{\kappa\, r}{2\pi(R^2-r^2)}\right) \tag{3.48}$$

となる. 渦 A は一定の半径 r を保ったまま, 回転を続けることになる.

容器が回転し, 常流体が $\boldsymbol{v}_\mathrm{n} = (0,\Omega r)$ の剛体回転を行うとすると, 式 (3.24) より, 渦 A の運動方程式は

$$\frac{d\boldsymbol{s}}{dt} = \left(\frac{dr}{dt},\ r\frac{d\theta}{dt}\right) = \left(\frac{\alpha\kappa\, r}{2\pi(R^2-r^2)} - \alpha\Omega r,\ \frac{\kappa\, r}{2\pi(R^2-r^2)}\right) \tag{3.49}$$

となる. ただし, 簡単のため α' の項は省いた. この運動をよりよく見るために, 角速度 Ω で回転する座標系に移ることにする. この場合, $\theta \to \Omega\, t+\theta$, および $d\theta/dt \to \Omega + d\theta/dt$ と変換すればよい. その結果, 式 (3.49) は

$$r\frac{d\theta}{dt} = \frac{\kappa r}{2\pi(R^2 - r^2)} - \Omega r, \qquad \frac{dr}{dt} = \alpha r\frac{d\theta}{dt} \tag{3.50}$$

となる．後半の式より，渦の軌跡は $r = Ae^{\alpha\theta}$ となり（A は初期状態で決まる定数），図 3.8(b) のようならせん運動を示すことがわかる．渦の運命を分けるのは Ω で，もし $\Omega < \kappa/(2\pi R^2)$ であれば，常に $d\theta/dt$ と dr/dt は正で，渦は反時計回りのらせんを描きながら外側に動き，やがて容器壁に衝突して消える．一方，$\Omega > \kappa/(2\pi R^2)$ の場合は $\kappa/[2\pi(R^2 - r_c^2)] = \Omega$ で決まる臨界半径 r_c があり，最初渦が $r > r_c$ の位置にあれば $d\theta/dt > 0$ であるから渦は反時計回りのらせんを描きながら外に向かうが，$r < r_c$ に置かれた渦は $d\theta/dt < 0$ となり時計回りのらせんを描いて内に入り，原点に来て止まる．

このことが，回転下で渦が中心に引き込まれる機構の本質である．すなわち，相互摩擦が効かない保存系では，渦は回転するだけである．相互摩擦があり角速度が十分大きいとき，渦は最も安定な位置である中心に引き込まれる．渦が複数の場合，一般に解析解はないが，数値的にはその運動を調べることができ [57]，渦は相互摩擦と回転により内部に向かうが，渦間に有効斥力が働くため，それらの競合により渦格子を形成する．

3.3　超流動 ^{3}He の量子渦

超流動 ^{3}He では，Cooper 対の内部自由度に起因して多彩な渦状態が実現する．回転超流動 ^{3}He の実験は Aalto 大学（前 Helsinki 工科大学）の低温物理グループによって 1980 年代から現在に至るまで精力的に実施されている．実験では超流動 ^{3}He の磁気的な性質を利用した NMR 測定が行われ，この測定から得られる渦の本数や渦芯の太さなどの精密な情報と理論的な考察から，どのような渦状態が回転下で安定であるかが特定されている．本節では回転下の超流動 ^{3}He で実現し得る多彩な渦状態を，実験で観測されているものを中心に B 相と A 相に分けて紹介する．多成分超流体の渦はホモトピーによって系統的に分類されるが，ここでは簡略化のためにそのような数学的記述を極力避けて説明する．量子渦のホモトピーによる記述は第 4 章で行う．

3.3.1　B 相 の 渦

B 相の超流動は 1 成分の超流体と同様にポテンシャル流として扱えることはすでに前章で述べた．前章では一様な摩擦なし流れを想定し，位相 Θ が空間的に連続で十分緩やかな勾配をもつ状態を考えた．このとき，対ポテンシャルの一価性を課すことで，B 相においても超流動速度場 $\boldsymbol{v}_\mathrm{s}$ の循環は量子化され，回転下では量子渦が三角格子を組んだ状態が安定となる．また，B 相で現れる量子渦の渦芯の太さは大きいもので $10\,\mu\mathrm{m}$ 程度である．典型的な流動現象の長さスケールは渦芯の太さよりも十分大きいため，渦芯の内部構造は無視され，量子渦の運動は超流動 ^{4}He のときと同様に渦芯の太さを無視した渦糸模型によって定量的に記述される．

しかし，$10\,\mu\mathrm{m}$ 程度の渦芯の構造が問題になる場合，位相 Θ 以外の縮退変数 $\boldsymbol{\theta} = \theta\hat{\boldsymbol{\theta}}$ の空間変化に起因し，$\nabla\theta$ に比例したスピン流を伴うスピン–質量（SM）渦の存在を考慮しなければならない．また，回復長（$\sim 0.01\,\mu\mathrm{m}$）程度のさらに小さいスケールでは，スピン流を伴わない通常の渦であっても渦芯が特徴的な構造をもつことがわかっている．

回　復　長

ボソン系の 1 成分超流体の量子渦の渦芯の太さを特徴づける回復長 ξ は，勾配エネルギーと凝縮エネルギーを比較することにより決定され，式 (2.53) のように Ginzburg–Landau の自由エネルギーの式 (2.51) における凝縮エネルギーの係数 α と勾配エネルギーの係数 γ により $\xi = \sqrt{\gamma/|\alpha|}$ と表された．超流動 ^{3}He においても同様に回復長が定義される．

超流動 ^{3}He における回復長は，等方的なエネルギーギャップをもつ B 相の弱結合領域における自由エネルギーを使って定義される．凝縮エネルギーの Ginzburg–Landau 展開の表式 (2.161) における $\Delta = \Delta_\mathrm{B}$ を式 (2.51) の Ψ に対応づけて考え，

$$\alpha = N_\mathrm{F}\left(\frac{T}{T_\mathrm{c}} - 1\right) \tag{3.51}$$

とおく．次に，勾配エネルギーの係数 γ を求めよう．一様な超流動流が存在するときの勾配エネルギー f_grad が $\boldsymbol{v}_\mathrm{s}^T \check{\boldsymbol{\rho}}_\mathrm{s} \boldsymbol{v}_\mathrm{s}/2 = \hbar^2 \rho_\mathrm{s} (\nabla\Theta)^2/(8m)$ に帰着することを利用する．ここで，式 (2.182) と式 (2.173) より，

$$\rho_\mathrm{s} = \rho\,(1 - Y(\beta|\Delta_\mathrm{B}|)) \to \rho\frac{7\zeta}{4\pi^2}\frac{|\Delta_\mathrm{B}|^2}{(k_\mathrm{B}T_\mathrm{c})^2}$$

である．Ginzburg–Landau 展開における勾配エネルギーは $\gamma(\nabla\Theta)^2|\Delta_\mathrm{B}|^2$ と書けるので，これらを比較することにより，

$$\gamma = \frac{1}{2}\left(\frac{\hbar}{2m}\right)^2 \frac{\rho_\mathrm{s}}{|\Delta_\mathrm{B}|^2} \tag{3.52}$$

を得る．以上より，回復長

$$\xi = \xi_0 \left(1 - \frac{T}{T_c}\right)^{-1/2}, \qquad \xi_0^2 = \frac{7\zeta(3)}{48\pi^2} \frac{\hbar^4 k_{\mathrm{F}}^2}{m^2 k_{\mathrm{B}}^2 T_c^2} \tag{3.53}$$

が求まる．長さ ξ_0 は低温領域における渦芯の特徴的な太さを表しており，融解圧近くでは $\xi_0 \sim 0.01\,\mu\mathrm{m}$ である．

渦芯の回復長 ξ よりも内側の領域は，秩序変数がバルクにおける平衡値と著しく異なっており，秩序変数空間の特異点とみなせる．このとき，回復長 ξ 程度の太さをもつ狭い領域に渦度が局在する．このような渦を**特異渦**（singular vortex）とよぶ．回転下の B 相では特異渦が比較的安定な渦状態である．一方，A 相では渦芯内の秩序変数が平衡値と同程度の値を保ち，後で述べるように渦度が局在せずに広く連続的に分布する渦が安定に存在する．このような渦を**連続渦**（continuous vortex）とよぶ．

スピン–質量渦

位相の空間勾配で表される超流動速度に対する循環の量子化条件は，秩序変数の一価性により位相の取りうる値が制限されることによって得られた．B 相では位相以外の自由度も存在するため，それらの空間勾配に対しても量子化条件が課される．B 相では位相因子 Θ 以外に回転軸ベクトル $\boldsymbol{\theta} = \theta\hat{\boldsymbol{\theta}}$ の自由度が存在するため，この変数に対する量子化条件が新たに加わる．SM 渦に対する量子化条件は，とりわけ変数 θ によって特徴づけられる．ここでは，具体的な SM 渦の構造を例に挙げてこの条件を示そう．

最も単純な構造をもつ SM 渦まわりの位相の空間分布は，方位角 ϕ を使って $\Theta = q_1\phi$ と表される．ここで，q_1 は超流動速度場 $\boldsymbol{v}_{\mathrm{s}}$ に対する循環量子数である．同様に回転角 θ はスピン流に関連する量子数 ν を使って $\theta = \nu\phi$ と表される．このとき，$\boldsymbol{\theta} = \theta\hat{\boldsymbol{z}}$ とすると，回転行列 $\check{\boldsymbol{R}}$ は，

$$\check{\boldsymbol{R}} = \begin{pmatrix} \cos\nu\phi & -\sin\nu\phi & 0 \\ \sin\nu\phi & \cos\nu\phi & 0 \\ 0 & 0 & 1 \end{pmatrix} \tag{3.54}$$

となる．$\check{\boldsymbol{R}}$ の一価性により ν は整数のみをとる．SM 渦は整数の組 (q_1, ν) によって特徴づけられる．$q_1 \neq 0$ かつ $\nu = 0$ のとき，渦は質量流を伴うがスピン流は伴わないため質量渦とよばれる．逆に，$q_1 = 0$ かつ $\nu \neq 0$ の渦はスピン渦とよばれる．

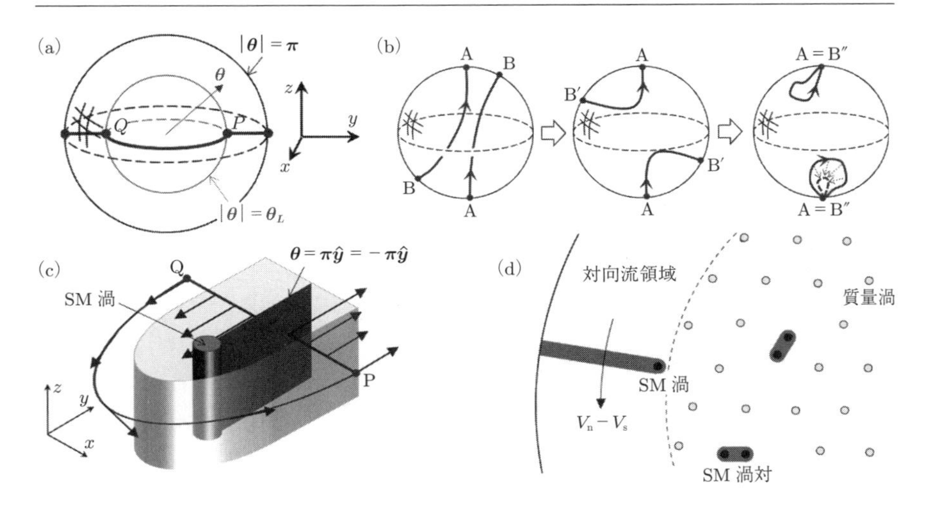

図 3.9 (a) 秩序変数の自由度 $\boldsymbol{\theta}$ の球 ($|\boldsymbol{\theta}| \leq \pi$) による表現．$\pi\hat{\boldsymbol{\theta}}$ と $-\pi\hat{\boldsymbol{\theta}}$ は同一視される．(b) $\nu = 2$ の状態から $\nu = 0$ の状態への連続変形の様子．(c) スピン–質量渦（SM 渦）を縁にもつソリトン．ソリトンの芯は灰色の面で囲まれた領域（双極子自由領域）で表されている．ソリトンの外側では $\boldsymbol{\theta}$ が $|\boldsymbol{\theta}| = \theta_{\mathrm{L}}$ に制限されている．(d) 回転容器中の渦格子に含まれる SM 渦の様子 [58, 60]．((d) は O. V. Lounasmaa and E. Thuneberg: Vortices in rotating superfluid ^{3}He, *Proc. Natl. Acad. Sci. U.S.A.*, **96**, 7760 (1999) より．)

以下では秩序変数空間と実空間における $\boldsymbol{\theta}$ の構造に着目して ν の取りうる値が 0 または 1 であることを示そう．$\nu = 1$ の SM 渦が安定な位相欠陥であることは $\boldsymbol{\theta}$ で記述される空間が単連結でないことから理解される．これは 1 成分超流体において循環が量子化されるときの状況と似ている．図 3.9(a) に示すように，ある回転操作は半径 $|\theta| = \pi$ の 2 次元球面およびその内側のある点 $\boldsymbol{\theta}$ で表現されている．ただし，回転軸まわりの π 回転と $-\pi$ 回転は同じ操作であるため，二つの点 $\pi\hat{\boldsymbol{\theta}}$ と $-\pi\hat{\boldsymbol{\theta}}$ は同一視されることに注意しなくてはならない．例えば図 3.9(a) の太線のように，渦のまわりを一周した際，$\boldsymbol{\theta} = -\pi\hat{\boldsymbol{y}}$ から原点を通り $\boldsymbol{\theta} = \pi\hat{\boldsymbol{y}}$ をつなぐ経路をたどったとする．この経路は式 (3.54) において $\nu = 1$ の経路に対応する．$\boldsymbol{\theta} = -\pi\hat{\boldsymbol{y}}$ と $\boldsymbol{\theta} = \pi\hat{\boldsymbol{y}}$ は同一視されるので，この経路は閉じた経路である．もしこの経路が連続変形で秩序変数空間の 1 点に収縮することができれば，$\boldsymbol{\theta}$ が空間勾配をもたない，よりエネルギーの低い状態へ連続的に遷移できるため，このような経路をもつ状態は位相欠陥として不安定である．しかし，そのような連続変形は不可能である．これは 1 成分超流体の超流動

速度場の循環の量子化条件を導いたときと同様であり，$\nu=1$ が安定な位相欠陥であることを意味している．

ただし，ν が奇数の SM 渦のみが安定な位相欠陥として可能である．これは超流動速度の循環量子数 q_1 を自由に選べたことと対照的である．このことは，$\nu=2$ に対応する秩序変数空間の経路を連続変形すれば理解できる．図 3.9(b) に示すように点 A から出発して点 B を通り A の対称点 A に到達する閉じた経路を考える．この経路は点 B を近くの点 A まで移動することによって $\nu=2$ の経路に連続変形できることは容易に理解できるであろう．一方，点 A を固定したまま点 B を球面上を移動させ，反対側の点 A の位置までもってくることができる．このとき閉じた経路は 1 点（点 A）に収縮することができる．したがって，$\nu=2$ の状態は安定な位相欠陥ではないといえる．同様に考えれば，巻数 ν が偶数の経路はすべて $\nu=0$ へと連続的に変形できることがわかる．また，ν が奇数のものはすべて $\nu=1$ の経路に帰着する．つまり，SM 渦の安定な構造は 2 状態 $\nu=0,\ 1$ のみで特徴づけられることになる．

双極子回復長

前章では無視された双極子相互作用の影響を考慮すると，式 (3.54) の軸対称な構造が実際にはエネルギー的に安定な状態ではないことがわかる．双極子相互作用に起因したエネルギーは $E_{\mathrm{D}}^{\mathrm{B}}=(16/5)\lambda_{\mathrm{D}}N_{\mathrm{F}}|\Delta_{\mathrm{B}}|^2\,(\cos\theta+1/4)^2$ と表される．ここで，$\lambda_{\mathrm{D}}\approx 5\times 10^{-7}$ は無次元量である．双極子相互作用エネルギー $E_{\mathrm{D}}^{\mathrm{B}}$ と変数 θ に関する最低次の勾配エネルギー $G_\theta\sim\gamma|\Delta_{\mathrm{B}}|^2(\boldsymbol{\nabla}\theta)^2\propto r^{-2}$ が同程度になる距離として，双極子回復長 $\xi_{\mathrm{D}}^{\mathrm{B}}$ が定義できる．典型的な大きさは，$\xi_{\mathrm{D}}^{\mathrm{B}}\sim 10^3\times\xi_0\sim 10\,\mu\mathrm{m}$ である．渦芯近傍 $r\ll\xi_{\mathrm{D}}^{\mathrm{B}}$ では $E_{\mathrm{D}}^{\mathrm{B}}\ll G_\theta$ となるため双極子相互作用の影響を無視でき，渦芯付近の空間構造は式 (3.54) で近似的に表される．一方，渦芯から遠い $r\gg\xi_{\mathrm{D}}^{\mathrm{B}}$ の領域では $E_{\mathrm{D}}^{\mathrm{B}}\gg G_\theta$ となるため双極子相互作用の影響が重要である．$E_{\mathrm{D}}^{\mathrm{B}}$ が最小となる角 $\theta=\arccos(-1/4)\equiv\theta_{\mathrm{L}}$ の状態をとるのがエネルギー的に好まれるので，$r\gtrsim\xi_{\mathrm{D}}^{\mathrm{B}}$ の領域では θ が θ_{L} に固定されやすくなる．この領域を**双極子固定領域**とよぼう．一方，θ が比較的自由に変化しやすいという意味で $r\lesssim\xi_{\mathrm{D}}^{\mathrm{B}}$ の領域を**双極子自由領域**とよぶことにする．$\nu\neq 0$ の SM 渦が存在するとき，双極子自由領域では近似的に $\theta=\nu\phi$ と書けるが，双極子固定領域では $\theta=\theta_{\mathrm{L}}$ のみが許される．そのため，$r\sim\xi_{\mathrm{D}}^{\mathrm{B}}$ で秩序変数の空間構造に不整合が生じてしまうことになる．

スピン–質量渦とソリトンの複合体

この不整合は SM 渦をその「縁」としてもつソリトンを形成することによって解消される．これを理解するために，半径 π の球で表される $\boldsymbol{\theta} = \theta\hat{\boldsymbol{\theta}}$ の秩序変数空間（図 3.9(a)）に立ち戻ろう．SM 渦のまわりを一周するときの秩序変数の変化は，この空間では $\boldsymbol{\theta} = -\pi\hat{\boldsymbol{y}}$ から $\boldsymbol{\theta} = \pi\hat{\boldsymbol{y}}$ をつなぐ経路に対応するとしよう．双極子固定領域では $\theta = \theta_{\mathrm{L}}$ に固定され，経路は球面 $|\boldsymbol{\theta}| = \theta_{\mathrm{L}}$ 上に制限される．このエネルギー的制限により，秩序変数空間における経路はエネルギーをなるべく低くするために図 3.9(a) の太線のように点 Q$(\boldsymbol{\theta} = -\theta_{\mathrm{L}}\hat{\boldsymbol{y}})$ から点 P$(\boldsymbol{\theta} = \theta_{\mathrm{L}}\hat{\boldsymbol{y}})$ へと半径 θ_{L} の球に沿ってつながれる．これに対応した実空間の構造は，図 3.9(c) に示したソリトンを形成する．図 3.9(c) において灰色の面で囲まれた領域は双極子自由領域を表しており，これがソリトンの「芯」を構成する．この領域で $|\boldsymbol{\theta}|$ が θ_{L} から π へ増大し，その中央で同一視できる二つのベクトル $\boldsymbol{\theta} = -\pi\hat{\boldsymbol{y}}$ と $\boldsymbol{\theta} = \pi\hat{\boldsymbol{y}}$ が接合している．ソリトンの芯の厚みは $\xi_{\mathrm{D}}^{\mathrm{B}}$ 程度であり，その外側では双極子固定領域が実現している．

SM 渦は回転下の A 相を B 相に遷移させることで実現された [58]．図 3.9(d) は実験で実現した渦格子中の SM 渦を模式的に表したものである．三角格子を組む量子渦のうちの数本がスピン渦を束縛して準安定な SM 渦を形成している*12．ソリトンを形成する双極子自由領域ではエネルギー密度が他の場所より大きくなっており，エネルギーを得するためになるべくソリトンの面積を小さくするような効果が働く．この効果はソリトンの張力とみなすことができ，ソリトンの縁を構成する 2 本の SM 渦間に有効的な引力をもたらす．したがって，2 本の SM 渦間の距離は，もともと渦の間に働く斥力と張力の競合によって決まる．

SM 渦が残存するもう一つの可能性は渦格子の一番外側に位置する場合で，このときソリトンは回転容器の壁まで到達している．容器中の渦の本数が Feynman 則に従って決まる平衡状態の渦の本数より少ない場合，渦格子は中央に集まり外側では常流動速度と超流動速度が相対速度をもった対向流が実現した領域（対向流領域）が現れる．この対向流によって，SM 渦の中の質量渦は Magnus 力を感じて容器の回転軸方向へと引き寄せられる．一方，この SM 渦から伸びたソリトンは壁から垂直に伸び，その張力は SM 渦を壁側に引きつける．ソリトンを壁から引き剥がすためには，壁で SM 渦もしくはスピン渦を生成しなくてはならない．しかし，渦の生成には余分なエネル

*12 スピン渦と質量渦の間には引力が働きお互いを束縛していると考えられている．

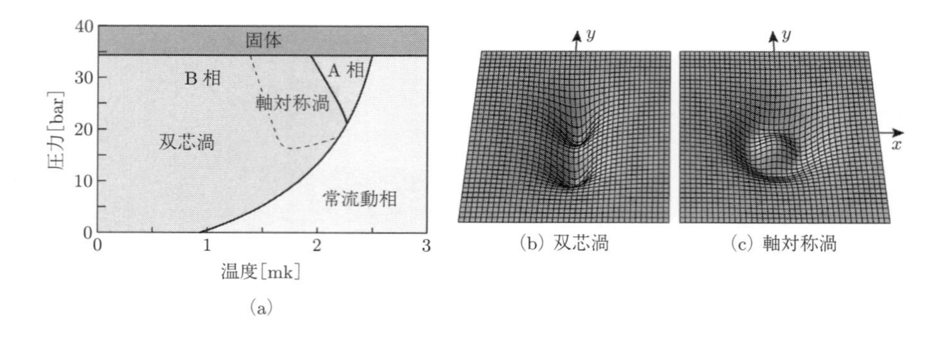

図 3.10 (a) 実験的に得られた B 相における渦芯構造の相図 [59, 60]．ここで，1 bar = 10 Pa である．右図は数値的に得られた (b) 双芯渦（double-core vortex）と (c) 軸対称渦（A-phase-core vortex）の回転軸に対して垂直な 2 次元断面における秩序変数の振幅を表している．(b) と (c) における表示領域の一辺の長さは 1 μm 程度である [60].（O. V. Lounasmaa and E. Thuneberg: Vortices in rotating superfluid ^{3}He, *Proc. Natl. Acad. Sci. U.S.A.*, **96**, 7760 (1999) より.）

ギーが必要であり，外部回転角速度がある臨界値に達するまでこの状態は準安定状態として存在できる．

$(q_1, \nu) = (1, 1)$ の SM 渦は $(1, 0)$ の質量渦と $(0, 1)$ のスピン渦に分解することができる．外部回転に応答するのは質量流を伴う質量渦のみであるため，単独のスピン渦を外部回転で制御することはできない．したがって，回転下で現れる渦の多くはスピン渦を伴わない $\nu = 0$ の質量渦である．

双　芯　渦

B 相におけるスピン渦を伴わない $(q_1, \nu) = (1, 0)$ の質量渦は 1 成分超流体における量子渦とは二つの点で異なっている．一つは渦芯で秩序変数が消失していないということである．これは多成分の秩序変数で記述される超流体では典型的な効果であり，渦をもたない秩序変数成分が渦芯領域に存在することで凝縮エネルギーを減少させている．もう一つは，秩序変数の振幅 $|\Psi|$ の空間分布が渦芯まわりの回転対称性を自発的に破った構造が現れることである．

図 3.10 は実験的に得られた B 相における質量渦の渦芯構造に関する相図を表している [61]．渦芯構造は 2 種類存在することが明らかになっている．渦の中心から十分離れた領域ではどちらも近似的に $q_1 = 1$ の質量渦の構造をもつが，中心から回復長

程度の渦芯の構造は両者で大きく異なっている．相図の A 相に近い高温高圧側の領域では，秩序変数の振幅は軸対称な構造をとり，渦芯は強磁性を示す A 相の秩序変数によって埋められている．この渦芯の磁性は NMR 測定で観測されている [62].

一方，低温低圧側で現れる双芯渦は，$q_1 = 1$ の渦が半整数の循環 $q_1 = 1/2$ をもつ二つの渦に分裂した状態である．分裂した二つの渦の間隔は圧力の低下とともに増大する．双芯渦は軸対称性を自発的に破った構造であるため，渦芯構造のねじれが振動モードとして渦芯に沿って伝播することができる．これは軸対称性の自発的破れに起因した Nambu–Goldstone モードであり，このモードを実験的に観測することによって，双芯渦の存在が確かめられた．典型的な流動現象を対象とする場合，その長さスケールは渦芯のスケールに比べて十分大きいため，このような渦芯の内部構造が量子流体の動力学に強く影響することはほとんどない．

3.3.2 A 相 の 渦

A 相の超流動速度は右手系をなす相互に直交する三つのベクトル $\hat{\boldsymbol{l}}$，$\hat{\boldsymbol{m}}$，$\hat{\boldsymbol{n}}$ の空間勾配によって表現され，渦度は連続的に分布することができる．$\hat{\boldsymbol{l}}$ が空間変動して生じる空間構造は織目構造（texture）とよばれ，渦度の連続分布は織目構造によって特徴づけられる．以下では実験で実現された ^{3}He-A における織目構造を中心に説明する．まずは織目構造と渦度分布を結びつける Mermin–Ho（MH）の関係式と最も基本的な織目構造を説明する．次に，回転冷凍機で実現した周期的な織目構造の相図を示す．最後に，量子渦の特殊な例として，循環量子数が半整数をとる半整数量子渦を紹介する．

Mermin–Ho の関係式

前章では一様な摩擦なし流れを想定し，$\hat{\boldsymbol{l}}$ を一定に保って $\hat{\boldsymbol{m}}$，$\hat{\boldsymbol{n}}$ の空間変化のみを考慮したが，$\hat{\boldsymbol{l}}$ は一般に空間座標に依存してよい．$\hat{\boldsymbol{m}}$ と $\hat{\boldsymbol{n}}$ の空間勾配を秩序変数全体の位相 Θ および $\hat{\boldsymbol{l}}$ の空間勾配を使って表すと，$\partial_j \hat{\boldsymbol{m}} = -\hat{\boldsymbol{n}}\partial_j \Theta - \hat{\boldsymbol{l}}(\hat{\boldsymbol{m}} \cdot \partial_j \hat{\boldsymbol{l}})$，$\partial_j \hat{\boldsymbol{n}} = \hat{\boldsymbol{m}}\partial_j \Theta - \hat{\boldsymbol{l}}(\hat{\boldsymbol{n}} \cdot \partial_j \hat{\boldsymbol{l}})$ と書かれる．これらを A 相における超流動速度 $\boldsymbol{v}_{\mathrm{s}}$ の表式 (2.190) を考慮して，渦度 $\boldsymbol{\omega}_{\mathrm{s}} \equiv \nabla \times \boldsymbol{v}_{\mathrm{s}}$ に代入すると，

$$\boldsymbol{\omega}_{\mathrm{s}} = \frac{\hbar}{4m} \sum_{i,j,k} \epsilon_{ijk} \hat{l}_i (\nabla \hat{l}_j) \times (\nabla \hat{l}_k) \tag{3.55}$$

を得る．ここで，ϵ_{ijk} は Levi–Civita の反対称テンソルであり，渦度はいたるところ連続で特異性は示さないものとした．式 (3.55) は $\hat{\boldsymbol{l}}$ の織目構造と渦度分布を結びつけ

る式であり，**Mermin–Ho の関係式**とよばれる [63].

渦度分布と $\hat{\boldsymbol{l}}$ の関係をより具体的に示すために，渦度を z 軸方向にとって $\boldsymbol{\omega}_{\rm s}=\omega_{\rm s}\hat{\boldsymbol{z}}$ とし，z 軸に垂直な面積 $\Delta S=\Delta x\Delta y$ の微小正方形内の循環 $\Delta\Gamma=\int_{\Delta S}\boldsymbol{\omega}_{\rm s}\cdot d\boldsymbol{S}=\omega_{\rm s}\Delta x\Delta y$ を考える．渦度の z 成分を書き下すと，$\omega_{\rm s}=(\hbar/2m)\hat{\boldsymbol{l}}\cdot[(\partial_x\hat{\boldsymbol{l}})\times(\partial_y\hat{\boldsymbol{l}})]$ となる．今，$(\partial_x\hat{\boldsymbol{l}})\Delta x$ と $(\partial_y\hat{\boldsymbol{l}})\Delta y$ はそれぞれ x 座標が Δx，y 座標が Δy だけ変化したときの $\hat{\boldsymbol{l}}$ の変動を表していることに注意すると，$\Delta\Gamma$ は ΔS 上の $\hat{\boldsymbol{l}}$ がなぞる立体角 $\Delta\Omega$ に $\hbar/2m$ を乗じたものと解釈できる．したがって，A 相の連続的な渦度分布に対する循環 Γ は整数 q_2 を使って

$$\Gamma=\int_S\boldsymbol{\omega}_{\rm s}\cdot d\boldsymbol{S}=2\kappa\left(q_2+\frac{\Omega_{\rm s}}{4\pi}\right)\tag{3.56}$$

と書かれる．ここで，超流動 ^{3}He に対する循環量子 $\kappa=\pi\hbar/m$ を用いた．$0\leq\Omega_{\rm s}<4\pi$ は単位 2 次元球面の一部の面積を表している．式 (3.56) は面 S 上で空間変化する $\hat{\boldsymbol{l}}$ が単位球面をなぞる回数 q_2 とその余剰分 $\Omega_{\rm s}/4\pi$ が，面 S を囲う閉曲線上で積分した循環に等しいことを意味している．

循環をもつ織目構造

ここで，循環をもつ典型的な $\hat{\boldsymbol{l}}$ の織目構造を示そう．^{3}He-A 中のある断面において，この断面に垂直な渦度が連続的に分布する織目構造を図 3.11(a) の左に示した．この織目構造では，外側の領域で $\hat{\boldsymbol{l}}$ が一定の方向を向いており，このような状況は後述する外部磁場の下で実現する．円の内側の渦芯領域で $\hat{\boldsymbol{l}}$ は全立体角（4π）を 1 回覆っている．この渦芯領域の循環 Γ を式 (3.56) により算出すると，$q_2=1$ および $\Omega_{\rm s}=0$ となるので，$\Gamma=2\kappa$ を得る．

渦芯領域ではベクトル $\hat{\boldsymbol{l}}$ が空間変化しているので余分な勾配エネルギーが生じる．勾配エネルギーを節約するためには $\hat{\boldsymbol{l}}$ の空間変化をできる限り緩やかにすればよいので，渦芯領域ができるだけ空間的に広がった織目構造がエネルギー的に好まれる．磁場が比較的小さい場合，渦芯領域は勾配エネルギーを下げるために系全体に一様に広がる*13.

A 相の秩序変数は B 相に比べて磁場の影響を受けやすい．外部磁場は双極子相互作用を通じて間接的に $\hat{\boldsymbol{l}}$ の織目構造に作用し，渦芯領域のサイズを有限にする．A 相

*13 ただし，超流体を閉じ込めている容器の境界では，$\hat{\boldsymbol{l}}$ は容器の壁に対して垂直な状態がエネルギー的に好まれる．そのため，有限サイズ効果が重要な系では織目構造や循環は境界の形状の影響を強く受ける．

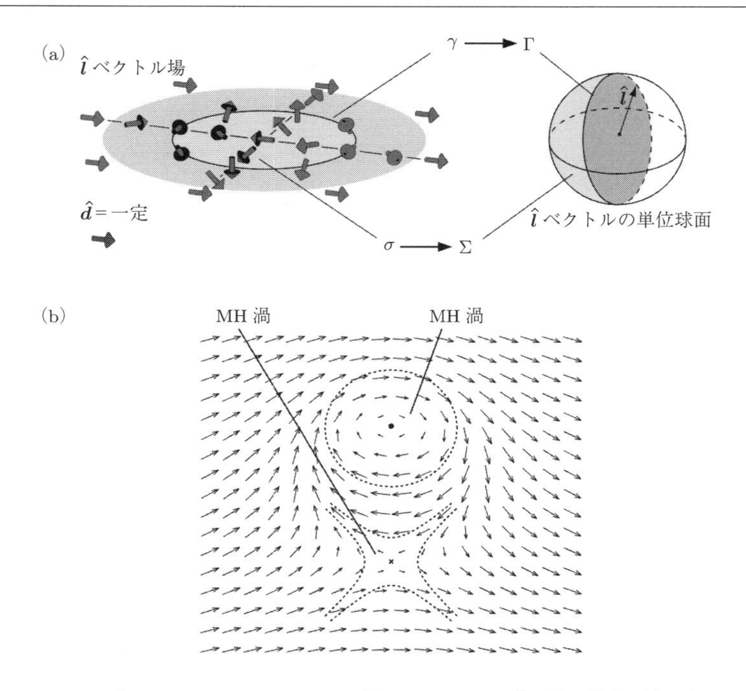

図 3.11 (a) ^{3}He-A 中の循環 $\Gamma = 2\kappa$ の渦の断面における $\hat{\boldsymbol{l}}$ の織目構造．円 γ とその内側の領域 σ は，$\hat{\boldsymbol{l}}$ の単位球面として表される秩序変数空間においてそれぞれ閉曲線 Γ と領域 Σ に対応する．一番外の円より内側を渦芯領域とよび，渦芯領域では $\hat{\boldsymbol{l}}$ が空間変化する．渦芯領域から十分離れた場所では $\hat{\boldsymbol{l}}$ は一定の方向を向いており，この織目構造は $\hat{\boldsymbol{l}}$ に関してすべての立体角（4π）を 1 回覆っている．領域 σ の織目構造は半球面を 1 回覆っており，MH 渦を形成している．(b) 磁場の影響で扁平した ^{3}He-A 中の連続渦．上の MH 渦が $\hat{\boldsymbol{l}}$ の単位球の北半球を，下の MH 渦が南半球を覆う織目構造となっている．（G. E. Volovik: *Universe in a helium droplet*, Oxford University Press (2003) を改変.）

における双極子相互作用は $E_{\mathrm{D}}^{\mathrm{A}} = -(4/5)\lambda_{\mathrm{D}} N_{\mathrm{F}} |\Delta_{\mathrm{A}}|^2 \left(\hat{\boldsymbol{d}} \cdot \hat{\boldsymbol{l}}\right)^2$ と書かれ，$\hat{\boldsymbol{l}} = \pm\hat{\boldsymbol{d}}$ の状態が $E_{\mathrm{D}}^{\mathrm{A}}$ を最低にする．A 相における双極子回復長は B 相の場合と同程度であり，$\xi_{\mathrm{D}}^{\mathrm{A}} \sim 10\,\mu\mathrm{m}$ と見積もられる．一方，磁場との相互作用は $E_{\mathrm{H}}^{\mathrm{A}} = (1/2)\Delta\chi \left(\hat{\boldsymbol{d}} \cdot \boldsymbol{H}\right)^2$ と表されるため，$\hat{\boldsymbol{d}} \perp \boldsymbol{H}$ がエネルギー的に好まれる状態である．ベクトル $\hat{\boldsymbol{d}}$ に関する勾配エネルギーと $E_{\mathrm{H}}^{\mathrm{A}}$ を比較することにより**磁気回復長**$\xi_{\mathrm{H}}^{\mathrm{A}}$ が得られる．この磁気回復長 $\xi_{\mathrm{H}}^{\mathrm{A}}$ と双極子回復長 $\xi_{\mathrm{D}}^{\mathrm{A}}$ の関係は $\xi_{\mathrm{H}}^{\mathrm{A}} = (H_{\mathrm{D}}/H)\xi_{\mathrm{D}}^{\mathrm{A}}$ によって表される．ここで，H_{D} は $\xi_{\mathrm{H}}^{\mathrm{A}}$ と $\xi_{\mathrm{D}}^{\mathrm{A}}$ が同程度となる磁場の強さを表しており，$H_{\mathrm{D}} \sim 1\,\mathrm{mT}$ となる．つま

り，磁場の強さ H が $H_{\rm D}$ を上回ったとき，磁気回復長は双極子回復長よりも短くなり，外部磁場の影響が双極子相互作用を上回る．

回転容器に閉じ込められた ^{3}He を想定し，境界の影響は簡単のために無視しよう．容器の回転角速度と外部磁場の方向をそれぞれ $\boldsymbol{\Omega} = \Omega\hat{\boldsymbol{z}}$，$\boldsymbol{H} = H\hat{\boldsymbol{z}}$ とする．外部磁場の強さが $H_{\rm D}$ よりも十分大きいとき，$\hat{\boldsymbol{d}}$ は磁場に垂直になり，$\hat{\boldsymbol{z}} \perp \hat{\boldsymbol{d}} = \text{const.}$ の状態が実現する．図3.11(a)の織目構造のように循環が存在する場合，$\hat{\boldsymbol{l}}$ は渦芯領域の外側で $\hat{\boldsymbol{d}}$ と平行あるいは反平行に固定される双極子固定領域が実現するが，渦芯領域内は双極子自由領域となり $\hat{\boldsymbol{l}}$ が空間変化する．このような渦状態を非固定連続渦（CUV: continuous unlocked vortex）とよぶ．$\hat{\boldsymbol{l}}$ の空間勾配の長さスケールは渦芯領域の大きさと同程度である．したがって，B相のときの議論と同様に考えれば，A相における連続渦の渦芯領域の半径は双極子回復長 $\xi_{\rm D}^{\rm A}$ と同程度になることがわかる．

$\hat{\boldsymbol{l}}$ の空間構造と循環との関係をわかりやすく模式的に示すために，図3.11(a)では渦芯領域を丸く描いたが，実際の渦芯領域は磁場の影響でいくらか扁平になる．図3.11(b)には，磁場下の織目構造の $\hat{\boldsymbol{l}}$ を磁場に垂直な面に射影したものを示した．双極子相互作用により渦芯領域から離れた場所で $\hat{\boldsymbol{l}}$ は外部磁場に垂直である．この連続渦は循環 κ をもつ二つの渦に分割できる．この二つの渦はMermin–Ho（MH）渦とよばれ，$\hat{\boldsymbol{l}}$ の単位球の半球面を1回覆う織目構造を内部にそれぞれ含んでいる．外部回転下ではこのような循環 2κ が三角格子を形成し，1成分超流体の場合と同様に全体として剛体回転を実現する．

周期的な織目構造

図3.12には数値計算と回転冷凍機の実験によって確かめられた渦状態の相図（H–T 相図）とそれぞれの相における織目構造を示した．渦度は平衡状態において周期的に分布しているため，x–y 平面上の単位格子中の織目構造が示されている．織目構造は角速度 Ω と外部磁場 H に依存して多彩な構造をとる．

磁場 H が $H_{\rm D} \sim 1\,\text{mT}$ よりも大きく，回転角速度 Ω が $\sim 2\,\text{rad/s}$ 付近では非固定連続渦（CUV）が渦格子を組んだ状態が比較的安定である．Ω が大きくなると渦シート（VS: vortex sheet）が比較的安定な状態となる．図3.12(c)に示したVSの単位格子はCUVと同じ循環 $\Gamma = 2\kappa$ をもつ．CUVでは渦度が渦芯領域に局在し，それが格子を組んだ状態であるが，VSでは渦度は帯状に分布し，その帯がおおよそ等間隔で配列する状態が安定である．図3.12(c)には，VSの織目構造とともに回転円筒容器中で起こりうる渦シートの巨視的な構造の概略図を示した．

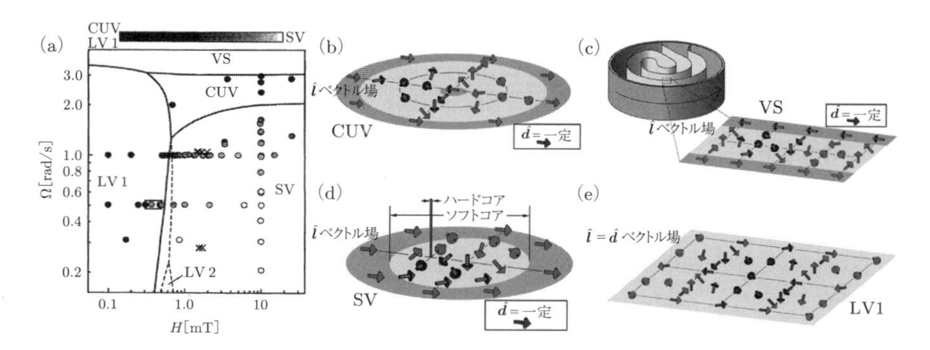

図 3.12 (a) 磁場 H と角速度 Ω の外部回転下の A 相における渦状態の相図 [65]．丸印は圧力 29 bar 下で観測された渦状態を示している．丸印の暗さは連続渦の相対的な数を表しており，白丸が SV に対応する．× 印は Ω を増加させたときに LV から CUV へと遷移する点を表している．異なる渦状態間の相対的な安定性は温度と圧力には敏感に依存しない．相図中の境界線は理論計算により得られた結果である．CUV(b), VS(c), SV(d), LV1(e) の織目構造を示した [65, 60]．単位格子の大きさは $\Omega = 1$ rad/s のとき 200 μm 程度であり，特異渦の渦芯と連続渦の渦芯領域のサイズはおおよそ 0.01 および 10 μm である．((a) はÜ. Parts, *et. al.*: Phase Diagram of Vortices in Superfluid ^{3}He-A, *Phys. Rev. Lett.*, **75**, 3320 (1995) より．(b)〜(e) は O. V. Lounasmaa and E. Thuneberg: Vortices in rotating superfluid ^{3}He, *Proc. Natl. Acad. Sci. U.S.A.*, **96**, 7760 (1999) を改変．)

回転角振動数 Ω が小さい領域では特異渦（SV: singular vortex）の状態が安定となる（図 3.12(d)）．SV は $\hat{\boldsymbol{l}}$ の特異点と $\hat{\boldsymbol{l}}$ が連続的に空間変化して $q_2 = 1/2$ をもつ渦芯領域を有しており，$\hat{\boldsymbol{z}} \perp \hat{\boldsymbol{d}} \approx$ const. である．特異点のまわりには循環は存在しない．特異点付近では秩序変数の振幅が有意に減少するのでエネルギー的に不利な状態と思われるが，SV は最も小さい循環 $\Gamma = 2\kappa q_2 = \kappa$ をもった渦状態であり，回転角速度が小さいときに比較的安定な状態となっている．

$H \lesssim H_{\mathrm{D}}$ の低磁場領域では双極子相互作用の影響が支配的になる．$\hat{\boldsymbol{d}}$ は $\hat{\boldsymbol{l}}$ に固定され，$\hat{\boldsymbol{d}} \cdot \hat{\boldsymbol{l}} = \pm 1$ となった固定渦（LV: locked vortex）が安定な状態となる．LV にはいくつかの種類があり，渦度が連続的に分布する渦芯領域が四角格子を組んで空間全体に広がった状態（LV1）や，$\hat{\boldsymbol{l}}$ が CUV と同様な構造をとった状態（LV2），渦シートのように渦度が帯状に分布したもの（LV3）がある．図 3.12(e) には LV1 のみを示した．この構造では，$\hat{\boldsymbol{l}}$ が球を 2 回覆っており，単位格子の循環は $\Gamma = 2\kappa q_2 = 4\kappa$ と計算される．このことは図において $\hat{\boldsymbol{l}} = \hat{\boldsymbol{z}}$ と $\hat{\boldsymbol{l}} = -\hat{\boldsymbol{z}}$ の矢印がそれぞれ 2 回ずつ現れていることから理解できる．理論計算によると角速度が比較的大きい $\Omega \gtrsim 3$ rad/s となると，低磁場下であっても CUV または VS の状態が安定化して $\hat{\boldsymbol{d}} \approx \text{const.}$ となることがわかっている．

半整数量子渦

これまでは A 相における超流動速度の循環の計算には右手系 $\hat{\boldsymbol{m}}$，$\hat{\boldsymbol{n}}$，$\hat{\boldsymbol{l}}$ の空間変動のみを考慮した．$\hat{\boldsymbol{d}}$ の自由度を考慮すれば，半整数量子渦とよばれる循環量子数 q_1 が半整数となる渦状態を構成できる．ここでは，$q_1 = \pm 1/2$ をもつ半整数量子渦の具体的な構造を示そう．渦芯から離れた場所での漸近的な空間構造は，$\hat{\boldsymbol{l}} = \hat{\boldsymbol{z}}$ として，

$$(\check{\boldsymbol{d}})_{\mu j} = |\Delta_{\mathrm{A}}| \left(\cos\frac{\phi}{2}\hat{\boldsymbol{x}} + \sin\frac{\phi}{2}\hat{\boldsymbol{y}} \right)_{\mu} (\hat{\boldsymbol{x}} + i\hat{\boldsymbol{y}})_j \, e^{\pm i\phi/2} \tag{3.57}$$

と表すことができる．方位角 ϕ が 2π 変化すると位相因子 $e^{\pm i\phi/2}$ は符号を反転する．これと同時に $\hat{\boldsymbol{d}}$ も符号を反転させることにより，秩序変数の一価性が保たれている．超流動速度の循環は $\Gamma = \oint \boldsymbol{v}_{\mathrm{s}} \cdot d\boldsymbol{r} = \pm\kappa/2$ となり，確かに量子渦の循環の大きさは循環量子 κ の半分になっている．

式 (3.57) で表される半整数量子渦は，超流動速度の循環とスピン自由度の空間構造が共存しているという点で超流動 ^{3}He-B の SM 渦と類似しているが，以下の点で両者は本質的に異なっている．B 相の SM 渦は量子数 $q_1 = 1$ の質量渦と $\nu = 1$ のスピン渦の二種類の独立な構造から構成されており，これらは原理的に分離することができる．一方，半整数量子渦の場合，秩序変数の位相の自由度と $\hat{\boldsymbol{d}}$ が完全に結びついており，位相因子の空間構造とスピン自由度の空間構造を切り離すことはできない．

一見，式 (3.57) は特別な構造をもつように思えるが，対ポテンシャルで再表示すれば不自然な構造ではないことが理解できる．$\boldsymbol{d}(\hat{\boldsymbol{k}}) = \check{\boldsymbol{d}}\hat{\boldsymbol{k}}$ に式 (3.57) を代入し，$\hat{\Delta}_{\boldsymbol{k}_F} = [\boldsymbol{d}(\hat{\boldsymbol{k}}) \cdot \hat{\boldsymbol{\sigma}}] i\hat{\sigma}_y$ と表されることに注意すると，

$$\hat{\Delta}_{\boldsymbol{k}_F} = |\Delta_{\mathrm{A}}| \left(\hat{k}_x + i\hat{k}_y \right) \begin{bmatrix} -e^{\pm i\phi/2 - i\phi/2} & 0 \\ 0 & e^{\pm i\phi/2 + i\phi/2} \end{bmatrix} \tag{3.58}$$

を得る．これは対ポテンシャルの $\uparrow\uparrow$ 成分と $\downarrow\downarrow$ 成分のみが値をもち，そのどちらか一方の成分のみの位相因子が $e^{i\phi}$ または $e^{-i\phi}$ をもつ状態である．つまり，二つの成分の内どちらか一方が渦をもち，もう一方の成分には渦が存在しない状態を表している．これは，第 4 章で示す 2 成分超流体で実現する典型的な渦構造である．

第4章　原子気体 Bose–Einstein 凝縮体の量子渦

本章では，冷却原子気体の BEC における量子渦に関するさまざまな話題を紹介する．2.8 節で述べた冷却原子系の特徴は，量子流体力学の研究にさらなる多様性をもたらした．一番の大きな特徴として，量子渦の可視化が挙げられる．また，レーザーなどの外場を用いたこの系特有の量子渦生成法により，任意の循環をもつ渦を BEC に生成し，渦の分裂や核生成などの非平衡ダイナミクスを直接追跡することも可能となった．多成分 BEC における量子渦の研究に関しても，これらの特徴が遺憾なく発揮され，多成分超流体における量子渦の多彩な構造や動力学が調べられている．本章の後半では，超流動 ^{3}He の渦の話題ではあまり深く踏み込まなかったトポロジーの入門的内容を総括し，多成分 BEC で実現する量子渦の分類，および非可換量子渦とよばれる渦の衝突の動力学について解説する．

4.1　原子気体 BEC の渦

本節では波動関数が 1 成分である 1 成分 BEC の渦に関して，その特徴を述べる．まずは原子気体 BEC の中に，どのようにして渦をつくり出すかに関して，その実験的手法の特徴に重きをおいて述べる．次に 1 成分 BEC に存在する 1 本の量子渦の特徴を，特に動的なふるまいを強調して述べることにする．

4.1.1　渦の生成と観測

原子気体 BEC に渦をつくり出す方法にはさまざまな理論が提案され，実験もその提案の実現に向けて発展してきた．ここでは，これまでに実現している代表的な渦の生成法と，その特徴について簡単に述べる．

回転ポテンシャル

渦をつくるための直感的な方法としては，超流動ヘリウムの場合と同様に凝縮体を容器に入れて回転させることをすぐに思いつく．しかしながら，原子気体 BEC は光や磁

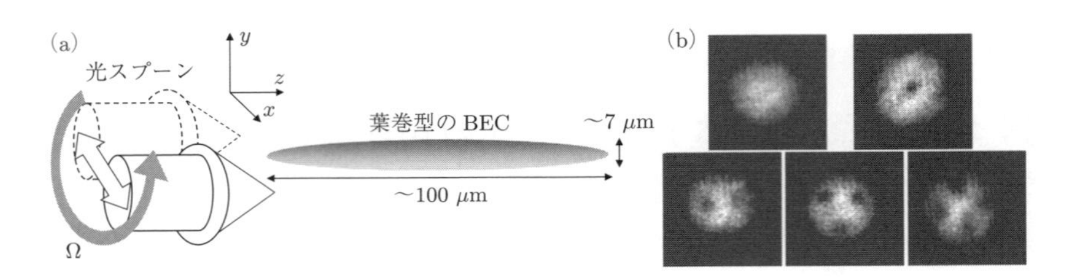

図 4.1　2000 年に行われた ENS グループの実験 [66]．(a) 装置の概略図．葉巻型の BEC をレーザーでつくられた光スプーンによってかき混ぜる．光スプーンのレーザー幅は約 20 μm である．x–y 面内で回転するポテンシャルに非等方性を与えるために，光スプーンを回転軸に垂直な方向（白矢印）に，約 16 μm の振幅で振動させる．このレーザーを z 軸まわりに回転振動数 Ω で回転させる．(b) 回転軸（z 軸）に垂直な平面における回転 BEC の TOF で測定された密度分布．左から右，上段から下段に移るにつれ回転振動数が増加した状況を表す．((b) は M. R. Matthews, *et. al.*: Vortices in a Bose-Einstein condensate, *Phys. Rev. Lett.*, **83**, 2498 (1999) より．)

場でつくられる凹凸のないポテンシャルに捕獲されており，そのような「容器」を回転させて希薄原子の集団に角運動量を与えることは困難であると当初は考えられていた．フランス高等師範学校（École Normale Supérieure: ENS）のグループは図 4.1(a) に示すように，赤色に離調したレーザーで x–y 面方向に非等方な引力ポテンシャルをつくり，レーザーをかき混ぜ棒のように回転させて凝縮体に回転を与えたところ，回転振動数 Ω がある臨界値以上になったときに，渦が生成することを観測した [66]．この Ω をさらに増加させることにより，図 4.1(b) のように渦が多数生成し，それらは格子状に配列することが観測された．この ENS のグループの実験に続き，他のグループも回転バケツと同様の理念に基づいた異なる方法で量子渦を生成した．MIT のグループは凝縮粒子数を比較的多くできる ^{23}Na の BEC を用いて，約 100 本の渦の三角格子構造を観測した (図 1.3)[5]．

コロラド大学 Joint Institute for Laboratory Astrophysics（JILA）のグループは，BEC 転移温度より高い温度の原子集団をはじめに回転させておき，それを蒸発冷却することで，回転する BEC，すなわち渦をもつ BEC をつくり出した [67]．さらに蒸発冷却において，角運動量の小さな原子を選択的に取り除くことによって，4.2.2 項で述べるような，高速回転する BEC が実現される．

原子とレーザーの相互作用を用いた位相操作

冷却原子 BEC では，レーザーを用いて原子の状態をコヒーレントに操作することにより，波動関数に循環をもつ位相を刷り込んで渦をつくることができる．これにはさまざまな方法が提案されているが，基本的には空間変化した外場を用いて原子の軌道自由度と内部スピン自由度を結合させて実現する．これらの方法によって原理的に任意の循環をもつ渦をつくることができ，多重量子渦や円環超流動の生成が可能となった．以下では実験で実現しているおもな方法について述べる．

1999 年に JILA のグループは二つの超微細スピン状態 $|F=1,m_F=-1\rangle \equiv |1\rangle$ と $|F=2,m_F=1\rangle \equiv |2\rangle$ をもつ ^{87}Rb 原子からなる 2 成分 BEC を用いて冷却原子 BEC に量子渦をつくることに初めて成功した [68]．その方法を模式的に示したものが図 4.2 である．まず，スピン状態 $|1\rangle$ に全原子を凝縮させる．次に外部からマイクロ波を照射して $|1\rangle$ と $|2\rangle$ 間に Rabi 結合を誘起する．マイクロ波だけでは，原子の $|1\rangle$ と $|2\rangle$ 状態間の遷移はどの場所でも同じように起こり，原子の軌道運動は生じないので渦は生成しない．この実験では，さらに原子と非共鳴な振動数をもつレーザーを凝縮体の中心から少しずらして照射し，そのまわりを回転させた．このレーザーの振幅が有限の領域では，原子のエネルギー準位が Stark シフトによって変化し，原子が感じる閉じ込めポテンシャルの中心が元々の原点からずれる．このポテンシャルの変化は，原点からのずれが小さい場合は座標の 1 次式で近似でき，これにより，波動関数の軌道角運動量量子数 ℓ が 0 と 1 の状態間に有限の遷移確率が生じる．このレーザーの回転振動数 ω とマイクロ波の離調 δ（これに $\ell=0$ と $\ell=1$ 状態の化学ポテンシャルの差を足して補正したもの）を一致させることで，$|1\rangle$ の凝縮状態から渦をもつ $|2\rangle$ の

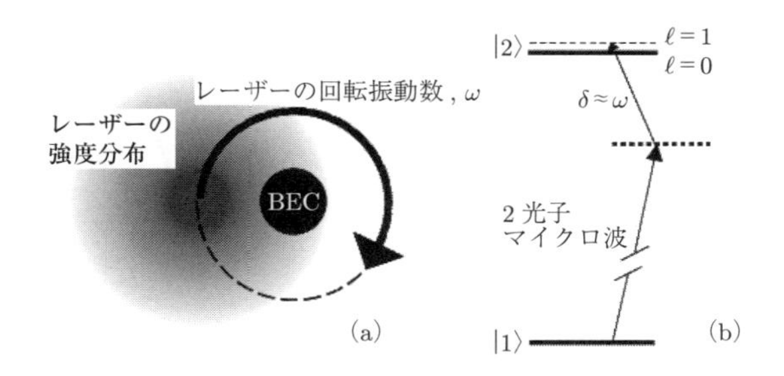

図 4.2 1999 年に行われた JILA のグループの実験の概略図 [68]．(a) BEC のまわりを原子と非共鳴な振動数をもつレーザービームが回転振動数 ω で回転している．(b) これとともに，離調 δ をもつマイクロ波で $|1\rangle$ 状態と $|2\rangle$ 状態を結合させる．$\delta \approx \omega$ と選ぶことで $|1\rangle$ から渦をもつ $\ell=1$ の $|2\rangle$ の状態に選択的に粒子が遷移する．この遷移が起こる理由は，ω の回転座標系では，$\ell=1$ の渦をもつ状態の自由エネルギーが $-\hbar\omega$ 変化することから定性的に理解できる．(M. R. Matthews, *et. al.*: Vortices in a Bose-Einstein condensate, *Phys. Rev. Lett.*, **83**, 2498 (1999) より．)

状態へ原子を共鳴的に遷移させた[*1]．ここで生成した渦の状態は，$|2\rangle$ 成分の渦芯を，渦をもたない $|1\rangle$ 成分が埋める構造をもち，芯のない渦となっている．これらの渦構造の詳細は後の節で述べる．

これとは別の方法として，軌道角運動量をもつレーザーを用いた誘導 Raman 遷移を用いる方法がある [69]．原子に対向方向から同じ波長 $2\pi/k$ をもつレーザー光を照射することを考える (図 4.3(a))．このとき，考えられる過程は二つある．一つは原子が左からの光子を 1 個吸収し，右からの光子と一緒に光子を放出するという過程であり，この過程で原子は光子から反跳運動量 $\hbar k-(-\hbar k)=2\hbar k$ を獲得する（右向きを正としている）．もう一つはその逆過程であり，原子は $-2\hbar k$ の運動量を獲得する．ここで図 4.3(c) に見るように，レーザー光の間に周波数差 $\hbar\delta\omega=(2\hbar k)^2/2m=4E_{\mathrm{R}}$ をもうけておくと，この過程のうち一つを選択することができる．ここで $E_{\mathrm{R}}=\hbar^2k^2/2m$ は反跳エネルギーとよばれる．この過程は，レーザーの干渉で生み出される正弦波的周期ポテンシャルによる原子波の Bragg 回折とみなすことができる．原子が Bose 凝縮している場合は，異なる周波数のレーザーを当てることで特定の方向に決められた運動量をコヒーレントな原子集団全体に与えることができる．

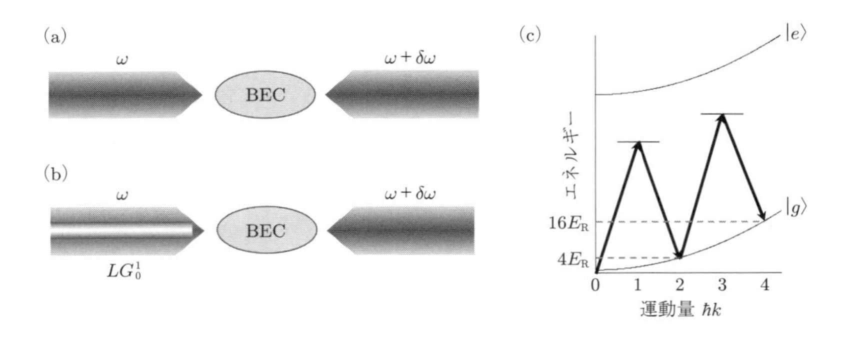

図 4.3　Bragg 回折および 2006 年に行われた NIST の実験の概略図 [69]．(a) 対向するレーザー光を BEC に照射する状況．(b) 一方のレーザーを角運動量をもつレーザー光 (LG_0^1) に変えた状況．(c) 原子の重心運動まで考慮したときの原子のエネルギー準位構造．異なる周波数のレーザー光を照射することで，λ 型の遷移を起こし，原子に決まった運動量を与えることができる．

[*1] レーザーの役割は前述の光スプーンと似ているが，渦の生成機構はまったく異なることに注意されたい．例えば，JILA の方法では，レーザーの回転は図 4.2 の方向を保ったまま，マイクロ波の離調の符号を図 4.2 のものから反転させると，$q=-1$ の渦状態が生成する．

ここで，2 本のレーザーのうち，一方を Laguerre–Gaussian（LG）ビームのような軌道角運動量をもつレーザー光に変えることを考える (図 4.3(b))*2．この場合の誘導 Raman 過程では，原子はレーザー光の運動量の差 $2\hbar k$ に加えて，軌道角運動量の差 $l\hbar$ を獲得する．よって，$l=1$ の LG ビーム（LG_0^1）を BEC に照射すると，$2\hbar k$ の並進運動とともに，循環 $q=1$ をもつ渦状態が生成する．これは，レーザーの干渉で生み出されるらせん状ポテンシャルによる回折と理解できる．この状態に続けて，周波数差を $\hbar\delta\omega = 16E_R - 4E_R = 12E_R$ にした対向レーザーを照射して，さらに $2\hbar k$ の運動量と $\hbar$ の角運動量を与えると，循環 $q=2$ の渦がつくられる．また，並進運動がない渦状態をつくる場合は，はじめに $-2\hbar k$ の並進運動量をもつ渦のない状態を準備しておいてから，上記の Raman 過程を利用すればよい．

幾何学的な位相の刷込み

BEC の内部自由度を利用して渦を生成する興味深い方法として**幾何学的な位相の刷込み**（topological phase imprinting）とよばれる方法がある [70, 71]．これは空間変化している磁場の断熱的変化によって秩序変数の捻りを生じさせ，渦を生成するというものである

話を具体的にするために，磁場トラップ中における $F=1$ をもつ原子の BEC を考える．まず，WFSS（$|F, m_F\rangle = |1, -1\rangle$）にある原子の BEC を準備する．トラップに用いる外部磁場としては $\boldsymbol{B}(\boldsymbol{r},t) = \boldsymbol{B}_\perp(\boldsymbol{r}) + \boldsymbol{B}_z(t)$ の形を仮定する．ここで，$\boldsymbol{B}_\perp(\boldsymbol{r}) = B'_\perp(x, -y, 0)$ は静的な四重極子磁場であり，$B'_\perp = d|\boldsymbol{B}_\perp|/dr$ は近似的に定数であるとする．一方，$\boldsymbol{B}_z = (0, 0, B_z(t))$ は一様磁場である．以下で説明するように，z 方向の一様磁場 $B_z(t)$ を断熱的に反転させるという過程で渦をつくることができる．

原子の超微細スピンは位置 $\boldsymbol{r}$，時刻 t において，$\boldsymbol{F}(\boldsymbol{r},t) = (F_x, F_y, F_z)$ をもつとする．外部磁場とスピンの相互作用ハミルトニアンは

$$H_{\mathrm{B}}(\boldsymbol{r},t) = \gamma \boldsymbol{B}(\boldsymbol{r},t) \cdot \boldsymbol{F}(\boldsymbol{r},t) \tag{4.2}$$

*2 LG ビームは伝播軸に沿って決まった軌道角運動量をもつ．ビームの基底関数は

$$LG_p^l(r,\phi) = \sqrt{\frac{2p!}{\pi(|l|+p)!}}\frac{1}{w_0}\left(\frac{\sqrt{2}r}{w_0}\right)^{|l|} L_p^{|l|}\left(\frac{2r^2}{w_0^2}\right) e^{-r^2/w_0^2 + il\phi} \tag{4.1}$$

で与えられる．ここで w_0 はビームの幅，l は巻数，p は半径 $r>0$ に対する動径ノードの数であり，L_p^l は Laguerre 多項式を表す．LG_p^l モードの各光子は軌道角運動量 $l\hbar$ を伝播方向に運ぶ．

と与えられる．ここで，$\gamma = \mu_{\mathrm{B}} g_F$ であり，μ_{B} はボーア磁子，g_F は超微細スピン F の g 因子である．このハミルトニアンは次のような三つの固有状態を形成する．

$$|\mathrm{WFSS}\rangle = \frac{1}{2B}\left((B - B_z)e^{2i\phi}, -\sqrt{2}B_\perp e^{i\phi}, B + B_z\right)^{\mathrm{T}} \tag{4.3}$$

$$|\mathrm{NS}\rangle = \frac{1}{\sqrt{2}B}\left(-B_\perp e^{2i\phi}, -\sqrt{2}B_z e^{i\phi}, B_\perp\right)^{\mathrm{T}} \tag{4.4}$$

$$|\mathrm{SFSS}\rangle = \frac{1}{2B}\left((B + B_z)e^{2i\phi}, \sqrt{2}B_\perp e^{i\phi}, B - B_z\right)^{\mathrm{T}} \tag{4.5}$$

ここで，$B = |\boldsymbol{B}(\boldsymbol{r}, t)|$，$\phi$ は方位角を表す．それぞれに対応する固有値は $|\gamma|B$，0，$-|\gamma|B$ である．ここで，WFSS，SFSS は 2.8 節の磁場トラップの説明で登場した．また，NS（Neutral state）は磁場に依存しない状態を表す．一番高いエネルギー状態にある $|\mathrm{WFSS}\rangle$ がトラップされる状態である．

z 方向の一様磁場は，次のように時間間隔 T でその方向を反転させるものとする．

$$B_z(t) = \begin{cases} B(1 - 2t/T) & (0 \leq t \leq T) \\ -B & (t > T) \end{cases} \tag{4.6}$$

ここで，$t = 0$ で $B_z \gg B_\perp$ とする．初期状態として，原子集団が WFSS に凝縮しているとすると，式 (4.3) より，

$$|\mathrm{WFSS}(t = 0)\rangle \simeq (0, 0, 1)^{\mathrm{T}} \tag{4.7}$$

であり，$t = 0$ では凝縮体に渦はない．次に B_z を間隔 T で反転させる．$t = T/2$ では $B_z(T/2) = 0$ となり，WFSS は

$$|\mathrm{WFSS}(t = T/2)\rangle \simeq \frac{1}{2}\left(e^{2i\phi}, -\sqrt{2}e^{i\phi}, 1\right)^{\mathrm{T}} \tag{4.8}$$

となる．さらに，完全に磁場が反転する $t = T$ では，$B_z(T) = -B_z$，$B_\perp \simeq 0$ より，

$$|\mathrm{WFSS}(t = T)\rangle \simeq \left(e^{2i\phi}, 0, 0\right)^{\mathrm{T}} \tag{4.9}$$

となり，WFSS に巻数 2 をもつ渦が生成していることがわかる．状態の断熱性を保証するためには，磁場の時間変化をゆっくりとする必要がある．しかし，$t = T/2$ では原点付近で磁場の大きさがゼロとなり，式 (4.3)～(4.5) の三つの状態の準位交差が起こって断熱近似が成り立たなくなる．このとき，WFSS から NS および SFSS へ一部の原子が遷移してしまい，トラップから逃げてしまう．逃げる原子を少なくするためには B_z の変化をなるべく速くすることが望ましい．したがって，最適化された時間間隔 T を選ぶことが必要となる．

人工ゲージ場

冷却原子系は粒子が電荷をもたないために，磁場からの Lorentz 力を受けない．量子力学では，磁場の効果は本質的にベクトルポテンシャル $\boldsymbol{A}$ により，$\boldsymbol{B} = \nabla \times \boldsymbol{A}$ である．ベクトルポテンシャルがあるとき，電荷 q をもつ粒子が位置 $\boldsymbol{r}_1$ から $\boldsymbol{r}_2$ まで経路 C を通って移動したとすれば，波動関数は位相 $S = (q/\hbar)\int_C \boldsymbol{A}(\boldsymbol{r}')\cdot\boldsymbol{r}'$ を獲得する．原子とレーザーの相互作用を制御して，同等の位相シフトをつくることができれば，電気的に中性の原子に対しても**人工ゲージ場**（synthetic gauge field）を与えることができる [72].

今，原子の量子力学的な 2 準位系（例えば，二つの超微細スピン状態）がレーザーなどの強い外場によって結合している状況を考えよう．一般に外場の中を運動する質量 m の原子のハミルトニアンは $\hat{H} = \hat{p}^2/2m + \hat{H}_I$ である．ここで，$\hat{\boldsymbol{p}}$ は原子の運動量，$\hat{H}_I$ は原子と外場との相互作用ハミルトニアンである．原子と外場の相互作用が強い場合，$\hat{H}_I$ がハミルトニアンの主要項となるため，これを対角化する表示が便利である．相互作用ハミルトニアンは一般的に

$$\hat{H}_I = \frac{\hbar\Omega'}{2}\begin{pmatrix} \cos\theta & e^{-i\phi}\sin\theta \\ e^{i\phi}\sin\theta & -\cos\theta \end{pmatrix} \tag{4.10}$$

と書け，位置ベクトル $\boldsymbol{r}$ に依存する三つの実数パラメータ $\Omega'(\boldsymbol{r})$，$\theta(\boldsymbol{r})$，$\phi(\boldsymbol{r})$ で特徴づけられる．単色光レーザーで照射された原子の場合，対角項 $\Omega'\cos\theta$ がレーザー光の振動数の共鳴からの離調，非対角項 $\Omega'\sin\theta$ が原子とレーザーの結合定数，ϕ がレーザーの位相を表す．この $\hat{H}_I$ の固有状態は

$$|\chi_1\rangle = \begin{pmatrix} \cos(\theta/2) \\ e^{i\phi}\sin(\theta/2) \end{pmatrix}, \qquad |\chi_2\rangle = \begin{pmatrix} -e^{-i\phi}\sin(\theta/2) \\ \cos(\theta/2) \end{pmatrix} \tag{4.11}$$

となり，固有値はそれぞれ $\hbar\Omega'/2$，$-\hbar\Omega'/2$ で与えられる．この固有状態はドレスト状態とよばれ，$\hat{H}_I$ の位置 $\boldsymbol{r}$ における局所的な固有状態である．

ドレスト状態を用いて，状態ベクトルを

$$|\Psi(\boldsymbol{r},t)\rangle = \sum_{j=1,2}\psi_j(\boldsymbol{r},t)|\chi_j(\boldsymbol{r})\rangle \tag{4.12}$$

と展開する．今，初期状態として $|\chi_1(\boldsymbol{r})\rangle$ 状態に原子があり，その状態に従って断熱的に変化すると仮定する．このとき，ψ_2 成分は無視できるとして，ψ_1 に対する運動

方程式を書き下すと，

$$i\hbar\frac{\partial\psi_1}{\partial t} = \left[\frac{(\boldsymbol{p}-\boldsymbol{A})^2}{2m} + V + \frac{\hbar\Omega'}{2} + W\right]\psi_1 \tag{4.13}$$

と書け，ベクトルポテンシャル $\boldsymbol{A}$ とスカラーポテンシャル W が現れる*3．ベクトルポテンシャルは，

$$\boldsymbol{A} = i\hbar\langle\chi_1|\nabla\chi_1\rangle = \frac{\hbar}{2}(1-\cos\theta)\nabla\phi \tag{4.14}$$

と与えられる．これに伴う磁場は

$$\boldsymbol{B} = -\frac{\hbar}{2}\nabla(\cos\theta)\times\nabla\phi \tag{4.15}$$

となる．実効的な磁場を得るためには，θ と ϕ が空間変化していること，およびその空間勾配が同一直線上にないことが必須条件となる．スカラーポテンシャルは，

$$W = \frac{\hbar^2}{2m}|\langle\chi_2|\nabla\chi_1\rangle|^2 = \frac{\hbar^2}{8m}[(\nabla\theta)^2 + \sin^2\theta(\nabla\phi)^2] \tag{4.16}$$

と与えられる．これにより，原子のトラップポテンシャルが補正される．

具体例として，中性原子に対する人工ゲージ場の作成に成功した NIST のグループの例を紹介する [73]．NIST の Spielman のグループは，$F=1$ をもつ ^{87}Rb 原子の副準位間に Raman 遷移を起こし，Raman 遷移の離調に空間依存性をもたせることによって一様な人工磁場を発生させた．図 4.4(a) に実験の概略図を示す．光でトラップされた BEC に対し，$+\hat{\boldsymbol{x}}$ 方向に波数 k_0 と振動数 ω，および $-\hat{\boldsymbol{x}}$ 方向に k_0 と振動数 $\omega+\delta\omega$ をもつ 2 本の対向伝播する Raman レーザー光を入射する．これにより，原子は反跳運動量 $\pm 2\hbar k_0\hat{\boldsymbol{x}}$ を得る．この Raman レーザーに加えて，$\hat{\boldsymbol{y}}$ 方向に Zeeman 磁場 $\boldsymbol{B}$ をかける．これによって，$F=1$ の三つの副準位 m_F は分裂する．第 2 章で説明したように，1 次の Zeeman シフト $\varDelta_1$ は各準位を同じ間隔で分裂させるが，2 次の Zeeman シフト $\varDelta_2$ は $m_F=0$ 状態に対して，$m_F=\pm1$ 状態両方のエネルギーを上昇させる．すなわち，$|m_F=\pm1\rangle$ の $|m_F=0\rangle$ に対するエネルギーシフトは $\pm\varDelta_1+\varDelta_2$（複合同順）となる (図 4.4(b))．今，Raman 遷移の振動数差 $\delta\omega$ を $|m_F=-1\rangle$ のエネルギーシフトの大きさ $\varDelta_1+\varDelta_2$ に近くなるように合せておけば，$|m_F=0\rangle$ と $|m_F=+1\rangle$ の遷移の離調は相対的に大きくなり，$|m_F=+1\rangle$ 状態への遷移は大きく

*3 原子と外場の相互作用に起因する固有状態があり，その断熱変化に伴う幾何学的位相という観点で見た場合，ここでの議論は前述の幾何学的な位相の刷込みと本質的に同等である．相互作用ハミルトニアンがスピンと磁場の相互作用か，原子とレーザーの相互作用であるかの違いである．

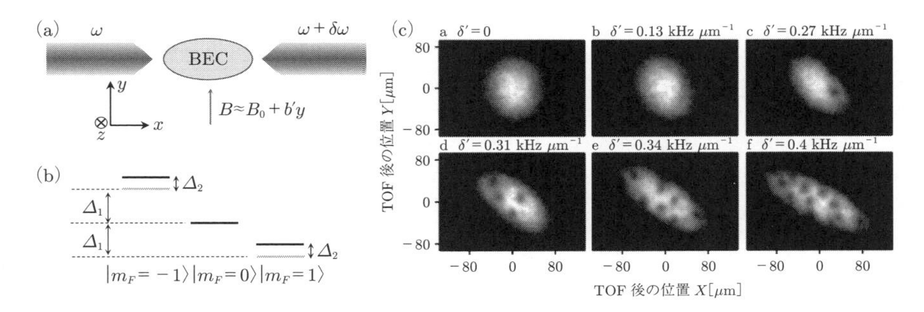

図 4.4 2010 年に行われた NIST の実験の概略図 [73]. (a) BEC には x 方向に平行な対向伝播する 2 本の Raman レーザーが照射されており，さらに y 方向 には Zeeman 磁場がかけられている．(b) Zeeman 磁場下における内部スピン $F = 1$ の三つの副準位のエネルギー準位．Δ_1，Δ_2 はそれぞれ 1 次および 2 次の Zeeman 効果によるエネルギーシフトを表す．(c) 離調の勾配 δ' を与えると BEC には渦が生成し，δ' の増加とともにその渦の数も増加する．TOF による渦の観測時に人工ゲージ場 $\boldsymbol{A}$ は消失するため，$-\partial_t \boldsymbol{A} = \boldsymbol{E}$ により瞬間的なせん断が BEC に作用し, 密度がゆがんでいる．(Reprinted by permission from Macmillan Publishers Ltd: *Nature*, **462**, copyright 2009.)

抑制され，他の二つの状態から切り離すことができる．以下では，話を簡単にし，かつこれまでの説明と合せるために，副準位が二つ $|\uparrow\rangle \equiv |m_F = 0\rangle$，$|\downarrow\rangle \equiv |m_F = -1\rangle$ の 2 準位原子を想定して話を進める（副準位が三つある場合も本質は同じである）．

Raman 遷移により $|\uparrow\rangle$ 状態と $|\downarrow\rangle$ 状態は Rabi 結合するが，その行列要素は $(\hbar\Omega/2)e^{2ik_0x}$ となり，電場の和で生じる二つのレーザーの位相の空間依存性がこの行列要素の位相に反映される．ここで Ω は Rabi 振動数とよばれ，電場の強度で決まる．また，レーザーとの共鳴周波数からの離調を δ とすると，$|\uparrow\rangle$ と $|\downarrow\rangle$ 基底での原子とレーザーの相互作用ハミルトニアンは

$$\hat{H}_I = \frac{\hbar}{2}\begin{pmatrix} \delta & \Omega e^{2ik_0x} \\ \Omega e^{-2ik_0x} & -\delta \end{pmatrix} \tag{4.17}$$

と与えられる．ここで Raman 遷移の離調は $\delta = \delta\omega - \Delta_1 - \Delta_2$ で与えられる．k_0, δ, Ω が実験的に調整されるパラメータである．これを式 (4.10) と比較すると，$\Omega' \cos\theta = \delta$，$\Omega' \sin\theta = \Omega$，$\phi = -2k_0x$ の関係性が得られる．実験では，離調に $\delta \approx \delta' y$ のような空間勾配をもたせることによって，式 (4.14) より $\boldsymbol{A} \propto (y, 0, 0)$ となり，Landau ゲージをとったベクトルポテンシャルを実現した．よって，式 (4.15) より z 方向に一様な人工磁場 $\boldsymbol{B} = B\hat{\boldsymbol{z}}$ が生じることがわかり，外部回転なしで BEC に量子渦を生じさせることに成功した．図 4.4(c) に，この方法によって生成された量子渦をもつ BEC の

観測結果を示す．離調の勾配 δ' の増加とともに渦が多数生成することがわかる．

量子渦の観測方法

図 1.3，図 4.1(b)，図 4.4 で示したように，典型的な量子渦の観測は，渦芯の密度の欠損を TOF 法で調べることによって行われる．トラップされた BEC 中の渦芯の大きさはサブミクロンのオーダーであり，観測で一般に使用される CCD カメラの分解能ではこれをとらえることができない．一方，TOF で自由膨張した BEC は渦芯のサイズも拡大されることによって，カメラで撮影することができる．ただし，これは破壊測定で，観測のたびに凝縮体をトラップから放つ必要がある．ダイナミクスの実時間発展を観測する場合には，同じ初期条件を繰り返し用意し，系を時間発展させ，観測したい時刻で TOF 法を繰り返さなければならない．

最近，原子波パルスレーザーの原理を渦をもつ BEC に適用し，渦の実時間発展を観測することに成功している [74]．これは rf パルスを一定間隔で断続的に BEC に照射し，WFSS から SFSS 状態へ全粒子の 5%ずつを単発的に遷移させ，それらの像を順次 TOF により観測することで渦の実時間発展を直接的に観測した．この方法では時間とともに粒子数は少しずつ減少する（これが少しではあるが渦の挙動に定量的な影響を与える）が，一つの初期状態から出発した時間発展を実験で観測できていることは重要であり，GP 方程式の理論結果と一対一対応で比較することが可能となっている．

また，原子波の干渉を利用することでも渦を観測することができる．互いに相関のない二つの BEC をぶつけると原子波の性質として干渉縞ができる．一方の BEC が渦をもっている場合は位相欠陥としての構造が干渉縞の転位（dislocation）という形で観測される [75]．

4.1.2　原子気体 BEC における量子渦の性質

第 2 章で述べたように，原子気体 BEC の記述には GP 方程式（式 (2.60)，結合定数は $g = 4\pi\hbar^2 a/m$）が妥当であり，量子渦の性質を調べる場合もこれが出発点となる．本項では，1 本の渦をもつ BEC に着目し，GP 方程式の解析により得られる性質を述べる．理論的解析の詳細は文献 [76] に総括されている．

1 本の渦の構造

まず，トラップされた BEC 中の 1 本の渦の構造を考えよう．簡単のために，BEC は軸対称ポテンシャル $V_{\mathrm{ext}}(r_\perp, z) = (m/2)\omega_\perp^2(r_\perp^2 + \lambda^2 z^2)$ に閉じ込められている場合を考える．このとき，解の軸対称性を仮定すれば基本的には第 2 章で述べた一様系での議論とまったく同じである．凝縮体の中心に z 軸方向に沿った巻数 q の 1 本の渦をもつ凝縮体波動関数の形は $\Psi_0(r_\perp, \theta, z) = f(r_\perp, z)e^{iq\theta}$ であり，実関数 f に対する定常 GP 方程式は

$$\left[-\frac{\hbar^2}{2m}\left(\frac{\partial^2}{\partial r_\perp^2} + \frac{1}{r_\perp}\frac{\partial}{\partial r_\perp} + \frac{\partial^2}{\partial z^2}\right) + \frac{q^2\hbar^2}{2mr_\perp^2} + V_{\rm ext} + gf^2\right] f = \mu f \tag{4.18}$$

である．図 4.5 には典型的なパラメータで得られた式 (4.18) の $q = 1$ に対する数値解を示している．渦がないときの原点における数密度 $n_0 = \mu/g$ を用いて，回復長 $\xi = (\hbar^2/2mgn_0)^{1/2} = (8\pi n_0 a)^{-1/2}$ を導入すると，渦芯近傍 $r_\perp \sim \xi$ での解のふるまいは，$n(r_\perp, z) \simeq n_0(r_\perp/\xi)^{2q}$，また，渦芯から離れた領域に対しては TF 近似を用いると，

$$n_{\rm TF}(r_\perp, z) \simeq n_0\left(1 - \frac{r_\perp^2}{R_\perp^2} - \frac{z^2}{R_z^2} - \frac{q^2\xi^2}{r_\perp^2}\right) \tag{4.19}$$

である（$R_\perp^2 = 2\mu/m\omega_\perp^2$）．典型的な BEC のパラメータでは $\xi \sim 0.1\ \mu$m 程度であり，芯のサイズは凝縮体のサイズ（約 1〜10 μm）に比べて非常に小さい．TF 近似を用いた解析では，式 (4.19) の右辺第 3 項は近似的に無視される．

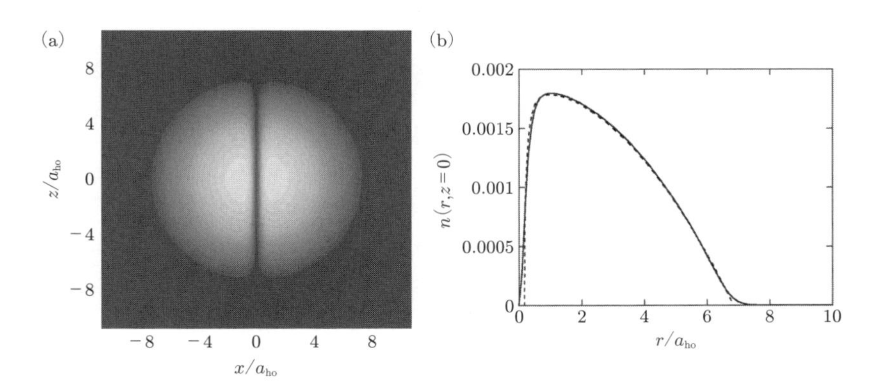

図 4.5　調和ポテンシャル中の巻数 $q = 1$ のもつ渦をもつ凝縮体の構造．式 (4.18) において，調和ポテンシャルの長さスケール $a_{\rm ho} = \sqrt{\hbar/m\omega_\perp}$ で無次元化し，パラメータは $\lambda = 1$，$Na/a_{\rm ho} = 1000$ を与えた．(a) x–z 平面における密度分布．色の明るい領域が凝縮体密度が大きい．(b) r 方向における密度分布．実線は式 (4.18) の数値計算結果，破線は式 (4.19) の TF 近似の結果をプロットしたもの．

1本の渦の大域的安定性

渦の安定性や格子構造を理論的に考察するにあたって，系に外部回転が加わった状況を扱うことが多いので，まず回転座標系における GP 方程式を導入しよう．回転振動数を $\boldsymbol{\Omega} = \Omega\hat{\mathbf{z}}$ で与えるとき，回転座標系への座標変換により，GP 方程式とエネルギー汎関数は

$$i\hbar\frac{\partial\Psi(\boldsymbol{r},t)}{\partial t} = \left[-\frac{\hbar^2\nabla^2}{2m} + V_{\text{ext}} + g|\Psi(\boldsymbol{r},t)|^2 - \Omega L_z\right]\Psi(\boldsymbol{r},t) \tag{4.20}$$

および

$$F = \int d\boldsymbol{r}\Psi^*\left(-\frac{\hbar^2\nabla^2}{2m} + V_{\text{ext}} + \frac{g}{2}|\Psi|^2 - \Omega L_z\right)\Psi \tag{4.21}$$

と書き換えられる．ここで $L_z = -i\hbar(x\partial_y - y\partial_x)$ は角運動量演算子の z 成分である．波動関数はトラップ中の凝縮原子数 $N = \int d\boldsymbol{r}|\Psi|^2$ で規格化されている．

BEC 中に生じた渦を観測するためには，(少なくともある程度の時間は) 渦が安定に存在する必要がある．渦状態の安定性を考察するにあたって，まずは，2.4.2 項で議論したような熱力学的な安定性を考えよう*4．渦をエネルギー的に安定化させる臨界回転振動数 Ω_c は，同様の考察から式 (2.79) で与えられる．$q = 1$ の軸対称な渦に対しては，$L_z = \hbar N$ である．1本の渦がある状態のエネルギー E_1 を正確に計算するためには，波動関数の数値解が必要であるが，式 (4.19) に基づく TF 近似を用いると [76]，

$$\Omega_c = \frac{5\hbar}{2mR_\perp^2}\ln\left(0.671\frac{R_\perp}{\xi}\right) \tag{4.22}$$

と計算され，定性的には 2.4.2 項で議論した円筒容器の場合と同様である．

1本の渦のダイナミクス

凝縮体の中心から動径方向にずれた位置に存在する1本の渦の歳差回転運動は渦の動力学を理解するための最も簡単な例である．実験的に，渦は初期状態として動径方向の中心からずれた場所に準備され，凝縮体密度のスナップショットから渦芯の位置を直接決定することができる [74]．渦は芯のまわりの渦流の方向と同じ方向に歳差運動をすることが観測され，さらに，歳差運動の振動数が定量的に測定されて理論結果との比較が行われた．

*4 冷却原子系では，熱浴に相当する容器は存在しないが，系に存在する非凝縮成分がその役割を果たして熱平衡化を実現していると考えられる．

円筒容器中の 1 本の渦の運動は 3.2.4 項で述べたが，定性的にはそれと同じである．しかしながら，トラップされた BEC の密度は非一様であり，中心部から外側に進むにつれ密度はゼロに近づくため，鏡像渦を用いた境界条件は単純には適用されない．まず，前頁の安定性の熱力学的考察を，中心からずれた 1 本の渦をもつ状態の場合に一般化してみよう．簡単のために $\lambda \gg 1$ のパンケーキ型ポテンシャルに閉じ込められた BEC を考える．この場合，$\boldsymbol{r}_0 = (x_0, y_0)$ に存在する渦は z 方向に沿ってほぼ直立しており，渦は渦点とみなせる．このとき，波動関数 $\Psi = \sqrt{n}e^{i\theta}$ における位相を

$$\theta(x,y) = \arctan\left(\frac{y-y_0}{x-x_0}\right) \tag{4.23}$$

とおけばよい．これは $\boldsymbol{r} = \boldsymbol{r}_0$ にずれた原点をもつ方位角を表している．TF 近似を用いると，渦が中心にない場合でも，式 (4.19) で与えられる密度 $n \approx n_{\mathrm{TF}}$ で近似することができ，凝縮体は一定の動径半径 $R_\perp$ をもつとする．

式 (4.21) で与えた回転系におけるエネルギー汎関数を用い，渦がない状態の全エネルギーを E_0，中心からずれた 1 本の渦をもつ状態の全エネルギーを $F_1(r_0, \Omega)$ と書くと，渦形成のエネルギーに対応するエネルギー差 $\Delta F(r_0, \Omega) = F_1(r_0, \Omega) - E_0$ が渦の位置 r_0 の関数として与えられる．TF 近似を用いた解析では

$$\frac{\Delta F(r_0,\Omega)}{\Delta F(0,0)} = \left(1 - \frac{r_0^2}{R_\perp^2}\right)^{3/2} - \frac{\Omega}{\Omega_c}\left(1 - \frac{r_0^2}{R_\perp^2}\right)^{5/2} \tag{4.24}$$

と求められる [76]．ここで，Ω_c は式 (4.22) で与えられる臨界角振動数であり，$\Delta F(0,0)$ の詳細な形はそれほど重要ではない．図 4.6 に式 (4.24) を r_0 の関数として示した．これは，ある Ω に対して渦の位置が原点 $r_0 = 0$ から凝縮体の端 $r_0 = R_\perp$ まで移動したときのエネルギーの変化を示している．$\Omega = 0$ では r_0 とともに単調に減少するが，$\Omega = 3\Omega_c/5 \equiv \Omega_m$ を超えると $r_0 = 0$ に極小が生じて，渦が準安定に存在しうる．$\Omega = \Omega_c$ を超えると，中心に渦のある状態がエネルギー的に最小となる．

渦の運動は GP 方程式 (4.20) を数値的に解くことによって得られる．式 (4.21) を用いれば，時間依存する GP 方程式はラグランジアン汎関数

$$L[\Psi] = \int d\boldsymbol{r} \frac{i\hbar}{2}\left(\Psi^* \frac{\partial \Psi}{\partial t} - \frac{\partial \Psi^*}{\partial t}\Psi\right) - F[\Psi] \tag{4.25}$$

を Ψ^* に関して変分をとることで得られる．もし波動関数が一つ，または数個のパラメータのみに依存する場合，これらを変分パラメータとする試行関数を用いれば，ラグランジアンは近似的な力学方程式を与えることになり，問題は非常に簡単になる．TF

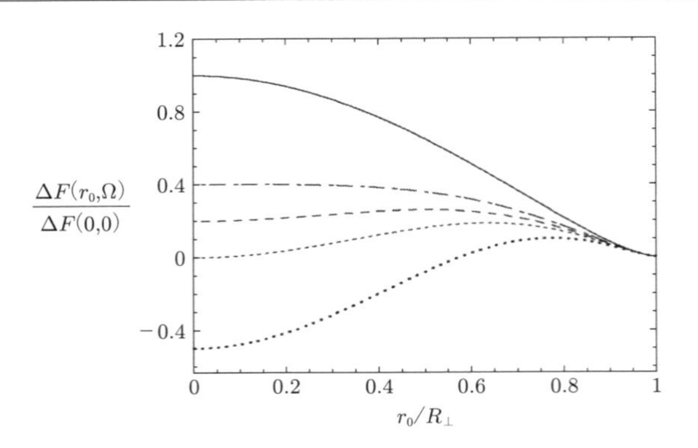

図 4.6　式 (4.24) のプロット．Ω の値は曲線の上から順番に $\Omega = 0, \Omega = (3/5)\Omega_c = \Omega_m$，$\Omega = (4/5)\Omega_c$，$\Omega = \Omega_c$，$\Omega = 2\Omega_c$ である．

近似が成立する BEC がもつ 1 本の渦の運動の場合，そのパラメータは $\boldsymbol{r}_0(t)$ であり，ラグランジアン形式は $\boldsymbol{r}_0(t)$ に対する運動方程式を与える．$\Psi = \sqrt{n_{\rm TF}(\boldsymbol{r})}e^{i\theta(\boldsymbol{r},\boldsymbol{r}_0)}$ を式 (4.25) に代入することで，

$$L[\Psi] = m\int d\boldsymbol{r} n_{\rm TF}(\boldsymbol{r})\dot{\boldsymbol{r}}_0 \cdot \boldsymbol{v}_0(\boldsymbol{r}) - F(r_0) \tag{4.26}$$

が得られる．ここで渦のまわりの速度場は

$$\boldsymbol{v}_0(\boldsymbol{r}) = \frac{\hbar}{m}\nabla\theta(\boldsymbol{r},\boldsymbol{r}_0) = \frac{\kappa}{2\pi}\frac{\hat{\boldsymbol{z}}\times(\boldsymbol{r}-\boldsymbol{r}_0)}{|\boldsymbol{r}-\boldsymbol{r}_0|^2} \tag{4.27}$$

である．ここで，渦の座標を極座標 $\boldsymbol{r}_0 = (r_0, \phi)$ で表し，ϕ に対する運動方程式を書き下すと，図 4.6 で見られるエネルギーの傾き $\partial F/\partial r_0$ が渦の歳差回転運動の周期を与えることがわかる．具体的に，式 (4.19) の $n_{\rm TF}$ を用いて $F(r_0)$ を評価すると，

$$\dot{\phi} = -\Omega + \frac{\Omega_m}{1 - r_0^2/R_\perp^2} \equiv \Omega' \tag{4.28}$$

を得る．ここで，$\Omega_m = (3/5)\Omega_c$ は図 4.6 において中心にある渦の準安定性を与える臨界回転振動数であり，外部の回転 Ω は振動数を定数分だけシフトさせる効果を与える．$\Omega = 0$ のとき，凝縮体中の 1 本の渦は，$\dot{\phi} > 0$ なので方位角 ϕ の正の方向に歳差し，これは渦の回転している速度場と同じ方向である．分母の $1 - r_0^2/R_\perp^2$ は TF の密度分布から生じたものであり，密度の端に近づくにつれ，より速く歳差運動することがわかる．

渦双極子および複数の渦のダイナミクス

文献 [77] や [74] では，パンケーキ型 BEC における $q = 1$ の渦と $q = -1$ の反渦のペア（渦双極子とよぶ）の運動の実時間発展が実験的に調べられ，理論計算と詳細な比較が行われた．このような複数の渦の運動を扱う理論的手法としては GP 方程式を数値的に解くことが直接的であるが，運動の本質は渦点モデルから明らかになる．

まず，トラップ中心からずれた 1 本の渦はトラップ中心まわりを歳差運動を行い，その回転振動数は式 (4.28) の Ω' で与えられ，渦の動径方向の位置 r_0 で決まる．今，複数の渦がある場合は渦間の相互作用が存在し，その具体的な表式は式 (3.29) で与えられる．すなわち，渦はその渦以外がつくり出す超流動速度場に乗って運動する．よってこの二つの効果を取り入れて，n 本の渦点がある場合の各渦の場所が従う運動方程式は

$$i\dot{z}_j = -q_j\Omega'(r_j)w_j + \frac{b}{2}\sum_{k\neq j}^{n} q_k \frac{\hbar}{mr_{jk}^2}(w_j - w_k) \tag{4.29}$$

と書ける．ここで $w_j = x_j + iy_j = r_j e^{i\theta_j}$ であり，j 番目の渦の複素座標を与える．$q_j = \pm 1$ は渦の巻数であり，$r_{jk} = |w_j - w_k|$ である．第 1 項は式 (4.28) で決まる歳差運動の回転が考慮されており，第 2 項の因子 b が渦間の相互作用を一様系の値から修正するのに用いられる因子である．この方程式は二つの渦の場合は解析的に解くことができ，解析解と実験の観測結果は定量的にも非常によい一致を示す．

渦の安定性の微視的解析

渦状態の安定性に関して，微視的な考察は BdG 方程式を解くことによって調べられる．2.5.3 項での考察と同様に，今，渦をもつ軸対称を保った凝縮体波動関数は $\Psi(\boldsymbol{r}) = e^{iq\theta}f(r_\perp, z)$ と書け，揺らぎは θ 方向に関して周期 2π の関数であることに注意し，回転する BEC から見て角運動量 $l\hbar$ をもつ BdG 方程式の固有関数を

$$\begin{pmatrix} u_l(\boldsymbol{r}) \\ v_l(\boldsymbol{r}) \end{pmatrix} = \begin{pmatrix} e^{iq\theta}\tilde{u}_l(r_\perp, z) \\ e^{-iq\theta}\tilde{v}_l(r_\perp, z) \end{pmatrix} e^{il\theta} \tag{4.30}$$

と書く．さらに問題を簡単にするために，z 方向に関しては一様性を仮定して，中心に 1 本の渦をもつ円筒対称な状態を考えることにする．z 方向には周期境界条件を課し，z 軸に沿った励起の波数 k_z を用いて，$\tilde{u}_l(r_\perp, z) = \tilde{u}_{k_z,l}(r_\perp)e^{ik_z z}$, $\tilde{v}_l(r_\perp, z) = \tilde{v}_{k_z,l}(r_\perp)e^{ik_z z}$ とおくと，波動関数の揺らぎは

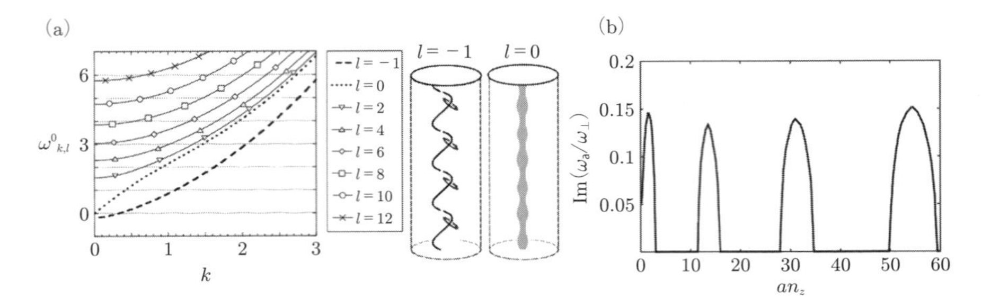

図 4.7　中心に1本の渦をもつ状態に対する BdG 方程式から得られるエネルギー分散．(a) $q = 1$ の渦に対し，$r_\perp$ 方向に関して最低次数のモードにおける励起の分散関係．破線で示されているのが角運動量 $l = -1$ をもつ Kelvin 波，点線が $l = 0$ をもつバリコス波，その他の実線が $l > 0$ をもついくつかの表面波モードの分散を表している．これらは1本の渦をもつ円筒対称な凝縮体に対して計算されたものである [78]．(b) $q = 2$ の渦に対する励起スペクトルにおける虚数成分を an_z の関数としてプロットしたもの．((b) は M. Möttönen, *et al.*: Splitting of a doubly quantized vortex through intertwining in Bose-Einstein condensates, *Phys. Rev. A*, **68**, 023611 (2003) より．)

$$\delta\Psi = e^{iq\theta}\sum_{k_z,l}\left[\tilde{u}_{k_z,l}e^{i(k_z z+l\theta-\omega_l(k_z)t)} - \tilde{v}^*_{k_z,l}e^{-i(k_z z+l\theta-\omega_l(k_z)^* t)}\right] \tag{4.31}$$

と書ける．

図 4.7(a) は，$q = 1$ に対して得られる BdG 方程式を解き，ノルムが正で，$r_\perp$ 方向に関して最低次数のモードに関して，励起の分散を k_z の関数として示した．まず，$k_z = 0$ に注目したとき，$l = -1$ のモードは負の励起エネルギーをもっており，系は Landau 不安定性を有していることがわかる．このモードは渦芯モードとよばれ，渦芯に局在するモードである [76]．このモードの成長は，$r_\perp = 0$ に存在する渦を並進シフトさせて，エネルギーの減少を引き起こす．TF 近似を用いた解析では，回転振動数 Ω の外部回転がある状況で，渦芯モードの振動数は $\omega_a = \Omega - \Omega_m$ と与えられる．Ω_m は，図 4.6 で渦が $r_\perp = 0$ にある状態がエネルギーの極小になる振動数である．$\Omega > \Omega_m$ では Landau 不安定性は消失し，渦は局所的な準安定状態となるという事実と一致する．

励起の z 方向の自由度を考慮したとき，それは渦糸に伝播する渦波を表している．図 4.7(a) に示した分散は，$l = -1$ をもつ Kelvin 波，$l = 0$ をもつバリコス（静脈瘤（りゅう））波，$l \neq 0, -1$ をもつ表面波，のように三つのグループに分類できる．Kelvin 波の分散は

$$\omega_{-1}(k_z) = \omega_a + \frac{\hbar k_z^2}{2m} \ln\left(\frac{1}{r_c k_z}\right) \quad (kr_c \ll 1) \tag{4.32}$$

のように記述される．ここで r_c は渦芯のサイズのオーダーである．$l = 0$ の分散は低波数で線形に立ち上がるフォノンであり，角運動量を伴わずに凝縮体表面を揺らすモードである．この密度の変化が図 4.7 で見られるような渦芯の変化に反映するのである．

多重量子渦の分裂

式 (2.80) からわかるように，量子数 q をもつ渦のエネルギーは q^2 に比例するので，$q > 1$ の多重量子渦をつくるためのエネルギーは q 個の 1 重量子渦をつくるエネルギーよりも大きい．よって，一般的に多重量子渦は不安定であると予想されるが，もしもそのような多重量子渦をつくったらどのように不安定化するだろうか．超流動ヘリウムの系では多重量子渦を生成することが困難であるため，それを調べる術はない．一方，原子気体の BEC では 4.1.1 項で紹介した位相操作や幾何学的位相の刷込みを用いることで多重量子渦を直接的に生成することができる [71]．MIT の実験グループは，この方法で $q = 2$ の渦を BEC に準備し，二つの $q = 1$ の渦に分裂するダイナミクスを観測した [80]．

まず，式 (2.80) の議論はエネルギーの比較を行っているだけであり，この分裂が本当におこるか否かに関しては自明ではない．多重量子渦の安定性および分裂の機構を理解するためには，渦芯の構造を取り込んだ BdG 方程式による線形解析，または GP 方程式の数値解析が必要である．多重量子渦の分裂は渦芯に局在する励起状態の成長とともに達成される．ここで重要な点は，分裂が起こった場合，そのエネルギー差を別の励起状態の自由度に吐き出す必要があり，吐き出し口がない場合は分裂は起こらないということである．前項で述べたように，渦芯に局在するモードは負のエネルギーをもつため，分裂とともに正のエネルギーをもつ音波のような励起が起これば，GP 方程式がもつエネルギー保存則には抵触せずに分裂が起こりうる．一様系の BEC に対する GP 方程式の数値計算によると，$q = 2$ の量子渦を用意して時間発展させると，多重量子渦は弱い音波を放出して不安定化することが示されている [81]．しかしながら，長時間の時間発展においても明確な渦芯の分裂は確認されなかった．

トラップされた BEC では，有限サイズ効果が顕著となり，多重量子渦の分裂が明確なものとなる．例えば，$q \geq 2$ の渦をもつ解に対する円筒系の BdG 方程式の固有値を求めると，有意な大きさの虚部をもつ一つの複素固有値モードが現れることが明らかになっており，多重量子渦は動的に不安定であることがわかる．図 4.7(b) は，式

(4.31) において $k_z = 0$ に限定し，$q = 2$ の渦状態に対して得られた複素固有値の虚数成分 $\mathrm{Im}(\omega)$ を無次元相互作用パラメータ $an_z = a\int|\Psi|^2 2\pi r_\perp dr_\perp$ の関数としてプロットしたものである [79]．この $\mathrm{Im}(\omega)$ の出現領域には興味深い相互作用の依存性があり，例えば，最初の不安定領域は $0 < an_z < 3.0$ に現れる．$3.0 < an_z < 11.4$ は固有値がすべて実数となる安定領域だが，$11.4 < an_z < 16.0$ で再び動的に不安定になることがわかる．このように安定領域と不安定領域が交互に現れる原因は，渦芯に局在した負のエネルギーをもつ励起モードの存在である．2.5.2 項で述べたように，複素固有値モードはペアで現れ，そのエネルギーの実部および角運動量の和がゼロであることが保存則より要請される．正のエネルギーモードとしては凝縮体全体を振動させる集団励起モードであり，励起エネルギーに相互作用依存性があまりない．実際 2.8.6 項で見たように，TF 極限では相互作用に依存しない．一方，負のエネルギーモードは渦芯に局在しており，相互作用は渦芯サイズに大きな影響を与えるので，そのエネルギーは an_z に対して大きく変化する．この an_z 依存性の違いにより，複素固有値モードが非単調に出現することになる．GP 方程式の数値計算では，凝縮体の四重極変形とともに渦が分裂することが示された [79]．

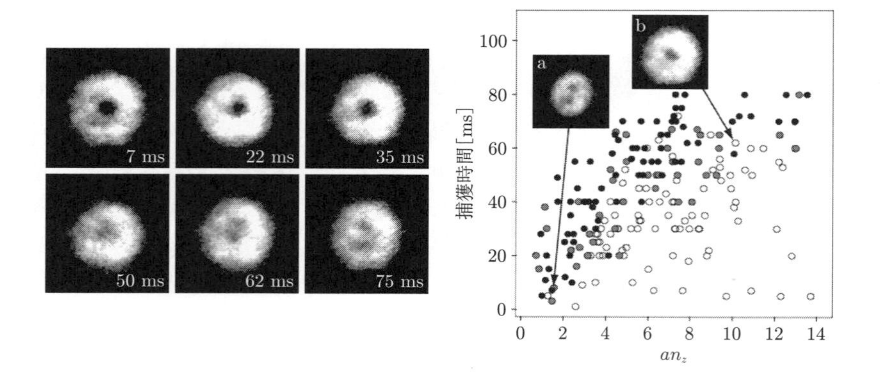

図 4.8　$q = 2$ をもつ量子渦の分裂の実験 [80]．(a) 渦が分裂している様子を示している凝縮体密度の実時間発展．(b) 渦の分裂時間を測定した実験データ．密度分布に二つの渦芯が観測されたものは黒，一つの渦芯の場合は白，明確でない場合はグレーの点で表されている．白と黒の境界が渦が分裂する時間を与える．横軸は散乱長 a と $z = 0$ における凝縮体密度 $n_{z=0}$ の積で与えられる無次元パラメータであり，相互作用の強さを表す．渦の分裂は弱い四重極子モードを凝縮体に与えることで誘発する．(Y. Shin, *et. al.*: Dynamical Instability of a Doubly Quantized Vortex in a Bose-Einstein Condensate, *Phys. Rev. Lett.*, **93**, 160406 (2004) より．)

MIT のグループによる実験では，二重量子渦をつくると確かに渦芯が分裂することが観測され，分裂の特徴的な時間が $an_{z=0}$ の関数として計測された [80]．図 4.8(a) に示すように，実験ではその寿命は $an_{z=0}$ とともに単調に増加する傾向が見られ，図 4.7(b) の安定と不安定な領域が交互に現れる理論結果に一致しない．これは，z 方向の密度の非一様性により，渦が分裂するタイミングも z 方向で非一様になっていることが原因の一つと考えられている．

4.2 回転 BEC における渦格子

本節では, 外部回転下にある 1 成分 BEC における渦格子形成のダイナミクス, 渦格子状態の静的・動的性質，および，高速回転化で実現する量子 Hall 状態について議論する．

4.2.1 渦格子形成のダイナミクス

量子渦の渦芯には密度の孔が存在することから，その生成には秩序変数を局所的に破壊するための余分なエネルギーが必要である．したがって，凝縮体を渦なし状態から渦状態へ移行させるためには，外部回転の角振動数を増加させてエネルギー障壁を乗り超える必要がある．素朴に考えると，超流動体の欠陥である渦ができやすいのは，秩序変数の振幅に対応する凝縮体密度が低くなっている表面付近であると考えられ，渦の発生につながる不安定性を与える回転振動数のしきい値は凝縮体の表面波モードと関連していると考えられる．式 (4.30) で $q=0$ とおくことにより，角運動量 $\hbar l$ をもつ表面波の Bogoliubov 励起は $u_l, v_l \propto e^{il\theta}$ と表される．したがって，その表面波の分散 ω_l は，振動数 Ω をもつ回転座標系では $\omega_l - l\Omega$ のようにシフトする．この表面波が不安定化する条件として，Landau の判定基準を適用すると，臨界回転振動数は

$$\Omega_v = \min\left(\frac{\omega_l}{l}\right) \tag{4.33}$$

と与えられる．Ω が Ω_v を超えると，式 (4.33) を満たす l，およびそのまわりの量子数の表面波モードのエネルギーが回転座標系で負となり，それらが Landau 不安定性により自発的に成長して渦の発生につながる．

この臨界振動数 Ω_v は JILA で行われた回転する熱原子による渦発生の実験 [67] を説明することができるが, 光スプーンや磁場トラップの回転による渦生成 [66, 5] の臨界振動数は必ずしも説明できない．例えば，ENS グループの実験結果の場合 [66]，渦は Ω_v ($\approx 0.55\omega_\perp$) よりもさらに高い回転振動数で発生し，発生した渦の個数は $\Omega = 0.7\omega_\perp$

あたりにピークをもつ．この実験結果が示唆することは，非凝縮成分がほとんどない状況では Landau 不安定性が現れず，一方で，回転ポテンシャルによってある特定の表面波モードが共鳴的に励起され，渦の発生はその表面波の動的不安定性が起因していることである．ENS グループの光スプーンがおもに励起するモードは，ポテンシャルの非対称性から $l=2$ をもつ四重極子モードであるといえる．先ほども述べたように，回転座標系では表面波の振動数は $-l\Omega$ のシフトが起こるので，この励起モードは $\Omega=\omega_l/l$ に近い振動数で共鳴的に励起されることになる．TF 近似を用いると，四重極子モードの振動数は $\omega_2=\sqrt{2}\omega_\perp$ なので，回転振動数が $\Omega=\omega_2/2\simeq 0.707\omega_\perp$ で共鳴的に励起されることがわかる．理論計算によると [82]，四重極子モードが共鳴的に励起されてその振幅が増えたとき，非線形相互作用を通じたモード結合によって，より高い l をもつ高次の表面波モードが励起され，凝縮体の運動が複雑化する，いわゆる熱化のようなふるまいを示す[*5]．これによって散逸効果が生じ，渦の形成につながると考えられる．この描像は MIT グループの実験でも支持されており [83]，$l=3,4$ のモードを励起できる多数の極をもつ回転レーザーで凝縮体を回転させたときに，生じる渦の数が最大になるのは $\Omega=\omega_\perp/\sqrt{l}$ で与えられる振動数のときであることが示された．

上記の安定性の議論からでは，どのように渦が発生するのか，などに関しての渦格子形成の全貌をとらえることはできない．その解は，GP 方程式を数値計算して非線形ダイナミクスを追うことにより明らかにされる．しなしながら，渦格子状態はエネルギーの極小に対応するので，エネルギーを保存する GP 方程式では一連のダイナミクスを完全には記述できない．ここで，散逸効果を現象論的に取り入れた GP 方程式[*6]

$$(i-\gamma)\hbar\frac{\partial\Psi(\boldsymbol{r},t)}{\partial t}=\left[-\frac{\hbar^2\nabla^2}{2m}+V_{\rm ext+rot}+g|\Psi(\boldsymbol{r},t)|^2-\Omega L_z\right]\Psi(\boldsymbol{r},t) \tag{4.34}$$

を用い（$\gamma>0$ は散逸の強さを表すパラメータ），数値計算を行った結果を図 4.9 に示す．ここで，$V_{\rm ext+rot}=V_{\rm ext}+V_{\rm rot}$ は，図 4.1 で示した回転レーザーによって生じる x–y 方向のポテンシャルの異方性 $V_{\rm rot}=m\omega_\perp^2(\epsilon_x x^2+\epsilon_y y^2)/2$（$\epsilon_x\neq\epsilon_y$）を含んでいる．初期条件では回転していない凝縮体に対し回転を与える場合，最初は楕円型に変形して四重極子振動を起こす (図 4.9(a))．その後凝縮体の表面が不安定になり，表面を伝わる短波長の表面波が発生する (図 4.9(b))．この表面波が渦芯へと成長し，渦が凝縮体内部へと侵入して渦格子を組む．

[*5] 四重極子モードの振幅が小さい場合は，一定時間経過後に初期状態に戻る．これは Fermi–Pasta–Ulam の再帰現象として知られる．

[*6] 時間依存 GP 方程式の計算に有限温度揺らぎの効果をどのように取り入れるかに関してはさまざまな方法がある．本書では詳細には触れないが，例えば [85] にまとめられている．

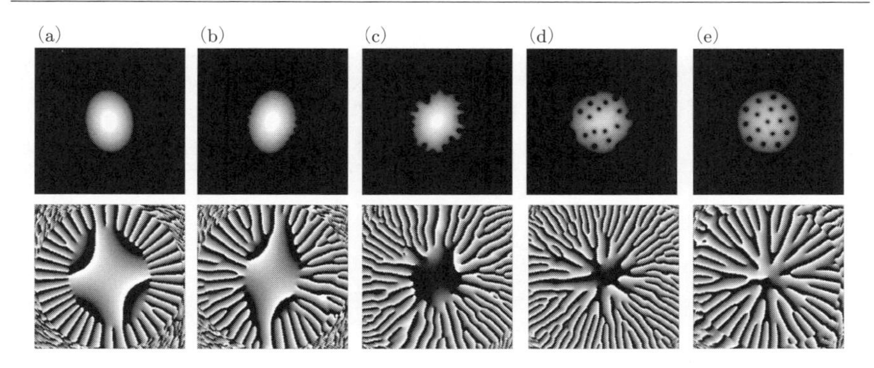

図 4.9 回転 BEC における渦形成のダイナミクス．上段の図は凝縮体の密度，下段は位相を表している．それぞれの図の時間は回転を与えた時間を $t = 0$ とし，実時間で (a) $t = 300\,\mathrm{ms}$, (b) 370 ms, (c) 385 ms, (d) 410 ms, (e) 550 ms である．位相の値は 0 を白，2π を黒として連続的に変化する．数値計算は 2 次元の GP 方程式を用いた．詳細は [84] を参照されたい．

この渦の発生は位相のプロファイルからも見ることができる．回転が加わるとともに凝縮体外側の低密度領域に多くの渦が押し寄せてくることがわかる (図 4.9(a))．このような渦は，凝縮体のエネルギーや角運動量の増加にはほとんど影響しないことから，「実体のない」渦であり，幽霊渦とよばれる．幽霊渦が凝縮体表面に到達すると，それらは短波長の表面波を誘起する (図 4.9(c))．渦の凝縮体内部への侵入にはエネルギーバリアが存在するが，いくつかの渦は凝縮体内に侵入して「実体をもった」渦となり (図 4.9(d))，最終的には渦格子状態へと発展する (図 4.9(e))．このように，現象論的に散逸を取り込んだ数値計算結果は ENS グループの実験 [86] で見られた観測結果を非常によく再現する．

4.2.2 渦格子をもつ BEC の構造

回転振動数が非常に高い場合，回転する超流動体の渦は回転軸方向に平行となり，最密構造である三角格子を形成することで，$\nabla \times \boldsymbol{v}_{\mathrm{s}} = 2\boldsymbol{\Omega}$ をもつ剛体回転を模倣する．3.2.4 項で説明したように，平衡状態における渦密度は Feynman 則 $n_v = 2\Omega/\kappa$ となる．トラップされた BEC では，凝縮体密度が非一様な分布をもつが，一様系の議論である Feynman 則は近似的には正しく，Ω の関数として単位面積あたりの渦数を評価するのに用いられる．渦格子において一つの渦が占める面積 $n_v^{-1} = \pi b^2$ から，最近接の渦間の間隔はおおよそ $(\hbar/m\Omega)^{1/2}$ で特徴づけられる．一方，各渦芯の半径

は $r_c \sim \xi$ である．原子気体 BEC は，回転振動数が高回転領域まで制御可能であり，かつ回復長が比較的長いために，r_c が渦間間隔 b と同程度になりうる．このような状況は第 2 種超伝導体の上部臨界磁場における超伝導の破壊の状況と類似しており，興味深い物理が現れることが期待される．ここではトラップ BEC において，高速回転領域で現れる現象をまとめる．

Thomas–Fermi 近似による解析

まずは TF 近似の枠内で高速回転 BEC の性質を見てみよう．回転系における GP エネルギー汎関数 (4.21) は

$$F = \int d\boldsymbol{r} \left[\frac{\hbar^2}{2m} \left| \left(-i\nabla - \frac{m}{\hbar} \boldsymbol{\Omega} \times \boldsymbol{r} \right) \Psi \right|^2 + V_{\text{eff}} |\Psi|^2 + \frac{g}{2} |\Psi|^4 \right] \tag{4.35}$$

のように書き直せる．ここで，

$$V_{\text{eff}} = \frac{m\omega_\perp^2}{2} \left[\left(1 - \frac{\Omega^2}{\omega_\perp^2} \right) r_\perp^2 + \lambda^2 z^2 \right] \tag{4.36}$$

は遠心力ポテンシャルを考慮した有効トラップポテンシャルである．回転は実効的に動径方向のポテンシャルを弱めて，$\Omega = \omega_\perp$ で完全に消失させてしまうことがわかる[*7]．

式 (4.35) における最初の項は，$\hbar^2 (\nabla |\Psi|)^2 / 2m + m(\mathbf{v}_s - \boldsymbol{\Omega} \times \boldsymbol{r})^2 |\Psi|^2 / 2$ と書けるので，TF 近似と剛体回転の極限 $\mathbf{v}_s = \boldsymbol{\Omega} \times \boldsymbol{r}$ が両方満たされている場合は無視できる．TF 近似は格子間隔 b が渦芯のサイズ r_c よりも十分大きい場合は正当化され，渦芯の構造を無視して BEC の大域的なふるまいを議論することができる．回転 BEC の TF 半径は

$$R_\perp(\Omega) = \frac{R_\perp}{[1 - (\Omega/\omega_\perp)^2]^{3/10}} \tag{4.37}$$

で与えられる．ここで $R_\perp$ は回転していない凝縮体に対する TF 半径である．これを用いて凝縮体の形のアスペクト比は

$$\lambda_{\text{rb}} = \frac{R_\perp(\Omega)}{R_z} = \frac{\lambda}{\sqrt{1 - (\Omega/\omega_\perp)^2}} \tag{4.38}$$

で与えられる．よって λ_{rb} の測定により凝縮体の回転数を決めることができる決まる [67, 83]．高回転の極限 $\Omega \to \omega_\perp$ では，$\lambda_{\text{rb}} \to \infty$ となり，凝縮体は平坦化されて擬 2 次元的な領域へと到達する．実験では $\Omega/\omega_\perp \approx 0.995$ までの高速回転が達成されている [87]．

[*7] よって，調和振動子型のトラップポテンシャルでは $\Omega > \omega_\perp$ の平衡状態は実現されない．これを実現するには 2 次より大きい次数をもつ非調和ポテンシャルを用いることなどが挙げられる．

渦格子の Tkachenko モード

超流動体中の渦格子において，その平衡位置からの変位に対する横波モードは Tkachenko（TK）モードとよばれており [56]，非圧縮性の超流体に対しては分散は $\omega_{\rm TK}(k) = \sqrt{\hbar\Omega/4m}\,k$ で与えられる．ここで k は TK モードの波数である．トラップされた BEC に対する渦格子の TK モードは実験的に観測されている [88]．TK モードは凝縮体の中心に正弦波の中心をもつ渦芯の変位によって特徴づけられ，動径方向および角度方向の量子数を (n_r, n_θ) で表す．実験では渦格子をもつ BEC の中心付近の原子を選択的に取り除くことで，$(n_r, n_\theta) = (1, 0)$ のモードが励起され，その振動数などの詳細が調べられた．

原子気体で観測された TK モードの振動数 $\omega_{(1,0)}$ を説明するためには，圧縮性の効果を議論する必要がある [89]．渦格子を連続体とみなす弾性流体力学的な方法を用いると，格子の弾性エネルギーは渦格子の圧縮弾性率 C_1，および，せん断弾性率 C_2 に依存して

$$E_{\rm el} = \int d\boldsymbol{r} \left\{ 2C_1(\nabla\cdot\boldsymbol{\epsilon})^2 + C_2\left[\left(\frac{\partial\epsilon_x}{\partial x} - \frac{\partial\epsilon_y}{\partial y}\right)^2 + \left(\frac{\partial\epsilon_x}{\partial y} + \frac{\partial\epsilon_y}{\partial x}\right)^2\right]\right\} \tag{4.39}$$

と与えられる，ここで，$\boldsymbol{\epsilon}(\boldsymbol{r}, t) = (\epsilon_x, \epsilon_y, \epsilon_z)$ は渦の平衡位置からのずれを表す連続場である．TK モードの振動数は係数 C_1 と C_2 で記述され，非圧縮性を仮定する TF 近似の下では $C_2 = -C_1 = n\hbar\Omega/8$ となる．一方，圧縮性の効果により，エネルギースペクトルには二つの分枝が生まれる．上側の分枝は音速 $c_{\rm s} = \sqrt{gn/m}$ を用いて，分散関係 $\omega_+^2 = 4\Omega^2 + c_{\rm s}^2k^2$ に従うものであり，$k = 0$ でギャップをもつ回転流体における標準的な慣性モードである．一方，下側の分枝が TK モードであり，その分散は

$$\omega_-^2 = \frac{\hbar\Omega}{4m}\frac{c_{\rm s}^2k^4}{4\Omega^2 + c_{\rm s}^2k^2} \tag{4.40}$$

である．大きな k では非圧縮状態における TK 振動数 $\omega_{\rm TK}$ を再現するが，小さい k に対しては 2 次のふるまい $\omega_- \simeq c_{\rm s}k^2\sqrt{\hbar/16m\Omega}$ となり，k^2 と k 依存性のふるまいの遷移は $k \sim \Omega/c_{\rm s} > R_\perp^{-1}$ で起こる．これは k^2 依存性を特徴づける圧縮性の効果が TK モードには重要であることを示唆している．したがって，この領域は非圧縮な TF 領域とは区別して「ソフトな」TF 領域とよばれる．この有限の圧縮性を考慮することで，実験で観測された $\omega_{(1,0)}$ を理論的に説明することができた．

平均場量子 Hall 領域

式 (4.35) の最初の項は，電荷 $-e$ をもち xy 平面を $B\hat{\boldsymbol{z}}$ の磁場の影響を受けながら運動する電子を記述するハミルトニアン $\hat{H}_L = (-i\hbar\nabla - e\boldsymbol{A}/c)^2/2m$ と同じ形をしていることに注目しよう．ここで，外部回転とベクトルポテンシャルに $e\boldsymbol{A}/c = m\boldsymbol{\Omega}\times\boldsymbol{r}$ の対応関係がある（この意味では，回転は前に述べた人工ゲージ場である）．原子間相互作用がないとき（$g=0$），式 (4.35) のハミルトニアンの固有値は Landau 準位

$$\frac{\epsilon_{\ell,m_\ell,n_z}}{\hbar} = \omega_\perp + \ell(\omega_\perp + \Omega) + m_\ell(\omega_\perp - \Omega) + \left(n_z + \frac{1}{2}\right)\omega_z \tag{4.41}$$

を形成する．ここで ℓ は Landau 準位の指数，m_ℓ は ℓ 番目の Landau 準位の副準位の指数であり，n_z は z 軸方向のトラップポテンシャルに由来する状態の指数である．Landau 準位はエネルギー差 $\hbar(\omega_\perp + \Omega)$ だけ離れており，ある Landau 準位における二つの隣接する副準位間は $\hbar(\omega_\perp - \Omega)$ だけ離れている．もしも $\Omega = \omega_\perp$ ならば，ある Landau 準位に属するすべての副準位は縮退する．これは遠心力がトラップポテンシャルによる閉じ込め力とつり合って，系は並進に対して不変となり，Coriolis 力だけが残る状況に相当する．この形式的な類似性から，高速回転 BEC において量子 Hall 状態に相当する状態が出現することが予言されている．状態の運動エネルギーは Landau 準位によって決まってしまい，多粒子系の基底状態は，どんなに小さい値であってもその原子間相互作用によって決まる強相関系となる．高速回転ボソン系における強相関多体状態に関しての参考文献としては [90, 91] が挙げられる．

平均場理論の枠内でも，量子 Hall 状態の定式化は渦格子をもつ回転 BEC の有用な解析方法である．原子間相互作用は異なる (ℓ, m_ℓ, n_z) 状態を混合させる効果がある．しかしながら，系の平均密度 $\bar{n}$ は $\Omega \to \omega_\perp$ に従ってゼロに向かって落ち込むので，おおよそ $g\bar{n}$ で与えられる相互作用エネルギーは $2\hbar\omega_\perp$ や $\hbar\omega_z$ と比較して小さくなる．このような状況では，粒子は $\ell = 0$ の最低 Landau 準位（lowest Landau level: LLL）に凝縮する．凝縮体は LLL の軌道 $\psi_{m_0}(\boldsymbol{r})$ のみを用いて展開することにより，

$$\Psi_{\mathrm{LLL}} = \sum_{m_0 \geq 0} a_{m_0}\psi_{m_0}(\boldsymbol{r}) = A\prod_j (w - w_j)e^{-r_\perp^2/2a_{\mathrm{ho}}^2} \tag{4.42}$$

のように記述される．ここで，$a_{\mathrm{ho}} = \sqrt{\hbar/m\omega_\perp}$，$w = x + iy$ であり，A は規格化定数である．この w_j を変分パラメータとして，式 (4.35) を最小化させることにより，

渦格子状態を解析的に記述することができる．式 (4.42) を変分関数として用いることが可能な状況は**平均場量子 Hall 領域**とよばれ，$\Omega \simeq \omega_\perp$ に近い極限で有効である．

JILA の実験グループは $\Omega/\omega_\perp > 0.99$ をもつ高速回転 BEC を実験的につくり上げ，式 (4.42) の平均場量子 Hall 領域となる状態を実現した [92]．BEC が平均場量子 Hall 領域としての特徴をもっていることが示された観測事実は以下の通りである．

(1) 平均場量子 Hall 領域の特性は渦芯のサイズ $r_c \sim \xi$ が渦間距離 $b = (\hbar/m\Omega)^{1/2}$ と同程度になることである．理論研究によると，平均渦間距離が回復長 ξ と同程度になるにつれて渦芯のサイズは収縮し始め，最終的にはコアの半径が平均渦間距離でスケールされる，つまり $r_c \propto b$ となることが予言される [93]．この理由は，平均場理論の枠内では凝縮している粒子数が保存していることに起因する．

そこで実験的に Ω の増加に対する渦の占有領域率 $\mathcal{A} = r_c^2/b^2$ の変化が調べられた．図 4.10 は $\mathcal{A} = r_c^2/b^2 = n_v \pi r_c^2$ で定義される占有領域の測定値を，LLL パラメータとよばれる $\Gamma_{\rm LLL} = \mu/2\hbar\Omega$ の逆数の関数として示している．小さい Ω における $\mathcal{A}$ の線

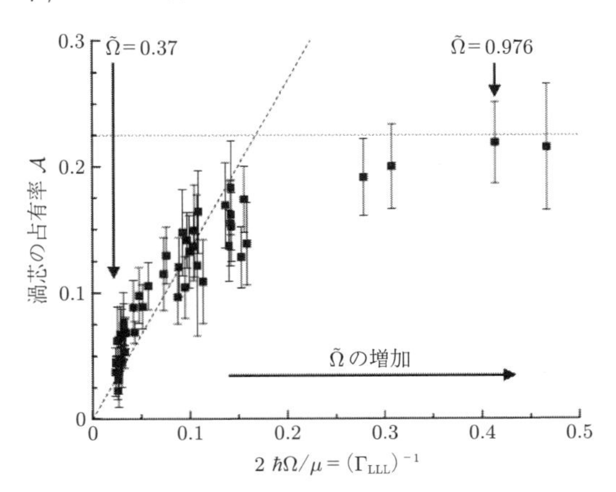

図 4.10 高速回転 BEC における LLL 状態実現の実験結果．縦軸は渦芯の占有率 $\mathcal{A} = r_c^2/b^2$，横軸は LLL パラメータ $\Gamma_{\rm LLL} = \mu/2\hbar\Omega$ の逆数である．文献 [92] の解析では，コアの半径を数値計算結果から $r_c = 1.94\xi$ と評価し，大域的密度の非一様性を無視すると $n_v = m\Omega/\pi\hbar$ であるから，$\mathcal{A} = 1.34\Gamma_{\rm LLL}^{-1}$ が得られる．これが，低回転領域で破線で示された線形の立ち上がりである（ここで，$n = 0.7n_{\rm peak}$ と $\mu = gn_{\rm peak}$ を評価のために用いている）．上部の点線は理論的に得られる飽和占有率 $\mathcal{A} = 0.225$ を表す．これは LLL 極限における渦芯のプロファイルとして振動子の p 状態の構造 $|\Psi_{\rm core}(r_\perp)|^2 \sim (r_\perp/b)^2 e^{-r_\perp^2/b^2}$ を用いたものである．ここで b は与えられた渦のまわりの（円筒の）Wigner–Seitz セルの半径とみなせる．（V. Schweikhard, *et al.*: Rapidly Rotating Bose-Einstein Condensates in and near the Lowest Landau Level, *Phys. Rev. Lett.*, **92**, 040404 (2004) より．）

形の立ち上がりは，渦芯のサイズは一定だが，n_v は Ω とともに線形に増えることに起因している．一方，Ω の増加とともに $\mathcal{A}$ の変化が一定になる．これは渦の半径が渦間距離に比例することの結果である．図 4.10 のデータは確かに期待される線形の増加と，コア半径と渦間距離の比例関係が見られており，波動関数は式 (4.42) の形で記述される状態となっていることが示唆される．

(2) 式 (4.42) の平均場量子 Hall 状態では凝縮体密度の大域的な構造は一見したところ，Gauss 関数で与えられると思われる．しかしながら，観測された高速回転 BEC の構造は，たとえ $\Omega \to \omega_\perp$ であっても TF 型となることが観測された．

この相違に関して，渦格子が完全に周期を保った三角格子から少しでも小さな歪みがあれば大域的な密度分布が Gauss 関数から TF 型に代わることが理論的に示される [94]．この結果は定性的には，一様な渦密度をもつ LLL 近似の下で，全エネルギーを最小化する議論から理解することができる．今，z 方向の自由度は無視して系を 2 次元として扱い，渦の本数 N_v が十分大きいとき（$N_v \gg 1$），LLL 極限におけるエネルギーは

$$F = \Omega N + \int d\boldsymbol{r} \left[(\omega_\perp - \Omega) \frac{r_\perp^2}{a_{\text{ho}}^2} n(\boldsymbol{r}) + \frac{bg}{2} n(\boldsymbol{r})^2 \right] \tag{4.43}$$

と与えられる．ここで $n(\boldsymbol{r}) = \langle |\Psi_{\text{LLL}}|^2 \rangle$ は渦芯における急激な密度変化を平坦にした平均密度である．このとき，相互作用パラメータ g はその平均化が繰り込まれた bg へとおき換わり，$b = \langle |\Psi_{\text{LLL}}|^4 \rangle / \langle |\Psi_{\text{LLL}}|^2 \rangle^2$ は Abrikosov パラメータとよばれる．このときエネルギーは TF 型の密度分布 $n_{\text{TF}}(r_\perp) = [\mu - \Omega - (\omega_\perp - \Omega) r_\perp^2 / a_{\text{ho}}^2]/bg$ で最小化されることがわかる．

エネルギーは平均化された密度 $n(\boldsymbol{r})$ のみに依存するので，渦の配置は密度 $n(\boldsymbol{r})$ が TF 型になるように調整される．平均場量子 Hall 領域では凝縮体密度 $n(\boldsymbol{r}) = |\Psi_{\text{LLL}}|^2$ と平均渦密度 $n_v(\boldsymbol{r}) = \sum_j \delta(\boldsymbol{r} - \boldsymbol{r}_j)$ の関係は，式 (4.42) から

$$\frac{1}{4} \nabla^2 \ln n(\boldsymbol{r}) = -\frac{1}{a_{\text{ho}}^2} + \pi n_v(\boldsymbol{r}) \tag{4.44}$$

と求められる．$n(\boldsymbol{r})$ が Gauss 関数で与えられるとき，渦の密度は $\boldsymbol{r}$ 依存性がない定数となり，一様に分布する．しかし，$n(\boldsymbol{r})$ が TF 型で与えられるとき，

$$n_v(r_\perp) = \frac{1}{\pi a_{\text{ho}}^2} - \frac{1}{\pi R_\perp^2} \frac{1}{(1 - r_\perp^2 / R_\perp^2)^2} \tag{4.45}$$

と与えられる．第 2 項は第 1 項に比べておおよそ $a_{\text{ho}}^2 / R_\perp^2 \simeq N_v^{-1}$ だけ小さいので，渦格子は基本的に一様に見えるが，わずかな三角格子からのゆがみが起こっている．

これを逆にいうと，渦の三角格子の完全周期性からのずれがあれば，それがほんのわずかなものでも，凝縮体密度の大域的な形が Gauss 型から TF 型に変化することが起きうる．

4.3　2 成分 BEC における渦

2 成分 BEC やスピノール BEC などの複数の複素秩序変数で記述される多成分 BEC は，1 成分 BEC に比べて自由度が多いことに起因して，1 成分 BEC では見られない多彩な量子渦が現れる．超流動 ^{3}He を含むこれらの多成分超流体の系に現れる量子渦の最も大きな特徴は，多くの場合において秩序変数の振幅が至るところでゼロにならないことである*8．以下では，最も単純な多成分超流体である 2 成分 BEC における量子渦を紹介する．スピノール BEC の量子渦については次項で議論する．

4.3.1　量子渦の循環

異種原子の多成分 BEC の場合，各成分の秩序変数 Ψ_i に対して独立に超流動速度場 $\boldsymbol{v}_i = (\hbar/m_i)\nabla\theta_i$，および，循環の量子化 $\Gamma_i = hq_i/m_i$ が得られる．ここで，m_i は i 番目の成分の粒子質量，θ_i は Ψ_i の位相，q_i は整数である．Ψ_i のそれぞれが 1 成分 BEC と同様の量子渦を形成し，それぞれの成分の超流動速度場から構成される循環が 1 成分 BEC と同様に量子化される．同種原子で異なるスピン状態にある 2 成分 BEC でも，原子間相互作用はスピンを保存するために，基本的に同様のことがいえる．この場合，2 成分の質量は等しく（$m_1 = m_2 \equiv m$），各成分の循環量子も等しくなる．

ここで，超流動速度場を成分ごとに分ける代わりに，2 成分を合せた系全体の超流動速度場を定義すると，その速度場に対する循環は量子化されなくなることを示しておく．以降は原子の質量が等しい（$m_1 = m_2 \equiv m$）2 成分 BEC について議論するが，一般の多成分系の場合も同様の議論ができる．2 成分 BEC の秩序変数を Ψ_1，Ψ_2 として，全凝縮体密度 n はそれぞれの成分における密度の和 $n = |\Psi_1|^2 + |\Psi_2|^2 \equiv n_1 + n_2$ で与えられる．連続の方程式 $\partial n/\partial t + \nabla \cdot \boldsymbol{j} = 0$ が成り立つように全流束密度 $\boldsymbol{j}$ を定義すると，GP 方程式 (2.237) から

$$\boldsymbol{j} = \frac{\hbar}{m}(n_1 \nabla\theta_1 + n_2 \nabla\theta_2) \tag{4.46}$$

*8 このような渦のことをコアレス渦という．4.4.1 項を参照．

となり，それぞれの成分に対する流束密度の和となる．したがって，超流動速度場 $\boldsymbol{v}$ は

$$\boldsymbol{v} = \frac{\boldsymbol{j}}{n} = \frac{\hbar}{m}\frac{n_1\nabla\theta_1 + n_2\nabla\theta_2}{n_1 + n_2} \tag{4.47}$$

となる．n_1 や n_2 は渦のまわりで空間に依存するため，一般的に超流動速度場はポテンシャル流れとはならないことがわかる．また循環 $\Gamma = \oint \boldsymbol{v}\cdot d\boldsymbol{l}$ は量子化されず連続的な値をとる．

2 成分 BEC の場合，秩序変数は 2 種類なので，これをまとめて次のようなスピン 1/2 のスピノールの形で書くと便利である．

$$\Psi \equiv (\Psi_1, \Psi_2)^{\mathrm{T}} = \sqrt{n}e^{-i\alpha/2}\left(e^{-i\gamma/2}\cos\frac{\beta}{2},\ e^{i\gamma/2}\sin\frac{\beta}{2}\right)^{\mathrm{T}} \tag{4.48}$$

ここで，$n = \Psi^\dagger\Psi$ で与えられ，$\alpha = -(\theta_1 + \theta_2)$ は Ψ_1 と Ψ_2 の位相和，$\gamma = \theta_2 - \theta_1$ は Ψ_1 と Ψ_2 の位相差，β は $n_1 = n\cos^2(\beta/2)$，$n_2 = n\sin^2(\beta/2)$ の関係より，成分間の密度比の指標を与える．式 (4.48) は Euler 角を α，β，γ としたときのスピン 1/2 の Euler 回転の表式

$$\Psi = e^{-i(\hat{\sigma}_z/2)\gamma}e^{-i(\hat{\sigma}_y/2)\beta}e^{-i(\hat{\sigma}_z/2)\alpha}(\sqrt{n}, 0)^{\mathrm{T}} \tag{4.49}$$

で書くこともできる（$\hat{\sigma}_{x,y,z}$ は Pauli 行列）．ただし (α, β, γ) の定義域は 3 次元空間の回転における Euler 角の倍の，$0 \leq \alpha, \beta, \gamma < 2\pi$ であることに注意されたい．また Ψ から得られる 3 次元（擬）スピン密度ベクトル $\boldsymbol{S}$ を以下のように定義しておく[*9]．

$$\boldsymbol{S} = \Psi^\dagger\hat{\boldsymbol{\sigma}}\Psi = n\,(\sin\beta\cos\gamma,\ \sin\beta\sin\gamma,\ \cos\beta) \tag{4.50}$$

超流動速度場は

$$\boldsymbol{v} = -\frac{\hbar}{2m}\left(\nabla\alpha + \cos\beta\nabla\gamma\right) \tag{4.51}$$

[*9] 式 (4.50) におけるスピン密度ベクトル $\boldsymbol{S}$ を，式 (4.48) あるいは式 (4.49) におけるスピノール Ψ と比べると，α の自由度は落ち，β の定義域は半分，つまり $0 \leq \beta < \pi$ となっていることに注意．これは次のように理解することができる．Ψ は大きさ n の 4 次元ベクトル $(\mathrm{Re}\Psi_1, \mathrm{Im}\Psi_1, \mathrm{Re}\Psi_2, \mathrm{Im}\Psi_2)$ とみなすことができる．一方 $\boldsymbol{S}$ は大きさ n^2 の 3 次元ベクトルである．したがって式 (4.50) は 4 次元ベクトルから 3 次元ベクトルへの写像となっており，自由度が減るのである．この写像は Hopf 写像とよばれている．

となり，第 2 項における β の空間変化が連続的な循環を与えていることがわかる．すなわち，成分間の密度比が変化するような閉経路で循環を計算すると，循環は量子化されずに連続となる．量子渦から十分離れたところでは，秩序変数は基底状態と同じ形となり，一様系だと，密度はほぼ一様になって β は固定される．つまり，量子渦から十分離れた閉経路で得られる循環は

$$\Gamma = \oint \boldsymbol{v} \cdot d\boldsymbol{l} = -\frac{h}{2m}(q_\alpha + q_\gamma \cos\beta) \tag{4.52}$$

となり，α と γ の巻数に対応する整数 q_α，q_γ で量子化された値をとる．循環 Γ に対して，位相和は 1 成分 BEC における単位循環量子 h/m の 1/2 倍，位相差は $(1/2)\cos\beta$ 倍の寄与がある．

また，閉経路の内部のあらゆる領域で秩序変数が定義できるような渦を考える．この渦は 1 成分 BEC の渦とは異なって密度 $n = 0$ となる点が存在しないような渦であり，後述するようにコアレス渦とよばれる．この場合，循環 Γ はより単純な構造となり，超流動速度場 (4.51) がつくる渦度

$$\nabla \times \boldsymbol{v} = \frac{\hbar}{2m}\sin\beta(\nabla\beta \times \nabla\gamma) \tag{4.53}$$

はあらゆる場所で有限値となる（この式は式 (3.55) で現れた超流動 ^{3}He における Mermin–Ho の関係式と本質的に同じである）．したがって循環は

$$\Gamma = \frac{\hbar}{2m}\int_S \sin\beta(\nabla\beta \times \nabla\gamma) \cdot d\boldsymbol{S} = \frac{\hbar}{2m}\Omega(S) \tag{4.54}$$

となる．ここで $\Omega(S)$ は，面 S 上をスピン密度ベクトル $\boldsymbol{S}$ がなぞる立体角である[*10]．この結果からコアレス渦の循環はスピノール Ψ のスピン回転によって生じるものであることがわかる．

[*10] 式 (4.54) の最右辺が成り立つことを直感的に説明しよう．面 S 上の局所的な 2 次元座標系 (q_1, q_2) を考える．この座標系において，式 (4.54) の面積分は

$$\Gamma = \frac{\hbar}{2m}\int_S \sin\beta\left(\frac{\partial\gamma}{\partial q_1}\frac{\partial\beta}{\partial q_2} - \frac{\partial\gamma}{\partial q_2}\frac{\partial\beta}{\partial q_1}\right) dq_1\, dq_2 \tag{4.55}$$

となる．β と γ は q_1，q_2 の関数であり，q_1，q_2 に関する積分を β，γ に関する積分で書き換えることを考えると，被積分関数の ( ) 内はちょうどヤコビアンとなっているので，

$$\Gamma = \frac{\hbar}{2m}\iint \sin\beta\, d\beta\, d\gamma = \frac{\hbar}{2m}\int_{\Omega(S)} d\Omega(S) \tag{4.56}$$

となり，式 (4.54) が得られる．

4.3.2　1本の量子渦構造

次に，より詳細な量子渦の構造を調べる [95]．ここでは，特に注意がない限り3次元空間の z 方向は完全に一様であるとし，系の2次元的な構造のみを考えることにする．まずは最小単位の渦として，Ψ_2 のみが巻数をもっているような構造を考える．2成分 BEC に対する GP 方程式 (2.237) において，一様系（$V^i_{\rm ext}=0$）かつ円柱対称な定常解 $\Psi_1(r,\theta)=f_1(r)e^{-i\mu_1 t/\hbar}$，$\Psi_2(r,\theta)=f_2(r)e^{i\theta-i\mu_2 t/\hbar}$ を仮定すると

$$
\begin{aligned}
\mu_1 f_1 &= \left[-\frac{\hbar^2}{2m_1}\left(\frac{d^2}{dr^2}+\frac{1}{r}\frac{d}{dr}\right)+g_{11}f_1^2+g_{12}f_2^2\right]f_1 \\
\mu_2 f_2 &= \left[-\frac{\hbar^2}{2m_2}\left(\frac{d^2}{dr^2}+\frac{1}{r}\frac{d}{dr}-\frac{1}{r^2}\right)+g_{22}f_2^2+g_{12}f_1^2\right]f_2
\end{aligned}
\tag{4.57}
$$

となる．f_2 は渦の構造をもち，中心 $r=0$ で $f_2=0$，$r\to\infty$ でバルク値 $\sqrt{n_b}$ に収束する．第1式に着目すると，$g_{12}f_2^2$ の項は f_1 に対する外部ポテンシャルとみなせることがわかる．よって，$g_{12}>0$（$g_{12}<0$）のとき，$g_{12}f_2^2$ は $r=0$ 付近でポテンシャルの谷（山）として働き，f_1 の値は渦芯付近で遠方の値より大きく（小さく）なることが予想される．

具体的に GP 方程式 (4.57) を数値的に解いたときの解 f_1，f_2 のふるまいを図 4.11 に示す．まず，混合相が安定となるパラメータ領域 $g_{12}<\sqrt{g_{11}g_{22}}$ を考える．このと

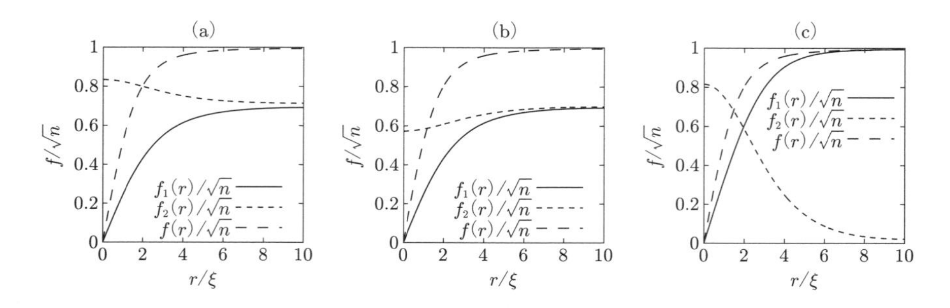

図 4.11　Ψ_2 成分が渦をもつときの定常な GP 方程式 (4.57) の数値解．(a, b) は基底状態が混合相となる場合（$g_{12}^2<g_{11}g_{22}$），(c) は分離相となる場合（$g_{12}^2>g_{11}g_{22}$）の典型例である．三つの共通のパラメータとして $m_1=m_2=m$，$g_{11}=g_{22}=g$ を用いた．それ以外のパラメータは，(a) $g_{12}=0.5g$，$n_{1b}=n_{2b}=n/2$，(b) $g_{12}=-0.5g$，$n_{1b}=n_{2b}=n/2$，(c) $g_{12}=1.25g$，$n_{1b}=n$，$n_{2b}=0$ である．r は回復長 $\xi=\hbar/\sqrt{2mgn}$ でスケールしている．比較として，1成分 BEC の渦における GP 方程式 (2.78) の解 f を同時にプロットしている．

き，渦から十分離れたところでは式 (4.57) の空間微分項が無視できるので $\mu_1 = \mu_2 = (g + g_{12})n/2$ が得られる．図 4.11(a) および (b) より，$r = 0$ における f_1 は，$g_{12} > 0$ のときには極大，$g_{12} < 0$ のときには極小をもつことがわかる．次に，分離相の領域 $g_{12} > \sqrt{g_{11}g_{22}}$ で，Ψ_2 が巻数をもつような量子渦の構造を図 4.11(c) に示した．量子渦から離れたところでは，相分離して Ψ_1 は存在しないが，Ψ_2 が消える量子渦の中心において Ψ_1 が Ψ_2 の渦芯を埋める構造が見られる．いずれにせよ，f_1 は $r = 0$ で 0 とはならず，コアレス渦が実現されている．

次に，この渦の循環を考える．まずは，図 4.11(a, b) のような混合相領域の場合を考える．渦から十分離れたところで閉経路をとることにすると，そこでは $n_1 = n_2$ となっているので，式 (4.52) において $\beta = \pi/2$ になる．この場合，位相和からの巻数のみが循環に寄与し，その最小単位は 1 成分 BEC の半分となる．つまり，一方の成分だけが渦をもつ場合，両成分を合せた超流体を考えると，平均として 1 成分 BEC の半分の循環を与える．これは 3.3.2 項で議論した，超流動 ^{3}He-A で見られる半整数量子渦と類似のものである．一方，図 4.11(c) の相分離相の場合，渦から離れたところでは $\beta = \pi$ になり，位相和，位相差が巻数 $q_\theta = -1$，$q_\gamma = 1$ を与えるので，循環は $\Gamma = h/m$ となって 1 成分 BEC と同じ値となる．これは相分離して，片方の成分のみがある領域に量子渦があるという状況を考えれば，それは 1 成分 BEC の量子渦と本質的に同じであることから理解でき，渦芯にもう片方の成分が入り込んでいるということは循環には影響しない．

2 成分 BEC におけるコアレス渦では，式 (4.50) で定義されるスピン密度ベクトル $\boldsymbol{S}$ の空間構造を考えることができる [96]．コアレス渦であることは，状態を $\boldsymbol{S}$ で記述した際に，至るところで $\boldsymbol{S} \neq 0$ となることに対応する．図 4.11(a, b) で示されるような混合相における渦の場合，渦から離れたところの状態は $\Psi = \sqrt{n/2}(1, e^{i\phi})^{\mathrm{T}}$ となり，Ψ_2 成分のみが巻数をもっている．スピン密度ベクトルは $\boldsymbol{S} = n(\cos\phi, \sin\phi, 0)$ となり，スピン空間の x–y 平面上を向いている．また ϕ が増える方向に反時計回りに回っている．一方，渦の中心では $\Psi = f_1(0)(1, 0)$，スピン密度ベクトルは $\boldsymbol{S} = f_1(0)^2(0, 0, 1)$ となり，スピン空間の z 方向を向いている．r の十分大きなところから $r = 0$ までのスピン密度ベクトルの方向の変化を図示したものが図 4.12(a) である．このような，実空間の各点におけるスピン密度ベクトルの非自明な構造はしばしば織目構造とよばれる．一番外側の矢印は，反時計回りの方向に対して反時計回りに回っていることがわかる．また，渦の中心に向かって上向きに起き上がり，渦芯では真上を向いている．

図 4.11(c) で示されるような分離相における渦の場合，渦から離れたところの状態

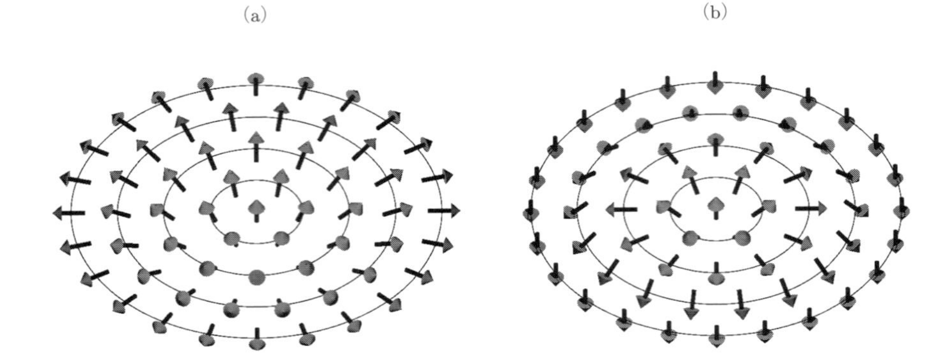

図 4.12　量子渦に対応するスピン密度ベクトル $\boldsymbol{S}$ の空間構造．スピン空間の方向と実空間の方向は揃えてある．(a) が混合相の量子渦 (図 4.11(a, b))，(b) が分離相の量子渦 (図 4.11(c)) に対応する．外側の円上の矢印は量子渦から十分離れた場所におけるスピン密度ベクトルに対応し，中心の上向きの矢印が渦芯におけるスピン密度ベクトルに対応する．

は $\Psi = \sqrt{n}(0, e^{i\phi})^{\mathrm{T}}$ となる．スピン密度ベクトルは $\boldsymbol{S} = n(0,0,-1)$ となり，スピン空間の $-z$ 方向を向いている．渦の中心は混合相の場合と同じく $\boldsymbol{S} = n(0,0,1)$ となる．図 4.12(b) に分離相における渦に対する織目構造を示す．混合相の渦とは異なって，一番外側の矢印はすべて下を向いており，それが内側に向かって起き上がっていく．よく見ると中心から途中（図中の外側から 2 番目の円）までは混合相の渦のときと同じ織目構造になっていることがわかる．混合相の渦の場合，渦よりも十分遠方で $n_1 = n_2$ となるのに対して，分離相の渦の場合，遠方に行く前に（図 4.11(c) の場合には $r/\xi \sim 2$ あたりで）$n_1 = n_2$ となる部分が現れ，渦芯からここまでが混合相の渦と同じ織目構造になっている．

分離相における織目構造 (図 4.12(b)) は全領域において，すべてのスピンの方向が 1 回ずつ出現しており，このようなスピンの構造は**スキルミオン**とよばれることがある[*11]．また，混合相における織目構造 (図 4.12(a)) はスキルミオンのちょうど半分だけのスピンの方向が出現しており，このようなスピンの構造は**メロン**とよばれる[*12]．メロンは図 3.11(a) の，円 γ の内側の領域 σ で示される ^{3}He-A 相の Mermin–Ho 渦

[*11] この織目構造は素粒子物理で現れるベビースキルミオンとよばれる構造と同じである．

[*12] スキルミオンやメロンの織目構造は，系をスピン密度ベクトル $\boldsymbol{S}$ で記述したときに見られる構造であるが，スピノール Ψ からスピン密度ベクトルを導出する際に，位相和 α の情報を消去しているため，スピン密度ベクトル $\boldsymbol{S}$ だけでは系のすべての特徴を表すことができない．その意味ではスピノール Ψ 自体の空間構造はスキルミオンやメロンの織目構造よりも多くの情報をもっている．

の $\hat{\boldsymbol{l}}$ ベクトルによってつくられる織目構造と本質的に同じである．

4.3.3 渦格子構造

次に多数の渦による渦格子構造を考える．まず，2 成分 BEC の実験から紹介しよう．JILA のグループは ^{87}Rb の異なるスピン状態 $|F=1, m_F=-1\rangle$, $|F=2, m_F=1\rangle$ にある凝縮体を用いて渦格子を実現することに成功した [97]．彼らはまず $|F=1, m_F=-1\rangle$ の単一成分の BEC を用いて，図 4.13(a) で示されるような渦の三角格子をつくり，ここから 2 光子遷移の方法を用いて $|F=1, m_F=-1\rangle$ の状態にある原子の約半分を $|F=2, m_F=1\rangle$ の状態へ遷移させ，2 成分 BEC の系を用意する．そうすると，彼らが "乱流状態" とよんでいる格子の組み換えの状態を経て，図 4.13(b) で示されるような新しい四角格子構造が実現されることを観測した．

このような格子構造の変化は成分間の渦の相互作用によって理解できる．成分間の渦が十分離れているとき，その相互作用は g_{12} によって決まる．特に，JILA のグループの 2 成分 BEC で実現している $g_{12}>0$ のときには，渦間の相互作用が斥力となることが文献 [98] によって示されている．

まず，成分間の渦の斥力相互作用が非常に小さいときを考えると，成分内の渦の斥力相互作用が主要な相互作用となり，2 成分ともに通常の三角格子を構成することが予想される．その結果，斥力相互作用が小さいときには，お互い少しずれて三角格子

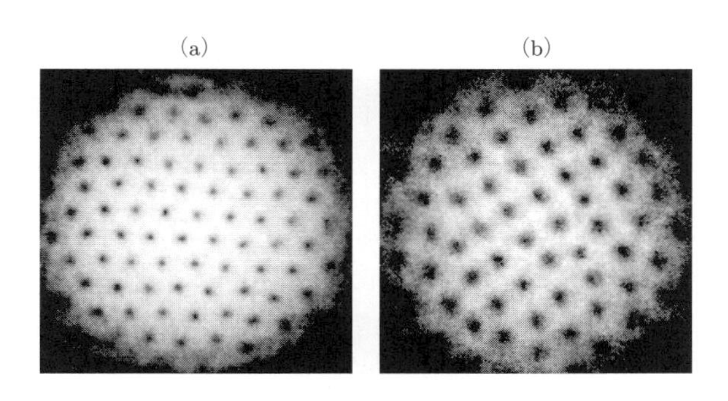

図 **4.13** JILA のグループによる ^{87}Rb の BEC による渦格子構造 [97]．(a) はスピン状態 $|F=1, m_F=-1\rangle$ にある原子の 1 成分 BEC における渦格子構造，(b) はスピン状態 $|F=1, m_F=-1\rangle$ および $|F=2, m_F=1\rangle$ の 2 成分 BEC における，$|F=1, m_F=-1\rangle$ 状態の渦格子構造．（V. Schweikhard, I. Coddington, P. Engels, S. Tung, and and E. A. Cornell: Vortex-Lattice Dynamics in Rotating Spinor Bose-Einstein Condensates, *Phys. Rev. Lett.*, **93**, 210403 (2004) より．）

を構成することが期待される．ところが，成分間の斥力相互作用が大きくなると，お互いの三角格子がなるべく重ならないように配置するはずである．三角格子の中にもう片方の成分の渦を一つ配置する場合，三角形の中心に配置すれば成分間の渦間相互作用エネルギーを最小にすることができるが，すべての渦をすべての三角形の中心に配置すると，配置された渦格子は三角格子ではなく，蜂の巣型格子となり，成分内の渦間相互作用エネルギーが上がってしまう．したがってお互いの成分を三角格子に保ったまま，成分間の渦間相互作用を最小にすることはできず，成分内と成分間の渦間相互作用の競合が起こる．その結果，成分間の渦間相互作用の方が大きい場合，相互作用エネルギーを下げる配置として三角格子ではなく，四角格子の配置が選ばれる．四角格子の場合，すべての四角形の中心にもう片方の成分の渦を配置すれば，その渦格子もまた四角格子となるので，成分間の渦間相互作用エネルギーは三角格子のときに比べて小さくなることが理解できる．上記の考察により，実験で用いられた ^{87}Rb の二つのスピン状態間における渦の相互作用は斥力で，かつ四角格子が選ばれる程度に十分大きいものであることがわかる．実験では四角格子の形成が確認されたが，回転角速度や g_{12} の大きさによって，さまざまな渦格子構造の存在が理論的に予言されている [99, 100].

4.3.4　Rabi 結合による渦分子構造

2.9.1 項後半で議論したような，Rabi 振動による成分間の入れ替えを考えると，渦間の相互作用が定性的に変化する [101]．GP 方程式 (2.242) において，Rabi 振動項を与えるエネルギー汎関数は，離調 δ を無視して

$$-\frac{\hbar\Omega_R}{2}\int d\boldsymbol{r}\,(\Psi_1^*\Psi_2+\Psi_1\Psi_2^*) = -\hbar\Omega_R\int d\boldsymbol{r}\,|\Psi_1||\Psi_2|\cos\gamma \tag{4.58}$$

となる．これは成分間の位相差 γ に依存し，$\gamma=0$ のときに最小，$\gamma=\pi$ のときに最大となる．成分間相互作用項 $g_{12}\int d\boldsymbol{r}\,|\Psi_1(\boldsymbol{r})|^2|\Psi_2(\boldsymbol{r})|^2$ を考えなければ，Ψ_1 と Ψ_2 の渦が完全に重なったときに位相差はあらゆるところで 0 となるので，Rabi 振動項があると渦間に引力が働くことが直感的にわかる．

トラップ系など，有限サイズの系で，かつ Ω_R が小さいときには渦が完全には重ならずに，ある有限の距離だけ離れた「渦分子」の構造が定常状態となる．図 4.14 に，有限サイズの系における，渦分子の位相差 γ およびスピン密度ベクトル $\boldsymbol{S}$ の構造を示す．渦分子から離れたところでは $\Psi_1=\Psi_2=\sqrt{n/2}e^{i\phi}$ なので $\gamma=0$，$\boldsymbol{S}=n(1,0,0)$ となり．スピン密度ベクトルは右側を向いている．Ψ_1（Ψ_2）の渦は渦分子左側（右

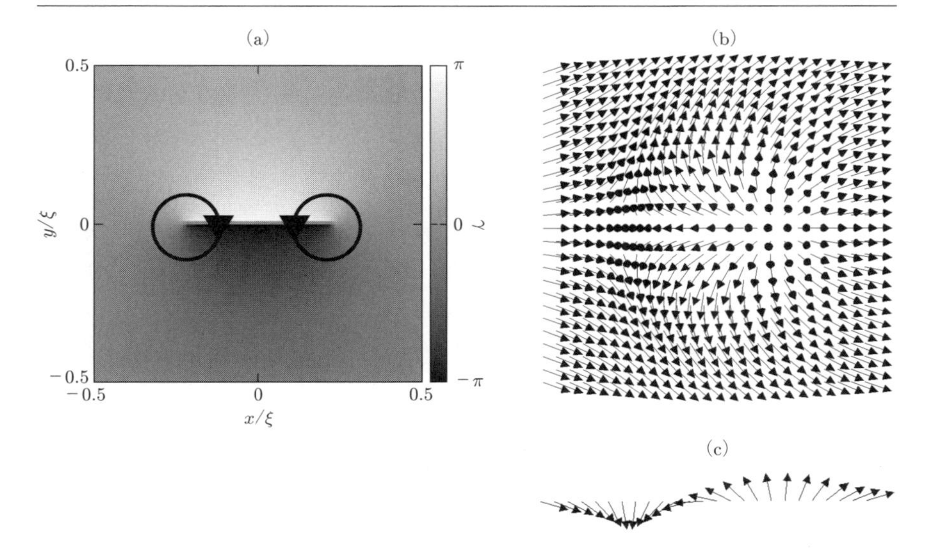

図 4.14 渦分子における (a) 位相差 $\gamma = \theta_2 - \theta_1$ と (b) スピン密度ベクトルの空間構造および (c) $y = 0$ のスピン密度ベクトルを真横から見たもの．(b) ではスピン空間の方向と実空間の方向は揃えてある．系のサイズは $L = 10\xi$ ($\xi = \hbar/\sqrt{mgn}$) で境界で $\Psi_1 = \Psi_2 = \sqrt{n/2}e^{i\phi}$ となるようにした．(a) では二つの矢印に沿って位相差 γ が $-\pi$ から π まで 2π だけ変化しており，左に Ψ_1，右に Ψ_2 の渦がある．

側）にあり，渦のまわりで位相差 γ は $-\pi$ から π まで時計回り（反時計回り）に変化している，織目構造を見ると，渦分子の右側に図 4.12(a) で示されるメロンの構造があり，左側にはその対となるメロンの構造が入って，メロン対となっている．メロン対は図 4.12(b) で示される織目構造と同様，すべてのスピンの方向が 1 回ずつ出現しており，やはりスキルミオンの構造になっている．図 4.12(b) との違いは，渦から十分離れたところで $\boldsymbol{S} = n(0,0,1)$ の代わりに $\boldsymbol{S} = n(1,0,0)$ となっていることである[*13]．

4.4 スピノール BEC における量子渦

次にスピノール BEC における量子渦を考える．スピノール BEC では非常に多彩な量子渦が可能であるが，ここでは外部磁場がないときに見られる，最も特徴的かつ

[*13] 図 4.14(b) におけるスピン密度ベクトル $\boldsymbol{S}$ の構造は，図 3.11(b) で示される ^{3}He-A 相の Mermin–Ho 渦対に対する $\hat{\boldsymbol{l}}$ ベクトルと本質的に同じ空間構造をとっている．

重要な量子渦を取り上げて議論する．その他の量子渦あるいは別種の位相欠陥に関しては，文献 [23] を参照されたい．

4.4.1 量子渦の循環

まずはじめに量子渦の循環を考える．合成スピン F をもつスピノール BEC をスピノール $\Psi=(\Psi_{-F},\cdots,\Psi_0,\cdots,\Psi_F)^T$ の形で書いたときに，凝縮体密度は $n=\Psi^\dagger\Psi$，流束密度は $\boldsymbol{j}^{\mathrm{mass}}=\hbar[\Psi^\dagger\nabla\Psi-(\nabla\Psi)^\dagger\Psi]/(2mi)$ となる．ここで，質量をもつ粒子の流れであることを強調するために mass の記号をつけた．2.9.2 項で述べたように，一般の Ψ に対して，Ψ_{T} をノルム $\Psi_{\mathrm{T}}^\dagger\Psi_{\mathrm{T}}=1$ の典型的な状態とすると，スピン演算子 $\hat{\boldsymbol{S}}$，Euler 角 α，β，γ を用いて $\Psi=\sqrt{n}e^{i\theta}e^{-i\hat{S}_z\gamma}e^{-i\hat{S}_y\beta}e^{-i\hat{S}_z\alpha}\Psi_{\mathrm{T}}$ と書ける．このとき超流動速度場 $\boldsymbol{v}^{\mathrm{mass}}=\boldsymbol{j}^{\mathrm{mass}}/n$ は

$$\begin{aligned}\boldsymbol{v}^{\mathrm{mass}}=\frac{\hbar}{m}&[\nabla\theta-S_{0x}(\nabla\gamma\sin\beta\cos\alpha-\nabla\beta\sin\alpha)\\&-S_{0y}(\nabla\gamma\sin\beta\sin\alpha+\nabla\beta\cos\alpha)-S_{0z}(\nabla\gamma\cos\beta+\nabla\alpha)]\end{aligned}\tag{4.59}$$

となる．ここで $\boldsymbol{S}_0\equiv\langle\hat{\boldsymbol{S}}\rangle_0\equiv\Psi_{\mathrm{T}}^\dagger\hat{\boldsymbol{S}}\Psi_{\mathrm{T}}$ は Ψ_{T} に対するスピン密度ベクトルである．式 (4.59) を導出する際に

$$\begin{aligned}\frac{\Psi^\dagger\nabla\Psi}{n}&=\frac{\nabla n}{n}+i\nabla\theta-i\langle\hat{S}_z\rangle_0\nabla\alpha-i\langle e^{i\hat{S}_z\alpha}\hat{S}_ye^{-i\hat{S}_z\alpha}\rangle_0\nabla\beta\\&\quad-i\langle e^{i\hat{S}_z\alpha}e^{i\hat{S}_y\beta}\hat{S}_ze^{-i\hat{S}_y\beta}e^{-i\hat{S}_z\alpha}\rangle_0\nabla\gamma\\&=\frac{\nabla n}{n}+i\nabla\theta-iS_{0z}\nabla\alpha-i(-\sin\alpha S_{0x}+\cos\alpha S_{0y})\nabla\beta\\&\quad-i(\sin\beta\cos\alpha S_{0x}+\sin\beta\sin\alpha S_{0y}+\cos\beta S_{0z})\nabla\gamma\end{aligned}\tag{4.60}$$

を用いた．ここで，$\boldsymbol{S}_0$ は典型的な状態 Ψ_{T} に対するスピンの期待値なので，$|\boldsymbol{S}_0|\neq0$ となるときは一般性を失うことなく，いつでも $S_{0x}=S_{0y}=0$，$S_{0z}=|\boldsymbol{S}_0|$ となるように Ψ_{T} を設定することができる．そのような設定の下では Ψ に対するスピン密度ベクトル $\boldsymbol{S}=\Psi^\dagger\hat{\boldsymbol{S}}\Psi$ は

$$\boldsymbol{S}=n|\boldsymbol{S}_0|(\cos\gamma\sin\beta,\sin\gamma\sin\beta,\cos\beta)\equiv n|\boldsymbol{S}_0|\bar{\boldsymbol{S}}\tag{4.61}$$

となる．また，式 (4.59) は

$$\boldsymbol{v}^{\mathrm{mass}}=\frac{\hbar}{m}[\nabla\theta-|\boldsymbol{S}_0|(\nabla\gamma\cos\beta+\nabla\alpha)]\tag{4.62}$$

となる．超流動速度場 $\boldsymbol{v}^{\mathrm{mass}}$ は密度 n，位相 θ，スピンの回転角度 α，β，γ 以外にスピン密度ベクトルの大きさ $|\boldsymbol{S}_0|$ にも依存している．

スピノール BEC の場合，密度 $n = \Psi^\dagger \Psi$ に対する質量流束密度 $\boldsymbol{j}^{\mathrm{mass}}$ 以外に，スピン密度ベクトル $\boldsymbol{S} = \Psi^\dagger \hat{\boldsymbol{S}} \Psi$ に対するスピンの流れに対する流束密度 $\boldsymbol{j}^{\mathrm{spin}}$ を考えることができる．$\boldsymbol{j}^{\mathrm{mass}}$ のときと同様にして，スピン密度に対する保存則 $\partial S_\lambda/\partial t + \nabla \cdot \boldsymbol{j}_\lambda^{\mathrm{spin}} = 0$ $(\lambda = x, y, z)$ からスピン流束密度 $\boldsymbol{j}_\lambda^{\mathrm{spin}}$ を定義すると，

$$\boldsymbol{j}_\lambda^{\mathrm{spin}} = \frac{\hbar}{2mi}\left[\Psi^\dagger \hat{S}_\lambda \nabla \Psi - (\nabla \Psi)^\dagger \hat{S}_\lambda \Psi\right] \tag{4.63}$$

となる．また，この式からスピン超流動速度場 $\boldsymbol{v}^{\mathrm{spin}} = \boldsymbol{j}^{\mathrm{spin}}/n$ を定義することができる．この値は Ψ_{T} に大きく依存するので，具体的な渦を考える際に考察することにする．

非磁性状態における循環

$F = 1$ のポーラー状態 $\Psi_{\mathrm{T}} = (0, 1, 0)^{\mathrm{T}}$ や $F = 2$ のサイクリック状態 $\Psi_{\mathrm{T}} = (i, 0, \sqrt{2}, 0, i)^{\mathrm{T}}/2$ が基底状態となる状況で量子渦をつくった場合，$|\boldsymbol{S}_0| = 0$ となるので，バルクでの超流動速度場は $\boldsymbol{v}^{\mathrm{mass}} = \hbar \nabla \theta / m$ となり，1 成分 BEC と同様に位相の勾配のみが循環に寄与する．ただし，4.4.2 項で説明するように θ の増減が 2π の整数倍とならない場合があり．その場合には 1 成分 BEC と同じような循環の量子化は起こらない．

強磁性状態における循環

$F = 1$ の強磁性状態 $\Psi_{\mathrm{T}} = (1, 0, 0)^{\mathrm{T}}$ や $F = 2$ の強磁性状態 $\Psi_{\mathrm{T}} = (1, 0, 0, 0, 0)^{\mathrm{T}}$ の場合，$|\boldsymbol{S}_0| \neq 0$ となるので，閉経路に沿ってスピンが回転するような渦の場合には循環は量子化されない．また，$|\boldsymbol{S}_0|$ が一定のときの渦度 $\nabla \times \boldsymbol{v}^{\mathrm{mass}}$ は

$$\nabla \times \boldsymbol{v}^{\mathrm{mass}} = \frac{\hbar}{m}|\boldsymbol{S}_0| \sin\beta (\nabla \gamma \times \nabla \beta) \tag{4.64}$$

となる．ここで式 (4.61) を用いると

$$\nabla \times \boldsymbol{v}^{\mathrm{mass}} = \frac{\hbar}{2m}|\boldsymbol{S}_0| \sum_{\lambda, \mu, \nu = x, y, z} \epsilon_{\lambda\mu\nu} \bar{S}_\lambda (\nabla \bar{S}_\mu \times \nabla \bar{S}_\nu) \tag{4.65}$$

となることがわかる．この関係式は 2 成分 BEC のときと同様に，超流動 ^{3}He における Mermin–Ho 関係式 (3.55) と同じ形をしている [63].

コアレス渦と特異渦，連続渦

ここでスピノール BEC におけるコアレス渦，特異渦，連続渦の定義をしておく．コアレス渦は密度 $n = 0$ となる点が存在しない渦として定義され，多成分 BEC の場合と同じである．スピノール BEC の渦も多成分 BEC の渦と同様，ほとんどの場合においてコアレス渦となる．コアレス渦の中でも，$n = 0$ となる点が存在しないだけではなく，渦の内部で $\Psi_{\rm T}$ が不変である（あるいは変化したとしても微小である）渦として連続渦を定義する．連続渦でない渦が特異渦であり，コアのある渦はすべて特異渦である．一方，コアレス渦であっても特異渦となる渦もある．^{3}He-B 相の特異渦がこれに相当する．後述するように，強磁性状態において渦芯がポーラー状態で埋められるような渦があるが，これは渦芯近傍で $\Psi_{\rm T} = (0,1,0)^{\rm T}$，渦芯から十分離れたところで $\Psi_{\rm T} = (1,0,0)^{\rm T}$ となるので特異渦である [102].

式 (4.52) と同様にして，連続渦の循環を計算すると

$$\Gamma^{\rm mass} = \oint \boldsymbol{v} \cdot d\boldsymbol{l} = \frac{\hbar}{m}|\boldsymbol{S}_0| \iint \sin\beta \, d\beta \, d\gamma \tag{4.66}$$

となる．ここで $|\boldsymbol{S}_0|$ は $\Psi_{\rm T}$ が不変であるとして，積分の外に出した．この結果から，循環は面 S 上での Euler 回転角 β，γ によって張られる立体角となることがわかる．

4.4.2　$F = 1$ スピノール BEC の量子渦

$F = 1$ スピノール BEC において，外部磁場がないときの基底状態は強磁性状態とポーラー状態の二つである．ここでは強磁性状態における典型的な四つの渦とポーラー状態における典型的な一つの渦を紹介する．

強磁性状態

強磁性状態における渦を議論する前に，強磁性状態そのものを再度考察する．強磁性状態は $\Psi_{\rm T} = (1,0,0)^{\rm T}$ なので $\Psi = \sqrt{n}e^{i\theta}e^{-i\hat{S}_z\gamma}e^{-i\hat{S}_y\beta}e^{-i\hat{S}_z\alpha}\Psi_{\rm T}$ は

$$\Psi = \frac{\sqrt{n}e^{i(\theta-\alpha)}}{\sqrt{2}}\left(\sqrt{2}e^{-i\gamma}\cos^2\frac{\beta}{2},\ \sin\beta,\ \sqrt{2}e^{i\gamma}\sin^2\frac{\beta}{2}\right)^{\rm T} \tag{4.67}$$

である．ここから，位相 θ と Euler 角 α は等価であることがわかる．したがって強磁性状態においては θ の自由度を無視し，α，β，γ の自由度のみを考えれば十分である．スピン超流動速度場は

$$
\begin{aligned}
\boldsymbol{v}_x^{\text{spin}} &= -\frac{\hbar}{m}\left(\nabla\alpha\cos\gamma\sin\beta + \frac{\nabla\gamma}{2}\cos\gamma\sin\beta\cos\beta - \frac{\nabla\beta}{2}\sin\gamma\right) \\
\boldsymbol{v}_y^{\text{spin}} &= -\frac{\hbar}{m}\left(\nabla\alpha\sin\gamma\sin\beta + \frac{\nabla\gamma}{2}\sin\gamma\sin\beta\cos\beta + \frac{\nabla\beta}{2}\cos\gamma\right) \\
\boldsymbol{v}_z^{\text{spin}} &= -\frac{\hbar}{m}\left[\nabla\alpha\cos\beta + \frac{\nabla\gamma}{2}(\cos^2\beta + 1)\right]
\end{aligned}
\tag{4.68}
$$

となり，関係式

$$
\boldsymbol{v}_\lambda^{\text{spin}} = F\left(\bar{S}_\lambda \boldsymbol{v}^{\text{mass}} - \frac{\hbar}{2m}\sum_{\mu,\nu}\epsilon_{\lambda\mu\nu}\bar{S}_\mu\nabla\bar{S}_\nu\right) \tag{4.69}
$$

を満たしている．この式は任意のスピン F における強磁性状態 $\Psi_{\text{T}} = (1, 0, \cdots, 0)$ で成り立つことが知られている．右辺第 1 項目は超流動速度場 $\boldsymbol{v}^{\text{mass}}$ によって運ばれるスピンの流れであり，第 2 項目はスピンの空間変化によって生じるスピンの流れを示している．

外場なし $V_{\text{ext}}^{m_F} = 0$ で一様系の状況を設定し，量子渦の構造を考える．$r = 0$ にある渦芯から十分離れたところでの Ψ の構造を考えると．密度 n は一定で，α，β，γ が極座標系 (r, ϕ) における角度 ϕ に依存するはずである．まず，$\gamma = \phi$，$\beta = \pi/2$，$\alpha = 0$ の渦を考える．このとき，式 (4.67) は

$$
\Psi(r \to \infty) = \frac{\sqrt{n_b}}{2}\left(e^{-i\phi},\ \sqrt{2},\ e^{i\phi}\right)^{\text{T}} \tag{4.70}
$$

となる．ここで，$n(r \to \infty) \equiv n_b$ とした．スピン密度ベクトルは $\boldsymbol{S}(r \to \infty) = n_b(\cos\phi, \sin\phi, 0)$ となり，スピン密度ベクトルが渦のまわりを回転するような構造となっている．渦から十分離れた閉経路における，超流動速度場に対する循環は $\boldsymbol{v}^{\text{mass}} = 0$ より $\Gamma^{\text{mass}} = 0$ となる．渦芯を含めた，全体の秩序変数 Ψ は

$$
\Psi(r, \phi) = \sqrt{n_b}\left(f_1(r)e^{-i\phi},\ f_0(r),\ f_{-1}(r)e^{i\phi}\right)^{\text{T}} \tag{4.71}
$$

となる．ここで f_{m_F} は境界条件 $\lim_{r\to\infty} f_{\pm 1} = 1/2$，$\lim_{r\to\infty} f_0 = 1/\sqrt{2}$ を満たす．f_{m_F} の具体的な構造を調べるため，f_{m_F} は等方的であるとし，かつ実数であるとした[*14]．図 4.15(a) に，この近似の下での f_{m_F} の数値解および密度 n，スピン密度の

[*14] これは 1 成分 BEC や 2 成分 BEC の渦状態に対して用いた前提であるが，スピノール BEC の場合，磁場が加わっているときや F が大きなときには成り立たず，f_{m_F} に ϕ 依存性が現れ，渦が非軸対称となることもある（関連する話題として ^{3}He-B 相の双芯渦がある）．ただし本章で扱う渦はすべてこの前提が成り立っている．

大きさ $|\boldsymbol{S}|$ のふるまいを示す．渦芯 $r=0$ では，$f_{\pm 1}=0$ とならなければいけないため，状態は $\Psi(r=0)=\sqrt{n_b}f_0(0,1,0)^{\mathrm{T}}$ となり，これはポーラー状態である．したがってこの渦は特異渦であり，ポーラーコア渦とよばれている．また，2 成分 BEC のときと同様に密度 n は渦芯で 0 とはならないコアレス渦となっており，しかも密度は渦全体にわたってあまり変化していない．これは多くの原子種において成り立っている $|g_1| \ll g_0$ のときに起こる．これは式 (2.245) で示されるエネルギー汎関数において，g_0 に比例する項が g_1 に比例する項に比べて優先的に最小化されるためであり，Schwarz の不等式 $\int d\boldsymbol{r}\, n^2 \geq \left(\int d\boldsymbol{r}\, n\right)^2/V$ の等号成立条件である $n=\mathrm{const.}$ が近似的に満たされるからである（V は系の体積）．また密度がほぼ一様となるため，渦芯の半径は g_0 を含む回復長 $\xi_0=\hbar/\sqrt{2mg_0n_b}$ ではなく，g_1 を含む新しい回復長 $\xi_1=\hbar/\sqrt{2mg_1n_b}$ のオーダーとなる．実際に図 4.15 において f_{m_F} や $|\boldsymbol{S}|$ は ξ_0 よりもずっと大きなスケール $\xi_1=10\xi_0$ で外側の値に近づいていることがわかる．この ξ_1 はスピン回復長とよばれる．

次に $\gamma=\phi$，$\beta=0$，$\alpha=0$ の渦を考える．渦芯から離れた遠方では式 (4.67) より，

$$\Psi(r\to\infty)=\sqrt{n_b}\left(e^{-i\phi},\ 0,\ 0\right)^{\mathrm{T}} \tag{4.72}$$

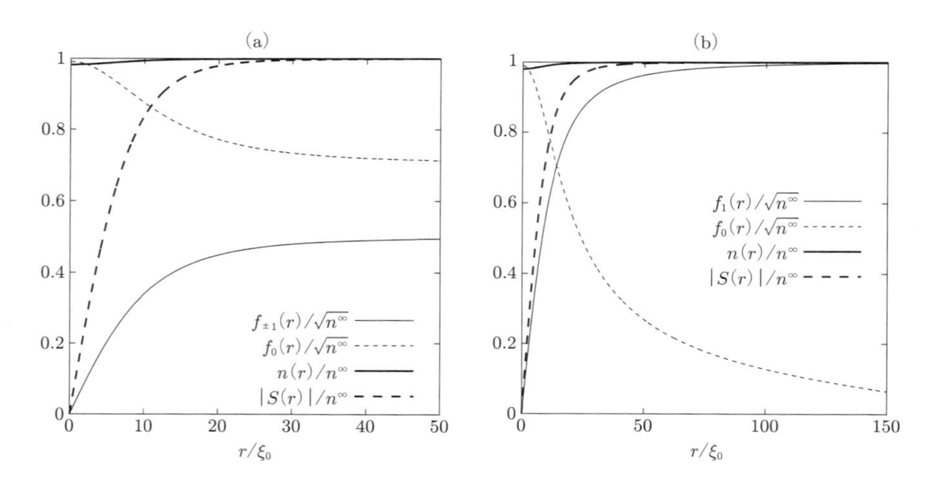

図 4.15　$F=1$ 強磁性状態における渦のふるまい．(a) は式 (4.71)，(b) は式 (4.73) に対応しており，振幅 f_{m_F}，密度 n，スピン密度の大きさ $|\boldsymbol{S}|$ をプロットしている．また，(a) では $f_1=f_{-1}$，(b) では $f_{-1}=0$ である．パラメータとして $g_1=-0.01g_0$ を用いた．r は回復長 $\xi_0=\hbar/\sqrt{2mg_0n_b}$ でスケールしている．

となる．スピン密度ベクトルは $\boldsymbol{S}(r \to \infty) = n_b(0,0,1)$ となり，スピン空間の z 軸に平行な状態である．渦から十分離れた閉経路における，超流動速度場に対する循環は $\boldsymbol{v}^{\mathrm{mass}} = -(\hbar/m)\nabla\phi$ より $\Gamma^{\mathrm{mass}} = -h/m$ となる．渦芯を含めた，全体の秩序変数 Ψ は

$$\Psi(r,\phi) = \sqrt{n_b}\left(f_1(r,\phi)e^{-i\phi},\ f_0(r,\phi),\ f_{-1}(r,\phi)\right)^{\mathrm{T}} \tag{4.73}$$

となる．ここで f_{m_F} は境界条件 $\lim_{r\to\infty} f_1 = 1$，$\lim_{r\to\infty} f_0 = \lim_{r\to\infty} f_{-1} = 0$ を満たす．再び f_{m_F} は等方的であるとし，かつ実数であるとする．$r = 0$ において $f_1 = 0$ は満たされるが，f_0，f_{-1} の具体的な値は方程式の性質などからは求められない．しかしその値にかかわらず，$|\boldsymbol{S}| = 0$ のポーラー状態はどこかに必ず出現する．具体的には $f_{-1} = 0$ の場合，渦芯 $r = 0$ でポーラー状態となり，$f_{-1} \neq 0$ のときは有限の r においてポーラー状態が現れるが，ゼロ磁場のときにはすべての r で $f_{-1} = 0$ となることがわかっている [102]．f_1 と f_0 を数値的に求めた結果を図 4.15(b) に示す．ここで図 4.15(a) で用いたものと同じパラメータ $g_1 = -0.01g_0$ を用いた．この渦もポーラーコア渦となっており，スピン密度 $|\boldsymbol{S}|$ が緩和するスケールは図 4.15(a) よりも若干長い．

最後に $\gamma = \phi$，$\alpha = \phi$ の渦を考える．ここで，β はパラメータのまま残しておくことにする．このとき，式 (4.67) は

$$\Psi = \sqrt{\frac{n}{2}}\left(\sqrt{2}e^{-2i\phi}\cos^2\frac{\beta}{2},\ e^{-i\phi}\sin\beta,\ \sqrt{2}\sin^2\frac{\beta}{2}\right)^{\mathrm{T}} \tag{4.74}$$

となる．ここで $\beta = \pi$ とすると $\Psi = \sqrt{n}(0,0,1)^{\mathrm{T}}$ となり，角度 ϕ には依存しない．したがってこの状態を $r = 0$ の渦芯の状態とし，Euler 角 β に r 依存性を導入して $\beta = \pi - R(r)$ とすることで

$$\Psi = \sqrt{\frac{n}{2}}\left(\sqrt{2}e^{-2i\phi}\sin^2\frac{R(r)}{2},\ e^{-i\phi}\sin R(r),\ \sqrt{2}\cos^2\frac{R(r)}{2}\right)^{\mathrm{T}} \tag{4.75}$$

となる．ここで，$R(r)$ は $[0,\pi]$ の非減少関数であり，$R(r=0) = 0$ とした．例えば $R(r \to \infty) = \pi/2$ のとき，渦から十分離れたところの状態は

$$\Psi = \frac{\sqrt{n_b}}{2}\left(e^{-2i\phi},\ \sqrt{2}e^{-i\phi},\ 1\right)^{\mathrm{T}} \tag{4.76}$$

となる．スピン密度は $\boldsymbol{S} = n_b(\cos\phi, \sin\phi, 0)$ となり，式 (4.70) の状態と同じスピン密度を与える．また，循環は $\Gamma^{\mathrm{mass}} = -h/m$ となる．$R(r \to \infty) = \pi$ のとき，渦から十分離れたところの状態は

$$\Psi = n_b\left(e^{-2i\phi},\ 0,\ 0\right)^{\mathrm{T}} \tag{4.77}$$

となり，スピン密度は $\boldsymbol{S} = n_b(0,0,1)$ で式 (4.72) の状態と同じスピン密度を与え，循環は $\Gamma^{\mathrm{mass}} = -2h/m$ となる．上記二つの例を見ればわかるように，α が回転している分だけ，α が回転していない最初の二つの渦に比べて循環が $-h/m$ だけ増えている．

これら二つの渦と最初の二つの渦との最も大きな違いは，Ψ が Euler 角 β を介して r に依存するため，渦の内部すべてが強磁性状態で記述できる，つまり連続渦であるということである．特に式 (4.72) と式 (4.77) との比較は最もわかりやすく，Ψ_1 の位相が 2π 変化する渦は，内部にポーラー状態が現れる特異渦，4π 変化する渦は連続渦になる．また，渦の内部におけるスピン密度 $\boldsymbol{S}$ の構造であるが，式 (4.76) の渦は図 4.12(a) と，式 (4.77) の渦は図 4.12(b) と同じような織目構造をとっている．実際に GP 方程式を解くと，渦の内部全体で厳密に強磁性状態になるわけではなく，$|\boldsymbol{S}_0| \neq 1$ の状態が（非等方的に）現れるが，状態の連続的な変換によって連続渦に変形できるという意味でこれらの渦は連続渦である．

ポーラー状態

ポーラー状態は $\Psi_{\mathrm{T}} = (0,1,0)^{\mathrm{T}}$ であり，Ψ は

$$\Psi = \sqrt{\frac{n}{2}}e^{i\theta}\left(-e^{-i\gamma}\sin\beta,\ \cos\beta,\ e^{i\gamma}\sin\beta\right)^{\mathrm{T}} \tag{4.78}$$

である．この式に Euler 角 α が含まれておらず，二つの Euler 角 β，γ と位相 θ のみでポーラー状態を記述できることがわかる．スピン超流動速度場は

$$\begin{aligned}
\boldsymbol{v}_x^{\mathrm{spin}} &= \frac{\hbar}{m}\left(\nabla\gamma\cos\gamma\sin\beta\cos\beta + \nabla\beta\sin\gamma\right)\\
\boldsymbol{v}_y^{\mathrm{spin}} &= \frac{\hbar}{m}\left(\nabla\gamma\sin\gamma\sin\beta\cos\beta - \nabla\beta\cos\gamma\right)\\
\boldsymbol{v}_z^{\mathrm{spin}} &= -\frac{\hbar}{m}\nabla\gamma\sin^2\beta
\end{aligned} \tag{4.79}$$

であり，スピン密度はゼロであるにもかかわらず，スピン超流動速度場は有限である．また，式 (4.61) で定義される $\bar{\boldsymbol{S}}$ を用いると

$$\boldsymbol{v}_\lambda^{\mathrm{spin}} = -\frac{\hbar}{m}\sum_{\mu,\nu}\epsilon_{\lambda\mu\nu}\bar{S}_\mu\nabla\bar{S}_\nu \tag{4.80}$$

となる．

具体的な渦構造であるが，渦芯から十分離れたところで $n = n_b$，$\theta = \gamma = \phi/2$，$\beta = \pi/2$ とすると

$$\Psi = \sqrt{\frac{n_b}{2}} \left(-1,\ 0,\ e^{i\phi}\right)^{\mathrm{T}} \tag{4.81}$$

となる．ここで特徴的なことは，θ，γ 自体は ϕ に対して一価ではないにもかかわらず，Ψ は一価となっていることである．$\theta = \phi/2$ であることから循環は $\Gamma^{\mathrm{mass}} = h/(2m)$ となり，1 成分 BEC の半分の循環を与える半整数量子渦となっている．これは $r \to \infty$ において Ψ_{T} の $m_F = 0$ 成分が 0 となっていることから，2 成分 BEC の混合相と本質的に等価であり，Ψ_{-1} のみに渦が入っていることから片方の成分のみが渦構造をもつ混合相の 2 成分 BEC のときと同じ循環を与えるからである．再び等方的な渦を仮定して，全体の秩序変数を

$$\Psi = \sqrt{\frac{n_b}{2}} \left(-f_1,\ 0,\ f_{-1}e^{i\phi}\right)^{\mathrm{T}} \tag{4.82}$$

とする．ここで任意の r において $\Psi_0 = 0$ としたが，これはゼロ磁場のときにほぼ成り立つことがわかっている．強磁性状態における渦と同様に，$g_1 \ll g_0$ の場合には密度 n はほぼ一定となり，渦芯の大きさはスピン回復長 ξ_1 で決まる．また渦芯の状態は $\Psi(r = 0) = \sqrt{n}(-1, 0, 0)^{\mathrm{T}}$ となり，強磁性状態の渦芯となる．この渦は内部に必ず強磁性状態をもち，特異渦となることがわかっている．

4.4.3 $F = 2$ スピノール BEC の渦

$F = 2$ スピノール BEC において，外部磁場がないときの基底状態は強磁性状態，サイクリック状態，ネマティック状態である．以下では強磁性状態とサイクリック状態における典型的な渦について簡単に議論する．また，以下で議論する渦状態の渦芯は複雑な構造をもつが，その詳細については割愛する．

強磁性状態

強磁性状態は $\Psi_{\mathrm{T}} = (1, 0, 0, 0, 0)^{\mathrm{T}}$ であり，任意の状態 Ψ は

$$\Psi = \frac{\sqrt{n}e^{i(\theta - 2\alpha)}}{4} \begin{pmatrix} 4e^{-2i\gamma}\cos^4(\beta/2) \\ 4e^{-i\gamma}\sin\beta\cos^2(\beta/2) \\ \sqrt{6}\sin^2\beta \\ 4e^{i\gamma}\sin\beta\sin^2(\beta/2) \\ 4e^{2i\gamma}\sin^4(\beta/2) \end{pmatrix} \tag{4.83}$$

である．$F=1$ の強磁性状態と同様に，位相 θ と Euler 角 2α が等価であり，θ の自由度を無視することができる．$F=1$ の強磁性状態と同様に，渦芯から十分離れたところで $\alpha=0$，$\gamma=\phi$ となる渦は特異渦であり（β は任意），$\alpha=\gamma=\phi$ の渦は連続渦である．また，循環はそれぞれ $\Gamma^{\mathrm{mass}}=-(2h/m)\cos\beta$，$-(4h/m)\cos^2(\beta/2)$ となる．その他にも $\beta=0$，$\alpha+\gamma=\phi/2$ の場合に Ψ は一価となり，循環は $\Gamma^{\mathrm{mass}}=-h/m$ となる．この渦も特異渦である．渦芯の状態は g_1，g_2 に強く依存し，サイクリック状態，ネマティック状態およびその中間状態などが現れる．

サイクリック状態

サイクリック状態は $\Psi_{\mathrm{T}}=(i,0,\sqrt{2},0,i)^T/2$ であり，任意の状態 Ψ は

$$\Psi=\frac{\sqrt{n}e^{i\theta}}{4}\begin{pmatrix} e^{-2i\gamma}[\sqrt{3}\sin^2\beta+2\sin(2\alpha)\cos\beta+i\cos(2\alpha)(1+\cos^2\beta)] \\ 2e^{-i\gamma}[\sin(2\alpha)-\sqrt{3}\cos\beta+i\cos(2\alpha)\cos\beta]\sin\beta \\ \sqrt{2}[3\cos^2\beta-1+i\sqrt{3}\cos(2\alpha)\sin^2\beta] \\ 2e^{i\gamma}[\sin(2\alpha)+\sqrt{3}\cos\beta-i\cos(2\alpha)\cos\beta]\sin\beta \\ e^{2i\gamma}[\sqrt{3}\sin^2\beta-2\sin(2\alpha)\cos\beta+i\cos(2\alpha)(1+\cos^2\beta)] \end{pmatrix} \tag{4.84}$$

である．渦芯から十分離れたところで $n=n_b,\theta=\phi/3,\gamma=-\phi/3,\beta=\cos^{-1}(1/\sqrt{3})$，$\alpha=\pi/4$ とすると

$$\Psi=\sqrt{\frac{n_b}{3}}\left(e^{i\phi},\ 0,\ 0,\ \sqrt{2},\ 0\right)^{\mathrm{T}} \tag{4.85}$$

となる．循環は $\Gamma^{\mathrm{mass}}=h/(3m)$ となり，1 成分 BEC の 1/3 の循環を与える．同じ循環を与える別の α，β，γ の組があと三つあるが，詳細は次節で後述する．渦芯から十分離れたところで $n=n_b$，$\theta=2\phi/3$，$\gamma=\phi/3$，$\beta=\cos^{-1}(1/\sqrt{3})$，$\alpha=\pi/4$ とすると

$$\Psi=\sqrt{\frac{n_b}{3}}\left(1,\ 0,\ 0,\ \sqrt{2}e^{i\phi},\ 0\right)^{\mathrm{T}} \tag{4.86}$$

となる．循環は $\Gamma^{\mathrm{mass}}=2h/(3m)$ となり，1 成分 BEC の 2/3 の循環を与える．同じ循環を与える別の α，β，γ の組があと三つある．渦芯から十分離れたところで $n=n_b$，$\theta=0$，$\gamma+\alpha=-\phi/2$，$\beta=0$ とすると

$$\Psi = \frac{\sqrt{n_b}}{2} = \left(ie^{i\phi},\ 0,\ \sqrt{2},\ 0,\ ie^{-i\phi}\right)^{\mathrm{T}} \tag{4.87}$$

となる．循環は $\Gamma^{\mathrm{mass}} = 0$ である．同じ循環を与える別の α，β，γ の組があと二つある．

4.5　ホモトピーを用いた量子渦の分類

前節では，多成分 BEC において 1 成分 BEC とは本質的に異なる，さまざまな種類の量子渦が存在できることを見た．基底状態の特徴に対してどのような渦が現れるのか，その分類方法を与える強力な手法の一つがホモトピーである．本節ではこれまでに扱ったさまざまな系に対し，ホモトピーを用いて量子渦の分類を行うことにする．まずはじめにスピノール BEC の渦の分類を行い，次に 2 成分 BEC および超流動 ^{3}He における渦の分類を行う．

付録 A では，ホモトピーを理解するうえで最も重要となる群論について，付録 B では，量子渦の分類に重点をおいたホモトピーの議論を行っているので，ホモトピーをまったく知らない読者は，まずそちらを読んでホモトピーの概観をつかんでいただきたい．なお，以降で扱うさまざまな記号はこの付録に準拠する．特に $A \simeq B$ は二つの位相空間 A，B が同相であることを，$A \cong B$ は二つの群 A，B が同型であることを意味している．

4.5.1　量子渦の分類

スピノール BEC における秩序変数空間を考える．まず自由エネルギーを不変に保つ変換の集合 G であるが，これは波動関数の位相シフトとスピン量子化軸の回転である．今まで見てきた通り，位相シフトとスピンの回転はそれぞれ $e^{i\theta}$ と $e^{-i\hat{S}_z\gamma}e^{-i\hat{S}_y\beta}e^{-i\hat{S}_z\alpha}$ で書くことができた．ここで $e^{i\theta}$ の集合は U(1) に同型であり，$e^{-i\hat{S}_z\gamma}e^{-i\hat{S}_y\beta}e^{-i\hat{S}_z\alpha}$ は 3 次元スピン空間における Euler 回転なので，その集合は回転群 SO(3) に同型である．したがって G は直積群 $\mathrm{U}(1)_\theta \times \mathrm{SO}(3)_{\gamma,\beta,\alpha}$ となる．ここで位相シフトとスピン量子化軸の回転を強調するために θ と γ，β，α を下付き文字で表示している．

$\boldsymbol{F = 1}$ スピノール BEC の強磁性状態

強磁性状態は式 (4.67) で表される．ここで Ψ_{T} を変化させない，つまり $\Psi = \sqrt{n}\Psi_{\mathrm{T}}$ となる θ，γ，β，α の集合がわかれば，その集合によって構成される変換

$e^{i\theta}e^{-i\hat{S}_z\gamma}e^{-i\hat{S}_y\beta}e^{-i\hat{S}_z\alpha}$ の集合が H に同型な群となる．$F=1$ 強磁性状態の場合，それは $\beta=0$ かつ $\theta-\gamma-\alpha=2\pi n$（$n$ は任意の整数）を満たす θ，γ，α の集合すべてである．変換の集合は $0\leq\theta<2\pi$ に対して $e^{i\theta}e^{-i\hat{S}_z\theta}$ となり，この集合は θ のみをパラメータとするので $\mathrm{U}(1)_\theta$ と同型である．したがって秩序変数空間は

$$\frac{G}{H}\simeq\frac{\mathrm{U}(1)_\theta\times\mathrm{SO}(3)_{\gamma,\beta,\alpha}}{\mathrm{U}(1)_\theta}\simeq\mathrm{SO}(3)_{\gamma,\beta,\alpha}\tag{4.88}$$

となる．これは θ の自由度が無視できて，Euler 回転の自由度が秩序変数の自由度になることを意味しており，その集合は $\mathrm{SO}(3)_{\gamma,\beta,\alpha}$ と同型である．基本群は

$$\pi_1(G/H)\cong\pi_1(\mathrm{SO}(3)_{\gamma,\beta,\alpha})\cong\pi_1\left(\frac{\mathrm{SU}(2)_{\gamma,\beta,\alpha}}{(\mathbb{Z}_2)_{\gamma,\beta,\alpha}}\right)\cong(\mathbb{Z}_2)_{\gamma,\beta,\alpha}\tag{4.89}$$

となる*15．つまり位相欠陥として定義される渦はたった1種類であることを意味している．これは式 (4.70) と式 (4.72) の渦が対応している．実際にこの二つの渦は，強磁性状態 $\Psi_\mathrm{T}=(1,0,0)^\mathrm{T}$ を渦芯まで満たすのは不可能で，内部のどこかに必ずポーラー状態 $\Psi_\mathrm{T}=(0,1,0)^\mathrm{T}$ が出現する．また，この二つの渦は連続変形によってお互いに移り変わることができる．一方で連続渦である式 (4.76) と式 (4.77) は，渦の内部すべてが強磁性状態で埋まっており，連続変形によって一様な状態へと変形できる．これら二つの渦は基本群の単位元の方に対応しており，位相欠陥ではない．式 (4.72) と式 (4.77) を比較すればわかりやすいが，位相欠陥である式 (4.72) の渦の巻数を倍にすると位相欠陥ではなくなり，秩序変数空間の基本群が $\mathbb{Z}_2$ となることに対応している．

図 4.16 にこの事実の直感的なイメージを図示しておく．SO(3) は3次元球の対蹠（たいせき）点を同一視したような幾何学的構造をもっている（付録 A を参照）．したがって図 4.16(a) で示される直線は球の中心を起点とした閉じたループとなり，またこのループは連続的に一点に変形することができない．渦を囲む実空間のループが秩序変数空間において，このようなループに対応するとき，渦は位相欠陥である．一方，図 4.16(b) で示されるような，図 4.16(a) のループの経路を2回たどったようなループ，つまり特異渦の倍の巻数をもつ渦を囲むようなループは，図 4.16(c) → (d) → (e) のような過程を経て一点に変形することができる．つまり基本群の単位元に属するループであり，このような渦は位相欠陥ではないことがわかる*16．

*15 付録の式 (A.16)，(A.17)，(B.6)，(B.7) を用いることによって得られる．

*16 図 4.16 と 3.3.1 項の図 3.9(a) および (b) で示していることは，起点を固定するか否かという点が違うだけで，本質的には同じである．

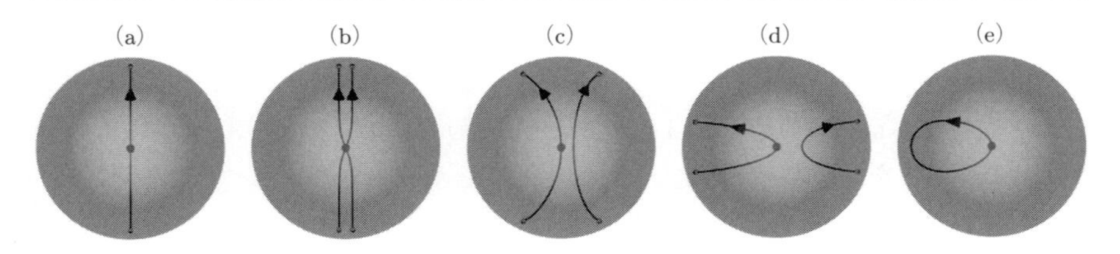

図 4.16 $\mathrm{SO}(3) \simeq \mathbb{R}P^3$ の幾何学的構造である対蹠点が同一視された球，および内部のループ．図 (a) のようなループは連続的に 1 点に変形することができない．しかし図 (b) のような図 (a) のループの経路を 2 回たどったようなループは図 (c) → 図 (d) → 図 (e) のような過程を経て一点に変形することができる．

ここで，4.4.1 項で考えた特異渦と連続渦について補足しておく．特異渦と連続渦の厳密な定義は基本群で与えられる．ここで考えた渦でわかるように，連続渦は基本群の単位元に対応する渦，特異渦は基本群の単位元以外の元に対応する渦である．

$\boldsymbol{F} = \mathbf{1}$ スピノール BEC のポーラー状態

ポーラー状態は式 (4.78) で表される．$\Psi = \sqrt{n}\Psi_{\mathrm{T}}$ となる θ，γ，β，α の集合は，任意の γ，α および $\theta = \beta = 0$ あるいは $\theta = \beta = \pi$ である．したがって変換の集合は $e^{-i\hat{S}_z\alpha}$，$-e^{-i\hat{S}_y\pi}e^{-i\hat{S}_z\alpha}$ となる（γ は $e^{i\hat{S}_z\alpha}$ における回転角度 α をシフトさせるだけなので無視した）．これは z 軸まわりの任意の回転（$\mathrm{SO}(2)_\alpha$ と同型）および y 軸まわりの π 回転と位相シフト $e^{i\pi} = -1$ の組合せ（$(\mathbb{Z}_2)_{\theta,\beta}$ と同型）によって構成されており，スピン部分の回転に着目すれば，$\mathrm{O}(2)_{\theta,\beta,\alpha}$ と同型であることがわかる．したがって秩序変数空間は

$$\frac{G}{H} \simeq \frac{\mathrm{U}(1)_\theta \times \mathrm{SO}(3)_{\gamma,\beta,\alpha}}{\mathrm{O}(2)_{\theta,\alpha,\beta}} \tag{4.90}$$

となる．$\mathrm{O}(2)_{\theta,\alpha,\beta}$ の中で，$\mathrm{SO}(2)_\alpha$ はスピン部分だけの自由度であり，位相 θ とは独立なので，式 (4.90) は部分的に，$\mathrm{SO}(3)_{\gamma,\beta,\alpha}/\mathrm{SO}(2)_\alpha \simeq (S^2)_{\gamma,\beta}$ と書き換えることができる．これは，式 (4.78) で見たように，ポーラー状態は α の自由度を含まず，スピン部分は Euler 角 γ，β のみに依存し，γ，β の集合は 2 次元球面と同相である（γ が方位角，β が極角に相当する）ことから理解できる．秩序変数空間は最終的に

$$\frac{G}{H} \simeq \frac{\mathrm{U}(1)_\theta \times (S^2)_{\gamma,\beta}}{(\mathbb{Z}_2)_{\theta,\beta}} \tag{4.91}$$

と書くことができる．

式 (4.91) の秩序変数空間に対する基本群は複雑な群構造をもつが [103]，位相部分とスピン部分を独立に考えることで，ある程度の概観をつかむことができる．位相部分は $\mathrm{U}(1)_\theta/(\mathbb{Z}_2)_\theta$ であり，これは $0 \leq \theta < 2\pi$ に対する U(1) に同型な集合 $e^{i\theta}$ の中で，θ と $\theta + \pi$ を同一視した構造である．したがって θ の範囲は $0 \leq \theta < \pi$ となる．幾何学的には単位円 S^1 に対し，対蹠点を同一視するだけなので，やはり S^1 に同型であり，$\pi_1(\mathrm{U}(1)_\theta/(\mathbb{Z}_2)_\theta) \cong \mathbb{Z}_\theta$ である．ただし，秩序変数空間のループに対して位相 θ は 2π ではなく π の整数倍だけ変化する．これは式 (4.81) で表されるポーラー状態の渦において，位相 θ が 0 から π まで変化することに対応している．スピン部分は $(S^2)_{\gamma,\beta}/(\mathbb{Z}_2)_\beta \simeq (\mathbb{R}P^2)_{\gamma,\beta}$ となる．ここで，$\mathbb{R}P^2$ は実射影平面とよばれる位相空間であり，S^2 球面の対蹠点を同一視した構造である*17．基本群は $\pi_1((\mathbb{R}P^2)_{\gamma,\beta}) \cong (\mathbb{Z}_2)_{\gamma,\beta}$ となり，β が 2π 回転するような渦は，連続変形によってスピン部分のみ回転しないような渦に変形できることを意味している．その結果，位相のみが 2π の整数倍だけ変化する渦へと連続変形できる．

$F = 2$ スピノール BEC の強磁性状態

$F = 2$ 強磁性状態は式 (4.83) で表される．$\Psi = \sqrt{n}\Psi_{\mathrm{T}}$ となる θ，γ，β，α の集合は，$\beta = 0$ かつ $\theta - 2\gamma - 2\alpha = 2\pi n$ を満たす集合である．変換の集合は $0 \leq \theta < 2\pi$ に対して $e^{i\theta}e^{-i\hat{S}_z(\theta+2\pi n)/2}$ $(n = 0, 1)$ となり，この集合は θ および n をパラメータとするので $\mathrm{U}(1)_\theta \times (\mathbb{Z}_2)_{\gamma+\alpha}$ に同型であり，秩序変数空間は

$$\frac{G}{H} \simeq \frac{\mathrm{U}(1)_\theta \times \mathrm{SO}(3)_{\gamma,\beta,\alpha}}{\mathrm{U}(1)_\theta \times (\mathbb{Z}_2)_{\gamma+\alpha}} \simeq \frac{\mathrm{SO}(3)_{\gamma,\beta,\alpha}}{(\mathbb{Z}_2)_{\gamma+\alpha}} \tag{4.92}$$

となる．ここで $(\mathbb{Z}_2)_{\gamma+\alpha} \subset \mathrm{SO}(3)_{\gamma,\beta,\alpha}$ とは，スピン回転 $\{1, e^{-i\hat{S}_z\pi}\}$ から構成される群である．この群に対応する SU(2) の部分群は $\{\pm 1, \pm e^{-i\sigma_z\pi/2}\} \cong \mathbb{Z}_4$ となる（Klein の四元群 $D_2 \subset \mathrm{SO}(3)$ と四元数群 $\mathbb{Q}_8 \subset \mathrm{SU}(2)$ との間の対応関係と同じである．付録 A を参照）．したがって，基本群は

$$\pi_1(G/H) \cong \pi_1\left(\frac{\mathrm{SO}(3)_{\gamma,\beta,\alpha}}{(\mathbb{Z}_2)_{\gamma+\alpha}}\right) \cong \pi_1\left(\frac{\mathrm{SU}(2)_{\gamma,\beta,\alpha}}{(\mathbb{Z}_4)_{\gamma+\alpha}}\right) \cong (\mathbb{Z}_4)_{\gamma+\alpha} \tag{4.93}$$

となる．ここから位相欠陥として定義される渦は 3 種類であることがわかる．具体的には式 (4.83) において $\beta = 0$，$\theta - 2(\alpha + \gamma) = \pm\phi$ の渦，$\beta = 0$，$\theta - 2(\alpha + \gamma) = 2\phi$ の渦である．

*17 秩序変数空間が $\mathbb{R}P^2$ となる，最もよく知られている系がネマティック液晶である [104].

$\boldsymbol{F = 2}$ スピノール BEC のサイクリック状態

サイクリック状態 $\Psi_{\rm T} = (i, 0, \sqrt{2}, 0, i)/2$ を不変に保つ変換は離散的であり，$R_{x,y,z} \equiv e^{-\pi i \hat{S}_{x,y,z}}$，$C \equiv e^{2\pi i/3} e^{-2\pi i(\hat{S}_x+\hat{S}_y+\hat{S}_z)/(3\sqrt{3})}$ を用いると，恒等変換を含めて，$T = \{1,\ R_{x,y,z},\ C,\ R_{x,y,z}C,\ C^2,\ R_{x,y,z}C^2\}$ と表すことができる．この 12 個の変換集合 T は正四面体回転群に同型であり，秩序変数空間は

$$\frac{G}{H} \simeq \frac{\mathrm{U}(1)_\theta \times \mathrm{SO}(3)_{\gamma,\beta,\alpha}}{T_{\theta,\gamma,\beta,\alpha}} \simeq \frac{\mathrm{U}(1)_\theta \times \mathrm{SU}(2)_{\gamma,\beta,\alpha}}{T^*_{\theta,\gamma,\beta,\alpha}} \tag{4.94}$$

となる．ここで T^* は T を SU(2) の元として見たときの群であり，元の数は T の倍の 24 個である（再び $D_2 \subset \mathrm{SO}(3)$ と $\mathbb{Q}_8 \subset \mathrm{SU}(2)$ の関係を思い出すとよい）．$\mathcal{R}_{x,y,z} \equiv e^{-\pi i \sigma_{x,y,z}/2}$，$\mathcal{C} \equiv e^{2\pi i/3} e^{-2\pi i(\sigma_x+\sigma_y+\sigma_z)/(6\sqrt{3})}$ を用いると，T^* の元は

$$T^* = \{\pm 1,\ \pm\mathcal{R}_{x,y,z},\ \pm\mathcal{C},\ \pm\mathcal{R}_{x,y,z}\mathcal{C},\ \pm\mathcal{C}^2,\ \pm\mathcal{R}_{x,y,z}\mathcal{C}^2\} \tag{4.95}$$

と表すことができる．スピン部分のみに着目すると $\mathrm{SU}(2)_{\gamma,\beta,\alpha}/T^*_{\gamma,\beta,\alpha}$ となり，基本群は $\pi_1(\mathrm{SU}(2)_{\gamma,\beta,\alpha}/T^*_{\gamma,\beta,\alpha}) \cong T^*_{\gamma,\beta,\alpha}$ となる．群 T^* は非可換群であり，量子渦のトポロジカルチャージが非可換となる．T^* を共役類によって分類すると

$$\begin{aligned} T^* = [&\{1\}, \{-1\}, \{\pm\mathcal{R}_{x,y,z}\}, \{\mathcal{C}, \mathcal{R}_{x,y,z}\mathcal{C}\}, \{-\mathcal{C}, -\mathcal{R}_{x,y,z}\mathcal{C}\}, \\ &\{\mathcal{C}^2, -\mathcal{R}_{x,y,z}\mathcal{C}^2\}, \{-\mathcal{C}^2, \mathcal{R}_{x,y,z}\mathcal{C}^2\}] \end{aligned} \tag{4.96}$$

となる．具体的に $\mathcal{C}$ で分類される渦に着目しよう．$\mathcal{C}$ は位相を $2\pi/3$，スピン空間においてスピンを $\boldsymbol{x}+\boldsymbol{y}+\boldsymbol{z}$ 方向に $2\pi/3$ 回転させるような変換であり，渦を囲むループに沿って位相とスピンがこの値だけ変化している．この渦に対する反渦は $(\mathcal{C})^{-1} = -\mathcal{C}^2$ で分類される．また，$\mathcal{C}$ と $\mathcal{R}_{x,y,z}\mathcal{C}$ は共役であり，4.6.1 項で後述するように，物理的に同じ性質をもっている．すなわちこれら 4 つの渦は，渦を囲むループに沿って回転するスピンの向きが異なるだけである．ただし $\mathcal{C}$ と $\mathcal{R}_{x,y,z}\mathcal{C}$ はそれぞれが非可換である．例えば，$(\mathcal{C})^{-1}(\mathcal{R}_x\mathcal{C})(\mathcal{C}) = \mathcal{R}_z\mathcal{C}$ となり，$\mathcal{R}_x\mathcal{C}$ とはならない．

非可換な基本群で特徴づけられる量子渦は非可換量子渦とよばれることがあり，サイクリック状態で現れる量子渦の新しい特徴である（非可換量子渦という場合，$\pi_1(G/H)$ ではなく H が非可換なときに現れる量子渦のことを指す場合もあるので注意されたい）．

本書では秩序変数の具体形から直接 G/H を計算したが，より系統的な計算方法もある．詳しくは文献 [105] を参照されたい．

2 成分 BEC

2 成分 BEC の状態は式 (4.48) で表される．ただし，混合相では成分間の密度比に応じて $0 < \beta < \pi$ のどこか 1 点が，分離相では $\beta = 0$，$\beta = \pi$ に固定される．

まず混合相の場合，基底状態は $0 \leq \alpha < 4\pi$ と $0 \leq \gamma < 4\pi$ の自由度をもち，エネルギーはこれらに依存しないので $G \cong \mathrm{U}(1)_\alpha \times \mathrm{U}(1)_\gamma$ となる．また，$(\alpha, \gamma) = (0, 0)$ と $(\alpha, \gamma) = (2\pi, 2\pi)$ は同じ状態を与え，$H \cong (\mathbb{Z}_2)_{\alpha,\gamma}$ となる．したがって秩序変数空間は

$$\frac{G}{H} \simeq \frac{\mathrm{U}(1)_\alpha \times \mathrm{U}(1)_\gamma}{(\mathbb{Z}_2)_{\alpha,\gamma}} \tag{4.97}$$

となる．α のみに注目すると $\pi_1(\mathrm{U}(1)_\alpha/(\mathbb{Z}_2)_\alpha) \cong (\mathbb{Z})_\alpha$ となり，γ に対しても同様である．α に対して巻数 1/2 および γ に対して巻数 1/2（$-1/2$）をもつ渦は Ψ_1（Ψ_2）のみが巻数をもつ渦となる．

分離相については結果のみ書いておく．秩序変数空間は $\beta = 0$ と π の間でつながっておらず，$G/H \simeq \mathrm{O}(2)_{\alpha,\beta}$ となる．基本群は $\beta = 0$ と π のどちらを起点とするかに依存するが，この場合はどちらの場合も同じ $\pi_1(G/H, \beta = 0, \pi) \cong \mathbb{Z}_\alpha$ を与え，$\mathbb{Z}_\alpha$ の巻数だけで決まっている．

$g_{11}g_{22} = g_{12}^2$ のとき，つまり混合相と分離相の境界において，エネルギーは β にも依存しなくなる．この状態での秩序変数空間は $G/H \simeq \mathrm{SU}(2)_{\alpha,\gamma,\beta}$ となり，SU(2) 対称点とよばれている．基本群は $\pi_1(\mathrm{SU}(2)_{\alpha,\gamma,\beta}) \cong \{1\}$ となり，すべての渦構造が連続渦となる．2 成分 BEC のすべての渦が秩序変数空間の観点において連続渦となるのは SU(2) 対称点においてのみである．ただし SU(2) 対称点における連続渦の渦芯構造は，混合相や分離相のコアレス渦にも現れる．

超流動 ^{3}He

双極子相互作用を考慮した場合の A 相および B 相の秩序変数空間 $G/H|_\mathrm{A}$，$G/H|_\mathrm{B}$ は

$$\left.\frac{G}{H}\right|_\mathrm{A} \simeq \mathrm{SO}(3)_{(\hat{\boldsymbol{l}},\hat{\boldsymbol{m}},\hat{\boldsymbol{n}})}, \qquad \left.\frac{G}{H}\right|_\mathrm{B} \simeq \mathrm{U}(1)_\Theta \times S^2_{\boldsymbol{\theta}} \tag{4.98}$$

となる．ここで $(\hat{\boldsymbol{l}}, \hat{\boldsymbol{m}}, \hat{\boldsymbol{n}})$，$\boldsymbol{\theta}$，$\Theta$ はそれぞれ三つのベクトル $(\hat{\boldsymbol{l}}, \hat{\boldsymbol{m}}, \hat{\boldsymbol{n}})$，スピン，全体の位相に対する自由度を意味する．A 相と B 相それぞれの秩序変数空間の基本群は

$$\pi_1(G/H|_{\mathrm{A}}) \cong (\mathbb{Z}_2)_{(\hat{\boldsymbol{l}},\hat{\boldsymbol{m}},\hat{\boldsymbol{n}})}, \qquad \pi_1(G/H|_{\mathrm{B}}) \cong \mathbb{Z}_\Theta \tag{4.99}$$

となる．A 相では三つのベクトル $(\hat{\boldsymbol{l}},\hat{\boldsymbol{m}},\hat{\boldsymbol{n}})$ の空間変化に伴った特異渦が 1 種類だけ存在し，これは disgyration とよばれている．また，3.3.2 項で示した Mermin–Ho 渦は連続渦である．一方で B 相の渦は 3.3.1 項で示した通り，全体の位相だけで決まり，1 成分超流体と同じである．

双極子相互作用を無視した場合の A 相および B 相の秩序変数空間 $G/H|_{\mathrm{A}}$，$G/H|_{\mathrm{B}}$ は

$$\left.\frac{G}{H}\right|_{\mathrm{A}} \simeq \frac{\mathrm{SO}(3)_{(\hat{\boldsymbol{l}},\hat{\boldsymbol{m}},\hat{\boldsymbol{n}})} \times S^2_{\hat{\boldsymbol{d}}}}{(\mathbb{Z}_2)_{(\hat{\boldsymbol{l}},\hat{\boldsymbol{m}},\hat{\boldsymbol{n}})+\hat{\boldsymbol{d}}}}, \qquad \left.\frac{G}{H}\right|_{\mathrm{B}} \simeq \mathrm{U}(1)_\Theta \times \mathrm{SO}(3)_{\boldsymbol{\theta}} \tag{4.100}$$

となり，それぞれの秩序変数空間の基本群は

$$\pi_1(G/H|_{\mathrm{A}}) \cong (\mathbb{Z}_4)_{(\hat{\boldsymbol{l}},\hat{\boldsymbol{m}},\hat{\boldsymbol{n}})+\hat{\boldsymbol{d}}}, \qquad \pi_1(G/H|_{\mathrm{B}}) \cong \mathbb{Z}_\Theta \times (\mathbb{Z}_2)_{\boldsymbol{\theta}} \tag{4.101}$$

となる．ここで $\hat{\boldsymbol{d}}$ は $\hat{\boldsymbol{d}}$ ベクトルに対する自由度を意味する．双極子相互作用を考慮する場合に比べて，A 相では特異渦が 2 種類増えており，これらは 3.3.2 項で示した半整数量子渦（およびその反渦）に対応する．B 相ではスピンの空間変化に伴った渦が増えており，これは 3.3.1 項で示したスピン渦である．スピン渦の循環 ν が奇数のときのみ安定な位相欠陥になるという事実は，スピン渦のトポロジカルチャージが $\mathbb{Z}_2$ で分類されることに対応している．

4.6　非可換量子渦の衝突ダイナミクス

前節ではホモトピー理論が量子渦の分類において強力なツールとなることを示した．ホモトピー理論は量子渦がもつトポロジカルチャージの構造を基本群という形で与えてくれるが，トポロジカルチャージの，群としての構造を顕著に示す現象が量子渦の衝突のダイナミクスである．ここではまず，$F=2$ スピノール BEC のサイクリック状態で可能となる非可換量子渦のトポロジカルチャージについて，幾何学的な考察を行う．その後で量子渦の衝突とトポロジカルチャージとの関連を明らかにすることで，量子渦の衝突のダイナミクスの本質を簡単に紹介することにする [106].

4.6.1　非可換量子渦のトポロジカルチャージ

非可換量子渦の最大の特徴は，量子渦のトポロジカルチャージが，実空間で量子渦を囲むループのとり方，およびループの始点に依存するということである．図 4.17 に例を示す．秩序変数空間は図のような二つの独立な穴が空いているような幾何学的構造になっているとする．図で示されるような空間は種数 2 の閉曲面とよばれ，図中で示される穴 a と穴 b のまわりを囲む二つのループはそれぞれホモトピー同値でない，つまりループが属する基本群の元（それぞれ A，B と書くことにする）は異なる．さらに，穴 a を先に回ってから穴 b を回る大きなループと穴 b を先に回ってから穴 a を回る大きなループもそれぞれホモトピー同値でない，つまり A と B は非可換である[*18]．

実空間上の X_0 と X_1 の二つの点が秩序変数空間上の Y_0 に対応しているとする．このとき X_0 と X_1 を端にもつ実空間上の経路は秩序変数空間上ではループとなる．このループが図中の穴 a を囲むとする．また，X_0 を起点として量子渦を囲むループが，秩序変数空間上において穴 b を囲むとする．さて，量子渦を囲む実空間上の別のループとして，X_1 から出発して X_0 を通り，量子渦を囲んで X_0 に戻り，最後に X_1 に戻ってくるとする．このとき，秩序変数空間上では Y_0 から出発して穴 a を囲んでから次に穴 b を囲み，最後に a を最初と逆向きに囲んで Y_0 に戻ってくる．このループが

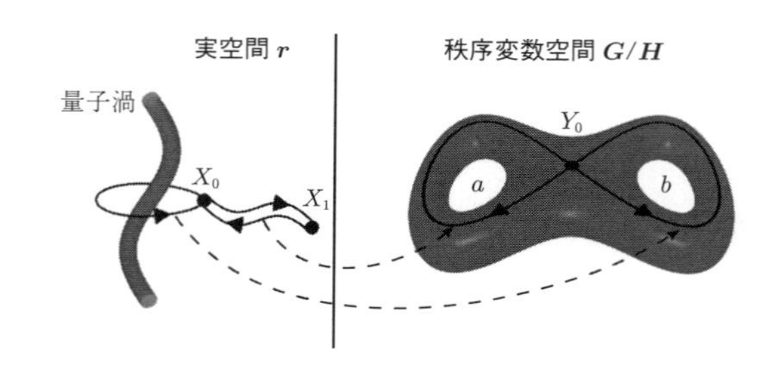

図 4.17　非可換量子渦を囲む実空間上のループ（左）と，対応する秩序変数空間上のループ（右）．実空間上の二つの点 X_0 とは X_1 はともに秩序変数空間上の起点 Y_0 に対応するとした．X_0 と X_1 を端点とする経路は秩序変数空間上で穴 a を囲むループ，X_0 を起点として渦を囲む経路は秩序変数空間上で穴 b を囲むループとした．渦の非可換性については本文を参照．

[*18] 付録 B の図 B.1 に示されるトーラスの場合，トーラスのトロイダルな方向を回るループとポロイダルな方向を回るループを合せた大きなループを考えた際に，連続変形によって回る順番を入れ替えることができる．つまりそれぞれのループが属する基本群の元は可換である．興味のある読者は確かめてみてほしい．

属する基本群の元は $A^{-1}BA$ となる．もし A と B が可換であれば，これは B と等しくなる．これは Y_0 に対応する実空間上のどの点を起点に選んで量子渦を囲むループを考えたとしても，対応する基本群 $\pi_1(G/H)$ の元は変わらないことを意味する．一方で A と B が非可換であれば，量子渦のトポロジカルチャージが実空間上の起点やループの経路に依存し，共役類の間で変化する．あるいは二つの量子渦のトポロジカルチャージが異なっていたとしても，それらが基本群の同じ共役類に属していれば，物理的に同じ性質をもっているといってもよい．

4.6.2 量子渦の衝突におけるトポロジー

まず図 4.18(a) のような衝突する 2 本の量子渦を考える．量子渦のトポロジカルチャージは渦を囲むループが秩序変数空間においてどのようなループに対応するかによって与えられるが，ここでは実空間上で同じ起点をもつ四つのループ a, b, c, d を考える．ループ a, b はそれぞれトポロジカルチャージ $A, B \in \pi_1(G/H)$ で特徴づけられるとする（以下で説明する図 4.18(e)，(g) もこのルールに従うとする）．図 4.18(a) のように，ループ a と c はお互いに渦を交差することなく連続変形を通して移り変わることができる．その結果，ループ c もトポロジカルチャージ A を与えることにな

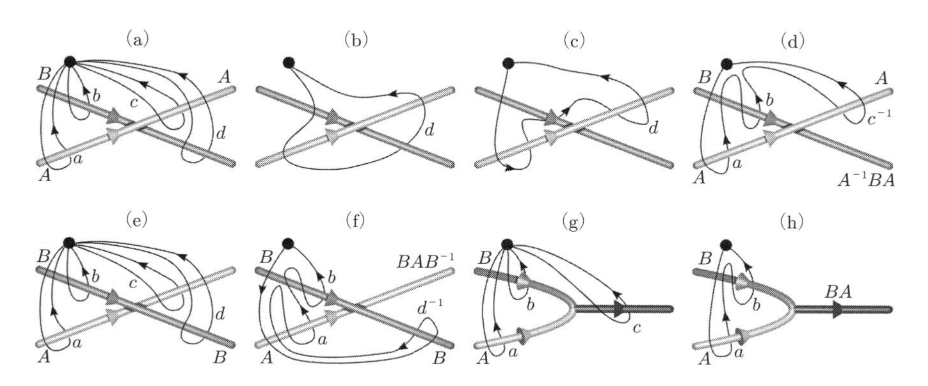

図 4.18 (a)：2 本の衝突する渦および渦を囲む四つのループ．ここで A, B はループ a, b に対応するトポロジカルチャージ．(a)～(d)：(a) におけるループ d の連続変形．(d)：ループ a, b, c, d によって与えられる渦のトポロジカルチャージ．(e)：(a) と逆に交差する 2 本の渦および渦を囲む四つのループ．A, B は (a) と同様．(f)：(e) におけるループ c の連続変形およびループ a, b, c, d によって与えられる渦のトポロジカルチャージ．(g)：三叉路型の渦の接合および渦を囲む三つのループ．A, B は (a) と同様．(h)：(g) におけるループ c の連続変形およびループ a, b, c によって与えられる渦のトポロジカルチャージ．

る．一方，ループ b と d は渦を交差することなく連続変形を通して移り変わることができない．ループ d は図 4.18(a)～(c) のような連続変形を通して最終的に図 4.18(d) のループに変形することができる．よってループ d は B の共役類である $A^{-1}BA$ のトポロジカルチャージを与えることになる．$\pi_1(G/H)$ が非可換群となる非可換量子渦で，かつ A と B が非可換なときには，ループ b と d は同じ量子渦を囲んでいるにもかかわらず，異なるトポロジカルチャージを与えることとなる．図 4.18(e) のような，図 4.18(a) とは逆に交差するような場合には，ループ a と c が連続変形を通して移り変わることができず，ループ c は図 4.18(f) のループに変形することができ，A に共役な BAB^{-1} のトポロジカルチャージを与える．A と B が可換なときには，$A^{-1}BA = B$ かつ $BAB^{-1} = A$ より，図 4.18(d) と図 4.18(f) のトポロジカルチャージの空間的配置は同じになり，両者の図はトポロジカルに等価な状態であるといえる．一方，A と B が非可換なときには，両者の図はトポロジカルに異なる状態である．また，量子渦は図 4.18(g) に示すような，三叉路型に接合する空間構造も可能である．このとき，ループ c は図 4.18(h) のループに変形することができ，BA のトポロジカルチャージを与える．

図 4.19(a)（あるいは図 4.18(a)）を初期状態としたときに，量子渦の衝突ダイナミクスとして，

- トポロジカルチャージ BA の渦の生成 (図 4.19(b))
- トポロジカルチャージ $A^{-1}B$ の渦の形成 (図 4.19(c))
- 通り抜け (図 4.19(d))

の三つの可能性が考えられる．ただし図 4.19(a) → 図 4.19(d) の通り抜けのダイナミクスは A と B が可換，つまり $AB = BA$ のときのみ可能である．なぜなら，これらの図は図 4.18(d)，(f) に相当し，$AB = BA$ のときのみ，両者がトポロジカルに等価な状態となるからである．以下でトポロジカルチャージ A，B の関係に対して，起こりうるダイナミクスを議論する．

$B = A$ または $B = A^{-1}$ の場合，2 本の渦のトポロジカルチャージは当然可換である．トポロジカルには図 4.19(b)～(d) のどのダイナミクスも可能であるが，$B = A$ のとき，図 4.18(c) の場合に形成される渦は $A^{-1}B = A^{-1}A = 1$ となり，これは渦が消滅することを意味する．これは衝突前と衝突後で渦の再結合が起こっていることを意味する．1 成分 BEC の渦の再結合ダイナミクスのトポロジカルな本質はここにあ

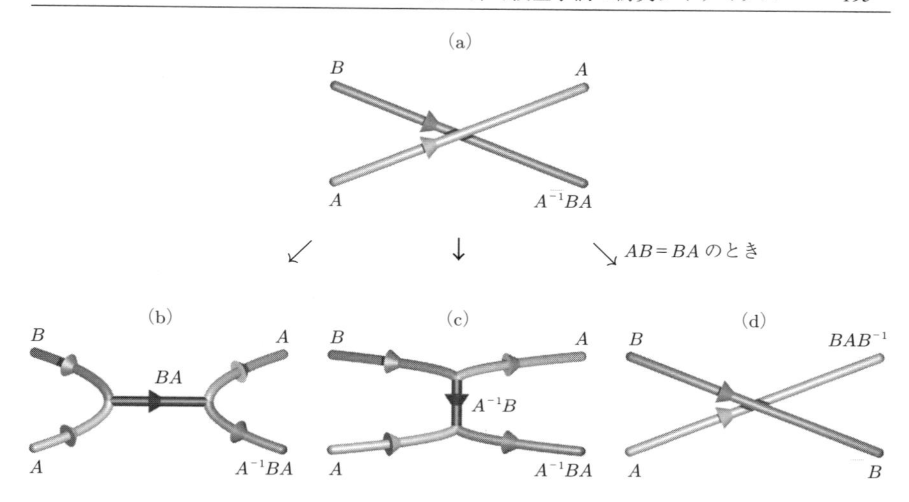

図 4.19 渦の衝突ダイナミクス．トポロジカルチャージ A，B の与え方については，図 4.18 と同様．(a) 初期状態．(b) 渦生成（トポロジカルチャージ BA）．(c) 渦生成（トポロジカルチャージ $A^{-1}B$）．(d) 通り抜け．(j) 絡み目をつくった量子渦からの衝突後にできるトポロジカルチャージ $A^{-1}B^{-1}AB$ の渦．

る．$B=A^{-1}$ のときも同様で，この場合は図 4.18(h) が再結合に相当する．

$B \neq A$，$B \neq A^{-1}$，$AB=BA$ の場合，図 4.19(b) と (c) はどちらも渦の形成となる．図 4.19(d) の通り抜けと渦形成を比較した場合，通り抜けが最も起こりやすいことがわかっている．

$AB \neq BA$ の場合，図 4.19(d) の通り抜けは禁止される．したがって可能性として渦形成のみが許される．

4.6.3 スピノール BEC における量子渦の衝突ダイナミクス

基本群 $\pi_1(G/H)$ によって特徴づけられるトポロジカルチャージが可換であるか非可換であるかは，量子渦の衝突ダイナミクスに著しく影響を与えるということがわかった．また，4.5.1 項で $F=2$ スピノール BEC のサイクリック状態における渦が非可換なトポロジカルチャージで特徴づけられることを見た．ここではサイクリック状態に対する GP 方程式を用いた量子渦の衝突ダイナミクスを簡単に紹介し，前節で説明したようなシナリオが実際に実現されることを示す [106]．

量子渦の衝突シミュレーションは，量子渦をもつ波動関数 Ψ を初期状態として GP

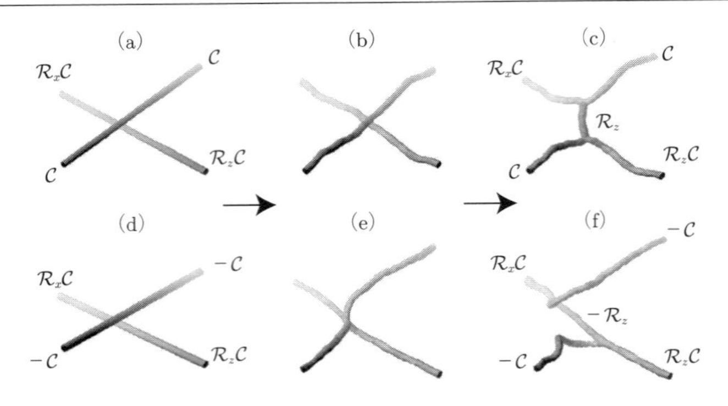

図 4.20 非可換なトポロジカルチャージをもった量子渦の衝突．渦のトポロジカルチャージは図 4.18 と同様の，紙面の左側かつ手前側を起点として計算し，具体的な値を (a)，(c)，(d)，(f) に表記した（サイクリック状態における渦のトポロジカルチャージは式 (4.95) を参照）．(a)～(c)：トポロジカルチャージ $\mathcal{R}_z$ の渦生成ダイナミクス．(d)～(f)：トポロジカル $-\mathcal{R}_z$ の渦生成ダイナミクス．

方程式 (2.260) を数値的に解くことによって行う．系は一様であるとして $V_{\mathrm{ext}}^{m_F}=0$ とし，シミュレーションは Neumann 境界条件を課した立方体の中で行う．基底状態はサイクリック状態が安定になるように $g_0>0$，$g_1/g_0=g_2/g_0=0.5$ としている．また初期状態として，図 4.19(a) のような．ねじれの位置にある 2 本の直線状の量子渦を用意する．

図 4.20 に量子渦の衝突ダイナミクスを示す．2 本の量子渦のトポロジカルチャージとして $\mathcal{C}$ と $\mathcal{R}_x\mathcal{C}$（同じ共役類）および $-\mathcal{C}$ と $\mathcal{R}_x\mathcal{C}$（異なる共役類）の 2 種類を用意した．これらはどちらも非可換な組合せである（サイクリック状態における渦のチャージは式 (4.95) を参照）．図 4.20(a)→(b)→(c) および図 4.20(d)→(e)→(f) の二つの衝突のダイナミクスはどちらも図 4.19(a)→(c) に対応している．つまり，図 4.19(a) において $A=\pm\mathcal{C}$，$B=\mathcal{R}_x\mathcal{C}$ としたときに，図 4.19(c) において生成される渦のトポロジカルチャージは $A^{-1}B=\pm\mathcal{R}_z$ となり，図 4.20(c)，(f) において現れる渦のトポロジカルチャージに対応している．

次に図 4.21 に示すようなお互いに絡み目をつくった量子渦の衝突を考える．2 本の量子渦のトポロジカルチャージとして可換な組合せ（$\mathcal{C}$ と $-\mathcal{C}$）と非可換な組合せ（$\mathcal{C}$ と $\mathcal{R}_x\mathcal{C}$）の 2 種類を用意した．トポロジカルチャージが可換な場合 (図 4.21(a)～(c)) には，渦の通り抜けが起こることによって絡み目がほどける．トポロジカルチャージが非可換な場合 (図 4.21(d)～(f)) には，衝突によって新しい渦（トポロジカルチャー

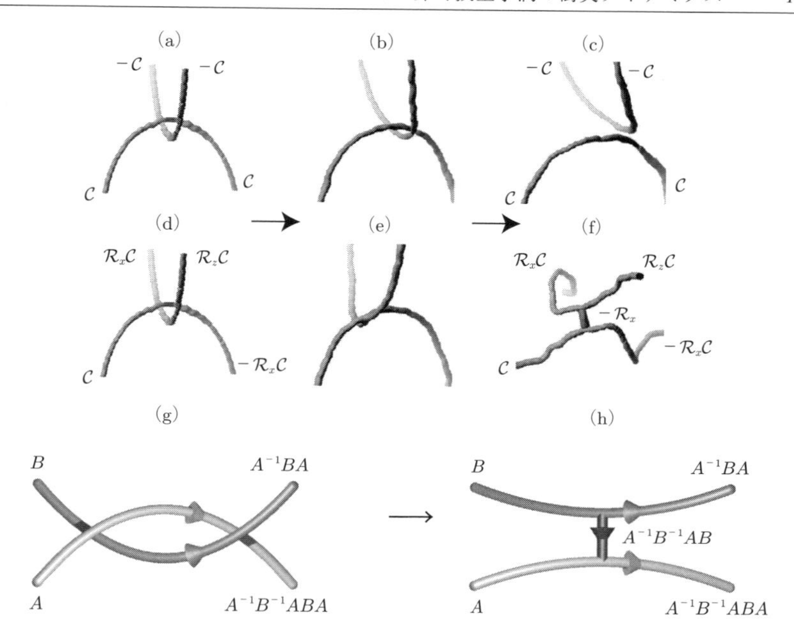

図 4.21 絡み目をつくった量子渦の衝突．渦のトポロジカルチャージは図 4.18 と同様の，紙面の左側かつ手前側を起点として計算し，具体的な値を (a)，(c)，(d)，(f) に表記した（サイクリック状態における渦のトポロジカルチャージは式 (4.95) を参照）．(a)〜(c)：可換なトポロジカルチャージ．(d)〜(f)：非可換なトポロジカルチャージ．(g)，(h)：衝突ダイナミクスの模式図．トポロジカルチャージ A，B の与え方については，図 4.18 と同様．

ジ $-\mathcal{R}_x$）が生成し，絡み目がほどけない．この衝突ダイナミクスを模式的に表したのが図 4.21(g), (h) である．図 4.21(g) に示される渦の絡み目構造は，図 4.19(a) を二つ左右に貼り合せたような構造になっている．貼り合せる際，左側に置く方のトポロジカルチャージはそのままに，右側に置く方のトポロジカルチャージを $A \to A^{-1}BA$, $B \to A$ とすれば，トポロジカルチャージは連続的につながり，絡み目の一番右側のトポロジカルチャージは $A \to A^{-1}BA$, $A^{-1}BA \to A^{-1}B^{-1}ABA$ となる．この渦の絡み目構造が衝突し，図 4.21(h) のような構造になったとする．このとき生成される新しい渦のトポロジカルチャージは，図 4.18 に示されるような，ループを用いた方法によって簡単に計算することができ，$A^{-1}B^{-1}AB$ となる．A と B が可換な場合には，$A^{-1}B^{-1}AB = 1$ より，渦は常に消滅し，非可換な場合にのみ渦が存在することとなる．その結果，可換なトポロジカルチャージをもっている量子渦の絡み目は必ずほどけるのに対し，非可換なトポロジカルチャージをもっている量子渦の絡み目はほどけない．図 4.21(g)，(h) において $A = \mathcal{C}$，$B = \mathcal{R}_x\mathcal{C}$ としたときに，生成される渦のトポロジカルチャージは $A^{-1}B^{-1}AB = -\mathcal{R}_x$ となり，図 4.21(f) において現れる渦のトポロジカルチャージに対応している．このように，絡み目をつくった量子渦の衝突は，トポロジカルチャージの可換・非可換性の違いを，より顕著に示すことがわかる．

第5章　量子流体力学的不安定性

流れの不安定性（**流体力学的不安定性**）は流体力学において重要な研究分野の一つである．その普遍的な理論体系のために，量子流体を含むさまざまな流体系に応用されている．超流体が従う運動方程式は古典系の流体方程式に類似しているため，古典流体ですでに知られている流れの不安定性に相当する現象が超流体でも起こりうる．それに加えて，巨視的量子効果によって支配される超流体系では，古典系では見られない流体力学的不安定性が発現する．本章では，超流体における流体力学的不安定性，いわば，量子流体力学的不安定性について議論し，その基本的な例を紹介する．

5.1　流れの不安定性

本節では量子流体の不安定性を理解するために必要な予備知識の導入を行う．まずは流れの不安定性についての一般論を述べ，具体例として古典系において最も基礎的な不安定性として知られる **Kelvin–Helmholtz 不安定性**（KHI）を紹介する．その後，巨視的量子効果が超流体における流れの不安定性に及ぼす影響について述べる．

5.1.1　流れの線形安定性

安定・不安定の直感的な理解を得るために，半球状のおわんの中で静止している玉の安定性を考えよう．おわんの底で静止した玉の位置を少しずらしたときの玉の運動を考えてみる．底からずらされた玉はおわんの底を中心として周期的な運動をするか，摩擦等の非保存力が作用すれば，玉はやがて底で静止する．今度は，逆さにしたおわんの頂上に玉を置いて静止させた場合を考える．玉がおわんの頂点から少しでもずれると，重力によって玉は加速してどんどんずれが大きくなり，最後にはおわんから滑り落ちる．おわんをポテンシャルエネルギーと見立てると，上記二つの例はどちらも初期状態はポテンシャルの極値に位置しており定常状態であるが，前者の状態は微小変化に対して安定といい，後者は不安定という．この例では，ポテンシャルが下に凸であることが安定であるための条件である．

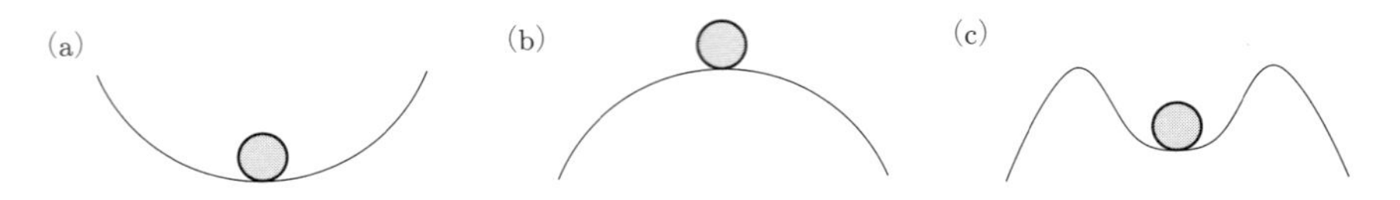

図 5.1　安定な状態 (a) および不安定な状態 (b)，準安定な状態 (c) の模式図．

流れの安定性も同様にして考えることができ，想定している定常な流れ（基本流）に微小な揺らぎを加えて流れが安定かどうかを判断する．例えば，管を流れる非一様な粘性流体は流速が臨界値よりも小さければ層流状態が実現するが，流速がある臨界値を超えると，加えた揺らぎはやがて成長して流れは不安定となる．状況によっては揺らぎの成長が有限な振幅で留まり，規則性をもつ流れとして平衡化することもあるが，典型的にはさまざまな揺らぎが折り重なって複雑な流れを生む乱流状態へと移行する．

流れの線形安定性は，基本流に無限小の揺らぎを加えた後の時間発展によって決定される．より具体的に述べると，一様な基本流に正弦波の揺らぎを加え，流体の運動方程式を揺らぎに関して線形化して得られる微分方程式の解によって安定性が調べられる．例えば，xy 方向に一様であり，座標 z に依存する速度場 $\bar{\boldsymbol{v}} = [v(z), 0, 0]^{\mathrm{T}}$ をもつ基本流を考えよう．この基本流に揺らぎ $\delta\boldsymbol{v}$ が加わると，速度場は $\boldsymbol{v} = \bar{\boldsymbol{v}} + \delta\boldsymbol{v}$ と記述される．このとき，揺らぎ $\delta\boldsymbol{v}$ として正弦波 $e^{i\boldsymbol{k}\cdot\boldsymbol{r}-i\omega t}$ に比例した形を採用するのが一般的である．ここで，$\boldsymbol{k}$ $(\perp\hat{\boldsymbol{z}})$ は揺らぎの波数ベクトル，ω は振動数である．通常は密度や圧力の揺らぎも考慮に入れるが，議論を簡略化するためにここでは省略する．

安定性を議論するために，振動数 ω を複素数とみなし，実部 $\mathrm{Re}(\omega) = \omega_{\mathrm{r}}$ と虚部 $\mathrm{Im}(\omega) = \omega_{\mathrm{i}}$ を使って $\omega = \omega_{\mathrm{r}} + i\omega_{\mathrm{i}}$ と表す．もし，ある波数をもつ揺らぎに対して $\omega_{\mathrm{i}} > 0$ ならば，揺らぎは時間とともに指数関数的に増大する．このとき，この系はこの揺らぎに対して不安定であるという．これはちょうど，図 5.1 でおわんが上に凸であるときの頂点からのずれの増大に対応させることができる．一方，あらゆる波数の揺らぎに対して $\omega_{\mathrm{i}} \leq 0$ ならば，揺らぎは減衰するか時間的に振動するだけであり，これはおわんが下に凸の場合と同様に安定であるという．

基本流の流れを徐々に速くしていき，流速がある臨界値を超えると振動数に虚部 $\omega_{\mathrm{i}} > 0$ をもつ揺らぎが現れて流れが不安定となる．流れの不安定性の強弱は振動数の虚部 ω_{i} の大きさによって特徴づけられ，流速が比較的小さいときには不安定性は弱く，臨界値付近で $\omega_{\mathrm{i}} \to 0$ となる．とりわけ，不安定性の境目 $\omega_{\mathrm{i}} \to 0$ の状態は**中立安定**とよばれる．流れが不安定な場合，揺らぎは指数関数的に増大するが，振幅が十分小さい**線形領域**では線形方程式に従い，揺らぎはモードごとに独立に成長する．時間の経過とともに振幅が大きくなって**非線形領域**に突入すると，モード同士の相互作用が起こり始めて流れが複雑化していく．

無限小の揺らぎに対しては安定であるが，ある大きさ以上の揺らぎに対しては不安定となる状態は，**準安定**であるとよばれる．準安定状態は，図 5.1(c) のような盆地型のポテンシャルで模式的に表される．初期状態において玉は周囲を山で囲まれた盆地の中央に位置する．この玉に無限小の揺らぎを加えても玉は盆地中央付近に戻ってくるため，系は安定であるといえる．しかし，周囲の山を超えるような十分大きな揺らぎが与えられると，山を越えた玉は尾根を下ってエネルギーの低い状態へと遷移し，二度と盆地には戻ってこない．系が不安定化するためには，ポテンシャル障壁の役割を果たしている周囲の山を超えられるような大きな揺らぎが必要である．系が準安定状態だったとしても，ポテンシャル障壁が十分高く，そのような大きな揺らぎが起こることがめったにない場合，系は実質上安定であるといえる．

超流体で実現する摩擦なし流れは，まさにこのような準安定状態である．超流体は壁などの外部環境体に対して静止した状態が一般に最もエネルギーの低い基底状態であるが，エネルギー障壁の存在により流れをもった状態が準安定状態として実現する．流れが減衰して基底状態に遷移するためには，3.2.1 項で説明した位相スリップの過程を経なければならない．その意味で，量子渦を生成するために必要なエネルギーが摩擦なし流れを準安定化させるエネルギー障壁の役割を担っている．

5.1.2 古典流体における流れの不安定性

流れの不安定性の研究は 19 世紀後半から始まった．代表的な例を歴史の古いものからいくつか列挙すると，流速の異なる 2 流体間で起こる KHI [107, 108]，円管の中の水流の安定性を調べた Reynolds の実験 [109]，水平な流体層中の熱対流に関する Bénard 問題 [110] などが挙げられる．

古典系には存在しない流れの不安定性が超流体では起こりうることはすでに述べた．逆に，古典流体では可能であるが粘性が消失した超流体には適用できない現象も存在する．上で挙げた例でそれを見ると，流体の粘性が本質的な役割を果たす Reynolds の実験や Bénard の問題は超流体に適用できない．一方，完全流体に対する理論解析を基礎とする KHI を超流体に適用するのは比較的容易である．ここでは，量子流体の不安定性の具体的な問題を扱う前に，超流体系と古典流体系の比較が行いやすい KHI を紹介しよう．

Kelvin–Helmholtz 不安定性

KHI は一様重力下で速度と密度の異なる二つの流体間の界面に起こる不安定性として知られており，湖面の波や旗のはためき，雲の渦巻き模様などの身近な現象の要因であると考えられている．KHI の問題は，流れの安定性の研究の中でもその歴史が最も古く，その端緒をなしたものといえる．KHI の理論（KH 理論）はもともと完全流体に対して論じられているが，粘性や圧縮性の効果を無視することで，通常の流体にも近似的に KH 理論が適用される．

水平な界面をもつ二つの流体を考え，重い流体が下層，軽い流体が上層にあるとする．界面に垂直な方向を z 軸にとり，界面の微小な変位を曲面 $z = \eta(x, y, t)$ で表そう．ただし，界面の厚みは無視する．上層（$z > \eta$）および下層（$z < \eta$）の流体の物理量を指数 $j = 1, 2$ でそれぞれ指定し，各層の局所的な質量密度，圧力，速度場を，それぞれ ρ_j，P_j，$\boldsymbol{v}_j = (v_{jx}, v_{jy}, v_{jz})$，とおく．ここで，$\rho_2 > \rho_1$ である．基本流では平らな界面が $z = 0$ 面に位置しており，$\eta = 0$，$\bar{\boldsymbol{v}}_j = U_j \hat{\boldsymbol{x}}$（$U_j$ は定数）となる．

界面の変位 η が従う方程式を導こう．界面に沿って圧力平衡の条件を課したとき，界面が歪曲することによって生じる余分な表面張力は，界面の両側に加わる流体の圧力 P_1 と P_2 の差によって補われる．界面張力係数 α を導入すると，圧力平衡は関係式

$$P_1 - P_2 = \alpha \left(\frac{\partial^2}{\partial x^2} + \frac{\partial^2}{\partial y^2} \right) \eta \tag{5.1}$$

によって記述される．この式は，左辺の界面両側の圧力差と，右辺の界面が湾曲したときの張力のつり合いを表している．界面の運動は流体粒子の移動によって駆動されことを考慮すると，単位時間あたりの界面の z 方向への局所的な変位 $\partial\eta/\partial t$ は，界面付近の流速と界面の傾きを使って

$$\frac{\partial \eta}{\partial t} = v_{jz} - v_{jx} \frac{\partial \eta}{\partial x} - v_{jy} \frac{\partial \eta}{\partial y} \tag{5.2}$$

と書ける．これは界面上で課される境界条件に相当しており，運動学的境界条件とよばれる．

次に，バルクでの流体変数が従う方程式を示そう．基本流において，界面上を除いて渦なしの条件 $\nabla \times \boldsymbol{v}_j = 0$ が満たされている．3.2.2 項で述べた Kelvin の循環定理により循環は保存されるため，渦なし流れである基本流に揺らぎが加わったとしても，各層は依然として渦なし流れのままである．そのため，バルクにおける流速は速度ポテンシャル Φ_j を使って $\boldsymbol{v}_j = \nabla \Phi_j$ と書かれる．このとき，各層の流れは圧力方程式

$$\frac{\partial \Phi_j}{\partial t}+\frac{v_j^2}{2}+\mathcal{P}_j+g_{\mathrm{G}}z=C_j \tag{5.3}$$

によって記述される．ここで，$\mathcal{P}_j=P_j/\rho_j$ は圧力関数，g_{G} は重力加速度，C_j は空間に依存しない任意定数である．さらに，非圧縮条件 $\nabla\cdot\boldsymbol{v}_j=0$ は

$$\nabla^2\Phi_j=0 \tag{5.4}$$

に帰着する．

基本流において界面が各層から受ける圧力は $\bar{P}_j\equiv\rho_j\left(C_j-U_j^2/2\right)$ である．速度ポテンシャルと圧力の揺らぎをそれぞれ

$$\delta P_j=P_j-\bar{P}_j,\quad \delta\Phi_j=\Phi_j-U_jx \tag{5.5}$$

で表そう．ただし，揺らぎは無限遠方 $z\to\pm\infty$ で消失するものとする．式 (5.1) と式 (5.2)，およびその平衡状態で成り立つ関係式から，揺らぎ δP_j，$\delta\Phi_j$ と界面の変位 η に関して線形化された方程式

$$\delta P_1-\delta P_2-(\rho_1-\rho_2)g_{\mathrm{G}}\eta=\alpha\left(\frac{\partial^2}{\partial x^2}+\frac{\partial^2}{\partial y^2}\right)\eta \tag{5.6}$$

$$\partial_z\delta\Phi_j=\left(\frac{\partial}{\partial t}+U_j\frac{\partial}{\partial x}\right)\eta \tag{5.7}$$

を得る．また，式 (5.3) と式 (5.4) は

$$\delta P_j=-\rho_j\left(\frac{\partial}{\partial t}+U_j\frac{\partial}{\partial x}\right)\delta\Phi_j \tag{5.8}$$

$$\nabla^2\delta\Phi_j=0 \tag{5.9}$$

に帰着する．式 (5.7) と (5.9) を考慮すると，揺らぎを

$$\delta\Phi_{1,2}=A_{1,2}e^{\mp|k|z+ikx-i\omega t},\qquad \eta=-iBe^{ikx-i\omega t} \tag{5.10}$$

によって表現することができる．無限遠で消失する揺らぎを想定すると，式 (5.10) の符号 $\mp$ は，$j=1$ に対して $-$，$j=2$ に対して $+$ でなければならない．また，式 (5.10) を式 (5.7) に代入することにより，係数 A_j と B の間に成り立つ関係式

$$A_{1,2}=\pm\frac{\omega-kU_{1,2}}{|k|}B \tag{5.11}$$

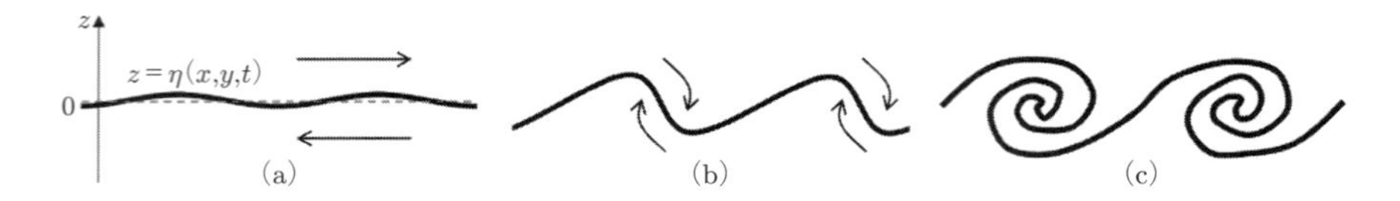

図 5.2　KHI における界面の典型的な時間発展の模式図．正弦波の揺らぎ (a) が成長した後，非線形効果により形をゆがめ (b)，渦巻き模様 (c) を形成する．

が導かれる．ここで，符号 $\pm$ は $j=1$ に対して $+$，$j=2$ に対して $-$ である．

式 (5.6) を式 (5.8)，(5.10) および (5.11) を使って表すと，

$$\rho_1(\omega - kU_1)^2 + \rho_2(\omega - kU_2)^2 = \alpha|k|^3 + F|k| \tag{5.12}$$

を得る．ここで，

$$F = (\rho_2 - \rho_1)g_{\mathrm{G}} \tag{5.13}$$

を用いた．これを ω に関して解くと，

$$\omega = \frac{\rho_1 U_1 + \rho_2 U_2}{\rho_1 + \rho_2}k \pm \frac{|k|}{\sqrt{\rho_1 + \rho_2}}\sqrt{\frac{F + \alpha k^2}{|k|} - \frac{\rho_1 \rho_2}{\rho_1 + \rho_2}U_{\mathrm{R}}^2} \tag{5.14}$$

を得る．ここで，相対速度 $U_{\mathrm{R}} = |U_1 - U_2|$ を導入した．

式 (5.14) の第 2 項の平方根の中身が負の値をとるとき，振動数に虚部 $\mathrm{Im}(\omega) > 0$ が現れ，揺らぎの振幅は時間とともに増大して基本流は不安定となる．波数 k の揺らぎに対して流れが安定であるための条件は

$$U_{\mathrm{R}} < \sqrt{\frac{F + \alpha k^2}{|k|}\frac{\rho_1 + \rho_2}{\rho_1 \rho_2}} \tag{5.15}$$

である．この不等式の右辺は $|k| = \sqrt{F/\alpha}$ のとき最小値

$$U_{\mathrm{KH}} \equiv \sqrt{2\frac{\rho_1 + \rho_2}{\rho_1 \rho_2}\sqrt{F\alpha}} \tag{5.16}$$

をとる．つまり，流れが任意の揺らぎに対して安定であるためには，相対速度 U_{R} が臨界値 U_{KH} よりも小さくなくてはならない．

流れが不安定化した後の KHI の典型的な時間発展の様子を図 5.2 に示した．上層と下層の流体間の相対速度が臨界値を超えると，虚部 $\mathrm{Im}(\omega)$ が大きいモードが成長し

て現れる．モードの振幅が小さいときは正弦波で表されるが，振幅が大きくなるにつれて正弦波はゆがめられる．やがて，波の山と谷が巻きつくようにして渦を形成する．その後，渦を伴う複雑な流動状態へと移行する．

5.1.3 巨視的量子効果の影響

多くの流体力学的不安定性に共通する一般的な時間発展は，初期状態の基本流，または層流から揺らぎが成長し，複雑なダイナミクスへと移行する，というものである．不安定性が発現した直後の乱れが小さい線形領域では，揺らぎを記述するモードを独立に扱うことができる．揺らぎの振幅が十分成長すると線形領域を脱し，非線形領域へと移行する．非線形領域では特徴的なパターンが現れ，渦の複雑な運動を経て乱流状態または別の流動状態へと遷移する．

超流体における流れの不安定性も同様に線形領域と非線形領域に分類することができる．巨視的量子効果はその両方の領域において古典系との違いを生む．そのおもな要因は，(i) 摩擦なし流れ，および，(ii) 循環の量子化である．この二つの巨視的量子効果がもたらす影響について，ここで明確にしておこう．

(i) 摩擦なし流れの熱力学的不安定性

線形領域で違いが現れる第一の理由として，古典系では実現しない基本流が超流体系に存在するということが挙げられる．粘性が存在する古典流体では，超流体で実現する摩擦なし流れのような状態は実現不可能である．つまり，量子流体の不安定性の解析では，摩擦なし流れとして実現する基本流に対する線形安定性解析が新たに加わることになる．

2.5.3 項で述べたように，摩擦なし流れが熱力学的に安定である条件は，超流体中に負の励起エネルギーをもつ素励起が存在しないことである．もし負のエネルギー $\hbar\omega(k) < 0$ をもつ素励起が存在すれば，素励起は自発的に励起・増幅されるため，その状態は熱力学的に不安定であるといえる．それに対して振動数に虚部をもつ素励起が存在する場合，系は動的に不安定である[*1]．熱力学的不安定性は流体のエネルギーが外部環境体に散逸する機構が存在するときにのみ起こる現象であるが，動的不安定性は流体が孤立系とみなせる状況においても起こりうる不安定性である．後述する超

[*1] ただし，エネルギー散逸の効果を表す項を含む運動方程式から出発する線形安定性の問題では，熱力学的不安定性を引き起こすモードの振動数にも虚部が現れるが，これを動的不安定性と混同してはならない．

流体における古典系の KHI に相当する不安定性は動的不安定性に分類される．

(ii) 量子渦によって駆動される流れの不安定性

超流体の流れは巨視的波動関数で記述されるため，循環が量子化される．この効果によって違いが生じる場合はおもに二つある．

一つは，非線形領域において量子渦が出現した場合である．仮に，古典系と量子系で同様な基本流を想定し，その線形安定性がまったく同じ形式で表現されるとしよう．このとき，不安定性の線形領域における時間発展には両者の違いは現れない．ところが，渦が生じ始める非線形領域では循環の量子化により，古典流体では見られない超流体特有のダイナミクスが必然的に引き起こされる．

もう一つは，量子渦が存在する状態を基本流とする流れの不安定性である．古典流体において渦糸は安定な状態ではないが，超流体では位相欠陥として安定に存在し続けることができる．したがって，渦糸が存在する基本流から発現する流れの不安定性は超流体系特有の現象といえる．具体的には，4.1.2 項ですでに紹介した多重量子渦の分裂現象や量子渦上を伝播する素励起である Kelvin 波によって駆動される流れの不安定性などがこれに相当する．

5.2　2相超流体界面をもつ流れの不安定性

KH 理論は完全流体に対する解析に基づいている．KH 理論の基本流であるせん断流は粘性流体において熱平衡状態としては起こりえない．したがって，粘性が生じる古典系で起こる KHI を理論と厳密に比較することは困難である．一方，摩擦が生じない超流体系では，安定な熱平衡状態としてせん断流が実現される．その意味で，超流体系は KH 理論を厳密に検証できる理想的な系であるといえる．

KH 理論の超流体系への本格的な導入は，超流動 ^{3}He の AB 界面の不安定性に対して初めて行われた．その後，冷却原子気体 2 成分 BEC へと拡張されている．本節では，最初に KH 理論を 2 相の超流体間の界面の線形安定性解析に拡張し，超流動 ^{3}He，および，2 成分冷却原子気体 BEC における KHI を議論する．その後，同様な理論的枠組みで記述される **Rayleigh–Taylor 不安定性**（RTI）についても紹介しよう．

5.2.1　リプロン励起に対する線形安定性

KH 理論で得られた界面波の分散関係 (5.14) は，圧縮性が無視できる 2 相の超流体界面の線形安定性解析にそのままの形で適用することができる．界面波を量子化して得られる素励起はリプロン（ripplon）とよばれる．リプロンの振動数に虚部が現れることは，上述の動的不安定性に相当する．超流体系ではこれに加えて，リプロンの励起エネルギーが負の値をとるときに発現する Landau 不安定性が考慮される．

KHI は相対速度 U_{R} の大きさによってその線形安定性が決まったことに対して，リプロンの Landau 不安定性は 2 流体の重心速度

$$V_{\mathrm{G}} = \frac{\rho_1 U_1 + \rho_2 U_2}{\rho_1 + \rho_2} \tag{5.17}$$

の大きさで決まる．上述の KH 理論において，二つの完全流体を超流体におき換えて考えよう．今，平らな界面に沿って伝播するリプロンの運動量 $\boldsymbol{p}_{\parallel} = \hbar k \hat{\boldsymbol{p}}_{\parallel}$ $(\hat{\boldsymbol{p}}_{\parallel} \perp \hat{\boldsymbol{z}})$ はよい量子数となっている．簡単のため，単位ベクトル $\hat{\boldsymbol{p}}_{\parallel}$ を 2 流体の相対速度と平行な方向にとり，相対速度に対して垂直に伝播するリプロンを無視して，問題を 2 次元的に扱うことにする．

リプロン励起による Landau 不安定性の臨界速度は KH 理論の結果を用いて算出することができる．$V_{\mathrm{G}} = 0$ のときのリプロンの励起エネルギーは分散関係 (5.14) に $\hbar$ を乗じた量

$$\epsilon_0(k) = \frac{\hbar|k|}{\sqrt{\rho_1 + \rho_2}} \sqrt{\frac{F + \sigma k^2}{|k|} - \frac{\rho_1 \rho_2}{\rho_1 + \rho_2} U_{\mathrm{R}}^2} \tag{5.18}$$

で与えられる．ここで，式 (5.14) において正符号のモードを採用した．正符号のモードと負符号のモードは共役な関係にあり，後者は前者と同じ振動数をもった逆方向に伝播する界面波に相当する．

2 流体が重心速度をもつとき，リプロンの励起エネルギーは $\epsilon(k) = \epsilon_0(k) + \hbar k V_{\mathrm{G}}$ と表される．$\epsilon(k) < 0$ を満たすリプロンが存在すれば系は熱力学的に不安定となる．2.5.3 項と同様の議論により，リプロン励起に対する Landau 臨界速度 V_{LI} は

$$V_{\mathrm{LI}} \equiv \min\left[\frac{\epsilon_0(k)}{\hbar k}\right] = \sqrt{\frac{\rho_1 \rho_2}{(\rho_1 + \rho_2)^2}(U_{\mathrm{KH}}^2 - U_{\mathrm{R}}^2)} \tag{5.19}$$

で与えられる．ただし，$U_{\mathrm{R}}^2 \leq U_{\mathrm{KH}}^2$ を仮定した．この不安定性は KH 理論の枠組みを熱力学的不安定性に拡張したものであり，**熱力学的 KHI** とよぶことにする．それに対して，式 (5.14) の分散関係に虚部が現れる結果生じる動的不安定性を**動的 KHI** とよんで区別する．

重心速度 V_{G} と相対速度 U_{R} は独立変数であるが，V_{G} に対する Landau 臨界速度 V_{LI} は U_{R} に依存しており，$U_{\mathrm{R}} \to U_{\mathrm{KH}}$ で $V_{\mathrm{LI}} \to 0$ となる．これは動的 KHI が起こると

き熱力学的 KHI も同時に起こりうることを意味する．$U_{\mathrm{R}} < U_{\mathrm{KH}}$ かつ $V_{\mathrm{G}} > V_{\mathrm{LI}} > 0$ であれば，散逸系において熱力学的 KHI だけが発現する．一方，$U_{\mathrm{R}} > U_{\mathrm{KH}}$ かつ $V_{\mathrm{G}} > V_{\mathrm{LI}} > 0$ であれば，動的 KHI と熱力学的 KHI の両方が起こりうる．この場合，不安定性の成長率が大きい方が初期のダイナミクスを支配する．例えば，エネルギー散逸機構が支配的な系では，熱力学的不安定性による揺らぎの成長が顕著になり，不安定化のダイナミクスは熱力学的 KHI によって支配される．

5.2.2　超流動 ^{3}He の AB 界面

熱力学的 KHI の観測に初めて成功したのは Helsinki 工科大学（現 Aalto 大学）の実験グループである [111]．彼等は回転容器内で超流動 ^{3}He の A 相と B 相を共存させ，容器の回転角速度が臨界値を超えると A 相と B 相の界面（AB 界面）が不安定化することを実験的に確認した．

図 5.3(a) は実験の様子を概略図で示したものである．回転軸に沿って空間変化する磁場 $H(z)\hat{\boldsymbol{z}}$ が印加されている．A 相が不安定化して B 相へと相転移を起こす臨界磁場の強さを H_{AB} とすると，AB 界面は $H(z) = H_{\mathrm{AB}}$ を満たす位置で安定化する．円筒容器の上層に位置する A 相は回転状態にあり，図 3.11 で示したような循環 2κ をもつ連続渦の格子が形成されている．一方，下層に存在する B 相は回転しておらず，A 相の渦が侵入することを拒み，連続渦は AB 界面直上で循環 κ の MH 渦に分裂し，外側に折れ曲がって容器の壁に達している．

A 相あるいは B 相のみで満たされた冷凍容器の回転角速度を徐々に増加させた場合，角速度がある臨界値に達すると壁で渦が生成される．上記の実験で A 相側にのみ渦が存在する理由は，この臨界値が B 相より A 相の方が小さいからである．容器の壁の局所的な速度の大きさは円筒容器の半径 R（$= 0.3\,\mathrm{cm}$）を用いて $U = R\Omega$ と表される．A 相側の容器の壁で渦が生成される臨界速度 $U_{\mathrm{c}}^{\mathrm{A}}$（$\approx 0.36\,\mathrm{mm/s}$）は B 相側に対する臨界速度 $U_{\mathrm{c}}^{\mathrm{B}}$（$> 7\,\mathrm{mm/s}$）に比べて 1/20 倍程度小さい．したがって，$U_{\mathrm{c}}^{\mathrm{B}} > U > U_{\mathrm{c}}^{\mathrm{A}}$ のとき A 相には渦が存在するが，B 相は渦なしとなる．このとき AB 界面ではせん断流が実現しており，局所的に見れば KH 理論の基本流が実現していることになる．

実験ではこの状態からさらに角速度 Ω を上げていき，Ω がある臨界値 Ω_{c} に達したところで B 相に量子渦が現れたことを確認した．これを速度に換算すると $R\Omega_{\mathrm{c}} \sim 2 \sim 4\,\mathrm{mm/s}$ であり，$U_{\mathrm{c}}^{\mathrm{B}}$ よりも小さい値であった．このとき，B 相に現れた量子渦は壁で生成されたのではなく，A 相側から AB 界面を通じて侵入したものと考えられる．

上述の KH 理論では異なる質量密度の流体間に働く重力の差が界面を平衡位置に安

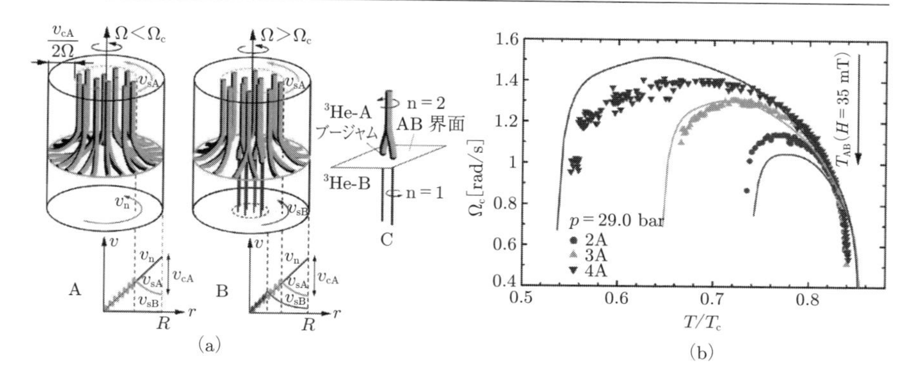

図 5.3 超流動 ^{3}He の AB 相境界における熱力学的 KHI の実験の概略図 (a) と臨界角速度の温度依存性の観測値 (b).(a) A: 超流動 ^{3}He が入った容器の回転角速度 Ω が臨界値 Ω_c よりも小さい場合,上層の A 相は循環 2κ の連続渦が格子を組み回転状態にあるが,下層の B 相は無回転状態である.連続渦は途中で外側に折れ曲がり AB 界面に渦シートを形成する.下のグラフは常流動速度 v_n と A 相と B 相の超流動速度 v_{sA},v_{sB} の動径分布を模式的に示している.B: Ω が Ω_c を上回ると,AB 界面から B 相へ渦が数本侵入し,容器の中央に集まって格子を組む.C: AB 界面を貫く渦の模式図.A 相の連続渦は 2 本に枝分かれして,B 相側で循環 κ の特異渦に接続する.界面上の渦の接続点はブージャム (boojum) とよばれる,界面の境界条件によって特徴づけられる位相欠陥である.(b) 臨界角速度 Ω_c の温度依存性.グラフは角速度を増加率 (5×10^{-4}rad/s^2) でゆっくり増加させたときに初めて B 相側に渦が出現したときの角速度 Ω_c を表している.3 種類の印は,磁場を発生させるソレノイドを流れる電流の大きさが 2,3,4 A のときの観測値を示している.界面に作用する復元力 F の値はこの電流の値に依存する.曲線はフィッティングパラメータなしで理論的に求められた臨界角速度である.(R. Blaauwgeers, *et. al.*: Shear Flow and Kelvin-Helmholtz Instability in Superfluids, *Phys. Rev. Lett.*, **89**, 155301 (2002) より.)

定化させる復元力として作用した.この系では,A 相と B 相の質量密度は近似的に等しいとみなせるので $\rho_1 = \rho_2$ となり,重力による復元力は無視される.その代わりに,磁場エネルギーをポテンシャルとした復元力 $F = (1/2)\left[\chi_A - \chi_B\right]\left(dH^2/dz\right)$ が AB 界面を安定化させる.ここで,χ_A および χ_B は A 相と B 相の磁気感受率である.

流体の流速は容器の壁付近で最も大きくなる.そのため,温度が十分低く,常流動成分の存在が無視できたとしても,壁との相互作用によるエネルギー散逸を無視することはできない.したがって,実験で得られた臨界角速度は熱力学的 KHI に関係しているものと予想される.今の場合,熱力学的 KHI の臨界速度の式 (5.19) において,A 相と B 相をそれぞれ指数 1 と 2 に対応させればよい.A 相で渦が生成される臨界回転角速度は小さいので,A 相の速度は近似的に壁の速度と一致しているものとみなす．したがって，静止しているB相とA相の相対速度は容器の壁付近で最大値$U_\mathrm{R} = R\Omega$となる．熱力学的な安定性は外部環境体である容器の壁が静止している座標系を基準に考えるので，$U_1 = 0$，$U_2 = -R\Omega$とする．これらを式(5.17)に代入すると$V_\mathrm{G} = -R\Omega/2 = -U_\mathrm{R}/2$を得る．このとき，臨界速度$\Omega_\mathrm{c} = V_\mathrm{LI}/R$は$V_\mathrm{G}$に対する臨界速度$V_\mathrm{LI}$の式(5.19)から得られ，

$$\Omega_\mathrm{KH} = \frac{U_\mathrm{KH}}{\sqrt{2}R} \tag{5.20}$$

となる．

界面の張力係数αや復元力Fなどの温度Tおよび磁場Hに対する依存性はすでに知られているので，理論的に臨界角速度Ω_KHを見積もることができる．図5.3(b)は実験で得られたΩ_cの温度依存性と理論値を比較したものである．実験値はフィッティングパラメータなしで評価したΩ_KHの値（実線）と定量的によい一致を示している．動的KHIに対する臨界角振動数はΩ_KHに$\sqrt{2}$を乗じたU_KH/Rで与えられるが，これでは測定値をうまく説明できない．つまり，実験で起こっている界面の不安定性は熱力学的KHIであると結論づけられる．

図5.3(a)のBの図は不安定性が起きた後の様子を模式的に表している．実験ではNMR測定でB相側の渦を検出することにより，臨界角速度Ω_cが測定された．AB界面から十分離れたA相側に現れる渦の循環は2κであり，渦度が連続的に分布した渦芯領域のサイズは双極子回復長$\xi_\mathrm{D}^\mathrm{A} \sim 10\,\mu\mathrm{m}$と同程度である．一方，B相側に現れる渦は回復長$\xi_0 \sim 0.01\,\mu\mathrm{m}$程度の芯をもつ特異渦である．B相の渦1本あたりの循環はκであるから，図5.3(a) Cに示すように，A相の連続渦は界面の近くで循環κの2本のMH渦に枝分かれし，界面上でB相の特異渦に変形すると考えられている．

この実験により，2相超流体間の界面の不安定性にKH理論が適用できることが明らかになった．しかし，不安定性によって引き起こされる界面付近のパターン形成や渦をこの系では直接観測することができないため，KHIの非線形領域のダイナミクスの詳細は明らかになっていない．A相の渦とB相側の渦の太さのスケールが3桁程度違うことが，その理解をさらに困難にさせている．また，散逸の影響で動的KHIに先駆けて熱力学的KHIが起こるため，動的KHIはこの系で確認されていない．

5.2.3　2成分BECにおけるKelvin–Helmholtz不安定性

古典系のKHIに相当する量子系の不安定性は動的KHIであることはすでに述べた．巨視的量子効果によって，動的KHIで古典系と比較してどのような違いが現れるか

は興味深い問題である．動的 KHI を実現できる系として，冷却原子気体 2 成分 BEC が提案されている [112]．この系では散逸を近似的に無視できるため，熱力学的 KHI は抑制されて動的 KHI が非線形ダイナミクスを支配する．また，冷却原子気体の系では量子渦の形成やその運動を可視化できるため，KHI の非線形領域におけるダイナミクスの直接観測が期待される．

KH 理論では界面の内部構造を無視して定式化を行ったが，2 成分 BEC の系では Bogoliubov 理論に基づいてより微視的な取扱いが可能である．成分間の斥力相互作用が十分大きいとき，2 成分 BEC は相分離して界面（ドメイン壁）を形成する．界面から離れるとともに一方の成分の密度は指数関数的に減衰し，界面から十分離れた場所では他方の成分のみが存在する．両成分はお互いの存在をポテンシャル障壁のように感じ，界面付近で秩序変数の振幅は大きく空間変化する．成分間斥力相互作用が強いときには，その空間変化の長さスケールは回復長 ξ と同程度である．したがって，界面の厚みも ξ と同程度となる．

KHI の具体的な考察をする前に，相分離状態にある 2 成分 BEC における低エネルギー励起と KH 理論との関係を明らかにする必要がある．簡単のため，外部ポテンシャルが存在しない一様な系において平らな界面が $z=0$ に沿って存在する場合を考え，2 成分間の相対速度をゼロとする．この定常状態における素励起は BdG 方程式を解くことにより求められる．図 5.4(b) は BdG 方程式の数値解析によって得られた低エネルギー励起の分散関係である．数値計算では系のサイズは有限であるので境界の影響を考慮に入れる必要がある．しかし，この有限サイズ効果は系のサイズに比べて波長が十分小さい場合には無視することができる．

エネルギーが最も低いブランチの素励起は $k^{3/2}$ に比例する [113]．ただし，k は界面に平行な波数成分である．この素励起はリプロンに相当し，分散関係 (5.14) において $F=0$，$U_1=U_2=0$ としたときの理論結果

$$\omega=\omega_{\mathrm{r}}(k)\equiv\sqrt{\frac{\alpha}{\rho_1+\rho_2}}k^{3/2} \tag{5.21}$$

とよい一致を示している．図 5.4(a) に示すように，この素励起は界面を z 方向に局所的に平行移動させるモードであるから，巨視的波動関数の微小変化を記述する素励起の波動関数は界面付近に局在している．このように空間局在したモードは，量子渦やドメイン壁などの位相欠陥が存在するときに普遍的に現れる素励起である．2 番目に低いエネルギーのブランチの素励起は k に比例する分散関係をもつ．これは界面に

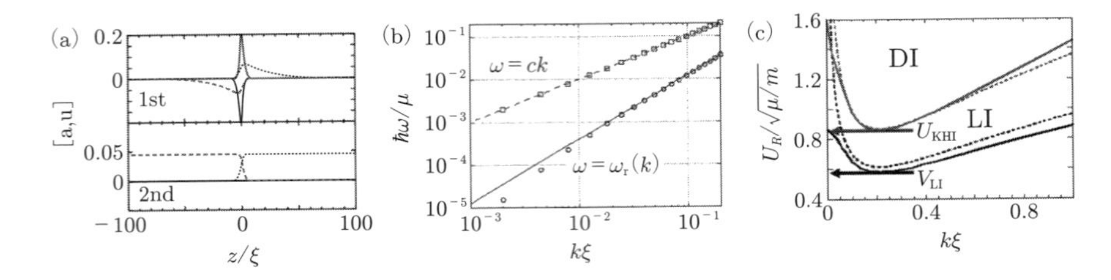

図 5.4　(a) 一様系における 2 成分 BEC 中の平らな界面に沿って伝播する低エネルギー励起．グラフはリプロン (1st) およびフォノン (2nd) による各成分の密度 (実線) と位相 (破線) の揺らぎの空間分布を表している．フォノンによる位相揺らぎは定常解の巨視的波動関数の空間プロファイルと一致する．(b) 数値的に得られたリプロンとフォノンの分散関係．実線と破線はそれぞれ理論解析に基づいたリプロンとフォノンの分散関係を表している．低波数側での理論と数値結果のずれは，有限サイズ効果によるものである．(c) 外部ポテンシャルが存在するときの 2 成分 BEC における KHI の安定性相図．実線は BdG 方程式の数値解析，点線は KH 理論に基づいた理論解析の結果を表す．基本流における成分 1 の速度は $U_1 = 0$，成分 2 の速度は $U_2 = U_{\rm R}$ である．黒い線より上は Landau 不安定性 (LI) が起こる領域，灰色の線より上は動的不安定性 (DI) が起こる領域である．((a), (b) は H. Takeuchi and K. Kasamatsu: Nambu-Goldstone modes in segregated Bose-Einstein condensates, *Phys. Rev. A*, **88**, 043612 (2013) を改変．(c) は H. Takeuchi, *et. al.*: Quantum Kelvin-Helmholtz instability in phase-separated two-component Bose-Einstein condensates, *Phys. Rev. B*, **81**, 094517 (2010) を改変．)

沿って伝播するフォノンであり，その波動関数は空間全体に広がっている．フォノンは以下で示す KHI の線形安定性には関与しないのでこれ以降無視する．

上述の KH 理論との対応関係を理解しやすくするために，緩やかな空間勾配をもつ外部ポテンシャル $V^j_{\rm ext}(z) = m_j g_j z$ $(j = 1, 2)$ が加わった状況を考える [112]．界面から十分離れた場所では 2 成分は共存せず，各成分を独立に扱うことができる．したがって，速度ポテンシャル $\Phi_j = \hbar\theta_j/m_j$ および超流動速度場 $\boldsymbol{v}_j = \nabla\Phi_j$ を導入し，巨視的波動関数 $\Psi_j = \sqrt{n_j}e^{i\theta_j}$ を 2 成分が結合した連立 GP 方程式 (2.237) に代入すれば，界面から離れた場所における運動方程式は

$$\frac{\partial\Phi_j}{\partial t} + \frac{v_j^2}{2} + g_j z + \mathcal{P}_j + Q_j = C_j \tag{5.22}$$

となる．ここで，Q_j は量子圧力項，C_j は空間に依存しない定数である．圧力関数 $\mathcal{P}_j$ は静水圧 $P^h_j = g_{jj}n_j^2/2$ を用いて $\mathcal{P}_j \equiv \int dP^h_j/\rho_j = g_{jj}n_j/m_j$ で表される．密度の空間勾配が十分緩やかであるとして量子圧力項 Q_j を無視すれば，式 (5.22) は式 (5.3) と同形となる．

KH 理論の分散関係 (5.14) におけるパラメータ ρ_j と F に対する 2 成分 BEC の表

式を求めよう．基本流の状態において，界面から離れた場所では波動関数の z 方向への空間変化は緩やかであるから，密度分布は Thomas–Fermi 近似を適用して

$$\bar{n}_j(z) = \frac{1}{g_{jj}}\left(\mu_j - m_j\frac{U_j^2}{2} - m_j g_j z\right) \tag{5.23}$$

と表される．界面の厚みを無視すれば，式 (5.14) の ρ_j は界面近傍の質量密度 $\bar{\rho}_j = m_j\bar{n}_j(z \to \pm 0)$ でおき換えることができる．上で述べたように，式 (5.22) の左辺第3項は KH 理論における重力ポテンシャルの役割を果たしているから，式 (5.14) の F は，より一般的な形

$$F = g_1\bar{\rho}_1 - g_2\bar{\rho}_2 \tag{5.24}$$

で表される．この式において $g_1 = g_2 = -g_{\mathrm{G}}$ とすれば，式 (5.13) の F と同じ形式となる．

界面の線形安定性は，2成分 BEC に対する BdG 方程式の数値解析によって直接求めることができる．図 5.4(c) は $U_1 = 0$, $U_{\mathrm{R}} = U_2$, $g_1 = -g_2 > 0$ のときの KH 理論に基づく理論解析と BdG 方程式に基づく数値解析による線形安定性の相図を比較したものである．ここで，$\mu_1 - m_1U_1^2/2 = \mu_2 - m_2U_2^2/2 = \mu$, $g_{11} = g_{22} = g$, $m_1 = m_2 = m$ である．DI と LI はそれぞれリプロン励起に対する動的不安定性 ($\mathrm{Im}(\omega) \neq 0$) と Landau 不安定性 ($\omega < 0$) が起こる波数領域を表している．理論解析と数値解析の結果は不安定性が起こり始める比較的小さい相対速度の領域でよい一致を示している．ξ 程度の界面の厚みとリプロンの波長が同程度になると KH 理論は破綻するので，高波数領域では両者の結果にずれが生じてくる．また，リプロンの波長が系の大きさ程度になる低波数領域では有限サイズ効果が現れてくるので，理論と数値結果の間にずれが生じている．

動的 KHI や熱力学的 KHI の非線形領域における時間発展でどのようなダイナミクスが発現するのかは興味深い．量子流体において，動的 KHI は古典系の KHI に相当するが，非線形領域では渦の運動が支配的になるため，量子系と古典系に顕著な違いが現れるであろう．図 5.5(a) は GP 方程式を数値的に解いて得られた動的 KHI の時間発展の様子を表している．パラメータは図 5.4(c) で採用したものと同じである．渦シートから量子渦が放出される様子をわかりやすく表現するために，平均化した超流動速度 $\boldsymbol{v} = (n_1\boldsymbol{v}_1 + n_2\boldsymbol{v}_2)/(n_1 + n_2)$ の回転として定義される渦度 $\boldsymbol{\omega}_v = \nabla \times \boldsymbol{v} = \omega_v\hat{\boldsymbol{z}}$ を導入し，図 5.5 ではこの渦度が高さで表現されている．界面波は初期状態（基本流）

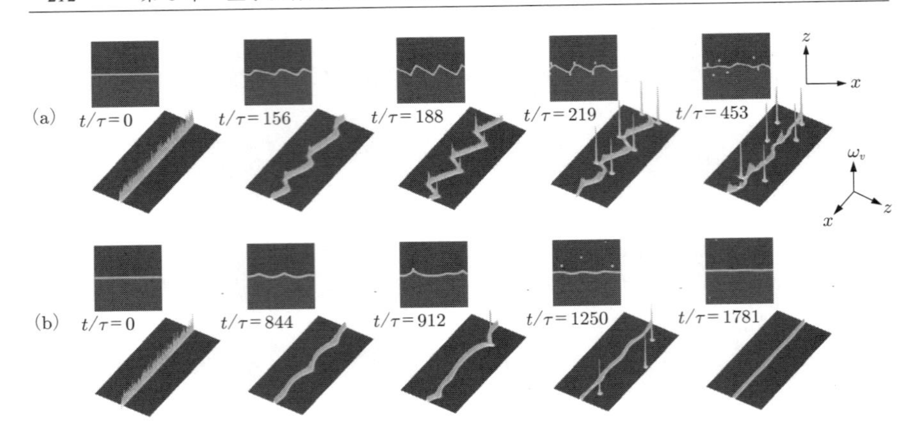

図 5.5　相分離した 2 成分 BEC 中の動的 KHI(a) と熱力学的 KHI(b) における界面と渦度分布の数値的時間発展．下段の 3 次元プロットは上段の 2 次元プロットにおける渦度分布（色の薄い領域）を高さで表現している．基本流において成分 1（上段では下側の層，下段では右下側の層）は静止しており，成分 2（上段では上側の層，下段では左上の層）の速度はそれぞれ $U_2 = U_{\rm R} = 0.98\sqrt{\mu/m}$(a) および $U_2 = U_{\rm R} = 0.79\sqrt{\mu/m}$(b) である．動的 KHI では界面上に存在する渦シートから量子渦が両方のドメインに放出され，放出された渦は界面に沿って漂い続ける．熱力学的 KHI では速度をもつドメイン側にのみ渦は放出されて界面から遠ざかった後，臨界速度を下回った相対速度をもつ平衡状態へと向かう．（H. Takeuchi, *et. al.*: Quantum Kelvin-Helmholtz instability in phase-separated two-component Bose-Einstein condensates, *Phys. Rev. B*, **81**, 094517 (2010) を改変.）

に加えられたランダムな揺らぎから成長して，虚部 $\mathrm{Im}(\omega)$ の最も大きなモードに相当する正弦波が現れる．古典系の KHI と同様に振幅が増大した正弦波にゆがみが生じ始める．その後，界面は古典系のように渦巻き構造をとるのではなく，鋸型に変形して波形の山と谷の頂点に局在した渦度のピークをつくる．これらのピークは界面からバルクへと放出され，循環量子 $\kappa = h/m$ をもつ量子渦となる．

量子渦を放出したことによって渦シートが保有する渦度は全体として減少する．渦度の減少は界面両側の超流体間の相対速度の減少を意味する．相対速度の減少分は，放出された量子渦の数からおおよそ見積もることができる．図 5.5(a) の場合，放出された量子渦の数は六つであるから，渦シートから渦度が 6κ だけ取り除かれたことになる．相対速度の減少分は単位長さあたりの渦シートが放出した渦度 $6\kappa/L \sim 0.6\sqrt{\mu/m}$ に等しい．ここで，L は系の相対速度方向のサイズである．量子渦の放出後は相対速度が動的 KHI の臨界速度 $U_{\rm KH}$ より小さくなるので，界面の不安定化はおさまり，これ以降量子渦は界面から新たに放出されなくなる．今の場合，エネルギー散逸が存在しないので放出された量子渦は界面付近を漂い続ける．

熱力学的 KHI の非線形領域の時間発展は，式 (4.34) のように散逸項を導入した 2 成分 GP 方程式を数値的に解くことにより定性的に調べることができる．今，初期状態で成分 1 は静止しており，成分 2 のみが環境体に対して相対速度をもっている．そのため，成分 1 側に量子渦が放出されて，量子渦が界面に垂直な方向に系を横切る．これは 3.2.1 項で扱った位相スリップに相当し，その結果，成分 2 の超流動速度は減少する．複数の量子渦を放出した後，相対速度が $V_{\rm LI}$ を下回ると，それ以降量子渦の放出は止まり，界面は平らな状態に戻る．

5.2.4　2 成分 BEC における Rayleigh–Taylor 不安定性

KH 理論の分散関係 (5.14) において $F<0$ のとき，任意の相対速度で界面波の振動数に虚部が現れる．F は式 (5.13) で与えられており，$F<0$ の状況は上層よりも下層の流体の質量密度が小さいときに起こる．これは基本的な流体力学的不安定性としてよく知られており，Rayleigh–Taylor 不安定性（RTI）とよばれる．

RTI の線形安定性を調べよう．流速が存在しない初期状態を想定し，式 (5.14) において $U_1=U_2=U_{\rm R}=0$ とする．下層の流体の方が質量密度が大きい場合を考え，$\rho_1>\rho_2$ とする．$F<0$ に注意すると，界面波の分散関係

$$\omega=\pm\sqrt{\frac{-|Fk|+\alpha|k|^3}{\rho_1+\rho_2}} \tag{5.25}$$

を得る．振動数に虚部をもつモードの波長 $\lambda=2\pi/|k|$ の範囲は

$$\lambda>\lambda_{\rm RTI}\equiv 2\pi\sqrt{\frac{\alpha}{|F|}} \tag{5.26}$$

であり，$\lambda_{\rm RTI}$ よりも長い波長をもつ揺らぎのみが指数関数的に成長して不安定性を引き起こす．

復元力 F に対する一般的な表式 (5.24) を適用すれば，質量密度が同じ 2 流体に対しても RTI を適用できる．式 (5.24) において，例えば，$\bar{\rho}_1=\bar{\rho}_2$，$g_1=-g_2=g>0$ となるとき，F は負の値をとる．冷却原子気体の系では各成分の外部ポテンシャルを独立に変調させることができるため，このような状況を実験的に実現できる．

図 5.6 に 3 次元中の 2 成分 BEC における平らな界面から発達した RTI の数値計算の結果を示した [114]．初期の揺らぎの成長とともに界面が波打ち，ポテンシャル勾配によって下層の流体は上方へ，上層の流体は下方へ移動し始める．それに伴い「指」

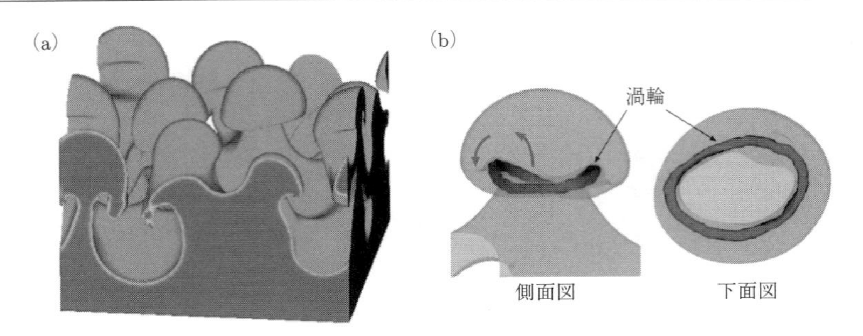

図 5.6　GP 方程式の数値計算によって得られた 2 成分 BEC における RT 不安定性の時間発展の様子．図は下層に存在する成分 1 の密度等値面を表している．(b) は (a) の一つの指を取り出して横（side view）と下（under view）から見た様子を表している．キノコのかさの下にある濃い灰色の線は量子渦の芯，矢印は流れの方向を表している．（K. Sasaki, *et. al.*: Rayleigh-Taylor instability and mushroom-pattern formation in a two-component Bose-Einstein condensate, *Phys. Rev. A*, **80**, 063611 (2009) より．）

のような突起状の構造が多数上下に突き出る．やがて指の先端はキノコ型に変形する．これは，上方と下方に向かう 2 流体間の界面で KHI による渦が生じたからである．以上のような構造形成は古典系の RTI と同様であるが，キノコのかさの部分に現れる量子渦が，その後の時間発展において古典系との違いを生むことになる．

5.3　完全対向流の不安定性

2 相流体は大きく分けて相分離状態と混合状態の二つに分類される．前節では前者の流れの不安定性を議論した．本節では後者の問題を取り扱う．通常，混合状態にある 2 相流体に相対速度が存在すればお互いに摩擦または抗力が作用する．そのため，熱平衡状態において 2 相混合流体は相対速度を消失する．しかし，どちらか一方の成分が超流体の場合，相対速度をもった状態が熱平衡状態として安定化する．以下ではこのような相対速度をもつ 2 流体の混合状態を**完全対向流**または単に**対向流**とよぶことにする．

超流体系で実現する最も基本的な対向流は，超流動 ^{4}He の 2 流体模型で記述される超流体（S: superfluid）と常流体（N: normal fluid）の対向流（**SN 対向流**）である．SN 対向流は，3.1 節で紹介したように熱勾配によって駆動される場合，熱対向流ともよばれる．常流体は古典流体と同様にふるまうが，超流体は摩擦なし流れが可能であるのでSN対向流は安定となりうる．もう一つの重要な例は，2成分がともに超流体で構成される**SS対向流**である．この流動状態は**対向超流動**ともよばれ，混合状態にある冷却原子気体2成分BECの系で実現される．以下ではこれらの話題を中心に，完全対向流の不安定性の問題を紹介する．

5.3.1 SN対向流の不安定性

超流動 ^{4}He の2流体模型によると超流体と常流体は量子渦の存在を通じてお互いに相互作用する．そのため，量子渦が存在しないとき対向流の熱平衡状態が実現する．常流動成分を外部環境体とみなせば，対向流の安定性の問題はLandau不安定性の問題に帰着させることができる．したがって，SN対向流の相対速度がロトン励起に対するLandau臨界速度よりも大きくなれば系は熱力学的に不安定となる．

実際にはLandauの臨界速度よりも小さい相対速度でSN対向流は不安定化しうる．臨界相対速度が小さくなる要因は，系の境界の効果による外的要因と流体本来の性質に起因する内的要因に分類される．ここでいう外的要因のおもだった機構としては，容器などの壁面にピン止めされた**残留渦**（remnant vortex）の影響が挙げられる．相対速度とともに増加する相互摩擦力の効果がピン止めの効果を上回ると渦が成長して流れが不安定化する．微視的に見て壁面の構造は複雑なため，残留渦の形状もさまざまである．そのため，外的要因による不安定性の臨界相対速度を定量的に見積もることは一般に難しい．

一方，内的要因による不安定性は，バルクにおける量子渦のふるまいによって説明される．この不安定性による対向流の減衰は，運動量をもった渦輪あるいはKelvin波の成長によって特徴づけることができる．このようなSN対向流の熱力学的不安定性の議論は，3.2.1項で扱った相互摩擦力によって渦輪およびKelvin波が収縮・成長する現象に対して物理的説明を与えるものである．また，これらの機構は，壁面に付着した残留渦にも起こりうるため，外的要因による不安定性を定性的に理解するうえでも重要であろう．以下では，バルクに存在する渦輪とKelvin波の成長によって引き起こされるSN対向流の不安定性について説明する．

渦輪の成長による不安定化

一様なSN対向流を考えよう．簡単のため，常流動成分は容器の壁などの外部環境体に対して常に静止しているものとし，常流動成分が静止している座標系で問題を考える．このとき，SN対向流が不安定化するということは超流動が減衰することに対応する．超流動が減衰するには，3.2.1 項で説明した位相スリップのように，量子渦が系を横断することによって系全体の位相勾配を小さくする過程が必要である．したがって，SN 対向流の不安定化の過程は渦糸の運動によって部分的に記述することができる．

まずはSN 対向流中の渦輪の運動について考察しよう．渦輪の基本的な運動は 3.2.1 項で述べた．今，図 5.7(a) のように，渦輪の進む方向が印加される超流動速度 $\boldsymbol{v}_{\mathrm{s}} = -V\hat{\boldsymbol{z}}$ と逆向きになるように配置する．渦糸模型によると，渦輪の半径 R の時間発展は，式 (3.31) で $v_{\mathrm{n}} = 0$，$v_{\mathrm{s},a} = -V$ とおいて，

$$\frac{dR}{dt} = \alpha\,(V - V_{\mathrm{vr}}) \tag{5.27}$$

となる．渦輪の自己誘導速度 V_{vr} は一定圧力下で真空の渦芯を想定し，$V_{\mathrm{vr}} = \kappa[\ln(8R/r_{\mathrm{c}}) - 1/2]/(4\pi R)$ とする．式 (5.27) は $V > V_{\mathrm{vr}}$ のとき，相互摩擦の効果により，渦輪の半径 R が時間とともに成長することを意味する．また，一つの渦輪が運ぶ流体の運動量（インパルス）は渦芯の密度変化を無視する仮定の下では $P_{\mathrm{vr}} = \int d\boldsymbol{r}\rho_{\mathrm{s}}\boldsymbol{v}_{\mathrm{s}} \approx \pi\kappa\rho_{\mathrm{s}}R^2$ と与えられる [115]．このインパルスは半径 R とともに増大するので，このような渦輪の成長は超流動の減衰，すなわち，SN 対向流の減衰を意味する．超流動速度 V が与えられたとき，渦輪の半径が時間とともに増大する最小の半径 R_{c} は，関係式

$$V = V_{\mathrm{vr}}(R = R_{\mathrm{c}}) = \frac{\kappa}{4\pi R_{\mathrm{c}}}\left(\ln\frac{8R_{\mathrm{c}}}{r_{\mathrm{c}}} - \frac{1}{2}\right) \tag{5.28}$$

を満たす．

対向流の不安定化を渦輪のもつエネルギーによって評価しよう．渦輪のエネルギーは，渦輪が存在することによって流体に余分にもたらされるエネルギーとして定義される．$V = 0$ のとき渦輪がもつエネルギーは，$E_{\mathrm{vr}}^0 = (\kappa^2/2)\rho_{\mathrm{s}}R[\ln(8R/a) - 3/2]$ と書かれる．$V \neq 0$ のとき，渦輪のエネルギーは，渦輪の運動量が $\boldsymbol{v}_{\mathrm{s}}$ と逆向きになったときに最小値をとり，

$$E_{\mathrm{vr}}^V(R) = E_{\mathrm{vr}}^0 - VP_{\mathrm{vr}} = \frac{\kappa^2}{2}\rho_{\mathrm{s}}R\left(\ln\frac{8R}{a} - \frac{3}{2} - \frac{2\pi VR}{\kappa}\right) \tag{5.29}$$

となる．図 5.7 に V の値に対する $E_{\mathrm{vr}}^V(R)$ を示した．エネルギー $E_{\mathrm{vr}}^V(R)$ は $R = R_{\mathrm{c}}(V)$ において極大値

$$E_{\mathrm{vr}}(R_{\mathrm{c}}) = \frac{\kappa^2}{2}\rho_{\mathrm{s}}R_{\mathrm{c}}\left(\frac{1}{2}\ln\frac{8R_{\mathrm{c}}}{a} + \frac{5}{4}\right) \tag{5.30}$$

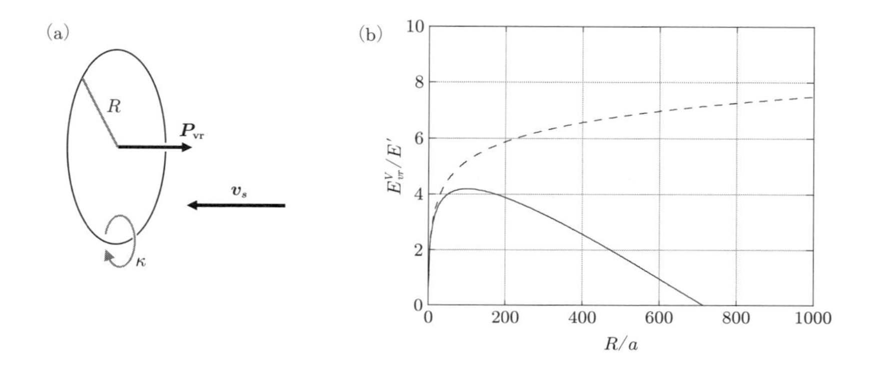

図 5.7 (a) SN 対向流中の渦輪．(b) SN 対向流中の渦輪のエネルギー $E^V_{\rm vr}$．破線と実線はそれぞれ $V=0$ と $V=0.01\times\hbar/(ma)$ のときのプロットを示す．縦軸は $E'=\kappa^2\rho_{\rm s}a/2$ でスケールされている．

をとる．したがって，エネルギーが散逸するとともに $R<R_{\rm c}(V)$ の渦輪はそのサイズを縮める．逆に，$R>R_{\rm c}(V)$ の渦輪は半径を時間とともに増大させる．渦糸模型において相互摩擦力によってエネルギー散逸が記述されると考えると，この結果は式 (5.27) によって得られた結果とも矛盾していない．V が有限のとき，半径 R がある値より大きい領域では渦輪のエネルギーが負の値をとる．

渦輪の生成に必要なエネルギーの表式 (5.29) は，一様超流動中の素励起に対するドップラーシフトの関係と同じ形をしている．しかし，不安定性を評価するうえで前者と後者を混同してはならない．なぜなら，有限のサイズをもつ渦輪は素励起とみなせないのは明らかであり，Landau 不安定性の議論を今の問題に適用することはできないからである．有限の大きさをもつ負のエネルギーの渦輪をつくるためには，無限小の渦輪の生成から始まり，半径 R を連続的に増大させていく必要がある．しかし，半径 R が小さい領域には $E_{\rm vr}(R)$ の極大 (5.30) が存在する．これは SN 対向流を減衰させるためのエネルギー障壁に相当しており，この系が準安定であることの表れである．

5.1.1 項で述べたように，準安定状態を不安定化させるためには十分大きな揺らぎが必要である．今の場合，SN 対向流を不安定化させるためには，$R_{\rm c}$ より大きな半径の渦輪を生成するような十分大きな揺らぎが必要である．揺らぎによって $R_{\rm c}$ よりも大きな半径をもつ渦輪が一つでも生成されれば，その渦輪は時間とともに成長して SN

対向流は減衰する．このような渦輪の生成は熱活性過程によって確率的に起こりうる．半径 R_c の渦輪が熱揺らぎによって生成される確率はボルツマン因子 $e^{-E_\mathrm{b}/k_B T}$ に比例するが，この因子は温度 T の上昇および E_b の減少とともに大きくなる．ほとんどの場合，この確率は非常に小さいためこのような確率過程は無視される．ただし，超流動転移点近傍は例外である．$E_\mathrm{b} = E_\mathrm{vr}(R_\mathrm{c})$ は超流動密度 ρ_s に比例しているため，ρ_s が小さくなる超流動転移点の近傍では渦輪生成が起こりやすくなる．

Kelvin 波の成長による不安定化

ここでは，SN 対向流中の量子渦に Kelvin 波を励起する不安定性について述べる．SN 対向流中に存在する 1 本の直線渦を考える．この渦糸が対向流の相対速度方向に対して傾いていれば，相互摩擦力を受けて平行移動してしまうため，定常な流れとしては相対速度に対して渦が平行な状態のみが可能である．今，常流体が z 方向に一様な速度 $\boldsymbol{v}_\mathrm{n} = v_\mathrm{n}\hat{\boldsymbol{z}}$ で流れており，z 軸に沿ってまっすぐ伸びた 1 本の渦糸を想定しよう．ここで，渦糸上に分散 $\omega_{-1}(k) = \beta_\mathrm{ind} k^2$ をもつ Kelvin 波が励起されるとする．式 (3.35) で見たように，$\omega_{-1}(k) - kv_\mathrm{n} > 0$ のとき振幅は時間とともに減少して Kelvin 波は消失する．一方，$\omega_{-1}(k) - kv_\mathrm{n} < 0$ のときは波数 k の Kelvin 波は時間とともに指数関数的に増幅する．これは SN 対向流が不安定であることを意味する．この不安定性は **Donnelly–Glaberson 不安定性**とよばれており，回転超流動の回転軸に沿って熱勾配を与えることによって引き起こされる流体力学的不安定性として知られる [115]．Kelvin 波は z 方向に k に比例した運動量を運び，その大きさは振幅とともに増加する．したがって，この不安定性は z 方向正の向きに超流体の運動量を増大させ，SN 対向流の相対速度を緩和させる．

この不安定性は Kelvin 波励起に対する Landau 不安定性として微視的に再解釈することができる．Kelvin 波を量子化して得られる素励起をケルボンとよぶ．常流動成分が静止している，つまり，$v_\mathrm{n} = 0$ のとき，ケルボンの励起エネルギーは $\epsilon_{-1}(k) \equiv \hbar\omega_{-1}(k)$ と書ける．直線渦糸に沿って伝播する素励起の運動量 $\hbar k$ はよい量子数となっている．常流体を外部環境体とみなすと $v_\mathrm{n} \neq 0$ のときのケルボンの励起エネルギーは，$\epsilon_{-1}(k) - \hbar k v_\mathrm{n}$ と表される．したがって，条件 $\omega_{-1} - kv_\mathrm{n} < 0$ はケルボンが負のエネルギーをもつことを意味し，このケルボンは自発的に励起・増幅される．

この不安定性は外部回転が存在する場合に拡張することができる．外部回転の回転軸を z にとり，角振動数を $\boldsymbol{\Omega} = \Omega\hat{\boldsymbol{z}}$ とする．このとき，直線渦に沿って定義される素励起の励起エネルギーは $\epsilon = \epsilon_{-1} - \hbar k v_\mathrm{n} - \hbar l \Omega$ と書かれる．ここで l は素励起の z

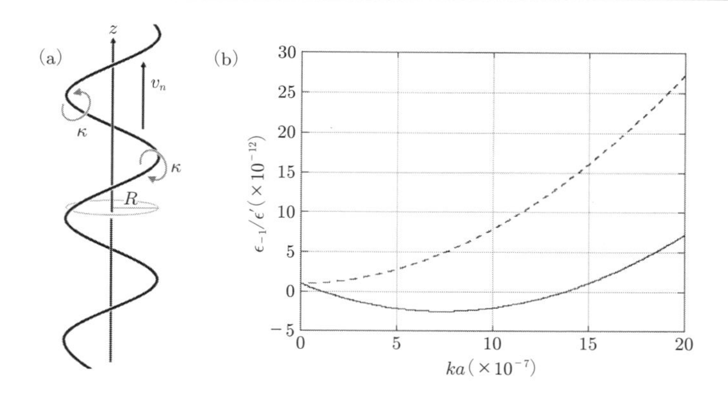

図 5.8　(a) SN 対向流に平行な渦糸上の Kelvin 波．(b) 外部回転下の SN 対応流中の Kelvin 波の分散関係．破線と実線はそれぞれ $V = 0$ と $V = 10^{-5} \times \hbar/(ma)$ のときのプロットを示す．縦軸は $\epsilon' = \hbar^2/(ma^2)$ でスケールされており，エネルギーギャップは $\epsilon(k = 0) = \Delta_{-1} = 10^{-12} \times \epsilon'$ とした．

軸方向の角運動量の量子数であり，ケルボンに対しては $l = -1$ である．これはケルボンの励起にエネルギーギャップ $\Delta_{-1} = \hbar\Omega$ が存在すると解釈できる．

外部回転が存在する場合の V に対する臨界値を求めよう．Landau 不安定性の議論を適用すると，ケルボン励起に対する臨界速度

$$V_{\mathrm{DG}} = \min\left(\frac{\epsilon_{-1} + \Delta_{-1}}{\hbar k}\right) \tag{5.31}$$

を得る．Kelvin 波（$l = -1$）に対する臨界速度は，β_{ind} の対数的なふるまいを無視すれば，$V_{\mathrm{DG}} = 2\sqrt{\beta_{\mathrm{ind}}\Omega}$ と書かれ，V_{DG} はゼロから Ω の平方根に比例して増加する．4.1.2 項で述べたように，この系には Kelvin 波以外にも低エネルギー励起として渦沿いに伝播するフォノンであるバリコス波が存在する．しかし，バリコス波の角運動量はゼロ（$l = 0$）であり，その励起エネルギーは $\epsilon = \epsilon_0(k) - \hbar k v_{\mathrm{n}} - \hbar l\Omega = \epsilon_0(k) - \hbar k v_{\mathrm{n}}$ となるので，Ω に依存するエネルギーギャップは存在しない．渦芯に沿って伝播するフォノンであるバリコス波の分散関係 $\epsilon_0(k)$ は低波数領域で線形に立ち上がり，臨界速度は比較的大きくなる．そのため，回転振動数が十分小さいときには Kelvin 波の臨界速度の方がバリコス波の臨界速度よりも低いので，たいていの場合においてこの不安定性には Kelvin 波励起のみが関与する．

5.3.2 対向超流動の不安定性

SN 対向流は粘性をもつ常流体と非粘性の超流体の完全対向流であり，相対速度が十分大きくなるとエネルギー散逸が起こり流れは不安定となった．外部環境体が存在しない絶対零度孤立系において二つの超流体で構成される対向超流動では，流れはどのようにして不安定化するであろうか．

SN 対向流では，粘性をもつ常流体が外部環境体の役割を担い，超流動が減衰した．常流体が存在しない絶対零度孤立系における対向超流動では，一見，二つの超流体間に摩擦は生じずに任意の相対速度で安定であると思うかもしれない．実際には，相対速度がある臨界値以上で動的に不安定となる．これを**対向超流動の不安定性**（counterflow instability: CSI）とよぶ．ここでは，CSI の線形安定性とその典型的な不安定化ダイナミクスおよび関連する実験を紹介しよう．

対向超流動の線形安定性

外部ポテンシャルが存在しない一様系の対向超流動を考える．2 成分が結合した連立 GP 方程式 (2.237) に巨視的波動関数 $\Psi_j = \sqrt{n_j}e^{i\theta_j}$ を代入して整理すれば，連続の式

$$\frac{\partial n_j}{\partial t} + \nabla \cdot (n_j \boldsymbol{v}_j) = 0 \tag{5.32}$$

および，運動方程式

$$m_j \frac{\partial \boldsymbol{v}_j}{\partial t} = -m_j \nabla \left(\frac{v_j^2}{2} + Q_j \right) - \sum_k g_{jk} \nabla n_k \tag{5.33}$$

を得る．今，2 成分間に粒子数のやり取りは起こらないので，連続の式は各成分の密度に関して独立に成り立つ．

運動方程式の右辺最終項の $-g_{12}\nabla n_{k\neq j}$ は異成分から受ける力を表している．密度が空間に依存せず $n_j = \bar{n}_j = \mathrm{const.}$ となるとき，2 成分間の相互作用は消失する．このとき，一様な対向超流動が定常状態として実現し，巨視的波動関数は $\Psi_j = \sqrt{\bar{n}_j}e^{i(\bar{\boldsymbol{v}}_j \cdot \boldsymbol{r} - \mu_j t)/\hbar}$ と書ける．ここで，$\bar{\boldsymbol{v}}_j$ は空間に依存しない j 成分の超流動速度である．この系では散逸機構が存在せず，不安定性は相対速度にのみ依存する．したがって，一般性を失わずに以下では 2 流体の重心運動は無視することにする．

一様な対向超流動の線形安定性を調べるために，速度の揺らぎ $\delta\boldsymbol{v}_j = \boldsymbol{v}_j - \bar{\boldsymbol{v}}_j$ と密度の揺らぎ $\delta n_j = n_j - \bar{n}_j$ に関して方程式の線形化を行う．$\delta\boldsymbol{v}_j$ と δn_j を式 (5.32) お

よび式 (5.33) に代入して整理すると，δn_j に関する方程式にまとめられ，

$$\left(\frac{\partial}{\partial t} + \bar{\boldsymbol{v}}_j \cdot \nabla\right)^2 \delta n_j = \bar{n}_j \nabla^2 \left(\sum_k \frac{g_{jk}}{m_j}\tilde{n}_k - \frac{\hbar^2}{4m_j^2\bar{n}_j}\nabla^2 \delta n_j\right) \tag{5.34}$$

を得る．密度の揺らぎを $\delta n_j \propto e^{i\boldsymbol{q}\cdot\boldsymbol{r}-i\omega t}$ とおくと，式 (5.34) から

$$\left[(\omega - \bar{\boldsymbol{v}}_1 \cdot \boldsymbol{q})^2 - \omega_1^2\right]\left[(\omega - \bar{\boldsymbol{v}}_2 \cdot \boldsymbol{q})^2 - \omega_2^2\right] = c_{12}^4 \boldsymbol{q}^2 \tag{5.35}$$

を得る．ここで，

$$\omega_j^2 = c_{jj}^2 \boldsymbol{q}^2 + \frac{\hbar^2}{4m_j^2}\boldsymbol{q}^4, \ c_{jk}^2 = \sqrt{g_{jk}^2 \frac{\bar{n}_j \bar{n}_k}{m_j m_k}}$$

を用いた．線形安定性はこの ω に対する 4 次方程式を解くことで調べられるが，一般にその解の形は複雑である．しかし，典型的な状況（$m_1 = m_2 = m$，$\bar{n}_1 = \bar{n}_2 = \bar{n}$，$g_{11} = g_{22} = g$，$c_{11} = c_{22} = c$）を想定すれば，分散関係は比較的単純な形へ帰着できて，

$$\epsilon_{\boldsymbol{q}}'^2 = \epsilon_0'^2 + \frac{1}{4}\left(\boldsymbol{q}' \cdot \bar{\boldsymbol{v}}_{\mathrm{R}}'\right)^2 \pm \sqrt{\left(\boldsymbol{q}' \cdot \bar{\boldsymbol{v}}_{\mathrm{R}}'\right)^2 \epsilon_0'^2 + \boldsymbol{q}'^4 \gamma_{12}^2} \tag{5.36}$$

と書ける．ここで，無次元量，$\gamma_{12} = g_{12}/g$，$\epsilon_0'^2 = \frac{1}{4}\boldsymbol{q}'^4 + \boldsymbol{q}'^2$，$\epsilon_{\boldsymbol{q}}' = \hbar\omega/g\bar{n}$，$\boldsymbol{q}' = \boldsymbol{q}\hbar/\sqrt{mg\bar{n}}$，$\bar{\boldsymbol{v}}_{\mathrm{R}}' = (\bar{\boldsymbol{v}}_2 - \bar{\boldsymbol{v}}_1)/c$ を導入した．

式 (5.36) の右辺が負の値をとるとき，振動数に虚部が現れ，対向超流動は動的に不安定となる．波数 $\boldsymbol{q}$ のモードが動的不安定性を引き起こす条件は，式 (5.36) の最終項とそれ以外の項を比較することにより，

$$\sqrt{\boldsymbol{q}'^4 + 4\left(1 - |\gamma_{12}|\right)\boldsymbol{q}'^2} < \boldsymbol{q}' \cdot \bar{\boldsymbol{v}}_{\mathrm{R}}' < \sqrt{\boldsymbol{q}'^4 + 4\left(1 + |\gamma_{12}|\right)\boldsymbol{q}'^2} \tag{5.37}$$

と書かれる．式 (5.37) を線形安定性の相図としてプロットすることで，CSI の特徴をとらえることができる．図 5.9(a,b) は CSI の典型的な相図を示したものである．

CSI の動的安定性相図は相対速度 $v_{\mathrm{R}} = |\bar{\boldsymbol{v}}_2 - \bar{\boldsymbol{v}}_1|$ に対する二つの臨界値

$$v_{\pm} = 2\sqrt{1 \pm |\gamma_{12}|}c \tag{5.38}$$

によって特徴づけられる．下部臨界速度 v_- は CSI が起こる臨界相対速度を表しており，$v_{\mathrm{R}} < v_-$ のときは相図に不安定領域は現れない．$v_- < v_{\mathrm{R}} < v_+$ のとき，不安定

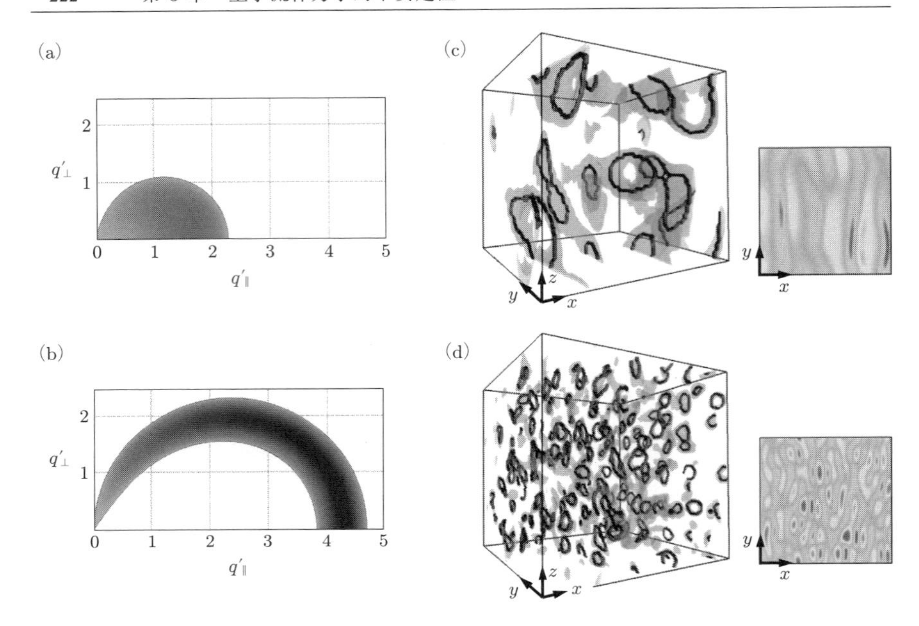

図 5.9　波数空間における CSI の動的安定性相図 (a,b) および CSI による典型的な渦形成の様子 (c,d)．(a,c) は初期状態の相対速度 $\bar{\boldsymbol{v}}_{\rm R} = v_{\rm R}\hat{\boldsymbol{x}}$ が $v_- < v_{\rm R} = 2.36c < v_+$ のとき，(b,d) は $v_{\rm R} = 4.71c > v_+$ のときの様子を表している．(a,b) の相図において色の濃い場所は振動数の虚部が大きく，不安定性が強い領域を表している．(c,d) の 3 次元プロットにおける曲面は成分 1 の密度がある一定の低い値をもつ領域を，太い曲線は量子渦の芯の位置を示している．(c,d) の右に示した 2 次元プロットはある x-y 断面における成分 1 の密度分布である．異成分間相互作用係数は $g_{12}/g = 0.9$ である．(S. Ishino, *et. al.*: Countersuperflow instability in miscible two-component Bose-Einstein condensates, *Phys. Rev. A*, **83**, 063602 (2011) を改変.)

領域は相図の低波数側に広く分布している．とりわけ，相対速度に対して垂直な波数 $q_\perp$ がゼロとなる付近に不安定性が強い領域が分布している．相対速度の増加とともに虚部の最大値は大きくなり，$v_{\rm R}$ が上部臨界速度 v_+ を上回ると，相図における不安定領域の形状は三日月のような形状をとる．このとき，振動数の虚部が大きな値をもつ揺らぎは，波数の垂直成分が大きな領域にも分布している．

CSI による量子渦の形成

一様な対向超流動にランダムな微小変化を加えると，振動数に虚部をもつモードが時間とともに指数関数的に成長する．揺らぎが十分に成長すると，密度分布に特徴的な空間構造が現れるとともに量子渦が形成され，複雑な流動状態へと遷移する．ここでは CSI の時間発展初期に起こる量子渦形成について説明しよう．

CSI による渦形成は安定性相図における不安定領域の形状を反映する．相対速度 v_{R} が上部臨界速度 v_+ を大きく上回るとき，相図の不安定領域の形状は半円

$$\left(q'_{\parallel} - \frac{v_{\mathrm{R}}}{2c}\right)^2 + q'^2_{\perp} = \left(\frac{v_{\mathrm{R}}}{2c}\right)^2 \tag{5.39}$$

に沿って分布する．したがって，$v_{\mathrm{R}} < v_+$ の場合，非線形領域で現れる構造形成の長さスケールは，この半円の半径の逆数 $2c/v_{\mathrm{R}}$ によっておおよそ特徴づけられる．図 5.9(d) は $v_{\mathrm{R}} \geq v_+$ のときの CSI の時間発展において，渦形成が起こり始めた直後の様子を表したものである．3 次元実空間で成分 1 の密度分布を表示すると，多数の渦輪が現れ，渦芯は円盤状の低密度領域の内側に存在している．この様子を x–y 断面で見ると，低密度領域の断面として縦長の溝が多数現れる．この溝の長さと隣り合う左右の溝の間隔は，式 (5.39) で表される円の半径から見積もられ，おおよそ $2c\hbar/\left(v_{\mathrm{R}}\sqrt{mg\bar{n}}\right)$ であり，3 次元プロットに現れた渦輪のサイズもこれと同程度である．

初期相対速度 v_{R} の減少とともに形成される渦輪のサイズも大きくなる．相対速度が小さくなると相図の不安定領域が低波数側に移動し，v_{R} が v_+ を下回ると相図の不安定領域は $q'_{\perp}$ が小さい領域に分布する．そのため，x–y 断面に現れる縦長の溝は相対速度に対して垂直方向に長く伸び，それに伴って，系のサイズと同程度の長さをもつ量子渦，あるいは，系の端から端まで横断するような量子渦が現れる．

冷却原子気体 2 成分 BEC における CSI は，Washington 州立大学の実験グループによって初めて観測された [117, 118]．この実験では，葉巻型の細長い束縛ポテンシャルに 2 成分 BEC が閉じ込められている．各成分に対して異なるポテンシャル勾配を印加することにより，2 成分 BEC に相対運動を誘起することができる．図 5.10 に実験で観測された CSI によって形成された両成分の密度分布のスナップショットを示した．対向流の相対速度はポテンシャルの細長い方向に平行である．相対速度に対して垂直な方向の凝縮体サイズが小さいために 1 次元性が強く効いて，凝縮体中央部の CSI による密度構造は図 5.9(c) の 2 次元断面の様子と類似している．

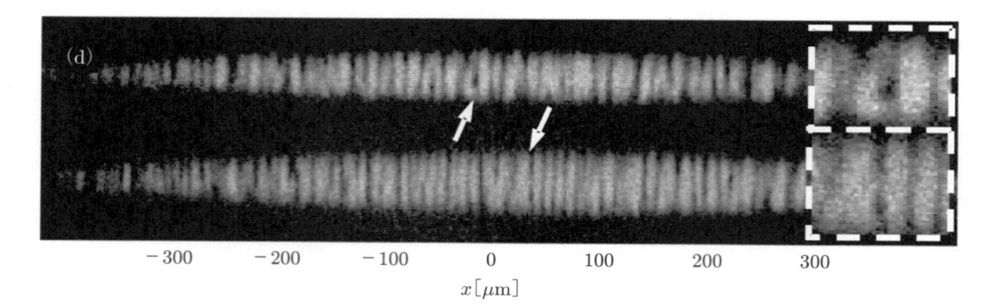

図 **5.10**　葉巻型の 2 成分 BEC 中で観測された CSI の構造形成の様子．上段（成分 1）および下段（成分 2）は動的不安定性が十分に成長してから撮影された密度分布を示している．矢印の部分を引き伸ばして拡大したものが右に示されている．凝縮体の中央にある溝や，途切れている溝の先端には量子渦が存在するものと考えられている．（M. A. Hoefer, *et. al.*: Dark-dark solitons and modulational instability in miscible two-component, *Phys. Rev. A*, **84**, 041605(R) (2011) より．）

超流体間摩擦

CSI において量子渦が形成された後，どのようなダイナミクスが生じるのかは興味深い問題である [116, 119]．GP 方程式による数値実験によると，CSI は二つの超流体間に摩擦緩和を引き起こし，相対運動を緩和させるように作用する．この緩和は，両成分に現れる量子渦が伸長されることによっておもに駆動される．

この現象を超流動 ^{4}He の熱対向流における乱流遷移と比較してみよう．熱対向流では超流体と常流体間の相互摩擦によって渦糸が引き伸ばされ，その後生じる乱流は，温度勾配を外部から印加することによって両成分間の相対速度が維持されているため，異方的な渦糸タングルによって構成される．熱対向流における相互摩擦の効果は CSI における超流体間の摩擦緩和の役割に似ている．しかし，上で議論した CSI は絶対零度孤立系で起こっているので，両成分間の相対速度はやがて消失し，生成される乱流状態は等方的になる．2 成分 BEC の実験では，CSI による渦形成の兆候までは観測されたが [118]，乱流に至る不安定ダイナミクスは実現していない．

5.4　物体を過ぎる流れの不安定性

流体中を物体が一定速度で運動するとき，物体の大きさや速度に依存して物体後方の流れ（伴流）の様子は変化する．この種の問題は古典流体ではよく調べられてお

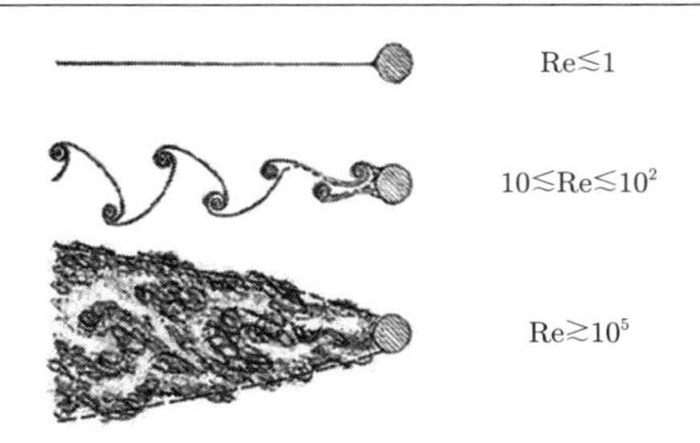

図 5.11　古典流体における円柱を過ぎる流れの模式図.
（巽友正:『流体力学』, 培風館 (1982) を改変.）

り，非圧縮粘性流体の場合，Reynolds 数（Re）によって流れの安定性が特徴づけられる [120]．図 5.11(a) に示すように Reynolds 数が小さいときには定常な流れが実現するが，Reynolds 数が十分大きくなると渦が生成されて物体後方は乱流状態となる．この問題は Galilei 不変性により，物体が静止している座標系で見ても同じ現象である．つまり，一様な流れの中に物体が置かれたときも同様な議論が適用される．

上のような流動現象は超流体中でどのように様変わりするだろうか．Reynolds 数は動粘性係数に反比例する量として定義されるため，粘性の存在しない超流体では同じ議論は適用できない．超流体中を運動する物体の速度がある臨界値を超えると物体と超流体の境界で量子渦の生成が起こり，生成された渦は後方へと放出される．放出された渦の循環は量子化されているため，物体後方で起こる流れの様子は古典流体のそれと異なる．本章の最後の話題として，超流体における物体を横切る流れの不安定性を古典系と比較しながら見ていこう．

5.4.1　円柱まわりの定常な流れ

円柱状の物体を過ぎる 2 次元的な流れを例に挙げれば，古典流体系と超流体系の伴流の問題を対比させやすい．非圧縮性完全流体の渦なし流れ，つまり，2 次元ポテンシャル流の定常状態を考えよう．x 軸正方向に速度 $v > 0$ の一様な流れがあり，半径 d の円柱が原点に置かれたとき，定常流れの速度ポテンシャルは

$$\Theta = vr_\perp \cos\theta \left(1 + \frac{d^2}{r_\perp^2}\right) \quad (r_\perp > d) \tag{5.40}$$

で与えられる．ここで，x 軸正方向と位置ベクトル $\boldsymbol{r}_\perp = (x, y)^{\mathrm{T}}$ のなす角 θ と $|\boldsymbol{r}_\perp| = r_\perp = \sqrt{x^2 + y^2}$ を用いた．右辺第 1 項は無限遠で実現する一様な流れを，第 2 項は

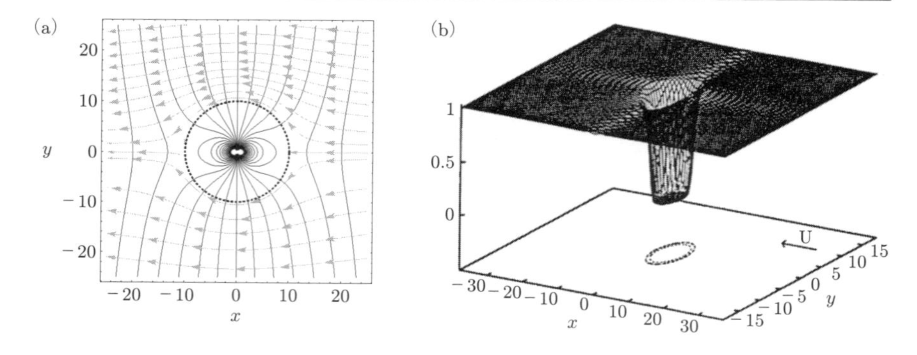

図 5.12　(a) 一様な 2 次元ポテンシャル流中の円柱まわりの速度ポテンシャル．点線は円柱の輪郭，実線は速度ポテンシャルの等高線，矢印は流線に平行な速度場の向きを表している．円筒の内側には速度ポテンシャルの鏡像を示した．図では式 (5.40) において $d = 10$, $v = 0.24$ とした．(b) GP 方程式の数値計算によって得られた運動する円柱状ポテンシャルまわりの密度分布．パラメータは (a) とほぼ同じである．ただし，ポテンシャルは円柱の半径 d よりも内側で十分大きな値をとり，外側で回復長程度の距離で連続的にゼロとなる．((b) は C. Huepe and M. E. Brachet: Scaling laws for vortical nucleation solutions in a model of superflow, *Physica (Amsterdam)*, **140D**, 126 (2000) より．)

円柱が存在することによって誘起される速度場を表している．この問題は一様静電場中に置かれた導体球に誘導される鏡像電荷の問題と類似している．後者の問題は，一様電場の向きに平行な電気双極子を鏡像として導体球の中心に配置することで静電場が記述される．我々の問題では，一様流の向きに平行な運動量をもつ渦対が円柱の中心に鏡像として固定され，双曲的な速度場が誘起されている．ただし，渦対を構成する 2 本の渦は循環の大きさが同じで符号が逆向きであり，その間隔は無限小である．この速度ポテンシャルの様子を図 5.12(a) に示した．

超流動速度場は巨視的波動関数の位相が速度ポテンシャルの役割を果たし，円柱の外側で量子渦が存在しないときは式 (5.40) と同様な速度場が定常状態で実現する．ただし，相対速度 v が大きくなるにつれて，円柱近傍での凝縮体密度の空間変化が顕著になる．円柱の側面 $\theta = \pm\pi/2$ の場所で速度場は最大値をとるため，運動エネルギーを抑制するために凝縮体波動関数の振幅がこの付近ではまわりより小さくなる (図 5.12(b))．その影響で速度ポテンシャルは式 (5.40) から幾分ずれた形になる．

このような事情は運動する物体による流れの線形安定性解析を比較的困難にさせている．一様な超流体においては，流れが存在しないときの素励起の分散関係に「Doppler

シフト」を施すだけで安定性を評価することができた．ところが上で示したように，相対速度 v に応じて秩序変数の空間分布が激しく変動する場合，この解析方法は適用できない．このため，定量的な評価を行うためには実験あるいは数値計算に頼らざるをえない．

5.4.2　量子渦の放出

相対速度 v がある臨界値に近づくと円柱側面の両脇 $\theta = \pm\pi/2$ 付近で波動関数の振幅が著しく減少し，量子渦が励起されやすい状態となる．この臨界値は音速 $\sqrt{gn/m}$ と同程度，またはそれ以下であり，v が臨界値を超えると，円柱まわりの定常流は不安定となり，円柱側面付近から後方に量子渦が放出される．

散逸が無視できる場合，渦が放出される様子は初期状態に強く依存する．図 5.13 に GP 方程式の数値計算によって得られた一定速度で運動する円柱物体による渦放出のダイナミクスを示した．初期状態が上下対称な場合，渦の放出もやはり上下対称に起こり，図 5.13(a) に示すように，円柱上下の低密度領域から循環が逆向きの量子渦が同時に放出される．放出された渦は渦対を形成し，円柱後方へとまっすぐに進む．渦対が放出された直後は，渦対がつくる速度場の影響で円柱付近の相対速度は局所的に減少する．この影響は渦対が円柱から離れていくとしだいに弱まり，再び円柱と流体の相対速度が臨界値を超えて渦対が同様に放出される．渦対を成す異符号の量子渦の間隔は円柱の半径 d 程度であるから，放出された渦対の運動速度はどれも $\hbar/(md)$ 程度となる．このような過程を繰り返して円柱の後方には渦対が次々に放出される．

一方，初期状態の上下非対称性が強い場合，最初の 2 本の量子渦の放出に時間差が生じる [121]．図 5.13(b) では，最初に正の渦が放出され，次に負の渦が少し遅れて放出されている．今の場合，これに続いて放出されるのは正ではなく負の渦である．この時点で円柱まわりの循環は $\kappa = h/m$ であるが，続いて正の渦が立て続けに 2 本放出されている．混乱を避けるために以下では，このような循環の等しい渦の「組」を「渦組」とよび，符号の異なる循環で構成される渦の「対」を「渦対」とよび区別する．放出された渦組は自転しながら後方へと進む．正の循環をもつ渦組が放出された直後の円柱まわりには負の渦が存在しており，今度は負の循環をもつ渦組が同様に後方へと放たれる．このようにして，渦組が繰り返し後方に放出されることで円柱まわりの循環は正負の値を交互にとって時間的に振動する．

散逸の影響が強くなれば，渦の放出は上下対称に起こりやすくなる．なぜなら，円柱の速度を徐々に大きくして流れが不安定化したとき，渦の放出が起こる直前までは，

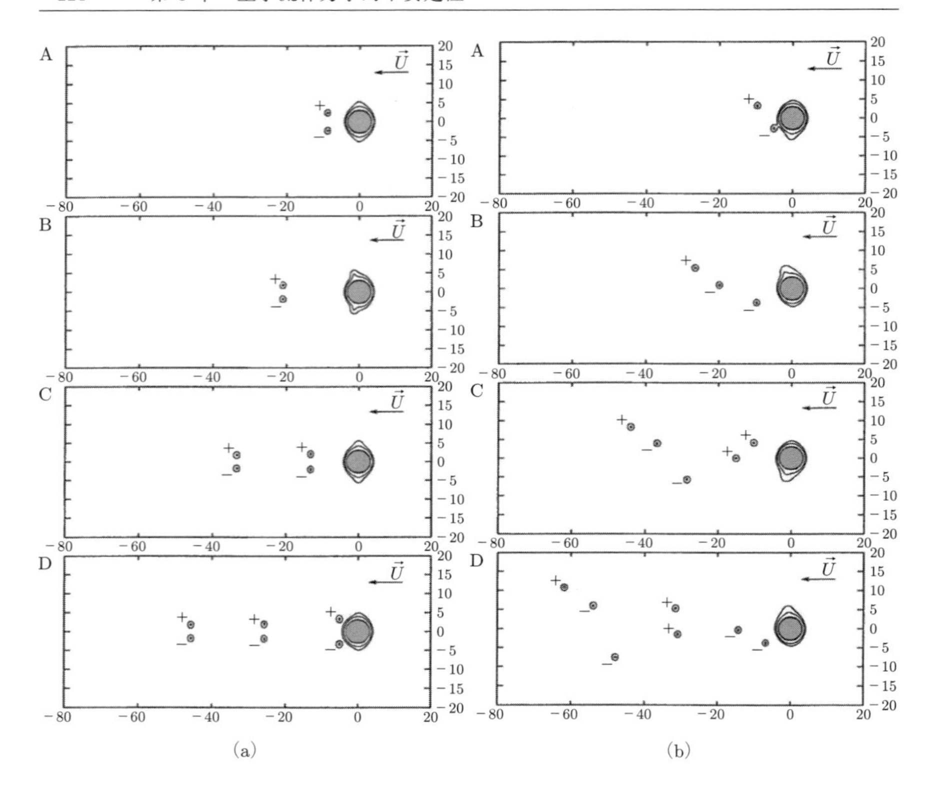

図 5.13　(a) 上下対称な初期状態から出発したときの量子渦放出の時間発展の様子．図中の符号（+/−）は渦の循環の符号（正/負）と対応しており，矢印は静止した円柱に対する超流体の流れの向きを表している．量子渦が円柱の上下両側面に付着した初期状態から渦対が後方にまっすぐ放出される (A)．その後，渦対の放出は周期的に起こっている（B〜D)．(b) 上下非対称な初期状態から出発したときの時間発展の様子．初め円柱の上方側面に付着していた正の渦（+）は後方に放出される．その後，円柱まわりの凝縮体の密度分布を上下に振動させながら，− − + + − − と異なる循環をもつ渦組を交互に放出する．（C. Huepe and M. E. Brachet: Scaling laws for vortical nucleation solutions in a model of superflow, *Physica (Amsterdam)*, **140D**, 126 (2000) より．）

散逸効果によって図 5.12 に示したような上下対称な定常流が実現しているためである．このとき，渦の放出も上下対称に起こるが，円柱と流体の相対速度を位相スリップによって緩和するようにエネルギー散逸が作用するため，渦対を成す正負の渦の間隔は時間とともに増大することになる．したがって，正の渦は後方斜め上方向へ，負

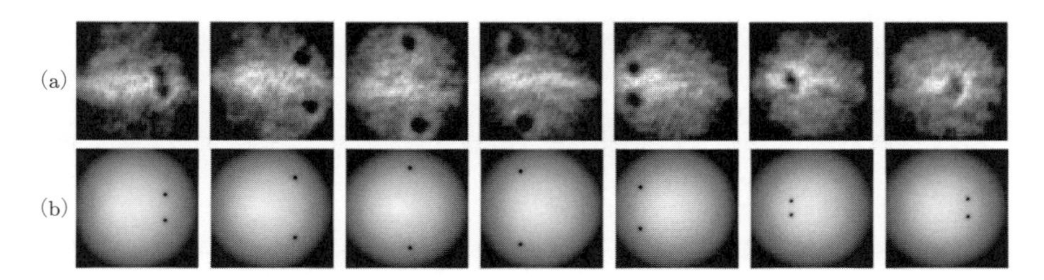

図 5.14　(a) 実験で観測された並進移動するレーザーポテンシャルによって生成された量子渦対とその後の時間発展の様子．色の白さは粒子数密度の濃い場所は表している．初期状態では凝縮体の中心（$x_s = 0$）からレーザーポテンシャルが Thomas–Fermi 半径（$\sim 52\,\mu$m）の半分程度左にずれた位置（$x_s = -20\,\mu$m）に静止している．中心付近の密度から見積もられる回復長はおよそ $0.3\,\mu$m である．次に，局在したレーザーポテンシャルを右方向に一定速度で移動させながらその強度を減少させ，$x_s = -14\,\mu$m の位置で強度がゼロとする．図の画像はレーザーポテンシャルを移動させた後に一定の時間放置し，その後束縛ポテンシャルを切って凝縮体を自由膨張させて観測された密度分布の様子である．一番左の画像から順番に放置時間を 200 ms ずつ長くしたものであり，スケールはそれぞれ縦横 $180\,\mu$m である．(b) 数値計算による実験との比較．図は実験と同様な状況下のトラップ中の凝縮体密度の時間発展を拡大したものである．スケールは縦横 $62\,\mu$m である．（T. W. Neely, *et. al.*: Observation of Vortex Dipoles in an Oblate Bose-Einstein Condensate, *Phys. Rev. Lett.*, **104**, 160401 (2010) より．）

の渦は後方斜め下方向へと進行する．

これらの現象は，原理的に冷却原子気体 BEC で実験的に直接確かめることができる．図 5.14(a) は Arizona 大学の実験グループによって観測された，パンケーキ型のポテンシャルに捕獲された擬 2 次元的な凝縮体に並進移動する局在したレーザーポテンシャルを照射したときの渦の生成とその後の時間発展の様子である [77]．図 5.14(b) に示した GP 方程式による数値計算結果は観測結果を支持するものである．レーザーポテンシャルによって渦対が生成された後，渦対は上下対称に凝縮体の縁に向かってまっすぐ移動する．その後，渦対は縁に到達する前にかい離して縁をなぞるように移動する．この現象は，凝縮体が消失する外側の領域に壁を想定し，そこに現れた鏡像渦による誘導速度場の影響を考慮すれば定性的に理解できる．縁を沿って移動する渦は反対側で出会い，再び渦対となって右方へと移動する．

図 5.14 に示すように上下対称性を保った渦の運動が観測されたことから，この実験では初期状態で上下対称性を破る揺らぎの影響が弱いことを意味する．もし，レーザーの進行方向に十分な長さをもつ凝縮体中で同様な実験を行えば，図 5.13(a) で示したような渦対生成が立て続けに起こるであろう．また，実験系では熱揺らぎや何ら

かの外的要因によって上下対称性を恣意的に破ることは可能であるから，図 5.13(b) のような渦生成も起こりうる．実際，韓国の実験グループによって非対称な渦生成が最近観測されている [122].

5.4.3　安定性相図と Kármán 渦列

Reynolds の相似法則によれば，一様に流れる非圧縮粘性流体中に固定された物体後方の流れの様子は，Reynolds 数 $\mathrm{Re} = vd/\nu$ の値で分類される．ここで，d は物体の特徴的な長さ，ν は流体の運動粘性率である．Re に応じた伴流の様子は図 5.11(a) に示されている．Re の値が小さいときには上で見たような定常な流れが実現する．このとき，物体後方には細長い渦層が伸びる．Re が 10 程度に達すると，下流に 2 列に渦が交互に並んだいわゆる Kármán 渦列が形成されるようになる．このとき，流れは周期的である．Re が十分大きくなると規則的な流れは失われて，下流域は乱流状態へと移行する．以上が古典流体における物体を過ぎる流れが不安定化するときの典型的なふるまいである．

上で示した超流体における渦放出の様子は古典流体の様子と大きく異なっている．流れが量子渦で構成される超流体では，古典流体のように物体後方に細長い渦層が伸びるような状態は実現しない．一方，定常な流れと乱流の中間状態として実現する Kármán 渦列では，おおよそ同じ循環をもった大きな渦が，物体後方で列を成して規則的な構造を長距離にわたって形成する．Kármán 渦列はもともと，渦を渦点として理想化した模型で記述される中立安定な状態として理解されている．超流体の流れの構成要素は循環が h/m の渦点であるため，Kármán 渦列のような規則的な流れが実現しやすくなると考えられる．その兆候は図 5.13 からもうかがえる．実際，Kármán 渦列に対応する状態が超流体でも物体後方の流動状態として実現することが GP 方程式の数値計算によって明らかにされている [123].

d–v 相 図

粘性が存在しない超流体では Reynolds 数を古典流体と同様に定義することはできない．そのため物体後方の流れの安定性は残る二つのパラメータ d および v で特徴づけられることが予想される．文献 [123] では原子気体 BEC 中を運動するレーザーポテンシャルを想定して，一定の速度で動く円柱状ポテンシャルの凝縮体への影響を GP 方程式の数値計算により系統的に調べた．簡単のため，閉じ込めポテンシャルを無視した一様系を考える．障害物として，速さ v で並進運動する外部ポテンシャル $V(x,y,t) = V_0 e^{-[(x+vt)^2+y^2]/d^2}$ を導入する．ポテンシャルの最大値 V_0 をバルクの凝縮エネルギー gn_b よりも十分大きい値に固定し，$V_0/gn_b = 100$ とする．ここで，n_b はバルクにおける平衡状態の密度である．

d と v を変化させたときの円柱後方の流動状態の相図を図 5.15(a) に示した．ポテンシャルと凝縮体の相対速度 v が十分小さいときには，ポテンシャルまわりの流れは層流状態であるが，ある臨界値を超えると量子渦が放出される．この臨界値は相互作用係数 g やポテンシャルの形状などに依存するが，定性的には音速 $(gn_b/m)^{1/2}$ と同程度の値となる．

図 5.15(a) はポテンシャルの後方に発生する流動状態の相図を表したものである．相図の下部には渦が生成されない安定な領域（no vortex）がある．d が比較的小さいときには渦対が周期的に放出される渦対領域（vortex pairs）が実現し，速度をより大きくすると不規則領域（irregular）へと移行する．渦対領域では，初期揺らぎの影響により二つの渦が物体から放出されるまでに時間差が生じ，生成された渦対は相対速度に対してやや傾いた形で斜め方向へと放出される．渦対の向きは一つの対が放出される毎に規則的に向きを変え，これが周期的に繰り返される．この様子は古典流体で実現する Kármán 渦に類似しているように思われるが，Kármán 渦列では進行方向に対して垂直方向への渦の拡散は起こらない．最も興味深い結果は，相図の有限の範囲で Kármán 渦列に類似の Kármán 領域（Kármán）が存在することである．この状態について以下で詳しく考察しよう．

Kármán 渦列

図 5.13(a) では，波動関数の上下対称性が保たれているので，円柱後方に向かって正対した渦対がまっすぐに放出される．このような放出が周期的に起これば，物体後方では渦対が直線的に配列した状態となる．この状態は**平行渦列**とよばれる流動状態のうちの一つである．一見，このような周期構造は安定に実現するように思われるが，実際にはこの状態は微小揺らぎに対して動的に不安定であることが知られている．Kármán 渦列も平行渦列に属する流動状態であるが，その中でも特別に中立安定な状態である．

平行渦列とは，同じ循環をもつ渦点が一定間隔（l）で直線状に配置された二つの列（渦列）を平行に長さ $a \leq l/2$ だけずらして並べ，片方の渦列を構成する渦の循環の符号を反転させたものである（図 5.13(b)）．中立安定である Kármán 渦列では二つの渦列の渦の配置は $a = l/2$ だけずれており，渦列間の隔たりを b とすると，

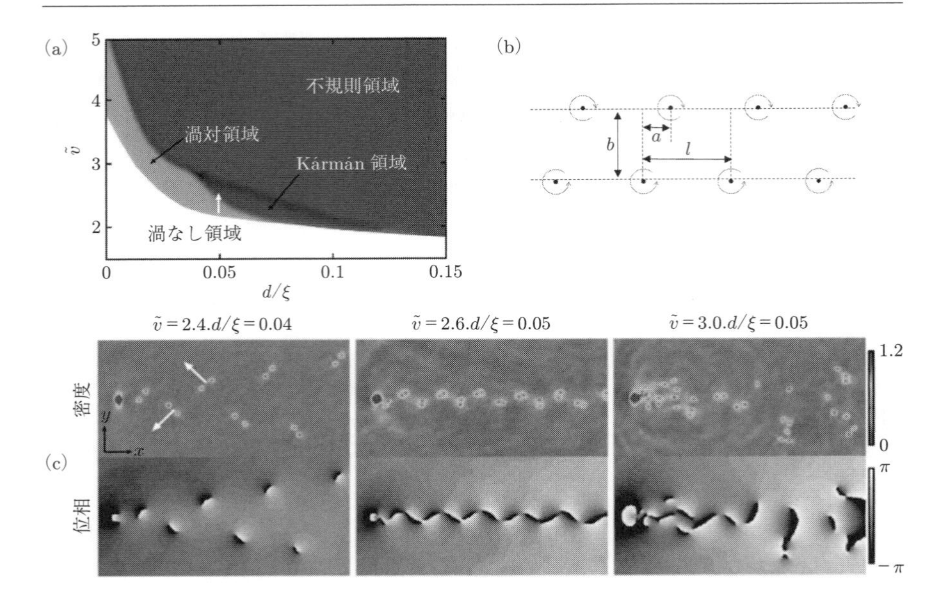

図 5.15 (a) GP 方程式の数値解析により得た，BEC 中の運動する障害物ポテンシャル後方の流動状態の相図．縦軸と横軸はそれぞれ無次元化されたポテンシャルの速度 $\tilde{v} = v\left[10^3 m/(gn_0)\right]^{1/2}$ と幅 d/ξ である．ここで，$\xi = \hbar\left[10^3/(mgn_0)\right]^{1/2}$ を用いた．数値計算では $v = 0$ の定常解に対称性を破るランダムな微小揺らぎが加えられた状態から出発する．(b) 平行渦列の模式図．平行渦列は一般に動的に不安定であるが，$a = l/2$，$\cosh(\pi b/l) = \sqrt{2}$，すなわち $b/l \approx 0.28$ の関係が成り立つ Kármán 渦列では中立安定となる．(c) 障害物ポテンシャル後方の典型的な流れの様子．上列と下列はそれぞれ凝縮体密度と位相の空間分布を表している．相図との対応は左から順に，渦対領域，Kármán 領域，不規則領域である．渦対領域の白矢印は渦対の伝播する方向を表している．密度の大きさを表す凡例の値は n_b で無次元化されている．((a), (c) は K. Sasaki, *et. al.*: Bénard-von Kármán Vortex Street in a Bose-Einstein Condensate, *Phys. Rev. Lett.*, **104**, 150404 (2010) より．)

$\cosh(\pi b/l) = \sqrt{2}$，$b/l = \gamma_{\rm K} \approx 0.28$ を満たす状態として実現する．古典流体で実際に観測される渦列は，粘性の影響によって渦は広がりをもった形で出現するために幾分異なった構造をとるが，おおよそ見積もられる渦間の距離 l と渦列の間隔 b の比は $\gamma_{\rm K}$ の値に近いことが確かめられる [124]．

超流体では同じ大きさの循環をもつ渦糸が安定に存在するため，理想的な Kármán 渦列が実現しうる．図 5.15(a) の Kármán 領域の著しい特徴は，異なる符号の量子渦で構成される「渦対」ではなく，同じ符号の循環をもつ渦で構成される「渦組」が後方へ放出されて列を成していることである．正と負の循環をもつ渦組は，はじめ後方斜め上側と下側に入れ替わりに順次に放出され，自転しながら後方へとまっすぐに進む．正の渦組と負の渦組は進行方向に交互に現れ，二つの渦組の列の間隔 b と同符号の渦組の間隔 $l = 2a$ の比は $b/l \approx 0.28$ となっている．この値は上述の Kármán 渦列が実現する条件とよい一致を示している．渦組で構成されるこの平行渦列の状態が長時間安定であることが数値的に確かめられている．

第6章　量子乱流

量子乱流は，量子流体研究における主要なテーマの一つであるとともに，量子渦という視点から乱流を要素還元的に理解できる理想的な系として近年大きな注目を集めている．本章ではまず粘性流体の乱流である古典乱流に焦点を当てて，乱流の理論を概観した後，量子乱流の理論的な枠組みを述べ，量子乱流の研究が乱流の理解に向けてどのように貢献できるのかを考察する．その後，量子乱流の実現およびその理解に向けて行われた，超流動ヘリウムおよび冷却原子気体 BEC におけるさまざまな実験を紹介する．

6.1　古典乱流の諸性質

量子乱流を具体的に議論する前に，特に量子乱流の諸性質と対応する部分に焦点を当てながら，古典乱流の統計則を概観する．ここでの議論に関して詳しく知りたい場合には，古典乱流に関する数多くの良書があるので参照していただきたい [1, 3, 4].

定常古典乱流の統計則

古典流体の運動の状態を記述する物理量は，流体の圧縮性を無視すると，流体の局所的な速度場 $\boldsymbol{v}(\boldsymbol{r}, t)$ のみとなる．その時間発展方程式は，Navier–Stokes 方程式

$$\frac{\partial \boldsymbol{v}}{\partial t} + (\boldsymbol{v} \cdot \nabla)\boldsymbol{v} = -\frac{1}{\rho}\nabla P + \nu \nabla^2 \boldsymbol{v} + \boldsymbol{F} \tag{6.1}$$

である．ここで $\rho =$ const. は流体の質量密度，ν は流体の動粘性係数，$\boldsymbol{F}$ は流体に加えられる外力である．また P は流体の圧力であり，流体の非圧縮条件 $\nabla \cdot \boldsymbol{v} = 0$ を満たすように決まる．

Navier–Stokes 方程式 (6.1) の左辺第 2 項は慣性項，右辺第 2 項は粘性項とよばれる．系の典型的なサイズを L，典型的な速度の大きさを $\bar{v}$ としたとき，前者は $\bar{v}^2/L$，後者は $\nu\bar{v}/L^2$ のオーダーである．これらの量の比 $\mathrm{Re} \equiv \bar{v}L/\nu$ はちょうど前章で扱っ

た Reynolds 数に一致し，乱流の強さを特徴づける無次元量である．本節で対象となるのは Reynolds 数が大きい，いわゆるよく発達した乱流である．

ここで本書で考える乱流の捉え方について述べておこう．本書では広義の乱流として，その名の通り乱れた流れの状態，具体的には流れが時間空間的に複雑な構造をもつ非平衡状態と定義しておくことにする．物理学では，複雑でありながらもそこに再現性や予測を期待するのは自然である．しかしながら，乱流は一種のカオスとみなすことができ，再現性や予測がきわめて困難であることは想像にかたくない．ここでは統計力学で培われてきた信念に従い，乱流の統計を考えることにする．同じ力学的条件下にある乱流状態の多数のアンサンブルを考えたときに，状態に対する物理量の測定値，あるいはその時間変化が何か単一の確率分布に従うだろうという信念に基づいて，その統計法則および背後に潜む物理的機構を見極める足がかりとするのである．幸運にも，後述する**発達した定常一様等方乱流**とよばれる乱流ではこの条件が成り立ち，**Kolmogorov 則**とよばれる重要な統計法則が現れる．発達した定常一様等方乱流，およびそこに現れる Kolmogorov 則は，乱流を理解するための重要な礎となっており，本書ではこの乱流を狭義の乱流として定義することにする．

乱流の普遍的な統計的性質を抽出するうえで最も重要な状態は定常乱流状態である．Reynolds 数が十分大きいとき，Navier–Stokes 方程式の定常解は不安定となり，$\boldsymbol{v}$ が時間空間に強く依存する．ここで，流れを駆動するための外力 $\boldsymbol{F}$（あるいは圧力勾配）が時間に依存しない，または，ある規則に従って時間変化する場合を考える．ただし，$\boldsymbol{F}$ の変動の特徴的な時間スケール τ_F よりも十分大きな時間スケール $T_F \gg \tau_F$ でとった時間平均量

$$\frac{1}{T_F}\int_t^{t+T_F} dt\, \boldsymbol{F} \tag{6.2}$$

が t に依存しないような外力を考えることにする．この条件下において，ある初期条件 $\boldsymbol{v}(\boldsymbol{r}, t=0)$ から出発して，十分時間が経過したときの流体の単位質量あたりの全エネルギー

$$E(t) = \frac{1}{2V}\int d\boldsymbol{r}\, \boldsymbol{v}^2 \tag{6.3}$$

に着目し，その時間平均

$$\frac{1}{T_v}\int_t^{t+T_v} dt\, E(t) \tag{6.4}$$

を考える．ただし平均をとる時間スケール T_v は流れの時間スケール $\tau_v = L/\bar{v}$ および τ_F のいずれよりも十分長い時間スケール $T_v \gg \max(\tau_F, \tau_v)$ であるとする．t および T_v を十分大きくとったとき，エネルギーを含め，考察すべきあらゆる物理量の時間平均が t および初期状態の選び方に依存しないような状況が得られたとき，その状態を**定常乱流状態**とみなすことにし，得られる平均値を $\langle \cdots \rangle$ で書くことにする[*1]．

定常古典乱流のエネルギースペクトル

発達した定常乱流において，普遍的かつ重要な統計的性質を与える物理量の一つが**エネルギースペクトル**$E(k,t)$ である．速度場 $\boldsymbol{v}$ の Fourier 変換

$$\boldsymbol{v}(\boldsymbol{r},t) = \frac{V}{(2\pi)^3}\int d\boldsymbol{k}\, e^{i\boldsymbol{k}\cdot\boldsymbol{r}}\tilde{\boldsymbol{v}}(\boldsymbol{k},t) \tag{6.5}$$

を用いると式 (6.3) のエネルギー $E(t)$ は

$$\begin{aligned} E(t) &= \frac{V}{2(2\pi)^3}\int d\boldsymbol{k}\, |\tilde{\boldsymbol{v}}(\boldsymbol{k},t)|^2 \equiv \int dk\, E(k,t), \\ E(k,t) &= \frac{Vk^2}{2(2\pi)^3}\int d\Omega_k\, |\tilde{\boldsymbol{v}}(\boldsymbol{k},t)|^2 \end{aligned} \tag{6.6}$$

となり，$E(t)$ を波数の大きさ k で分割した量として $E(k,t)$ が定義される．ここで $\int d\Omega_k$ は $|\boldsymbol{k}| = k$ における角度積分である．また実関数の Fourier 変換 $\tilde{v}$ が $\tilde{v}(-\boldsymbol{k},t) = \tilde{v}^*(\boldsymbol{k},t)$ となることを用いた．$\langle|\tilde{\boldsymbol{v}}(\boldsymbol{k},t)|^2\rangle$ が $\boldsymbol{k}$ の方向に依存しないような乱流状態を**等方乱流状態**とよぶ．したがって等方乱流状態では，

$$\langle E(k,t)\rangle = \frac{Vk^2\langle|\tilde{\boldsymbol{v}}(\boldsymbol{k},t)|^2\rangle}{4\pi^2} \tag{6.7}$$

となる．また速度場の 2 点相関関数

$$F(\boldsymbol{r},\boldsymbol{r}',t) = \boldsymbol{v}(\boldsymbol{r}',t)\cdot\boldsymbol{v}(\boldsymbol{r}'+\boldsymbol{r},t) \tag{6.8}$$

の Fourier 変換は

$$\tilde{F}(\boldsymbol{k},t) = \frac{1}{V^2}\int d\boldsymbol{r}'\int d\boldsymbol{r}\, e^{-i\boldsymbol{k}\cdot\boldsymbol{r}}F(\boldsymbol{r},\boldsymbol{r}',t) = |\tilde{\boldsymbol{v}}(\boldsymbol{k},t)|^2 \tag{6.9}$$

[*1] 着目する物理量が複数の場合，時間平均が t に依存しなくなるために必要な T_v の大きさが物理量によって異なる場合がある．その場合は最も大きなものを比較対象として採用すればよい．

となることから，エネルギースペクトルは $\langle \tilde{F}(\boldsymbol{k},t)\rangle$ の角度積分に比例していることがわかる．2点相関関数の平均値 $\langle F(\boldsymbol{r},\boldsymbol{r}',t)\rangle$ が相関の原点 $\boldsymbol{r}'$ に依存しないような乱流状態を**一様乱流状態**という．

発達した定常，一様，かつ等方な乱流状態を考える．これは本節の冒頭で示した，狭義の乱流そのものである．エネルギースペクトル $\langle E(k,t)\rangle$ が k の小さな領域において

$$\langle E(k,t)\rangle = C\varepsilon^{2/3}k^{-5/3} \tag{6.10}$$

に従うことが幅広い実験・数値計算によって確認されている．式 (6.10) は Kolmogorov 則とよばれ，発達した乱流における最も重要な統計則であるといっても過言ではない．ここで ε は後で説明するエネルギー散逸率とよばれる量，$C \sim 1$ は Kolmogorov 定数とよばれる無次元量である．

Kolmogorov 則が成り立つ物理的背景を考察しよう．Navier–Stokes 方程式 (6.1) を Fourier 変換し，両辺に $[Vk^2/\{2(2\pi)^3\}]\tilde{\boldsymbol{v}}(-\boldsymbol{k})$ を掛け，$\boldsymbol{k}$ について角度部分の積分を行うと

$$\begin{aligned}\frac{\partial E(k,t)}{\partial t} = \mathrm{Im}\Bigg\{ &\frac{V^2k^2}{2(2\pi)^6}\int d\Omega_k \int d\boldsymbol{p}\,d\boldsymbol{q}\,\delta(\boldsymbol{p}+\boldsymbol{q}-\boldsymbol{k}) \\ &\times [\boldsymbol{q}\cdot\tilde{\boldsymbol{v}}(\boldsymbol{p})]\,[\tilde{\boldsymbol{v}}(\boldsymbol{q})\cdot\tilde{\boldsymbol{v}}(-\boldsymbol{k})]\Bigg\} \\ &-\nu k^2 E(k,t) + \mathrm{Re}\left[\frac{Vk^2}{2(2\pi)^3}\int d\Omega_k\, \tilde{\boldsymbol{F}}(\boldsymbol{k})\cdot\tilde{\boldsymbol{v}}(-\boldsymbol{k})\right]\end{aligned} \tag{6.11}$$

となる．ここで式 (6.1) の右辺第1項と第3項の Fourier 変換をまとめて $\tilde{\boldsymbol{F}}$ とした．この式の物理的意味は以下のとおりである．左辺はエネルギースペクトルの時間変化であり，右辺第1項は三つの波数 $\boldsymbol{k}$，$\boldsymbol{p}$，$\boldsymbol{q}$ の間の相互作用によるエネルギースペクトルの増分，右辺第2項は粘性によるエネルギースペクトルの減少分，右辺第3項は外力および圧力勾配によるエネルギースペクトルの増分を表している．右辺第1項に関して，ある k よりも大きな波数について積分した量

$$\begin{aligned}\Pi(k,t) \equiv \mathrm{Im}\Bigg[&\int_k^\infty \frac{dk\,V^2k^2}{2(2\pi)^6}\int d\Omega_k \int d\boldsymbol{p}\,d\boldsymbol{q}\,\delta(\boldsymbol{p}+\boldsymbol{q}-\boldsymbol{k}) \\ &\times [\boldsymbol{q}\cdot\tilde{\boldsymbol{v}}(\boldsymbol{p})]\,[\tilde{\boldsymbol{v}}(\boldsymbol{q})\cdot\tilde{\boldsymbol{v}}(-\boldsymbol{k})]\Bigg]\end{aligned} \tag{6.12}$$

はエネルギー流束とよばれ，波数空間において波数 k の球面を横切ってエネルギーが小さな波数から大きな波数へと単位時間に流れる量である．ここで波数空間を大きく三つの領域に分けることにしよう．まずは外力による寄与である式 (6.11) の第 3 項が有意な値をもつ領域である．外力は一般的に系のサイズと同程度のスケール l_0 のみで働き，右辺第 3 項が有意な値をもつのは十分小さな波数 $k_0 = 1/l_0$ 近傍のみである．反対に右辺第 2 項は k^2 の係数があることにより，特に大きな波数領域において有意な値をもつ．また，全波数空間における積分値 $\varepsilon \equiv \nu\langle\int dk\, k^2 E(k,t)\rangle$ は，粘性によるエネルギー散逸率となる．また，定常の条件から（$k \sim k_0$ の波数領域において）外力 $\boldsymbol{F}$ が系に対して行う単位時間の仕事の平均値は ε でなければならない．

今，次のような仮定を置くことにしよう．

1) エネルギースペクトルの散逸率 $-\nu k^2 E(k)$ は十分大きな波数 $k_{\mathrm{K}} = 1/l_{\mathrm{K}}$ 付近でのみ有意な値となり，小さな波数領域 $k \ll k_{\mathrm{K}}$ では無視できる．
2) l_0 と l_{K} の間に十分大きなスケール分離があり，$l_0 \gg l_{\mathrm{K}}$ を満たす．$k \sim k_0$ は**エネルギー保有領域**，$k_0 \ll k \ll k_{\mathrm{K}}$ は**慣性領域**，$k \sim k_{\mathrm{K}}$ は**エネルギー散逸領域**とよばれる．
3) 慣性領域におけるエネルギースペクトルの平均値 $\langle E(k,t)\rangle$ は流束の平均値 $\langle \Pi(k,t)\rangle$ および波数 k のみに依存し，その他の系の詳細には依存しない．

式 (6.11) の両辺を慣性領域中のある波数 k よりも大きな波数について積分すると，第 1 の仮定より $\langle \Pi(k,t)\rangle = \varepsilon$ となり，慣性領域にあるエネルギー流束の平均値は波数に依存することなく，エネルギー散逸率に等しくなる．第 1 の仮定の正当性はそれほど自明ではないが，さまざまな乱流の実験や数値計算によって正しいことが示されている．

第 3 の仮定より $E(k,t)$ が $[\mathrm{L}^3\mathrm{T}^{-2}]$，$\varepsilon$ が $[\mathrm{L}^2\mathrm{T}^{-3}]$，$k$ が $[\mathrm{L}^{-1}]$ の次元をもっていることから，次元解析により式 (6.10) が得られる．また，粘性が有意に働くスケール k_{K} であるが，ε と ν のみで決まるとするならば，次元解析により $k_{\mathrm{K}} \sim (\varepsilon/\nu^3)^{1/4}$ となることがわかる．$l_{\mathrm{K}} \sim 1/k_{\mathrm{K}} = (\nu^3/\varepsilon)^{1/4}$ は Kolmogorov 長とよばれ，発達した一様等方乱流における最も小さな空間のスケールである．同様に ε と ν で与えられる時間のスケール $(\nu/\varepsilon)^{1/2}$ は Kolmogorov 時間とよばれ，発達した一様等方乱流の最も速い時間変動のスケールを与える．

第 2 の仮定 $l_0 \gg l_{\mathrm{K}}$ は慣性領域が広いことを要請しているが，これが何を意味するの

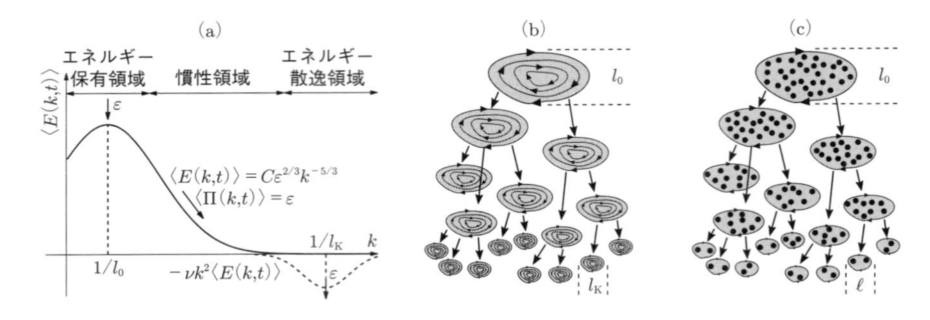

図 6.1　(a) 発達した一様等方定常乱流におけるエネルギースペクトルの概念図．実線はエネルギースペクトル $\langle E(k,t)\rangle$，点線は式 (6.11) の右辺第 2 項で与えられるエネルギースペクトルの時間あたりの散逸率 $-\nu k^2\langle E(k,t)\rangle$．(b) 古典乱流における Richardson カスケードの概念図．一番上に図示されている大きな渦（灰色部分）の自己相似的な分裂過程を模式的に描いている．(c) 量子乱流における Richardson カスケードの概念図．黒い点は量子渦を意味しており，灰色部分は量子渦の集団によって構成されたバンドルを描いている．

かを考えてみよう．外力のスケール l_0 は系のサイズ L と同程度，すなわち $l_0 \sim L$ であり，l_0 と l_{K} の比は $l_0/l_{\mathrm{K}} \sim L(\varepsilon/\nu^3)^{1/4}$ となる．ここでエネルギー散逸率を次のように見積もる．Kolmogorov 長スケールにおける単位質量あたりの流れの特徴的なエネルギーは，速度場の自乗平均 $\langle v^2\rangle$ で与えられる．このエネルギーがおよそ Kolmogorov 時間程度で散逸されるとすれば，エネルギー散逸率は $\varepsilon \sim \langle v^2\rangle(\varepsilon/\nu)^{1/2}$ となり，ここから $\varepsilon \sim \langle v^2\rangle^2/\nu$ となる．したがって $l_0/l_{\mathrm{K}} \sim \sqrt{\langle v^2\rangle}L/\nu$ となる．今，マクロなスケールにおいて特徴的な流れの方向がないような一様等方な乱流を考えているので，この乱流の特徴的な流れの大きさは，速度場の揺らぎ $\sqrt{\langle v^2\rangle}$ で与えられることとなり，$\sqrt{\langle v^2\rangle}L/\nu$ はこの乱流を特徴づける Reynolds 数 Re そのものである．つまり慣性領域の広さは Re で特徴づけられ，第 2 の仮定は，この乱流が十分発達したものでなければならないことを意味している．

図 6.1(a) に，エネルギースペクトルの概形を示す．k_0 の波数領域において外力から ε で系に注入されたエネルギーは，$k_0 \ll k \ll k_{\mathrm{K}}$ の波数領域において散逸することなく高波数成分へと流れていき（エネルギーカスケードとよばれる），k_{K} の波数領域において，粘性によって散逸率 ε で散逸する．慣性領域におけるエネルギー流束の平均値は $\langle\Pi(k,t)\rangle$ で与えられ，エネルギーが散逸せずにより大きな波数へと流れる．

エネルギースペクトルと Richardson カスケード

図 6.1(a) のエネルギースペクトルを実空間において理解するための鍵となるのが，図 6.1(b) で示される **Richardson** カスケードの概念である．今，非圧縮性流体を考えているので，流れは $\nabla \cdot \boldsymbol{v} = 0$, $\nabla \times \boldsymbol{v} \neq 0$ を満たす回転的なものであり，渦としての構造をもつ．まず，l_0 のスケールにおいて外力が流体に仕事をすると，流体中ではサイズが l_0 程度の大きな渦が励起される．慣性領域に相当する $l_0 > l > l_{\rm K}$ のスケールにおいて，渦はより小さな渦へと自己相似性を保ちながら分裂していき，$l_{\rm K}$ のスケールにおいてサイズが $l_{\rm K}$ 程度の小さな渦が粘性によって散逸されると考えられる．

Kolmogorov 則と Richardson カスケードは，古典乱流と量子乱流を比較するうえで，現在最も重要かつ基本的な概念となっているものであり，次節以降で量子乱流を議論する際にも，この二つを出発点として議論するのが最も適当であろう．本節の残りは，量子乱流では現在まであまり考えられてこなかったが，古典乱流の分野において重要かつよく研究されている二つの話題について簡単に説明する．

非局所性と間欠性

一つ目はエネルギー流束の非局所性の問題である．Kolmogorov 則 (6.10) を導出する際にエネルギーの散逸が十分大きな波数でのみ有意であるとし，$\langle \Pi(k,t) \rangle$ が k に依存しないことを仮定した．この結果は，エネルギー流束が局所的であり，小さな k から大きな k へとエネルギーが段階的にカスケードすることを示している．言い換えると，式 (6.12) で与えられるエネルギー流束において，$|\boldsymbol{k}|$, $|\boldsymbol{p}|$, $|\boldsymbol{q}|$ のほぼ等しい組合せが $\langle \Pi(k,t) \rangle$ を支配している．この仮定は 3 次元の一様等方な定常乱流では，ほぼ確実に正当化されることが数値計算などにより経験的にわかっている．一方で，非一様あるいは非等方な乱流，または 2 次元の乱流や波動乱流とよばれる特殊な乱流において，上記のような流束の局所性が成立しない場合がある．このとき，流束 $\langle \Pi(k,t) \rangle$ は慣性領域において k に依存し，エネルギースペクトルのべき指数が変更を受けたり，べき則に従わない場合がある．

もう一つは乱流の間欠性の問題である．エネルギースペクトルが速度場の 2 点相関の Fourier 変換と等価であることを式 (6.9) で示したが，同様に速度場の p 点相関 $S_p \equiv \langle [\boldsymbol{v}(\boldsymbol{r}',t) - \boldsymbol{v}(\boldsymbol{r}'+\boldsymbol{r},t)]^p \rangle$ を考える（$p=2$ のときは定数および係数を除いて式 (6.8) と同じである）．次元解析を用いると，慣性領域において p 点相関は無次元の定数 C_p を用いて $S_p = C_p \varepsilon^{p/3} r^{p/3}$ となる．また $p=3$ のときのみ，Navier–Stokes

方程式から $C_3 = -4/5$ を解析的に示すことができる（Kolmogorov の 4/5 則）．ところが実際の乱流において S_p に対する r のべきを求めると，特に p の大きなところで $p/3$ から大きく外れることが経験的にわかっている．これは間欠性とよばれる，まれに起こる非典型的な乱流の自己相似性（あるいは乱流の一様性や等方性）の破れが原因であると考えられている．まれなイベントであるため，小さな p に対する統計量は影響を受けないが，p が大きくなるにつれ，統計量に与える影響が無視できなくなると考えられている．

6.2　量子乱流研究の意義

量子乱流は超流動ヘリウムや BEC のような量子凝縮状態において実現される乱流状態である．古典乱流は大小さまざまな渦，およびそのカスケードのような複雑なダイナミクスによって構成されることを前節で述べたが，量子乱流は回復長で決まる単一の大きさをもつ量子渦のみで構成される．このように古典乱流と量子乱流を比べると，構成要素である渦の性質が異なる．古典流体の渦と量子渦との差異あるいは類似性を明確にし，乱流との関係を考察することによって，乱流そのものの理解の大きな進展へとつながることが期待されている．

古典乱流と量子乱流の渦構造

具体的に，乱流中における渦の空間構造がどのように同定されるかを見てみることにしよう．図 6.2 は典型的な古典乱流および量子乱流における渦の空間構造を示している．図 (a) および (b) で示された古典乱流における渦の空間構造に着目してみよう．渦近傍では渦度 $\nabla \times \boldsymbol{v}$ が大きな値をもつので，渦の位置を知るために，エンストロフィー密度 $|\nabla \times \boldsymbol{v}|^2$ の等値面を図示した．(a) と (b) は同じ時刻であるが，異なる値の等値面をプロットしている．(a) と (b) で共通していることとして，管状の構造をもつ大小さまざまな渦構造の絡み合いを見ることができる．ところが，どの値の等値面をとるかによって，渦の位置およびその空間構造が大きく変わっていることがわかる．つまり，古典乱流において渦の定義が一意的でなく曖昧なものであることを示唆している．これは渦度が連続的な値をとること，および渦が粘性によって生成消滅を繰り返していることが原因である．したがって，図 6.1(b) で示したような Richardson カスケードの描像は，古典乱流においては概念的なものにすぎず，Kolmogorov 則と Richardson カスケードの関係は完全には理解されない．

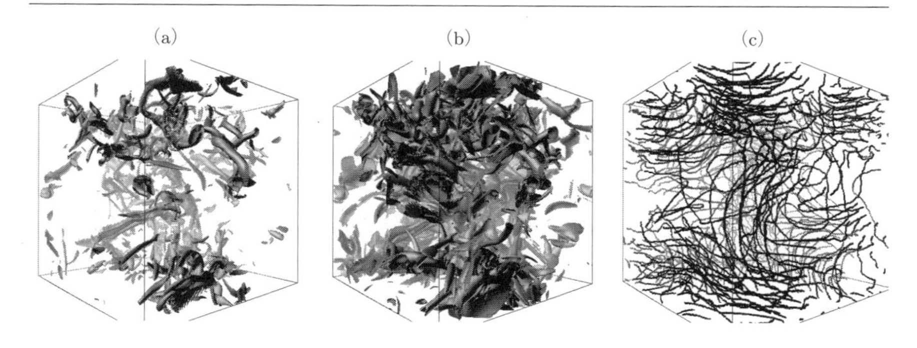

図 **6.2** (a) および (b): Navier–Stokes 方程式の数値計算によって得られた古典乱流のスナップショット．エンストロフィー密度 $|\nabla \times \boldsymbol{v}|^2$ の最大値の 70% (a) および 50% (b) の等値面を図示している．(c): GP 方程式の数値計算によって得られた量子乱流のスナップショット．量子渦の位置を図示している．

一方，図 6.2(c) で示された量子乱流では，状況が一変していることが一目瞭然である．量子乱流を構成する渦はすべて，量子化された循環をもち，安定な位相欠陥として定義される量子渦である．したがって，ひとたび量子乱流の状態が与えられると，その渦構造は量子渦の位置情報から一意的に決まり，古典乱流における図 6.2 の (a) と (b) のような曖昧さは存在しない．このように，量子乱流は乱流と渦との関係が古典乱流よりも明確であり，例えば Kolmogorov 則と Richardson カスケードの関係のように，乱流を渦の視点から理解するためのまさに理想的な系であるといえる．

量子乱流が実現されている系

現在，量子乱流が実現されているのは超流動 ^{4}He および ^{3}He，そして原子気体 BEC である．それぞれの特徴を簡単に述べておこう．

超流動ヘリウムでは，超流動特有の熱対向流を用いて系にエネルギーを注入する，あるいは，球やワイヤ，プロペラなどの物体を振動させることで機械的に系にエネルギーを注入することが可能である．また，この系は開放系であり，ヘリウム容器や冷却装置と接することで，外界にエネルギーを捨てることができる．つまり外力によってエネルギーを注入して乱流を生成し，そのエネルギーが形を変えて外界へ放出される，いわゆる理想的な定常量子乱流状態をつくることができる．また，ヘリウムは液体であるため，流体の圧縮性は小さい．

超流動 ^{4}He と ^{3}He との違いは，有限温度において，粘性をもつ常流体の量子乱流へ与える影響が無視できなくなったときに現れる．^{3}He の常流体は粘性が大きいので，Navier–Stokes 方程式において慣性項を無視する Stokes 近似がかなりよい近似となり，流れは層流となる．これに対し，^{4}He の常流体は粘性が小さいので，状況によっては常流体も乱流となり，量子乱流と古典乱流が混合した乱流となる．近年の可視化実験により，超流体と常流体の混合乱流が観測された [125, 126]．また，原子気体 BEC に比べると乱流中において渦を直接観測するのは困難である．現在確立している渦の観測方法は，第 2 音波や振動ワイヤを用いた間接測定，3.2.3 項で述べたように固体水素や準安定状態にあるヘリウムを渦芯に閉じ込めて，それを測定するような直接測定などがある．また，^{3}He の場合には NMR を用いた間接測定も用いられる．

一方，原子気体 BEC では，原子のトラップを振動させたりレーザーを原子気体の中で動かすことによって系にエネルギーを注入し，乱流を生成する．しかしこの系は原理的に孤立系であり，エネルギーの散逸過程が存在しないので，外力を用いて非平衡定常状態を実現させるのは難しい．したがって原子気体 BEC の量子乱流では，乱流を特徴づける物理量，および，ある時間間隔における時間平均量は時間に依存することになる．この系での乱流の研究には 2 通りの方法がある．一つは，物理量の時間平均やアンサンブル平均の時間依存性が比較的小さい領域（準定常状態）を見つけ出して，その領域において定常乱流と同様の統計的ふるまいを議論する．もう一つは，定常状態の議論を完全にあきらめて，時間依存する物理量のふるまいに対して普遍構造を探索する，というものである．また，この系は気体であるため，流体の圧縮性を無視することはできない．古典乱流と同様，流体の圧縮性が乱流に与える影響はほとんどその詳細がわかっておらず，今後の研究課題として残っている．また，第 4 章で述べたように，量子渦は密度の穴として直接観測されるので，乱流における量子渦の空間構造の詳細を知ることができるのも大きな特徴である．

6.3 量子乱流の諸性質

本節では量子乱流において最も重要な物理量であるエネルギースペクトルを中心に，その統計的性質を議論する．6.3.1 項および 6.4 節では，定常量子乱流におけるエネルギースペクトルの統計的性質に関する一般的な描像および数値計算結果を紹介する．続いて 6.5 節では減衰量子乱流に焦点を当て，特に線長密度から量子乱流のエネルギースペクトルや渦の空間構造をどのように知ることができるかについて紹介する．

6.3.1 量子乱流のエネルギーカスケード描像

超流体においてすべての回転的な流れは量子渦によってつくられる．量子渦は安定な位相欠陥として明確に定義できるため，量子乱流が乱流と渦との関係を調べるうえで絶好の系であることは前に述べたが，量子乱流のエネルギースペクトルを知ることは，古典乱流と量子乱流を比較するという視点において重要である．

ここで理論的考察および数値計算結果に基づいて得られた，$T=0$ 近傍における量子乱流のエネルギースペクトルおよび量子渦のカスケード描像について述べる．ここでは古典乱流のときと同様の方法で，一様等方かつ定常な量子乱流を定義する．このとき，古典乱流とは異なる二つの量子乱流特有の長さスケールが現れることに注意する必要がある．古典乱流と同様に，量子渦の運動を通してエネルギーが低波数から高波数へと局所的な流束 ε で流れていくとする．量子流体の粘性はゼロであるため，古典乱流に対応する Kolmogorov 長を考えるとゼロとなり，エネルギーは散逸されることなく，どこまでも高波数領域へと流れていくと期待される．ところが流速が音速を超えるような領域までエネルギーが流れていくと，素励起としてフォノンが放出され，粘性のない流れは不安定となって回転的な流れに有効的な散逸が生じることになる．循環 $\kappa=h/m$ をもつ量子渦のつくる流れが音速 c_{s} を超えるスケールは κ/c_{s} であり，GP 方程式において音速が回復長 ξ を用いて $c_{\mathrm{s}}\sim\kappa/\xi$ と表されることから，この長さスケールは回復長 ξ，つまり渦芯の大きさにほかならない．流体のエネルギーは ξ のスケール，波数空間では $1/\xi$ のスケールにおいて散逸することになる．

古典乱流にはない，量子乱流特有のもう一つの長さスケールが 3.1 節で定義されている平均渦間距離 ℓ である．古典乱流では大小さまざまなスケールの渦が存在するので，渦間距離という概念が存在しないが，量子乱流の量子渦は明確な位相欠陥なので，2 本の渦の渦間距離を明確に定義することができる．

古典乱流と同様に，外力が系に仕事をするスケール l_0 を定義すると，一様等方で非圧縮な定常量子乱流には三つの長さスケール l_0，ℓ，ξ が存在する．ここで三つのスケールが大きく離れている，つまり $l_0\gg\ell\gg\xi$ の状況を考える．l_0，ℓ が ξ から大きく離れているという仮定は，慣性領域において流体の圧縮性が無視できるスケールが存在することを意味しており，さらにそのスケールは ℓ によって二つの領域に分かれていることを意味している．なおこの仮定は，現在の原子気体 BEC の量子乱流の実験で実現することは困難である．

図 6.3 に一様等方定常量子乱流のエネルギースペクトルの概形を示す．流体のエネ

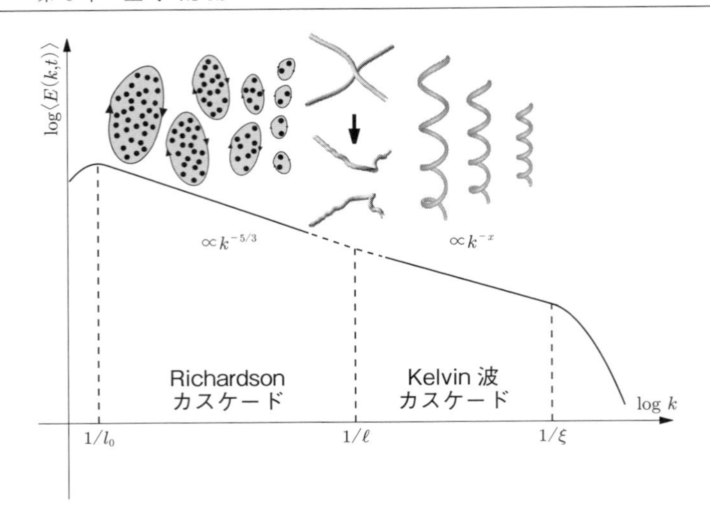

図 6.3　$T = 0$ における一様等方定常量子乱流のエネルギースペクトルの全体像.

ルギーが散逸する $1/\xi$ の高波数領域からずっと離れた低波数領域において，慣性領域は $1/\ell$ を境に二つの領域に分けられている．$1/\ell$ よりも小さな波数領域では，システムサイズの波数 $1/l_0$ からエネルギーが注入されると，l_0 サイズの量子渦が生成される*2．$1/\ell$ よりも小さな波数領域，つまり ℓ よりも大きなスケールにおいて，渦運動は集団的であり量子渦に対する循環の量子性は重要とはならない．量子渦は多数集まって**バンドル（束）**とよばれる構造を形成し，あたかも古典流体における大きな渦であるかのようにふるまうと考えられている．量子渦のバンドル構造は図 6.2(c) において，量子渦が大きなスケールで束となっていることが明らかに見えている．この量子渦のバンドルは小さなバンドルへと自己相似的に分裂する Richardson カスケードを起こすと期待されている．この描像を図示したのが図 6.1(c) であり，量子乱流版の Richardson カスケードのダイナミクスとして理解されている．バンドル構造は GP 方程式における量子乱流の数値計算から見えており [127]，エネルギースペクトルは古典乱流とほぼ同じ Kolmogorov 則 $\langle E(k,t)\rangle \propto k^{-5/3}$ を示している．

量子渦バンドルが Richardson カスケードによって小さくなっていき，平均渦間距離のスケールまで到達すると，支配的なダイナミクスは一変する．このスケールでは

*2 境界がなければ量子渦は無限小サイズの渦輪として生成されるしかないので，微小な渦輪がエネルギーの注入によって l_0 サイズまで引き伸ばされるといったほうが正しい．

バンドルとしての集団的なものではなく，渦糸の個別の運動が重要となる．その中で最も重要な鍵を握るダイナミクスとなるのが，3.2.2 項で議論した量子渦の再結合である．量子渦の再結合が行われると，再結合点近傍に量子渦糸の鋭いカスプが残り，これが量子渦上に Kelvin 波を励起して渦糸に沿って伝播していく．量子渦の再結合は，発達した量子乱流において ℓ のスケールにおいて起こるイベントである．また，$1/\ell$ の波数領域におけるエネルギーのカスケードを担っており，$k < 1/\ell$ で起こる Richardson カスケードと，次に説明する $k > 1/\ell$ で起こる Kelvin 波カスケードの間の橋渡しを行う重要なダイナミクスである．

$1/\ell$ よりも大きな波数領域では，渦の Richardson カスケードはもはや支配的とはならず，この領域において最も支配的なのは，再結合によって励起された Kelvin 波のカスケードであると考えられている．今，大域的には z 方向に伸びており x–y 平面の原点を貫いているような量子渦を考える．このとき，x–y 平面内の局所的な量子渦の位置は z の関数 $(x(z,t), y(z,t))$ となる．ここで $w \equiv x + iy$ としたとき，Kelvin 波は $w(z,t) = (2\pi)^{-1/2} \int dk\, \tilde{w}(k) e^{i[kz-\omega(k)t]}$ と記述される．ここで $\omega(k)$ は Kelvin 波の分散関係である式 (3.34) である．ある波数の Kelvin 波が励起されると，異なる波数間の Kelvin 波のモード間相互作用を通して，Kelvin 波のエネルギーはより大きな波数へと流れることになる．これが，期待される Kelvin 波カスケードの実体である．また，Richardson カスケードと同様に，渦のダイナミクスは自己相似的であり，波数のべきとなるエネルギースペクトル $\langle E(k) \rangle \propto k^{-x}$ が期待されている．

エネルギースペクトルのべき x の候補として，1 本の（直線に近い）量子渦がもつ流れ場の幾何学的な構造に用いた解析（$x = 1$ [128]），三つの Kelvin 波の局所的な非線形相互作用に基づいた解析（$x = 7/5$ [129]），Kelvin 波の非局所的な非線形相互作用に基づいた解析（$x = 5/3$ [130]）などが理論的に提唱されているが，正確にはいまだわかっていない．実際のエネルギースペクトルが Kelvin 波カスケード領域においてどうなるのかを調べるためには，システムサイズ $l_0 \gg \ell \gg \xi$ にわたる大規模な数値計算を行わなければならず，量子乱流研究に残された大きな課題の一つである．

エネルギースペクトルの議論を終える前に，Richardson カスケード領域と Kelvin 波カスケード領域をつなぐクロスオーバー領域について少しだけ触れておく．この領域は，平均渦間距離近傍のスケールであり，対応する波数領域は必然的に狭くなる．クロスオーバー領域のエネルギースペクトルは，渦の再結合がこの領域における主要なダイナミクスとなること，および二つのエネルギースペクトルを連続的に接続するという二つの要素によって決まると考えられる [131, 132].

6.3.2　量子乱流の Reynolds 数

量子乱流を特徴づけるときにしばしば議論されるのが，量子乱流における Reynolds 数である．量子流体は粘性をもたないので，古典流体で定義される Reynolds 数の定義に対して動粘性系数 $\nu = 0$ とすると，どんな流れに対しても Reynolds 数は発散する．ここでは量子乱流の強さを特徴づけるために，古典流体の Reynolds 数の定義を変更し，有限の値として評価することを試みる．ここでは量子乱流で考えられている三つの方法を紹介する．

一つ目は古典流体の Reynolds 数の定義 $\mathrm{Re} = L\bar{v}/\nu$ に対して，ν を何か別の量でおき換えるという方法である．古典流体における有限の ν は，流れに対する散逸を引き起こすが，量子乱流にも散逸過程は存在する．例えば有限温度の量子乱流であれば，超流体と常流体の間の相互摩擦力により流れに散逸が生じる．また，$T = 0$ 近傍の量子乱流であっても，前節で説明したような渦芯のスケールにおける流れの散逸過程が存在する．このような散逸過程を実際に評価して，「有効動粘性系数」を見積もり，Reynolds 数を得る．例えば 6.5 節で議論される減衰量子乱流では，乱流の減衰過程から有効動粘性系数が実験的に見積もられている．

二つ目は古典流体の Reynolds 数が，Navier–Stokes 方程式の粘性項と慣性項の比から得られる，という事実に対し，量子流体で粘性項と慣性に相当する量を見つけて，その比を計算する，という方法である．Navier–Stokes 方程式 (6.1) の両辺の回転をとり，渦度場 $\boldsymbol{\omega} = \nabla \times \boldsymbol{v}$ の時間発展方程式を求めると式 (3.39) が得られる．ただし外力 $\boldsymbol{F}$ は本質ではないので無視した．一方，超流動に対する流体方程式は Navier–Stokes 方程式 (6.1) で $\nu = 0$ とした Euler 方程式で書くことができるが，有限温度の場合は流体に働く力 $\boldsymbol{F}$ として式 (3.20) で記述される量子渦に働く相互摩擦力を考えなければならない．簡単のために式 (3.20) において常流体の速度場を $\boldsymbol{v}_n = 0$ とし，量子渦がもつ単位体積あたりの渦度を $\boldsymbol{\omega} = \kappa \boldsymbol{s}'$ と書けば，単位体積あたりの相互摩擦力は

$$\boldsymbol{F} = \alpha\rho_s \left\{\hat{\boldsymbol{\omega}} \times (\boldsymbol{\omega} \times \boldsymbol{v})\right\} + \alpha'\rho_s \left(\boldsymbol{\omega} \times \boldsymbol{v}\right) \tag{6.13}$$

となる．この $\boldsymbol{F}$ を用いて Euler 方程式を書き下すと

$$\frac{\partial \boldsymbol{\omega}}{\partial t} = \left(1 - \alpha'\right) \nabla \times (\boldsymbol{v} \times \boldsymbol{\omega}) + \alpha \left\{\hat{\boldsymbol{\omega}} \times (\boldsymbol{\omega} \times \boldsymbol{v})\right\} \tag{6.14}$$

となる．式 (3.39) と比較した場合，右辺第 1 項と第 2 項の比として Reynolds 数が得られるとすれば，式 (6.14) の右辺第 1 項と第 2 項の比 $(1 - \alpha')/\alpha$ を量子流体における

Reynolds 数として考えることができる．この定義では，Reynolds 数は温度のみに依存し，外力の大きさなどには依存しない．また $T = 0$ の量子流体における Reynolds 数を定義することはできない．

三つ目は古典乱流において Reynolds 数が，最も大きなスケールであるエネルギー保有領域のスケールと最も小さなスケールであるエネルギー散逸領域のスケールの比で与えられることから，二つのスケールの比として量子乱流の Reynolds 数を定義する方法である．この方法を用いると，Richardson カスケード領域と Kelvin 波カスケード領域の Relynolds 数を独立に考えることができる．Richardson カスケード領域の Reynolds 数を見積もると L/ℓ となる．ここで速度場の揺らぎ $\sqrt{\langle v^2 \rangle}$ が平均渦間距離 ℓ 程度に並んだ量子渦によって与えられるとすれば，$\ell\sqrt{\langle v^2 \rangle} \sim \kappa$ となり，Reynolds 数は $\sqrt{\langle v^2 \rangle}L/\kappa$ となる．この値を古典乱流の Reynolds 数 $\sqrt{\langle v^2 \rangle}L/\nu$ と比べると，ちょうど動粘性係数 ν を，量子渦がもつ循環 κ でおき換えた形となっている（ν と κ は同じ次元をもっていることに注意）．一方で，Kelvin 波カスケード領域の Reynolds 数を見積もると $\ell/\xi \sim c_{\mathrm{s}}/\sqrt{\langle v^2 \rangle}$ となり，これはフォノンの音速と流体の速度場の揺らぎの比，つまり考えている量子乱流の Mach 数の逆数となる．

6.4 量子乱流のエネルギースペクトル

領域 $k < 1/\ell$ におけるエネルギースペクトルの解明は古典乱流と量子乱流のアナロジーの観点から，量子乱流研究において最も重要な課題の一つであるといえる．この節ではまず，超流動 ^{4}He で行われた量子乱流のエネルギースペクトルの観測実験を紹介し，そこから得られる量子乱流の性質および問題点を述べる．次に，$T = 0$ 近傍の量子乱流のエネルギースペクトルに対する，渦糸模型および GP 方程式を用いた二つの数値計算結果について紹介する．

具体的な数値計算を紹介する前に，量子乱流の計算において，二つの数値計算それぞれの特徴を述べておこう．渦糸模型の方では，渦糸が誘起する流れ場は非圧縮なので，流体の非圧縮性を完全に満たすことができる．一方，3.2.2 項で述べたように，この模型では量子渦の再結合を人工的に導入しなければならない．つまり，量子渦を再結合させるタイミングに関して任意性が残っており，再結合が頻繁に起こるクロスオーバー領域，および再結合によって生成される Kelvin 波がカスケードする領域を正確に議論するのは難しいと思われる．また，空間分解能以下の量子渦を人工的に消すことで散逸が導入されるが，その分解能をどこまでとるのかに任意性が残る．

一方で，GP 方程式を用いた解析の特徴はまったく逆である．GP 方程式は圧縮性流体の方程式であるため，流体の圧縮性による影響を考えなければならない．渦芯 ξ のスケールにおいて流体の圧縮性が必然的に支配的となるため，非圧縮な古典乱流との比較を行うためには，系のサイズを渦芯のサイズに比べて十分に大きくとらなければならない．また，外力のない，あるいは静的な外力しかないときの GP 方程式ではエネルギーが保存するため，渦糸模型のときと同様に散逸機構を導入しなければならない．一方で，GP 方程式は波動関数の時間発展方程式であるため，量子渦が波動関数の位相欠陥として表現され，量子渦の再結合ダイナミクスが自然に導入される．したがって，流れの非圧縮性が保たれている限り，再結合のダイナミクスが大きな影響を与えるクロスオーバー領域や Kelvin 波カスケード領域をも正確に記述することができる．

6.4.1　超流動ヘリウム乱流のエネルギースペクトル

量子乱流の最初のエネルギースペクトルの測定は，逆回転円筒容器中の超流動 ^{4}He に対して行われた [133]．Maurer と Tabeling は，超流動ヘリウムを閉じ込めた円筒容器の上部円盤と下部円盤を逆向きに回転させて乱流をつくり，流体中の圧力の時間変化を測定した．普通の乱流の場合，こうして測定される全圧 $P_{\mathrm{meas}}(t)$ は，Bernoulli の定理により静圧 $P(t)$ と流速 $v(t)$ に起因する動圧の和として $P_{\mathrm{meas}}(t) = P(t) + \frac{1}{2}\rho v(t)^2$ と表される．一般には動圧の寄与の方が支配的であるため，$P_{\mathrm{meas}}(t)$ から速度の変動，ひいてはエネルギースペクトルを求めることができる．超流動ヘリウムの場合，2 流体模型の Bernoulli の定理は $P_{\mathrm{meas}}(t) = P(t) + \frac{1}{2}\rho_{\mathrm{s}} v_{\mathrm{s}}(t)^2 + \frac{1}{2}\rho_{\mathrm{n}} v_{\mathrm{n}}(t)^2$ となり，やはり全圧の測定からエネルギースペクトルを求めることができる（ただし，2 流体の寄与は分離されない）*3．Maurer らは系の温度を，ラムダ温度以上の 2.3 K，ラムダ温度直下の 2.08 K，かなり下の 1.4 K で測定を行い，図 6.4 に示すように，いずれの場合も約 1 桁強の振動数のスケールで Kolmogorov 則が成り立つことを見出した*4．

*3 相互摩擦力により 2 流体が結合し，$v_{\mathrm{s}} = v_{\mathrm{n}} = v$ となるとすると，$P_{\mathrm{meas}}(t) = \frac{1}{2}(\rho_{\mathrm{s}}+\rho_{\mathrm{n}})v^2 = \frac{1}{2}\rho v^2$ となり，ここから v を求めている．

*4 理論的には，ある時刻における波数空間におけるエネルギースペクトルで議論されるが，実際の乱流の測定では，流れ場中の任意に選んだ位置での流速の時間変動のデータを取るのが普通である．平均流速が乱流の特性速さ（最大渦の速さスケール）に比べて十分速ければ，乱流の特性時間より短い時間では，速度場の形そのものはほとんど変化せず，ただ平均流に乗って流されるだけであるとみなすことができる．すなわち速度場を $\boldsymbol{v}(\boldsymbol{r}, t) \approx \boldsymbol{v}(\boldsymbol{r} - \bar{\boldsymbol{v}}t, 0)$ と近似できる．ここで，$\bar{\boldsymbol{v}}$ は時間的にも空間的にも一様な平均流速である．速度の時系列の Fourier 解析によってエネルギーの周波数スペクトルを求めれば，変換 $k = \omega/|\bar{\boldsymbol{v}}|$ によって波数 k に関するエネルギースペクトルを得ることができる．

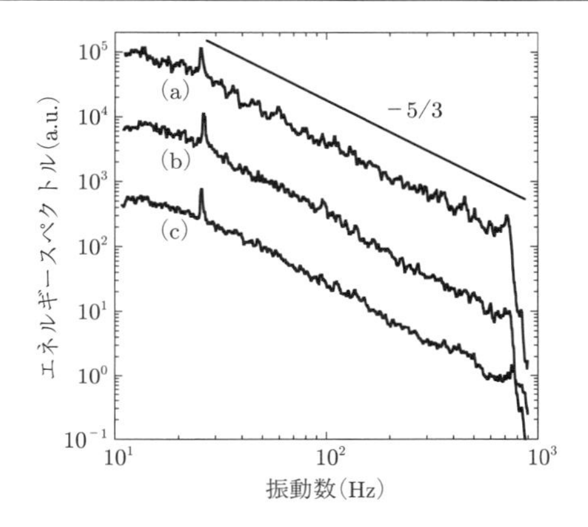

図 6.4 逆回転円筒容器中の超流動ヘリウムで観測されたエネルギースペクトル [133]. (a) 2.3 K, (b) 2.08 K, (c) 1.4 K.（L. Maurer and P. Tabeling: Local investigation of superfluid turbulence, *Europhys. Lett.*, **43**, 29 (1998) より.）

Stalp, Skrbek と Donnelly は，1.5 K の超流動ヘリウム中で格子を掃引してその背後に乱流をつくり，その渦度の減衰を第 2 音波の透過により測定した [134]. 彼らは渦度が $t^{-1.5}$ で減衰するという結果を得たが，これは 6.5 節で述べるように，エネルギースペクトルが Kolmogorov 則に従うことを間接的に支持している.

これらの実験はかなりの驚きをもって受け止められた. ラムダ温度以上の液体ヘリウムは粘性流体であるから，それが Kolmogorov 則を示すことは不思議ではない. しかし，ラムダ温度以下で 2.08 K，1.4 K と冷却すると，ρ_s/ρ は約 0.3 から約 0.9 へと増加する. 第 1 の疑問は，超流体の乱流がどのようなエネルギースペクトルをとるべきかということであり，第 2 の疑問は，このように著しく 2 流体の比が変わってもなおかつ Kolmogorov 則が成立することは何を意味するのかということである.

こうした実験に動機づけられ，Vinen は，なぜ超流動ヘリウムの量子乱流が古典乱流と類似のふるまいをするかについて考察した [135]. この問題のポイントは，平均渦間距離 ℓ である. 線長密度 L の量子渦タングルが量子乱流を構成するとき，平均渦間距離は $\ell = L^{-1/2}$ のオーダーである. Vinen は，ℓ より大きいスケールでは，相互摩擦力により超流動速度場と常流動速度場は結合して $\boldsymbol{v}_\mathrm{s} \sim \boldsymbol{v}_\mathrm{n}$ となり，1 流体のようにふるまうことを示した. そのため，常流体の乱流が慣性領域で Kolmogorov 則を示せば，超流体も同じ速度場をもち Kolmogorov 則に従うであろう.

Maurer ら [133] や Stalp ら [134] の実験では常流体と超流体の両方が存在するた

め，前節までで議論してきた，流れが量子渦のみによって担われる（極低温において常流体が無視でき相互摩擦力が効かないような）量子乱流とは本質的に異なる．しかし，極低温の量子乱流のエネルギースペクトルはどうなるのか，という本節の残りで議論される数値計算を行うきっかけを提供することにもなった．ちなみに超流動 ^{4}He では，約 1 K 以下でこのような状況が実現するであろうと考えられている．

6.4.2　渦糸近似による量子乱流のエネルギースペクトル

まず，渦糸模型を用いた計算を紹介する．式 (3.24) において，$T = 0$ 近傍では粘性をもつ常流動成分がないので，相互摩擦力はなく，すべての流れは量子渦によってつくられ，$\dot{\boldsymbol{s}} = \dot{\boldsymbol{s}}_0$ である．エネルギースペクトルは量子渦の空間配置から直接計算することができる．式 (3.17) で与えられる渦度 $\boldsymbol{\omega}(\boldsymbol{r})$ の Fourier 変換 $\boldsymbol{\omega}(\boldsymbol{k}) = i\boldsymbol{k} \times \boldsymbol{v}_{\mathrm{s}}(\boldsymbol{k})$ は

$$\boldsymbol{\omega}(\boldsymbol{k}) = \kappa \int d\xi \, e^{-i\boldsymbol{k}\cdot\boldsymbol{s}(\xi)} \boldsymbol{s}'(\xi) \tag{6.15}$$

で定義される．ここで量子渦糸直上以外における超流動速度場の非圧縮性を課し，$\nabla \cdot \boldsymbol{v}_{\mathrm{s}}(\boldsymbol{r}) = 0$，および $\boldsymbol{v}_{\mathrm{s}}(\boldsymbol{k}) = i\boldsymbol{k} \times \boldsymbol{\omega}(\boldsymbol{k})/|\boldsymbol{k}|^2$ とすると，エネルギースペクトルは，ξ にわたる積分の形で得られ，

$$E(k) = \frac{\kappa^2}{2(2\pi)^3} \int d\phi_{\boldsymbol{k}} d\theta_{\boldsymbol{k}} \int d\xi_1 d\xi_2 \, e^{-i\boldsymbol{k}\cdot(\boldsymbol{s}(\xi_1) - \boldsymbol{s}(\xi_2))} \boldsymbol{s}'(\xi_1) \boldsymbol{s}'(\xi_2) \tag{6.16}$$

となる．

渦糸近似を用いることにより，荒木らは相互摩擦力がないときの $T = 0$ 近傍の量子乱流の数値計算を行った [136]．この計算では量子乱流状態を得るために，Taylor–Green 渦とよばれる渦の配置を初期状態として用意し，時間発展させた．系に働く唯一の散逸機構として，空間分解能以下の渦輪を消すことが導入された．ここで 1 点注意しておかなければならないことは，この数値計算ではエネルギーの注入がないことである．初期の配置からの時間発展により，量子渦が複雑に運動することで量子乱流状態が一時的に形成される．その後，散逸によって乱流は次第に減衰し，量子渦はなくなっていく．この散逸が十分ゆっくりであるならば，時間発展の中間状態において，適当な時間間隔における物理量の平均値がゆっくりと変化し，あるパラメータにおける定常量子乱流で得られる平均値とほぼ同じものになるであろう．実際，数値計算においてしばらく時間が経過した後，系はほぼ一様等方な乱流状態となり，かつエネルギー散

逸率 $\varepsilon = -dE/dt$ は時間にほとんど依存しない，準定常状態となることが確認されている．準定常状態において Kolmogorov 則 (6.10) との一致が $k < k_l$ の低波数領域において得られている．ここで，$1/k_l$ は初期の Taylor–Green 渦の配置から見積もられた，平均渦間距離である．

6.4.3　GP 方程式による量子乱流のエネルギースペクトル

次に GP 方程式を用いた量子乱流の計算を紹介する．GP 方程式から得られた流体力学的方程式 (2.65) と (2.70) を流体の質量密度 $\rho = mn = m|\Psi|^2$ と速度場 $\boldsymbol{v}$，および単位質量あたりの外力 $\boldsymbol{F} = -\nabla V_{\mathrm{ext}}/m$ を用いて方程式を書き直せば

$$\begin{aligned} &\frac{\partial \rho}{\partial t} + \nabla \cdot (\rho \boldsymbol{v}) = 0 \\ &\frac{\partial \boldsymbol{v}}{\partial t} + \frac{1}{2}\nabla \boldsymbol{v}^2 = \boldsymbol{F} - \frac{1}{\rho}\nabla\left(\frac{g\rho^2}{2m^2}\right) + \frac{\kappa^2}{8\pi^2}\nabla\left(\frac{\nabla^2\sqrt{\rho}}{\sqrt{\rho}}\right) \end{aligned} \tag{6.17}$$

となる．一方，非粘性圧縮性流体の Navier–Stokes 方程式（Euler 方程式）は

$$\begin{aligned} &\frac{\partial \rho}{\partial t} + \nabla \cdot (\rho \boldsymbol{v}) = 0 \\ &\frac{\partial \boldsymbol{v}}{\partial t} + (\boldsymbol{v} \cdot \nabla)\boldsymbol{v} = \boldsymbol{F} - \frac{1}{\rho}\nabla P \end{aligned} \tag{6.18}$$

となる．両者を比較すると，GP 方程式の圧力が $P = g\rho^2/(2m^2)$ に対応し，κ^2 を係数とする量子圧力項が加わっている．

GP 方程式を与えるエネルギー汎関数は式 (2.64) であるが，先程と同様に ρ と $\boldsymbol{v}$ で書き直すと

$$E = \int d\boldsymbol{r}\ \left[\frac{\kappa^2|\nabla\sqrt{\rho}|^2}{8\pi^2} + \frac{\rho v^2}{2} + \frac{\rho V_{\mathrm{ext}}}{m} + \frac{g}{2m^2}\left(\rho^2 - \frac{2m\mu\rho}{g}\right)\right] \tag{6.19}$$

となる．第 1 項は量子圧力項に対応し，量子エネルギー項 E_{q} とよばれている．第 2 項は流体の運動エネルギー項 E_{kin}，第 3 項は外力項 E_F，第 4 項は圧力による内部エネルギー項 E_{p}，最終項は流体の密度を決めるための化学ポテンシャル項 E_μ である．量子渦近傍を除くと，平均密度は E_{p} および E_μ より $\bar{\rho} = m\mu/g$ となる．ここで，$\bar{\rho}$ を一定に保ったまま g を大きくすると，圧力の揺らぎは小さくなり，一定の密度を保つ非圧縮の流れ $\partial\rho/\partial t = -\rho\nabla\cdot\boldsymbol{v} = 0$ が満たされるようになる．具体的には運動エネルギー E_{kin} が圧力エネルギー E_{p} よりも小さければ流れの非圧縮性は近似的に満たされると考えてもよい．量子エネルギー E_{q} は量子渦近傍では，E_{p} よりも大きくなる

ので量子渦近傍では必ず流れの非圧縮性が破れている．具体的に非圧縮性が破れる空間スケールを l とすると，空間微分を $1/l$，密度 ρ を $\bar{\rho}$ でおき換えることで

$$E_{\mathrm{q}} \sim \frac{\kappa^2 \bar{\rho}}{l^2}, \quad E_{\mathrm{p}} \sim \frac{g\bar{\rho}^2}{m^2} \tag{6.20}$$

と見積もられ，$E_{\mathrm{q}} \sim E_{\mathrm{p}}$ の条件より $l \sim h/\sqrt{g\rho}$ となる．これは回復長 ξ そのものである．以上の結果から，非圧縮古典乱流との比較を行うためには $E_{\mathrm{kin}} < E_{\mathrm{p}}$ かつエネルギー注入のスケール l_0 に関して $l_0 \gg \xi$ の二つの条件が満たされなければならない．

圧縮性成分と非圧縮性成分

次に運動エネルギーであるが，さらに圧縮性成分と非圧縮成分に分けたものを考える（これを Helmholtz 分解とよぶ）．

$$E_{\mathrm{kin}} = \frac{1}{2}\int d\boldsymbol{r}\ \left[\left|(\sqrt{\rho}\boldsymbol{v})_{(\mathrm{c})}\right|^2 + \left|(\sqrt{\rho}\boldsymbol{v})_{(\mathrm{i})}\right|^2\right] \tag{6.21}$$

ここでベクトル場 $\boldsymbol{A}$ に対して，$\boldsymbol{A}_{(\mathrm{c})}$ は圧縮性成分，$\boldsymbol{A}_{(\mathrm{i})}$ は非圧縮性成分を表し，$\nabla \times \boldsymbol{A}_{(\mathrm{c})} = 0$，$\nabla \cdot \boldsymbol{A}_{(\mathrm{i})} = 0$ を満たす．非圧縮の古典乱流と比較するうえで最も重要な物理量となるのが，運動エネルギーの非圧縮成分である．式 (6.3) のエネルギーと比較するために単位質量あたりのエネルギー

$$E^{(\mathrm{i})}_{\mathrm{kin}} \equiv \frac{1}{2N}\int d\boldsymbol{r}\ \left|(\sqrt{\rho}\boldsymbol{v})_{(\mathrm{i})}\right|^2 \tag{6.22}$$

およびそのエネルギースペクトル

$$E^{(\mathrm{i})}_{\mathrm{kin}}(k) = \frac{Vk^2}{2N(2\pi)^3}\int d\Omega_k\ \left|F[(\sqrt{\rho}\boldsymbol{v})_{(\mathrm{i})}](k)\right|^2 \tag{6.23}$$

を定義する．ここで $N \equiv \int d\boldsymbol{r}\,\rho$，$F[A]$ は A の Fourier 変換である．式 (6.19) のエネルギーに着目したとき，ρ が一定であれば外力項 E_F を除いてすべて一定の値となるので，流体の非圧縮性が満たされるスケールにおいて，$E^{(\mathrm{i})}_{\mathrm{kin}}$ は保存量とみなせ，対応する波数領域が $E^{(\mathrm{i})}_{\mathrm{kin}}(k)$ に対する慣性領域となることが期待される．

現象論的な散逸

次に GP 方程式に散逸を導入することを考えよう．GP 方程式では全エネルギーが保存するため，外力がない場合には時間発展は熱平衡状態へ緩和し，外力がある場合

には解は爆発するようなふるまいを示し，定常な乱流状態をつくることができない．そこで，以下のようにして散逸を現象論的に導入する．波数領域において $1/\xi$ よりも大きなスケールでは，流れが音速を超えてしまうので，そもそも GP 方程式のような巨視的波動関数 Ψ を用いた記述は破綻するはずである．逆にこのような揺らぎの強い領域では，Ψ を用いた波動描像よりは，系を構成する Bose 粒子としての粒子描像の方が強くなっていると思われる．またこのスケールでは，強い揺らぎにより古典流体における粘性のような散逸効果を期待できるであろう．厳密な散逸効果を数学的に導出するためには，揺らぎの効果をすべて取り入れた量子論に立ち返り，粒子間の散乱過程の詳細を議論しなければならない．ここではそれをあきらめ，Ψ の Fourier 変換 $\tilde{\Psi} = \int d\boldsymbol{r}\, e^{i\boldsymbol{k}\cdot\boldsymbol{r}}\Psi$ における，波数領域 $k > 2\pi/\xi$ の成分を何らかの方法で減衰させる，あるいは取り除くことによって現象論的な散逸を導入する．

数値計算結果

GP 方程式を用いた一番最初の量子乱流研究は，Nore らによって行われた [137]．ただしこの計算は，荒木らによる渦糸近似を用いた計算と同様の，Taylor–Green 渦の状態から出発した，外力のない減衰量子乱流である．また，散逸がないのでエネルギーは保存し，系は最終的に $t = 0$ のエネルギーで決まる小正準的な熱平衡状態へと緩和する．時間発展の途中の過程において，エネルギースペクトルはべき的なふるまい $E_{\mathrm{kin}}^{(\mathrm{i})} \propto k^{-\eta(t)}$ を示すようになり，量子渦が最も絡まった状態になったときに $\eta(t)$ が 5/3 に近い値をとるという結果が得られた．しかし $\eta(t) \sim 5/3$ となるような時間は短い．これは，量子乱流状態から熱平衡状態への熱化過程が，量子渦の Richardson カスケードを阻害しているからではないかと考えられている．

Nore らの計算において生じる熱化過程を取り除くため，小林と坪田は GP 方程式にエネルギー注入および散逸を導入した定常量子乱流の数値計算を行った [138]．エネルギーの注入は，時間空間相関が有限となるようなランダム外力 $V(\boldsymbol{r}, t)$ によってなされている．また，散逸は Fourier 変換した GP 方程式

$$
\begin{aligned}
i\hbar\dot{\tilde{\psi}}(\boldsymbol{k}) = \left(\frac{\hbar^2 k^2}{2m} - \mu\right)\tilde{\psi}(\boldsymbol{k}) + \frac{1}{V}\sum_{\boldsymbol{p}} \tilde{V}_{\mathrm{ext}}(\boldsymbol{p})\tilde{\psi}(\boldsymbol{k}-\boldsymbol{p}) \\
+ \frac{g}{V^2}\sum_{\boldsymbol{p},\boldsymbol{q}} \tilde{\psi}^*(\boldsymbol{p})\tilde{\psi}(\boldsymbol{q})\tilde{\psi}(\boldsymbol{k}+\boldsymbol{p}-\boldsymbol{q})
\end{aligned}
\tag{6.24}
$$

を解くことにし，回復長 ξ に相当する波数 $2\pi/\xi$ よりも大きな波数領域において，式 (4.34) で表される方法で散逸を導入する．ここで $\tilde{V}_{\mathrm{ext}} = \int d\boldsymbol{x}\, e^{i\boldsymbol{k}\cdot\boldsymbol{x}} V_{\mathrm{ext}}$ は V_{ext} の

Fourier 変換である．ランダム外力により量子渦が生成されて引き伸ばされる一方，Richardson カスケードにより回復長程度まで小さくなった渦は散逸によって消滅するようになる．GP 方程式を十分に時間発展させることで，E，$E_{\rm kin}$，$E_{\rm kin}^{\rm (c)}$，$E_{\rm kin}^{\rm (i)}$ が長時間平均においてほぼ一定となるような定常量子乱流を得ることができる．数値計算では非圧縮性運動エネルギー $E_{\rm kin}^{\rm (i)}$ が圧縮性運動エネルギー $E_{\rm kin}^{\rm (c)}$ よりも常に大きく，また流れの非圧縮条件 $E_{\rm kin} < E_{\rm p}$ も満たされている．ただしこの計算では渦が非常に密であり，平均渦間距離 ℓ と渦芯スケール ξ がほぼ同程度で，Kelvin 波カスケードの領域は期待できないが，ランダム外力のスケールと平均渦間距離の間の領域において Kolmogorov 則が見えていることが報告された．

最後に小林と上田による GP 方程式の最近の数値計算結果を紹介しよう [139]．この計算では外力として，非一様な流れ場 $\boldsymbol{v}_{\rm ext}$ を想定し，この流れ場に沿って Galilei 変換した GP 方程式

$$i\left(\frac{\partial}{\partial t} + \boldsymbol{v}_{\rm ext}\cdot\nabla\right)\psi = \left(-\frac{\hbar^2}{2m}\nabla^2 - \mu + g|\psi|^2\right)\psi \tag{6.25}$$

の Fourier 変換した式を解くことにする．流れ場 $\boldsymbol{v}_{\rm ext}$ はシステムサイズ L 程度で変化する三角関数 $\sin(2\pi(x+x_0)/L)$, $\sin(4\pi(x+x_1)/L)$ の重ね合せでつくる（$0 < x_0$, $x_1 < L$ は適当に決める）．また，散逸は GP 方程式の非線形項によって生じる高波数成分 $\tilde{\psi}(|\boldsymbol{k}| > 2\pi/\xi)$ を常に 0 にすることによって導入することにする．図 6.5 に数値計算

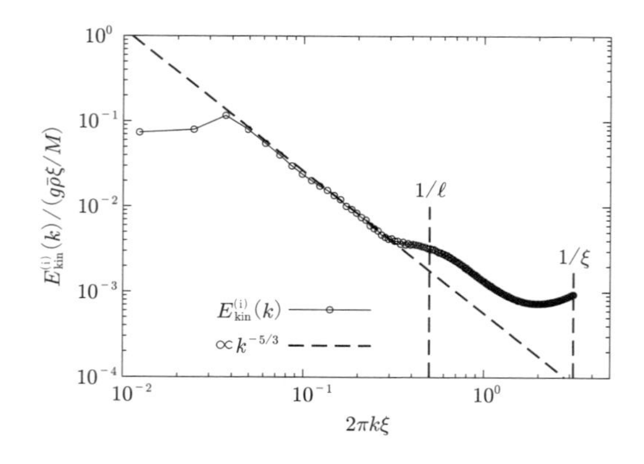

図 6.5 GP 方程式によって得られた定常量子乱流における非圧縮運動エネルギースペクトル $E_{\rm kin}^{\rm (i)}(k)$ のふるまい [139]．異なる時間における 250 のアンサンブル平均をとっている．点線は Kolmogorov 則である．

によって得られたエネルギースペクトル $E_{\mathrm{kin}}^{(\mathrm{i})}(k)$ を示す．量子渦の線長密度から平均渦間距離 ℓ を見積もることにより，Richardson カスケード領域の Reynolds 数は 20 程度，Kelvin 波カスケード領域の Reynolds 数は 13 程度となり，どちらも 1 桁程度の幅が期待できる．$k \lesssim 1/\ell$ において明らかに Kolmogorov 側が見えており，このスケールにおいて量子渦の Richardson カスケードが起こっていることが期待される．また，$k \gtrsim 1/\ell$ においても，狭い範囲ではあるが $E_{\mathrm{kin}}^{(\mathrm{i})}(k) \propto k^{-x}$ のふるまいがかすかに見えている．べき x はおよそ 1.45 程度であり $x = 7/5$ の予想に最も近いが，まだ断定することはできない．

6.5 減衰量子乱流

定常量子乱流におけるエネルギースペクトルは，古典乱流と同様に，乱流の統計的ふるまいを理論的に議論する上では強力な統計量である．一方で，このエネルギースペクトルを実験によって直接観測することは容易ではない．

定常量子乱流のエネルギースペクトルを間接的に測定する方法として，減衰量子乱流における線長密度 L の減衰を直接測定する方法がある．本節では，ある定常量子乱流の条件を満たす一つの状態から，外力を切ったときに実現される減衰量子乱流を考えることにしよう．定常量子乱流とは異なって，測定される物理量はすべて時間にあらわに依存するようになるので，物理量の統計的扱いは異なる．ここでは，定常量子乱流の条件を満たすさまざまなアンサンブルを準備し，$t = 0$ で外力を切って，時間発展させたときの物理量 $X(t)$ の統計平均 $\langle X(t) \rangle$ を考えることにする．この減衰量子乱流において最も重要な物理量となるのが，線長密度 $\langle L(t) \rangle$ の時間依存性であり，これは実験においてよく測定されている量である．L が測定可能な量であるという事実は，古典乱流とは異なって渦糸の存在を明確に定義することができる量子乱流の大きな特徴である．

ここでは $\langle L(t) \rangle$ のふるまいを議論する最も簡単な模型について紹介する．$t = 0$ で用意する状態として以下の二つのものを考える．まず一つ目は十分に発達した量子乱流状態，つまり Kolmogorov 則を示すエネルギースペクトルの波数領域が比較的広いような乱流である．量子渦は平均渦間距離を超えた大きなスケールでバンドル構造をもっており，量子渦同士には強い相関が働いていると期待できる．もう一つは量子渦同士がほとんど無相関の，いわゆるランダムな量子渦分布になっているような状態である．このような状態が実現される状況はいくつかあり，例えば，1) 平均渦間距離とエネルギー注入のスケールがそれほど離れていないような乱流，2) 典型的な超流動 ^{4}He の熱対向流実験で見られるような，散逸が強く，Kolmogorov 則を示すほどは発達していないような乱流，3) 臨界点近傍の熱平衡状態，などが挙げられる．

古典乱流ではエネルギー散逸率が $\langle\varepsilon\rangle = \nu\langle\bar{\omega}^2\rangle$ と書ける．ここで $\bar{\omega}^2 \equiv (1/V)\int d\boldsymbol{r}\ |\nabla\times\boldsymbol{v}|^2$ である．量子乱流では渦度が量子渦の渦芯に局在しているという事実から，線長密度を L としておよそ $\langle\bar{\omega}^2\rangle \sim \kappa^2\langle L^2\rangle$ と見積もることができる．よって，量子乱流におけるエネルギー散逸率は，古典乱流との対比から $\langle\varepsilon\rangle = \nu'\kappa^2\langle L^2\rangle$ と書くことができるだろう．ここで ν' は量子乱流における有効動粘性係数とよばれるものであり，エネルギーの散逸機構を実効的に表す現象論的パラメータである．一方，有限温度における量子乱流の場合，平均渦間距離 ℓ よりも大きなスケールでは常流体と超流体はお互いに結合し，1 成分流体としてふるまうと考えられている．したがって，有効動粘性係数は常流体の粘性係数 ν を起源とするものとして考えることができ，最も粗い見積りで $\nu' \sim (\rho_n/\rho)\nu$ となるであろう．

Kolmogorov 則に従う量子乱流の減衰

具体的に線長密度の時間変化を求めてみよう [134]．ここでさらなる二つの仮定を行う．一つ目は乱流の減衰はゆっくりであり，かつ減衰の過程においてエネルギースペクトルの波数依存性が変化せず，エネルギー散逸率の大きさのみがゆっくりと変化するという仮定である．二つ目は全系のエネルギーの中で，Kolmogorov 則に従うエネルギースペクトルの領域の寄与が支配的であるという仮定である．この二つの仮定は $t=0$ における乱流が十分発達して，l_0 と ℓ が十分に離れており，t のあまり大きくない時間領域のみを考えている場合に有効である．全系のエネルギーはこの二つの仮定により

$$\langle E(t)\rangle = \int_{1/l_0}^{1/\ell} dk\, C\varepsilon^{2/3}k^{-5/3} \sim \frac{3}{2}C\langle\varepsilon(t)\rangle^{2/3}l_0^{2/3} \tag{6.26}$$

となる．ここで量子乱流のエネルギースペクトルが $1/l_0 < k < 1/\ell$ において $\langle E(k)\rangle = C\langle\varepsilon(t)\rangle^{2/3}k^{-5/3}$ となることを用いた．また，ℓ は l_0 に比べて十分小さいとし，積分の上端の寄与は無視した．両辺を t で微分すると $\partial\langle E\rangle/\partial t = -\langle\varepsilon\rangle$ となることから微分方程式

$$\langle\varepsilon\rangle = -C\langle\varepsilon\rangle^{-1/3}l_0^{2/3}\frac{d\langle\varepsilon\rangle}{dt} \tag{6.27}$$

が得られ，この解は t_0 を定数として $\langle\varepsilon\rangle = 27C^3 l_0^2/(t+t_0)^3$ となる．L のアンサンブル揺らぎは小さいとして $\langle L^2\rangle \sim \langle L\rangle^2$ とすれば，

$$\langle L\rangle = \frac{(3C)^{3/2} l_0}{\kappa \nu'^{1/2}}(t+t_0)^{-3/2} \tag{6.28}$$

が得られる．この結果から $t > t_0$ において $\langle L\rangle \sim t^{-3/2}$ が得られる．この結果を導出する際に，エネルギースペクトルが Kolmogorov 則に従っていることを仮定しているので，この線長密度の $t^{-3/2}$ のふるまいを観測することは，量子乱流が Kolmogorov 則に従っていることを間接的に観測することにつながる．

相関のない量子乱流の減衰

次に，空間的に量子渦がランダムに配置された状態を $t=0$ として時間発展させたときの線長密度 $\langle L\rangle$ のふるまいを調べてみよう．このとき，単位質量単位長さあたりの渦のエネルギーは渦要素がつくる流体の運動エネルギーを積分して

$$\frac{1}{2V}\int d\boldsymbol{r} v_{\mathrm{s}}^2 = \frac{\kappa^2}{4\pi V}\log\left(\frac{\ell}{\xi}\right) \equiv \frac{\Lambda\kappa^2}{4\pi V} \tag{6.29}$$

である．ここで積分の下限は渦芯の半径 ξ，上限は渦間距離 ℓ とした．したがって系の全エネルギーは $\langle E\rangle \sim \Lambda\kappa^2\langle L\rangle/(4\pi)$ で見積もることができ，微分方程式

$$\frac{d\langle E\rangle}{dt} = \frac{\Lambda\kappa^2}{4\pi}\frac{d\langle L\rangle}{dt} = -\nu''\kappa^2\langle L^2\rangle \tag{6.30}$$

が得られる．ここで注意しておきたいことは，$T=0$ 近傍において発達量子乱流の減衰メカニズムとランダムに配置された量子渦の減衰メカニズムが同じでなければならない理由はどこにもない．したがってランダムに配置された量子渦の散逸機構に対する新たな有効動粘性係数 ν'' をここで導入した．ただし有限温度においては，発達量子乱流のときと同様に散逸機構が常流体の粘性に起因するため，$\nu'' \sim \nu'$ となることが予想される（完全に一致する必要はない）．この微分方程式を解くことにより

$$\frac{1}{\langle L\rangle} = \frac{1}{L_0} + \frac{\Lambda t}{4\pi\nu''} \tag{6.31}$$

となり，ある程度時間が経過したところで $L \propto t^{-1}$ のようにふるまう．

線長密度 $\langle L\rangle$ が $t^{-3/2}$ あるいは t^{-1} のどちらのふるまいとなっているかを測定することにより，系が発達した量子乱流状態中で量子渦同士が強く相関している状態にあ

るか，それともランダムな分布をしてお互いに無相関であるかを知ることができる．t^{-1} のふるまいは，量子渦が希薄，つまり $l_0 \sim \ell$ で渦上の Kelvin 波カスケードのみが系の支配的なダイナミクスとなっているときに観測される．また，Kibble–Zurek 機構とよばれる，臨界点をまたいだ温度の急激なクエンチによって生成されたランダムな量子渦タングルの減衰も同様に t^{-1} のようにふるまうことが知られている．これはクエンチの過程で臨界点を通過することで，一時的に臨界点近傍の熱平衡状態と同様の状態が形成されるからである（詳しくは 7.1 節を参照）．

6.6　熱対向流下の量子乱流

超流動 ^{4}He の量子乱流の研究は，歴史的にはおもに，3.1 節で述べた熱対向流を舞台に研究されてきた．この節では，まず熱対向流の実験が明らかにしたことを述べる．それは，Schwarz による量子渦糸のダイナミクスの直接数値計算の発展を促した．近年，優れた可視化実験が現れ，量子渦の運動や速度場の様子がよりわかるようになった．ここではこれらについて詳述する．

6.6.1　熱対向流による乱流遷移

3.1 節で述べたように，熱対向流で注入熱量を上げると，観測される温度勾配が増加し，超流体・常流体ともに層流と仮定した場合の温度勾配に余分の温度勾配が付加される．これは超流動乱流遷移を見たものであるが，その詳細な解析から，1980 年代までに，以下のような特徴があることがわかった [35]．(i) 乱流遷移は，管断面の形状（アスペクト比）に依存する．(ii) 正方形管，円管などのアスペクト比の小さい管では，乱流遷移は二段階で起こる，層流から流入熱量を上げると，前期乱流（TI）を経て，後期乱流（TII）に遷移する．ところが，アスペクト比の高い矩形管では，乱流遷移は 1 段階で，乱流状態（TIII）に遷移する．

これらの乱流の平衡状態での線長密度 L が観測され，そのふるまいは Vinen 方程式 (3.11) の平衡状態の式 (3.12) の形によく一致する[*5]．アスペクト比が小さい管の後期乱流 TII は，後述する Schwarz の動的スケーリングに基づく理論とよく一致することから，十分に発達した一様等方な乱流ができていると思われた．それに対し，前期乱流 TI は，線長密度が小さく，非一様で未発達な乱流と考えられた．アスペクト

[*5] 厳密には，観測される線長密度 L は，式 (3.12) ではなく，臨界速度 v_0 を含んだ $L^{1/2} = \gamma(v_{\mathrm{sn}} - v_0)$ の形でよく記述されるが，その詳細はここでは述べない．

比が高い矩形管の乱流 TIII は，まだ十分な研究が行われているとはいえないが，非一様な乱流と考えられている．Melotte と Barenghi は，常流体の運動の線形安定性の解析を行い，常流体の流れが層流から乱流へ遷移することが TI–TII 遷移に関係すると提案した [140]．しかし，こうした理解は，2000 年代に入って行われた量子乱流の可視化実験により，大きく書き換えられることになる．

6.6.2　量子渦糸模型による解析

3.2 節で述べた量子渦糸モデルによる数値計算は，Schwarz により熱カウンター量子乱流の研究に用いられた [41]．動的スケーリング理論と組み合わせた Schwarz の数値計算は，渦の運動から観測される温度勾配を定量的に理解することに成功し，Feynman 以来の「量子乱流 = 量子渦タングル」という描像を確立した．しかし，Schwarz の計算は局所誘導近似に基づくことに起因する困難があり，周期境界条件の元で一様な乱流をつくるために不自然な操作を導入せざるを得なかった．足立らは，局所誘導近似を用いずに Biot–Savart 則の積分を実行することで，不自然な操作を行うことなく，一様乱流をつくることに成功した [43]．これらの計算は，常流体の流れ場を一様と仮定して行われた．その後の可視化実験は常流体流れ場が非一様であることを見出すが，一様な常流体流れ場での計算を述べることは十分意味があるので，ここでは Schwarz および足立らの計算について述べる．

Schwarz の研究 [41] の意義として，1) 流れ場による駆動と相互摩擦による減衰が競合してつくる渦タングルの自己保持的な統計的定常状態を求めた，2)「動的スケーリング」と結びつけて，乱流で発生する余分の温度勾配を相互摩擦 F_{sn} から計算することを可能にし，典型的な実験と定量的によい一致を得た，3) 渦のダイナミクスから Vinen 方程式 (3.11) を導出した，などが挙げられる．

渦タングルの自己保持状態

熱対向流では，平衡状態から十分に励起された，量子渦タングルの統計的定常状態が実現していると考えられている．この状態は，流れ場による励起と，相互摩擦による散逸が拮抗した，非平衡定常状態である．Schwarz は，この状態を局所誘導近似に基づく量子渦糸の 3 次元ダイナミクスからつくることを試みた．等方的で高密度の渦タングルでは，Biot–Savart 則の非局所項の寄与はキャンセルし，局所誘導近似はよいと思われた．量子渦糸モデルは，量子渦の生成は記述できないので，初期状態として数本の渦輪を配置し，ある方向に熱対向流を流し，運動を追跡した．その典型的な結

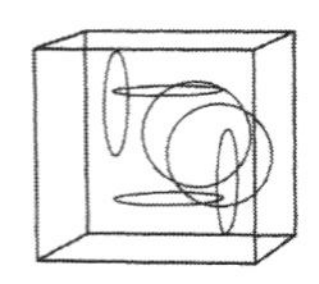
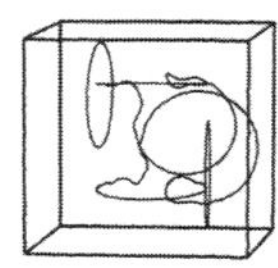
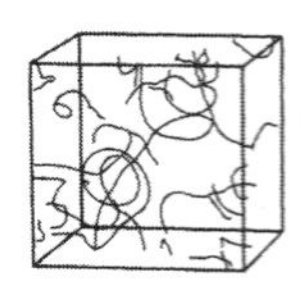
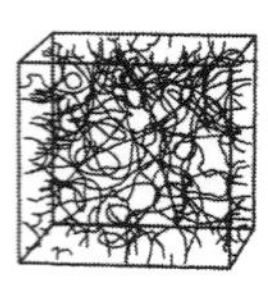
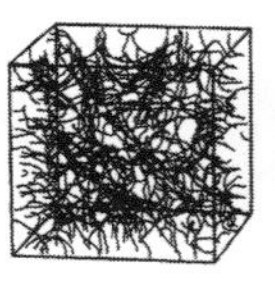
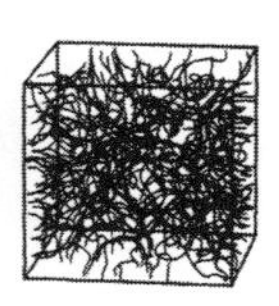

図 **6.6**　熱対向流中の量子渦タングル．左→右へと時間が進んでいる．（K. W. Schwarz: Three-dimensional vortex dynamics in superfluid ^{4}He: Homogeneous superfluid turbulence, *Phys. Rev. B*, **38**, 2398 (1988) より．）

果を図 6.6 に示す．ここでは，超流動速度場のみが管の手前から奥に向かって流れており，容器壁面は粗い壁としている．渦糸の成長は線長密度の時間変化で表され，今のモデルでは，系の体積を V として，$L = \frac{1}{V}\int_{\mathcal{L}} d\xi$ であり，$\int_{\mathcal{L}}$ は渦糸全体にわたって行う．図 6.6 からわかるように，少数の渦輪が渦タングルへと成長し，やがて線長密度 L が平均値のまわりで揺らぐ，統計的平衡状態に達する．

この計算は，渦の生成からではなく，すでに数本の渦が存在している初期状態から始めているが，このような方法は妥当であろうか？　実際の超流動ヘリウムでは，流れを加えない静かな状態でも，残留渦とよばれる渦が存在していることが知られている [141]．液体ヘリウムが有限の速度で冷却されラムダ温度を経て超流動相に入るとき，7.1 節で述べる Kibble–Zurek 機構により量子渦が生成され，それが容器壁面の凹凸にピン留めされて残る．熱対向流では，このような残余渦が流れ場の影響を受けて成長すると考えられている．数値計算で得られる渦タングルの統計的平衡状態は，初期状態によらないことが確かめられている．

渦を希薄な状態から渦タングルにまで成長させることに対して，相互摩擦力と再結合が重要な役割を担っている．3.2 節で述べたように，渦のある部分の自己誘導速度とカウンター流速 $\boldsymbol{v}_{\mathrm{ns}} = \boldsymbol{v}_{\mathrm{n}} - \boldsymbol{v}_{\mathrm{s,a}}$ が逆向きならば，そのような部分は収縮する．また，自己誘導速度と $\boldsymbol{v}_{\mathrm{ns}}$ が同じ向きで，曲率半径が $\beta_{\mathrm{ind}}/|\boldsymbol{v}_{\mathrm{ns}}|$ より小さい部分は収縮し，大きい部分は膨張する．膨張，伸長した部分は隣接した渦と再結合を行い，新たな渦をつくり，それにまた相互摩擦力による収縮および膨張のメカニズムが働く．ある程度まで線長密度 L が成長すると，これらの機構が拮抗して，統計的な平衡状態が達成される．これは**渦タングルの自己保持**（self-sustained）**状態**とよばれている．この自己保持状態の L は，カウンター流速 $|\boldsymbol{v}_{\mathrm{ns}}|$ と温度の関数として決まる．

量子渦糸の運動は式 (3.23) および (3.24) で記述されるが，Schwarz は渦タングルの自己保持状態を得るために，Biot–Savart 則にあらわに含まれていない二つの操作を導入している．一つは，量子渦の再結合で，3.2 節で述べたような人工的な手続きを行っており，得られた自己保持状態がこの操作に依存しないことを確認している．もう一つは渦のミキシングである．Schwarz は，さまざまなカウンター流速，温度に対して自己保持状態を簡便に得るために，3 方向に周期的な境界条件を用いている．3.2 節で述べたように，相互摩擦力による渦の膨張は，流れ場に垂直な面内で起こる．温度を上げて相互摩擦係数を増したとき，渦タングルは流れ場に垂直になる傾向をもち，再結合が抑制され，等方的な渦タングルの実現を妨げる．そこで，ある周期ごとに流れ場に垂直な面内で半分の渦を 90 度回転させるという人工的なミキシング操作を用いている．このミキシングは当初から批判されたが，この再結合の抑制は後に足立らの計算により [43]，局所誘導近似のためであることが示される．

動的スケーリング

このようにして得られた自己保持状態から，実験で観測される余分の温度勾配を求めるために，Schwarz は「動的スケーリング」の考え方を導入した．量子渦糸の運動方程式 (3.23)，(3.24) は，局所誘導近似のもとでは次のようになる．

$$\frac{\partial \boldsymbol{s}}{\partial t} = \beta_{\rm ind}\boldsymbol{s}' \times \boldsymbol{s}'' + \boldsymbol{v}_{s,a} + \alpha \boldsymbol{s}' \times (\boldsymbol{v}_{ns} - \beta_{\rm ind}\boldsymbol{s}' \times \boldsymbol{s}'') - \alpha' \boldsymbol{s}' \times [\boldsymbol{s}' \times (\boldsymbol{v}_{ns} - \beta_{\rm ind}\boldsymbol{s}' \times \boldsymbol{s}'')] \tag{6.32}$$

この式は，$t_0 = \beta_{\rm ind} t$，$\boldsymbol{v}_0 = \boldsymbol{v}/\beta_{\rm ind}$ として因子 $\beta_{\rm ind}$ を吸収すると，

$$\frac{\partial \boldsymbol{s}}{\partial t_0} = \boldsymbol{s}' \times \boldsymbol{s}'' + \boldsymbol{v}_{s,a,0} + \alpha \boldsymbol{s}' \times (\boldsymbol{v}_{ns,0} - \boldsymbol{s}' \times \boldsymbol{s}'') - \alpha' \boldsymbol{s}' \times [\boldsymbol{s}' \times (\boldsymbol{v}_{ns,0} - \boldsymbol{s}' \times \boldsymbol{s}'')] \tag{6.33}$$

となる．容易にわかるように，この運動方程式は，空間座標 D，速度 $\boldsymbol{v}_0$，時間 t_0 を，任意の因子 λ を用いて

$$(D,\ \boldsymbol{v}_0,\ t_0) \quad \Rightarrow \quad \left(\lambda D^*,\ \frac{\boldsymbol{v}_0^*}{\lambda},\ \lambda^2 t_0^*\right) \tag{6.34}$$

とする変換に対して不変である，これは，直感的には，渦の形状が同じでも，空間スケールが λ だけ小さくなれば，速度は $1/\lambda$ だけ速くなり，時間の進行は λ^2 だけ速くなることを意味している．

この式 (6.34) の関係が，運動方程式 (6.33) が生むさまざまな物理量の力学的スケーリング則を規定する．一般に，ある物理量 $P(\boldsymbol{r}, t_0, \boldsymbol{v}_0, D, \cdots)$ と，スケール変換された渦に対する物理量 $P^*(\boldsymbol{r}^*, t_0^*, \boldsymbol{v}_0^*, D^*, \cdots)$ の間には，

$$P(\boldsymbol{r},\,t_0,\,\boldsymbol{v}_0,\,D,\,\cdots)=P(\lambda\,\boldsymbol{r}^*,\,\lambda^2t_0^*,\,\boldsymbol{v}_0^*/\lambda,\,\lambda D^*,\,\cdots)$$
$$=f(\lambda)\,P^*(\boldsymbol{r}^*,\,t_0^*,\,\boldsymbol{v}_0^*,\,D^*,\,\cdots) \tag{6.35}$$

の関係が成り立つ．例えば，ある渦の配置 $\boldsymbol{s}(\xi,t_0)$ と，式 (6.34) で変換される渦の配置 $\boldsymbol{s}^*(\xi^*,t_0^*)$ の間には，それ自身が空間座標の次元をもつので，$f(\lambda)=\lambda$ であり，

$$\boldsymbol{s}(\xi,t_0)=\boldsymbol{s}(\lambda\xi^*,\lambda^2t_0^*)=\lambda\boldsymbol{s}^*(\xi^*,t_0^*)$$

の関係が成り立つ．力学的に相似な二つの系の比 λ は，D/D^*，v_0^*/v_0，$(t_0/t_0^*)^{1/2}$ のどれをとってもよい．例えば，もし空間スケール D の管におけるある臨界速度が v_{c} であるとする．スケール D^* の管での臨界速度は v_{c}^* である．速度の場合，$f(\lambda)=1/\lambda$ であるので，$\lambda=D/D^*$ ととって，$v_{\mathrm{c}}=(D^*/D)v_{\mathrm{c}}^*$ を得る．すなわち，臨界速度は空間スケールに反比例する．実際に管内での超流動乱流発生の臨界速度が，このような管径依存性を示すことが観測されている．

このような動的スケーリングの考え方を用いて，Schwarz は線長密度や，渦タングルの異方性を特徴づけるパラメータなどさまざまな物理量の間の関係式を求めた [41]．また Vinen 方程式 (3.11) も導いた．これらは典型的な実験結果とよい一致を示した．

Biot–Savart 積分による数値計算

Schwarz が 3 方向周期境界条件のもとで渦タングルを生成するために，人工的なミキシングを導入する必要があったことは，局所誘導近似が不十分であることを示唆する．足立らは，3 方向周期境界条件のもと，完全な Biot–Savart 積分を行い，熱対向流の統計的定常状態を得ることに成功した [43]．図 6.7(a) に線長密度 L の時間発展，(b) に統計的定常状態での L の相対速度および温度依存性を示す．この結果は，Vinen 方程式の定常解 $L^{1/2}=\gamma|v_{\mathrm{sn}}|$（式 (3.12)）の挙動を示し，数値計算から求められた係数 γ の値は典型的な実験結果とよく合う [43]．

図 6.7(c, d) は，局所誘導近似と完全な Biot–Savart 積分のもとで，量子渦にどういう違いが生じるかを示したものである．局所誘導近似の場合，渦が流れ場に垂直にそろい，層構造をつくることがわかる．これは相互摩擦力の効果である．この後再結合が十分に進行せず，一様な渦タングルをつくらなくなる．Schwarz は，この状態を回避するために，人工的なミキシングを導入したのである．しかし，完全な Biot–Savart 積分のもとでは，渦間相互作用が層構造の形成を阻害し，再結合を十分に進行させ，一様な渦タングルの形成へと導くのである．

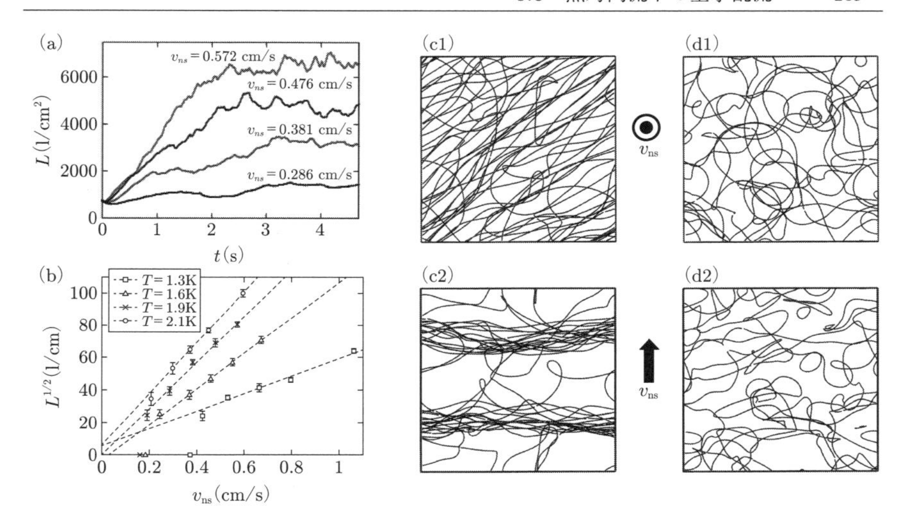

図 6.7 完全な Biot–Savart 積分の計算で求められた線長密度の時間変化 (a) と統計的定常状態の線長密度 (b). (b) の破線は線形関数のフィッティングを表す. (c, d) $t = 18.6\,\mathrm{s}$ における, LIA (c) と完全な Biot–Savart 積分 (d) を用いた計算での量子渦の構造の比較. (c1) と (d1) は流れ場方向, (c2) と (d2) は流れに垂直方向から見た構造を示した. ((a)〜(d2) は H. Adachi, S. Fujiyama and M. Tsubota: Steady-state counterflow quantum turbulence: Simulation of vortex filaments using the full Biot-Savart law, *Phys. Rev* より.)

この計算は, 乱流中の重要な統計則の一つである, 速度場の確率密度関数を調べることを可能にした. 流体中で速度場が $\boldsymbol{v}$ と $\boldsymbol{v}+d\boldsymbol{v}$ の間をとる確率を $\mathrm{Pr}(\boldsymbol{v})d\boldsymbol{v}$ で表し, $\mathrm{Pr}(\boldsymbol{v})$ を速度場の確率密度関数という. 古典乱流では確率密度関数はガウス関数になるが, 量子乱流の場合, 量子渦の芯近傍の速度場を反映して, 異なる形をとる. 量子乱流でも v が小さいところ, すなわち渦芯から離れた場所の寄与はガウス関数であるが, v が大きいところ, すなわち渦芯近傍からの寄与は $\mathrm{Pr} \propto v^{-3}$ となる. このべきの依存性は次のようにして理解できる. 1 本の直線状の量子渦を考えよう. 芯から半径 r の場所の速度場は $v = \kappa/2\pi r$ であり, それは $2\pi r$ に比例して確率に寄与する. この r と v は 1 対 1 に対応するため, $\mathrm{Pr}(v) \sim \mathrm{Pr}(r(v))|dr/dv| \sim v^{-3}$ となる. 足立らは, 前節で述べた方法で熱対向流量子乱流の統計的定常状態を求めた後, その超流動速度場の確率密度関数を求めた [142]. 図 6.8 は, z 方向に印加超流動流れ場 $v_{s,a} = -0.496\,\mathrm{cm/s}$ がある状況での, $\mathrm{Pr}(v_i)$ $(i = x, y, z)$ を描いている. $\mathrm{Pr}(v_z)$ のみ中心が $v_{s,a}$ にずれているが, いずれも中心部ではガウス関数, 中心から離れると v^{-3} になる. このガウス関数からべきへの移行は, 平均渦間距離を ℓ として, おおよ

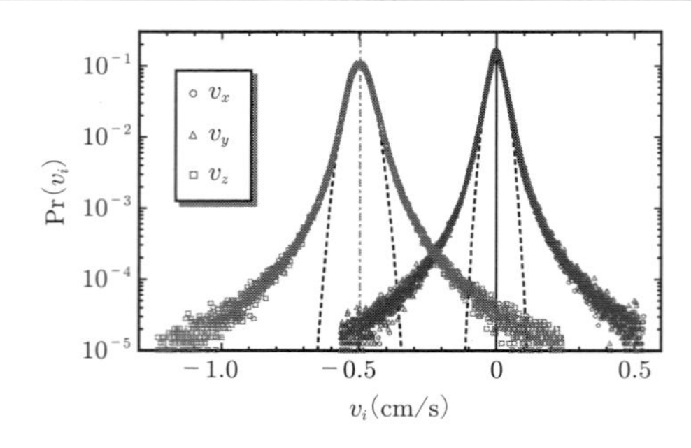

図 6.8　渦糸模型の数値計算によって得られた，熱対向量子乱流での超流動速度場の確率密度関数 [142]．破線の曲線は分布のピーク付近を Gauss 関数によってフィッティングしたものである．印加流れ場は z 方向に，大きさ $v_{s,a} = -0.496\,\mathrm{cm/s}$ で与えた（縦の破線で示した）．(H. Adachi and M. Tsubota: Numerical study of velocity statistics in steady counterflow quantum turbulence, *Phys. Rev. B*, **83**, 132503 (2011) より．)

そ $v_\ell \sim \kappa/[2\pi(\ell/2)]$ で起こる．これは，渦芯から見て ℓ より近いところでは個々の量子渦がつくる速度場が支配的だが，それ以上離れると，渦同士の速度場が干渉して乱流としての速度場をつくることを意味している．この量子乱流特有のふるまいは，捕獲ポテンシャル中の BEC に対しての GP 方程式の解析からも得られている [143]．

6.6.3　熱対向流の可視化

Lathrop たちは固体水素微粒子を用いて熱対向流の可視化にも成功した [51]．熱対向流中で，微粒子群は二つのグループに分かれた．一方は常流動速度場に追随しそれと同じ速度でスムーズに動く粒子であり，他方はそれとは逆方向に，すなわち超流動流の方向に，ジグザグに揺らぎながら動く粒子である．後者は，量子渦に捕獲されながらも超流動流の方向に動いていると考えられる．ただし，これは比較的流速が低い場合の話で，流速が高くなると粒子は渦芯からはずれ，ほとんどすべての粒子が常流動速度場に追随するようになる [144]．

Lathrop たちは，この方法で，微粒子の速度の確率密度関数も求めた [145]．得られた結果は，図 6.8 に示すように，Gauss 関数からべき関数への移行を伴う，量子乱流特有のふるまいを示した．

He_2^* 分子による常流動流れの可視化

ミクロンサイズの微粒子と流れ場の相互作用は，一般には複雑である．そこでナノ

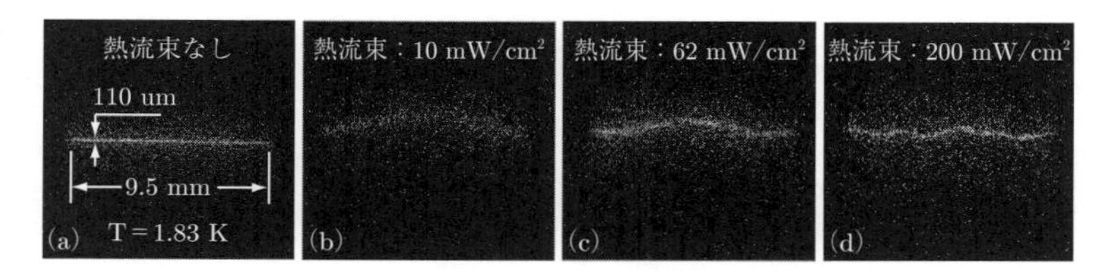

図 **6.9** He_2^* 分子の PIV で可視化した，熱対向流中の常流動流れ場 [126]．常流動流れは上向きで，温度は 1.83 K．熱流束（heat flux）を上げると，常流動流れ場は Poiseuille から，tail-flattened 流を経て乱流に遷移する．（A. Marakov, J. Gao, W. Guo, S. W. Van Sciver, G. G. Ihas, D. N. McKinsey and W. F. Vinen: Visualization of the normal-fluid turbulence in counterflowing superfluid ^{4}He, *Phys. Rev. B*, **91**, 094503 (2015) より．）

サイズの He_2^* 分子を用いた PIV の実験が行われた．図 6.9 に示すように，その大きな成果は，これまで不明であった熱対向流中の常流動流れ場の挙動を明らかにしたことである [125, 126]．断面が正方形（1 辺の長さが 9.5 mm）の管内に超流動 ^{4}He を入れ，横からレーザー光を照射し，He_2^* 分子を生成する．流れがないときの He_2^* 分子の発光を図 6.9(a) に示す．次に，熱流束が加わって熱対向流を駆動すると，まず常流動流れ場は層流の Poiseuille 流れを示す（図 6.9(b)）．さらに熱流束を増すと，放物型の速度場をもつ Poiseuille 流の外側がもち上がり，端で平らになった tail-flattened 流れが生じる（図 6.9(c)）．ここまでは流れ場に再現性があり，層流と考えられる．さらに熱流束を上げると，図 6.9(d) のように流れ場は乱れ，生じる流れ場に再現性がなくなるので，乱流状態に遷移したと考えられる．特に，図 6.9(c) の tail-flattened 流れはこの系特有で，古典粘性流体では観測されたことがない．

このような流れ場の挙動を考察するには，超流体と常流体の運動を結合させながら解く必要があるが，これは困難であり，3 次元の乱流に対してそのような計算は現在まで行われたことがない．しかし，正方形管内を考え，常流体流れは層流 Poiseuille 流を仮定した渦糸模型による数値計算によると，非一様な常流体流れと壁の効果により，量子渦は中央部よりも壁付近に集積するようになり，非一様な渦タングルができることが示された [146]．そのような量子渦が相互摩擦を通じて常流体流れに影響すれば，Poiseuille 流れは tail-flattened 流れに変形するかもしれないが，それは今後の課題である．

6.7 振動物体がつくる量子乱流

熱対向流とは異なる状況で量子乱流を生成する試みが行われた．Schoepe らは，超流

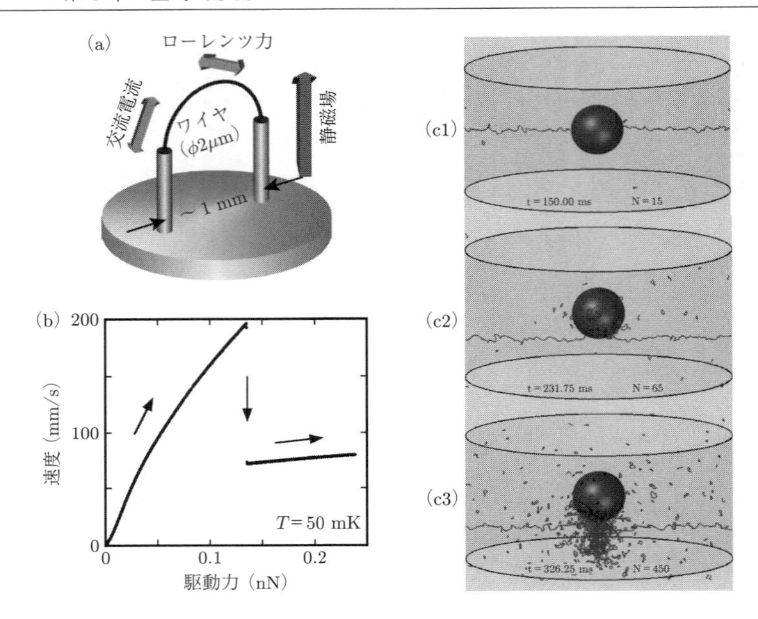

図 6.10　(a) 振動ワイヤの典型的な形状と，(b) 超流動 ^{4}He 中の振動ワイヤの応答 [150]. (c) 付着する渦と振動する流れによって発現する量子乱流 [151]. $T = 0$ での渦糸モデルによる数値計算. ((b) は矢野英雄，坪田誠: 物体の運動で発現する量子乱流，日本物理学会誌，**68**, 734 (2013) より. (c) は R. Hänninen, M. Tsubota and W. F. Vinen: Generation of turbulence by oscillating structures in superfluid helium at very low temperatures, *Phys. Rev. B*, **75**, 064502 (2007) より.)

動 ^{4}He 中で，超伝導で磁気浮上させた半径 100 μm の固体球を振動させ，その駆動力がある臨界値を超えると，球の応答（振動速度）が大きく変化することを観測した [147]. これは常流体の効果ではなく，超流体の応答が変化したものであることがわかっている．この後，複数のグループが超流動 ^{4}He，または ^{3}He 中で振動ワイヤ [148]，振動格子，チューニングフォークなどを用いた実験を行い，いずれも振動物体の形状等種々の条件は異なるものの，以下に見るような共通の物理を観測した [149].

図 6.10(a) に，振動ワイヤを用いた実験の，典型的な状況を示す [150]. 超流動ヘリウムを入れた容器の壁に，超伝導線でできた振動ワイヤ（直径 2 μm，足幅約 1 mm）を張る．壁に垂直に静磁場を引加し，ワイヤに交流電流を流すと，Lorentz 力によりワイヤは振動する．このとき，ワイヤ両端に誘導される電圧はワイヤの速度に比例し，また，ワイヤが消費する仕事率が駆動力と速度の積に比例することから，駆動力が得

られる．図 6.10(b) に，駆動力の関数として求めたワイヤの速度を示す．駆動力が小さいときはワイヤは流体から抗力を受けないが，速度が上がりある臨界値を越えると，ワイヤは抗力を受け，速度が減少する．この後は，駆動力を増してもワイヤの速度を十分に上げることができない．これは，ワイヤと壁を橋渡しするように付着した残余渦が，振動によって引き延ばされ，量子乱流に発達することによる．図 6.10(c) に，渦糸模型による数値計算を示す [151]．円筒容器内を超流動 ^{4}He が満たしており，中に置かれた固体球に残余渦が付着している．この状況で上下に振動流を加えると，Kelvin 波が励起されてその振幅が大きくなり，再結合を通じて多数の渦輪が放出される．それらは球のまわりに集まり，増幅され，やがて渦タングルが球を覆うようになる．振動物体を用いたいずれの実験もこのようなことが起こっていると考えられている．

6.8 原子気体 BEC の乱流

近年，冷却原子気体 BEC においても量子乱流研究が活発に行われている．ここではまず，ブラジルのグループによって実現された量子乱流の実験および，関連する数値計算について紹介する．また，原子気体 BEC では，超流動ヘリウムでは実現しない多様な量子乱流を見せてくれる．その例として，2 次元 BEC の量子乱流とスピノール BEC のスピン乱流を紹介する．

6.8.1 振動ポテンシャル中の量子乱流

ブラジルのグループは ^{87}Rb の BEC に対し，振動外場を加えることによって量子乱流を生成することに成功した [152]．具体的には葉巻型の BEC に対して，長軸方向とは少しずれた方向にもう一つヘルムホルツコイル型の振動磁気トラップを用意し，BEC を振動させながら微小な振動回転を与えることでコヒーレントに BEC を動かし，乱流を実現している．弱い振動外場を短時間印加した場合には，BEC に双極子モード，四重極モード，シザースモードが励起され，量子渦が観測されない．振動外場の強さおよび印加時間を大きくしていくと渦が励起され，その数は増えていき，最終的に乱流状態となる．渦の数が少ない非乱流状態のときは渦の方向はだいたいそろっているが，渦の数が劇的に増えた乱流状態では渦の向きはそろっておらず，渦のタングル状態となることが報告された．図 6.11 は典型的な実験結果のスナップショットである．

この系で実現された乱流状態の，最も特筆するべき点は，冷却原子気体 BEC で観測されてきたものとは定性的に異なる流体モードのふるまいである．葉巻型の BEC

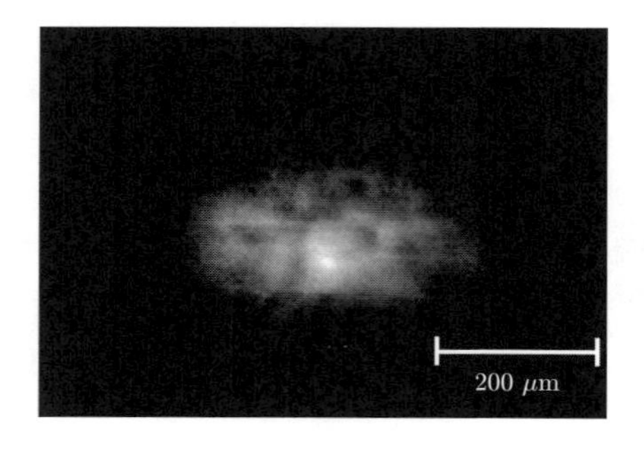

図 6.11　実験によって観測された量子乱流状態にある原子気体の原子密度 (a)，および，(a) に対応する渦の位置を表す模式図 (b)．(E. A. L. Henn, J. A. Seman, G. Roati, K. M. F. Magalhães, and V. S. Bagnato: Emergence of Turbulence in an Oscillating Bose-Einstein Condensate, *Phys. Rev. Lett.*, **103**, 045301 (2009) より．)

のようにアスペクト比の極端に大きな BEC をトラップから開放すると，閉じ込めの強い方向における強いゼロ点振動と原子間相互作用による強い圧力勾配の影響により，その方向がより早く膨張して，アスペクト比の逆転が起こる．また，非凝縮体を膨張させると，初期のアスペクト比にかかわらず，熱揺らぎの等方性により気体は等方的に広がる．ところが量子乱流状態にある BEC を膨張させると，上記の二つの例とは異なってアスペクト比を一定に保ったまま広がることが観測された．この結果の解釈の一つとして，BEC の広がりがゼロ点振動でも熱揺らぎでもない，量子渦によってつくられた異方的かつ自己相似的な速度場の揺らぎによるものである，という描像が実験グループによって提唱されている．この実験結果は，古典乱流との対比を議論する上で問題となる圧縮性の問題や定常性の問題にあえて踏み込まず，原子気体 BEC の量子乱流がもつ別の新しい特徴をとらえたものであるといえよう．

また，この実験に先駆けて，小林らはトラップされた原子気体 BEC に対して量子乱流を実現させる手法を提案し，数値計算を行っている．ブラジルの実験では振動と回転を結合させて乱流を生成していたが，小林らは回転軸の異なる二つの回転を歳差回転として非可換的に結合させることで，量子乱流を実現させることを提唱した [153]．エネルギー注入は回転のみなので，誘起される流れはほぼ非圧縮であり，ある程度時間が経過したときの準定常乱流状態において，Kolmogorov 則を示すエネルギースペクトルが報告されている．エネルギー注入としてなるべく流体の非圧縮性が保たれるようなものを実現することができれば，たとえ冷却原子気体 BEC であろうと，Kolmogorov 則を示すような乱流が実現可能であることをこの計算は示唆している．

6.8.2　2 次元量子乱流

乱流は，空間次元に依存したふるまいをする．2 次元乱流では，3 次元乱流と異なり，エネルギーが小さなスケールから大きなスケールへと流れる逆カスケードと，渦度の 2 乗で定義されるエンストロフィー $\boldsymbol{\omega}^2/2 = (\nabla \times \boldsymbol{v})^2/2$ の順方向のカスケードが起こる．これは，非粘性の 2 次元乱流の場合，エネルギーに加えて平均エンストロフィー $\langle \boldsymbol{\omega}^2 \rangle = S^{-1} \int \omega^2 d\boldsymbol{r}$ が保存量となることに起因している．では，2 次元量子乱流ではどうなるのか，はたしてエネルギーの逆カスケードは起きるのかという問いが生じる．これについては，われわれはまだ明確な答をもたない．本節では，2 次元乱流の特徴を述べた後，2 次元量子乱流の研究を紹介する．

2 次元古典乱流

ここでは，非圧縮流体の 2 次元古典乱流が，3 次元乱流に比べてどのような違いをもつのかについて述べる．2 次元では，渦の長さ方向のストレッチが起こらず，そのため，非粘性の極限ではエンストロフィーが保存される．3 次元粘性流体の速度場 $\boldsymbol{v}$ に対する Navier–Stokes 方程式，および渦度 $\boldsymbol{\omega} = \nabla \times \boldsymbol{v}$ に対する渦度方程式は，

$$\frac{\partial \boldsymbol{v}}{\partial t} + (\boldsymbol{v} \cdot \nabla)\boldsymbol{v} = -\nabla \left(\frac{P}{\rho} \right) + \nu \nabla^2 \boldsymbol{v} \tag{6.36}$$

$$\frac{\partial \boldsymbol{\omega}}{\partial t} + (\boldsymbol{v} \cdot \nabla)\boldsymbol{\omega} = (\boldsymbol{\omega} \cdot \boldsymbol{\nabla})\boldsymbol{v} + \nu \nabla^2 \boldsymbol{\omega} \tag{6.37}$$

である．ここで P は圧力，ρ は流体の密度，ν は動粘性係数である．式 (6.37) の右辺第 1 項は，渦がある場合，それに沿った方向のストレッチ（引き伸ばし）を表す．流体が x-y 面内の 2 次元に閉じ込められているなら，速度場は $\boldsymbol{v}(\boldsymbol{r}) = (v_x(x,y), v_y(x,y), 0)$ となり，式 (6.36) および (6.37) は

$$\frac{\partial \boldsymbol{v}}{\partial t} + (\boldsymbol{v} \cdot \nabla)\boldsymbol{v} = -\nabla \left(\frac{P}{\rho} \right) - \nu \nabla \times \boldsymbol{\omega} \tag{6.38}$$

$$\frac{\partial \boldsymbol{\omega}}{\partial t} + (\boldsymbol{v} \cdot \nabla)\boldsymbol{\omega} = \nu \nabla^2 \boldsymbol{\omega} \tag{6.39}$$

となる．式 (6.39) に示されるように，2 次元では渦のストレッチの項はなくなる．これらより

$$\left[\frac{\partial}{\partial t} + \boldsymbol{v} \cdot \nabla \right] \left(\frac{1}{2} \boldsymbol{v}^2 \right) = -\nabla \left(\frac{P}{\rho} \boldsymbol{v} \right) - \nu (\boldsymbol{\omega}^2 + \nabla \cdot (\boldsymbol{\omega} \times \boldsymbol{v})) \tag{6.40}$$

$$\left[\frac{\partial}{\partial t}+\boldsymbol{v}\cdot\nabla\right]\left(\frac{1}{2}\boldsymbol{\omega}^2\right)=-\nu[(\nabla\boldsymbol{\omega})^2-\nabla\cdot(\boldsymbol{\omega}\nabla\boldsymbol{\omega})] \tag{6.41}$$

を得る．式 (6.41) が，エンストロフィー $\boldsymbol{\omega}^2/2$ の時間空間発展を記述する式である．空間変化する場 $\boldsymbol{F}(\boldsymbol{r})$ に対し，体積 V での空間平均を $\langle\boldsymbol{F}(\boldsymbol{r})\rangle\equiv(1/V)\int\boldsymbol{F}(\boldsymbol{r})d\boldsymbol{r}$ で表そう．式 (6.40) および (6.41) の空間平均をとる．一様な乱流を想定すると，発散項の寄与はなくなり，

$$\frac{d}{dt}\left[\frac{1}{2}\langle\boldsymbol{v}^2\rangle\right]=-\nu\langle\boldsymbol{\omega}\rangle,\qquad\frac{d}{dt}\left[\frac{1}{2}\langle\boldsymbol{\omega}^2\rangle\right]=-\nu\langle(\nabla\boldsymbol{\omega})^2\rangle \tag{6.42}$$

となる．非粘性の極限 $\nu\to 0$ をとれば，運動エネルギー $\langle\boldsymbol{v}^2\rangle/2$ のみならず，エンストロフィー $\langle\boldsymbol{\omega}^2\rangle/2$ も保存量となる．これが 2 次元乱流の特徴であり，エネルギーの逆カスケードを生む原因である．

エネルギーとエンストロフィーが保存されるならば，それらのカスケードの向きは逆になることが，次のような簡単な考察からわかる [154]．系が等方的であるとしよう．速度場 $\boldsymbol{v}$ の Fourier 変換を用いて，

$$\frac{1}{2}\langle\boldsymbol{v}^2\rangle=\int_0^\infty E(k)dk,\qquad\frac{1}{2}\langle\boldsymbol{\omega}^2\rangle=\int_0^\infty k^2E(k)dk \tag{6.43}$$

となる．エネルギーおよびエンストロフィーを保存しつつ k の成分が例えば $2k$ および $k/2$ に分裂したとしよう．このとき，

$$E(k)=E(2k)+E\left(\frac{k}{2}\right),\qquad k^2E(k)=(2k)^2E(2k)+\left(\frac{k}{2}\right)^2E\left(\frac{k}{2}\right) \tag{6.44}$$

より

$$E\left(\frac{k}{2}\right)=\frac{4}{5}E(k),\qquad E(2k)=\frac{1}{5}E(k) \tag{6.45}$$

であるのに対し，

$$\left(\frac{k}{2}\right)^2E\left(\frac{k}{2}\right)=\frac{1}{5}k^2E(k),\qquad(2k)^2E(2k)=\frac{4}{5}k^2E(k) \tag{6.46}$$

であるから，エネルギーとエンストロフィーの波数空間での流れる向きが逆になることがわかる．

このエネルギー逆カスケード領域ではエネルギースペクトルは $E(k)\propto k^{-5/3}$，エンストロフィーカスケード領域では $E(k)\propto k^{-3}$ となる [154, 155]．これらのスペクトルと，エネルギー逆カスケードの結果生じる大きな渦構造は 2 次元古典乱流の数値計算で確認されている [3, 4]．

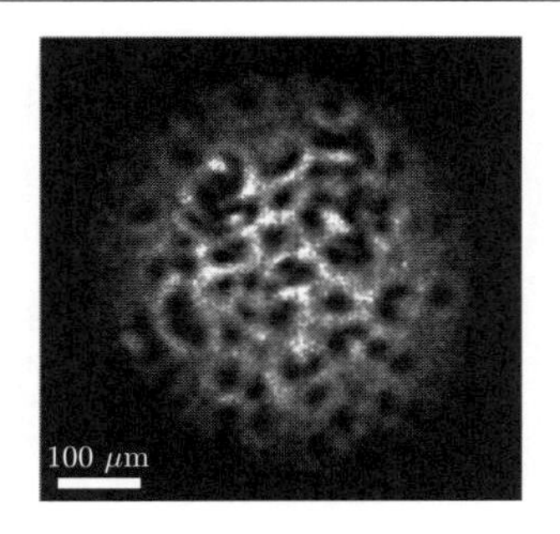

図 **6.12** 2 次元量子乱流 [158]．斥力ポテンシャルに対し凝縮体を動かし，量子渦のランダムな配置を観測したもの．（W. J. Kwon, G. Moon, J.-y. Choi, S. W. Seo, Y.-i. Shin: Relaxation of superfluid turbulence in highly oblate Bose-Einstein condensates, *Phys. Rev. A*, **90**, 063627 (2014) より．）

原子気体 BEC における 2 次元量子乱流

量子乱流の特徴は，渦が量子化されていることである．2 次元量子乱流を考える場合の大きな関心は，はたしてエネルギー逆カスケードとエンストロフィーカスケードは見えるのか，そしてそのとき量子渦は大きなスケールの構造をつくるようにふるまうのかということである．ただし，この場合，運動エネルギーとエンストロフィーが保存量となるかどうかに注意する必要がある．$T = 0$ の超流体を想定しても，これらは厳密には保存量とならない．それは，渦と反渦の対消滅が起こるからである．そのため，Gross–Pitaevskii モデル [156] や点渦モデル [157] の数値計算による 2 次元量子乱流の研究が行われているが，上記の問いにはまだ明確な結論が出ていない．

一方，捕獲ポテンシャルを調整できる原子気体 BEC の特徴を生かして，2 次元量子乱流の実験研究が行われている．例えば，捕獲ポテンシャルの z 方向の閉じ込めを強くし，2.8.5 項で述べた TF 近似での z 方向の凝縮体の半径 $R_z = \sqrt{2\mu/m\omega_z^2}$ が回復長よりも短ければ，系は十分扁平となり，x–y の 2 次元系とみなすことができる．そのような 2 次元 BEC で，斥力ポテンシャルに対して凝縮体を動かし，図 6.12 に示すような，量子渦のランダムな配置が観測されている．ただし，エネルギースペクトルの測定は行われておらず，このような比較的小さな系で，少数の渦の配置が乱流をつくっているといえるかどうかは，まだ不明である．

6.8.3 スピノール BEC のスピン乱流

これまでの議論では，質量流がなす乱流を議論してきたが，ここでは，スピノー

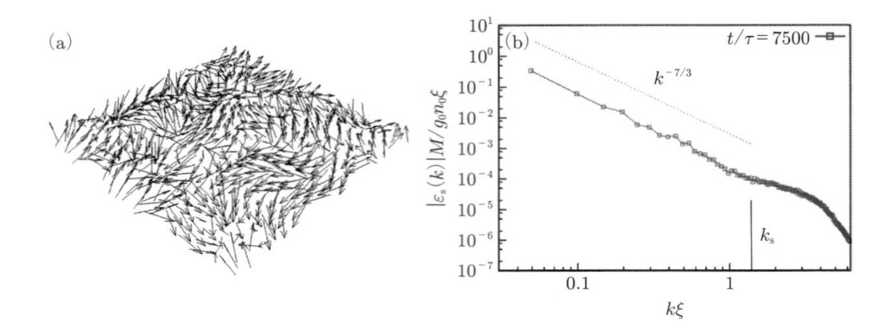

図 6.13　(a) スピノール BEC のスピン乱流．矢印は各場所でのスピン密度ベクトル $\boldsymbol{S}$ を表す．数値計算の系の長さは，コヒーレンス長 $\xi = \hbar/\sqrt{2mg_0n_0}$ に対し，128ξ である．(b) 十分発達したスピン乱流におけるスピン相互作用エネルギーのスペクトル．スピン回復長 $\xi_s = \hbar/\sqrt{2m|g_1|n_0}$ に対し $k_s = 2\pi/\xi_s$ であり，$\tau = \hbar/c_0n_0$ である．

ル BEC におけるスピンがつくる乱流を議論する [159, 160]．スピノール BEC では，図 6.13(a) のように，スピンが空間的・時間的に乱れた状態が実現し，これを**スピン乱流** (spin turbulence) とよぶことにする．ここでは，まずスピンの運動方程式に対する次元スケーリング解析を述べ，次に GP 方程式の数値計算結果を述べる．

$F = 1$ のスピノール BEC の波動関数 $\Psi = (\Psi_1, \Psi_0, \Psi_{-1})^{\mathrm{T}}$ の運動は GP 方程式 (2.247) に従う．全エネルギーは式 (2.245) である．以下，スピンに依存する相互作用エネルギーの係数が $g_1 < 0$ の強磁性相互作用の場合を考え，トラップポテンシャル $V_{\mathrm{ext}}^{m_F}$ はない一様系を想定する．

スピン乱流とは，式 (2.246) で与えられるスピン密度ベクトル $\boldsymbol{S} = \Psi^\dagger \hat{\boldsymbol{S}} \Psi$ が空間的・時間的に乱れた状態を意味する．このとき，スピンに依存する相互作用エネルギー $E_{\mathrm{s}} = (g_1/2)\int d\boldsymbol{r}\boldsymbol{S}_1^2$ の Fourier 成分が，スピン乱流で特徴的なふるまいをする．単位質量あたりのスピンに依存する相互作用エネルギーのスペクトルは $E_{\mathrm{s}}/(mN) = \int dk\mathcal{E}_{\mathrm{s}}(k)$ で与えられ，スピン密度ベクトルの Fourier 級数 $\boldsymbol{S}(\boldsymbol{r}) = \sum_{\boldsymbol{k}} \tilde{\boldsymbol{S}}(\boldsymbol{k})e^{i\boldsymbol{k}\cdot\boldsymbol{r}}$ を用いて，

$$\mathcal{E}_{\mathrm{s}}(k) = \frac{g_1}{2mn\Delta k} \sum_{k-\Delta k/2<|\boldsymbol{k}_1|<k+\Delta k/2} |\tilde{\boldsymbol{S}}(\boldsymbol{k}_1)|^2 \tag{6.47}$$

となる．ここで，n は粒子数密度であり，L を系の大きさとして，$\Delta k = 2\pi/L$ である．

このエネルギースペクトル $\mathcal{E}_{\mathrm{s}}$ が，スピン乱流状態でどのような挙動を示すかを，スピンの運動方程式から評価しよう．GP 方程式 (2.247) から，スピンベクトル $\boldsymbol{f} = \boldsymbol{S}/n$，全粒子数密度 n，超流動速度場

$$\boldsymbol{v} = \frac{\hbar}{2mni}\sum_{m_F}(\Psi^*_{m_F}\nabla\Psi_{m_F} - \Psi_{m_F}\nabla\Psi^*_{m_F}) \tag{6.48}$$

そしてネマティックテンソル

$$n_{\mu\nu} = \frac{1}{n}\sum_{m,m'}\Psi^*_m(\hat{N}_{\mu\nu})_{mm'}\Psi_{m'}, \tag{6.49}$$

$$(\hat{N}_{\mu\nu})_{\mu\nu} \equiv \frac{1}{2}\sum_{l,m,m'}[(\hat{S}_\mu)_{ml}(\hat{S}_\nu)_{lm'} + (\hat{S}_\nu)_{ml}(\hat{S}_\mu)_{lm'}] \tag{6.50}$$

が満たす流体力学方程式を導くことができる [161]．しかし，この連立方程式は複雑であるため，以下の仮定を用いて簡単化する．まず，系は，式 (2.249) で記述される強磁性状態であるとする．次に，全粒子数密度 n はほとんど一様（$n \sim n_0$）で，超流動速度 $\boldsymbol{v}$ の大きさは密度の音速 $\sqrt{g_0 n_0/2m}$ に比べて十分遅いとする．これらの条件を用いると，スピンベクトル $\boldsymbol{f}$ の従う方程式

$$\frac{\partial}{\partial t}f_\mu \sim \frac{\hbar}{2m}\sum_{\nu\lambda}\epsilon_{\mu\nu\lambda}\nabla\cdot[f_\nu(\nabla f_\lambda)] \tag{6.51}$$

が得られる．

この式に対し，スピン乱流を想定して次元スケーリング解析を行う [159, 160]．まず，スピン乱流は特徴的な空間および時間スケールをもたず，自己相似的であるとする．$\boldsymbol{r} \to \alpha\boldsymbol{r}$ および $t \to \beta t$ のスケール変換に対して，式 (6.51) が不変であるためには，スピンベクトルは $f_\mu \sim \Lambda r^2 t^{-1}$ の依存性をもたなければならないことがわかる (Λ は次元をもつ定数)．このとき，f_μ の Fourier 級数を $\tilde{f}_\mu$ として，式 (6.47) より，波数空間のエネルギー流束は，$\epsilon_{\mathrm{s}} \sim (g_1 n_0/m)\tilde{f}_\mu^2 t^{-1} \sim (g_1 n_0/m)\Lambda^2 k^{-4} t^{-3}$ となる．この ϵ_{s} が一定とすると，エネルギースペクトルは

$$\mathcal{E}_{\mathrm{s}} \sim \frac{g_1 n_0}{m}\tilde{f}_\mu^2 k^{-1} \sim \left(\frac{g_1 n_0}{m}\Lambda^2\right)^{1/3}\epsilon_{\mathrm{s}}^{2/3}k^{-7/3} \tag{6.52}$$

となる．この $-7/3$ というべきは，Kolmogorov の $-5/3$ とも異なり，スピン乱流に特有である．なお，このスケーリングの議論は空間次元にはよらない．

藤本と坪田は，2 次元空間の GP 方程式の数値解析により，スピン乱流を生成し，式 (6.52) のスペクトルを確認した [159, 160]．スピン乱流は強磁性の基底状態からの励起により生成される．励起にはいろいろな方法が考えられるが，藤本らは Ψ_1 の成分と Ψ_{-1} の成分を有限の相対速度 V_R で流す対向流を用いた．この系は動的に不安定

であり，相対速度 V_R に対応した不安定モードが励起され，それらの非線形相互作用を経てスピン乱流を生成する．十分発達したスピン乱流では，図 6.13(b) に示すように，スピン相互作用エネルギーのスペクトル $\mathcal{E}_{\rm s}(k)$ は $-7/3$ のべき則を示すようになる．また，この状態ではスピンのみならず，超流動速度場 $\boldsymbol{v}$ も乱流になり，そのエネルギースペクトルは $-5/3$ のべき則を示す [160]．このように，この系はスピン乱流と超流動乱流が共存した，興味深い系である．ただし，通常の乱流の Kolmogorov の $-5/3$ 則が Navier–Stokes 方程式の慣性項により生じるのに対し，今の場合の超流動速度場の $-5/3$ 則は，スピンの非線形相互作用により生じる点が異なる．

第7章　量子流体系と他の物理系とのつながり

本書ではこれまで，流体力学的な側面に重点をおいて量子流体系の物理を紹介してきた．その物理的背景を記述する重要なキーワードとして，量子渦，自発的対称性の破れ，場の量子論などが挙げられる．これらの物理概念は物性系にとどまらず，素粒子・宇宙・原子核物理分野などでも広く適用される普遍概念である．量子流体系では，熱揺らぎや不純物効果などの外部環境の影響が小さいため，これらの概念を背景として引き起こされる物理現象がそのままの形で観測されやすい．そのため，量子流体系は，上記の普遍概念を通じて宇宙規模で起こるような検証困難な理論的予言や研究背景が一見異なるような現象を関連づけて模擬的に検証する場を提供する．

本章では，物性・素粒子・宇宙・原子核物理分野の中から，上記キーワードを背景に量子流体系と密接に関連し，広く注目を集めている以下の四つの話題を取り上げる: Higgs 場の凝縮による宇宙ひもの形成機構（7.1 節），曲がった時空とブラックホールの Hawking 輻射（7.2 節），高速回転する中性子星の減衰（7.3 節），およびネマティック液晶の非平衡相転移（7.4 節）．読者が興味に応じて読み飛ばせるように，各節はなるべく独立に読み進められるように構成した．

7.1　超流体における Kibble–Zurek 機構

Kibble–Zurek（KZ）機構は急速に 2 次相転移を起こす系での，非平衡ダイナミクスおよび位相欠陥形成の物理的描像を記述する理論である．これは，まず Kibble が初期宇宙における相転移において宇宙ひもとよばれる線欠陥の形成機構として先駆的に提唱し [162]，後に Zurek が物性系に対してそのアイデアを発展させた [163]．近年では量子相転移に対しても KZ 機構が適用され，さまざまな系でこの理論が検証されている [164]．

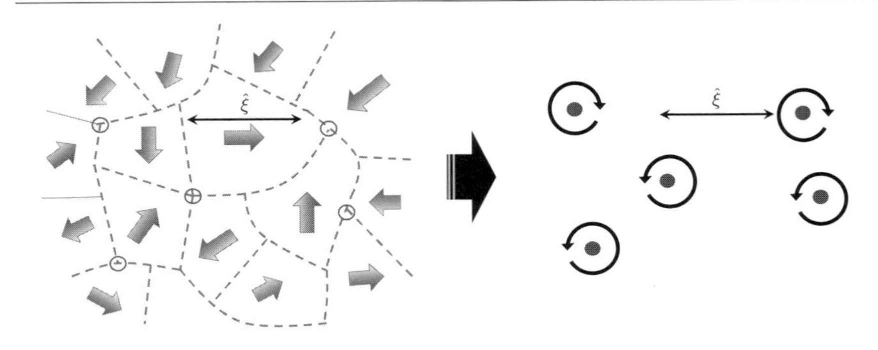

図 7.1　KZ 機構による位相欠陥形成の様子を表す模式図．急激なパラメータの変化に伴う相転移により，縮退した基底状態が許すさまざまな秩序変数の値をもつドメインが形成される．矢印は秩序変数がもつ位相の方向を表している．秩序変数の不一致により，それらのドメインの接合点などで，位相欠陥が生じる．系がほぼ平衡化し，大域的な秩序が生じた後も位相欠陥はトポロジカルに安定であるために寿命が長く，系に残存すると考えられる．

7.1.1　KZ 機構の理論

2 次相転移の転移点近傍では，系の長波長揺らぎが異常に大きくなり，特徴的な相関長や緩和時間のスケールが発散する．このような相転移点近傍で見られる異常な現象は，総称して**臨界現象**とよばれる．このとき，短距離スケールに依存する系の詳細な構造は重要ではなくなり，臨界現象は相対論的および非相対論的な場合も合せたすべての系において，対称性，次元，相互作用の及ぶ範囲，などで決まるいくつかの**普遍性クラス**によって分類される．相転移はさまざまなエネルギースケールで起こるが，転移点近傍の物理量はこの普遍性クラスに特徴的なべき乗則に従い，系の詳細によらない普遍性をもつ．

KZ 機構の定性的な側面は図 7.1 のようにまとめられる．今，高温領域にある対称性の高い状態（非秩序相）から低温領域にある対称性の低い状態（秩序相）へ相転移が起こっている系の動的ふるまいに注目する．例えば，この相転移を起こすために，温度を非常にゆっくりと準静的に低下させた場合，秩序相は系全体に一様に形成すると予想される．一方，急速な冷却によって相転移が起きたとき，秩序が発達した領域は空間的に不均一に形成される．これは，臨界現象に伴う系の緩和時間の発散，および秩序が伝わる速度が非常に遅くなるため，系の急速な変化に秩序の成長が追随できないためである．このとき，自発的な対称性の破れがさまざまな場所で局所的に起こり，エネルギーの縮退が許しうるさまざまな値の秩序変数をもつ複数の領域（ドメイン）ができる．その後，系は大域的な秩序をもつ平衡状態に向かって発展するが，秩序変数の振幅は位相に比べて速い緩和時間で平衡値に達する．この振幅の成長により，生成したドメインは合体し，その結果ドメイン間の秩序変数の位相のミスマッチが位相欠陥という形で系に残る [162]．ここで生じる位相欠陥構造の幾何学的分類はホモトピー理論に基づいてなされる．

このような議論は系の種類やミクロな詳細などによらず，普遍的に成立する概念である．このことは，例えば初期宇宙で起こったと考えられている相転移現象を，類似の相転移を起こす物性系を用いることで実験室で模擬・検証できることを意味する．後述のように，超流体を用いた KZ 機構の実験では，実験室で「ミニビッグバン」を実現した．

次に，急激な相転移において生じる位相欠陥の密度の定量的評価を与える KZ 機構の理論を紹介しよう．ある制御可能なパラメータ λ（例えば温度）の変化によって引き起こされる，2 次相転移を考えよう．ある熱力学的平衡状態において臨界点近傍における相関長 ξ と緩和時間 τ が発散するという特徴を

$$\xi(\varepsilon) = \frac{\xi_0}{|\varepsilon|^{\nu}}, \qquad \tau(\varepsilon) = \frac{\tau_0}{|\varepsilon|^{z\nu}}, \tag{7.1}$$

のように表す．パラメータ ε は臨界点 λ_{c} からの「距離」を表す無次元パラメータであり，

$$\varepsilon = \frac{\lambda_{\mathrm{c}} - \lambda}{\lambda_{\mathrm{c}}} \tag{7.2}$$

と定義する．以下では ε を相転移の制御パラメータとよぶことにする．ν は相関長の臨界指数，z は $\xi \sim \tau^{1/z}$ からくる動的臨界指数である．定数 ξ_0 と τ_0 は次元を有する定数で，系の微視的な情報に依存するが，ν と z は転移の普遍性クラスのみに依存する．

今，時刻とともに，$\lambda > \lambda_{\mathrm{c}}$ の対称性の高い状態から $\lambda < \lambda_{\mathrm{c}}$ の対称性が低い状態へ変化する状況を考えよう．λ すなわち ε は臨界値近傍で時間に関して線形に変化すると仮定し，ε を

$$\varepsilon(t) = \frac{t}{\tau_Q}, \tag{7.3}$$

と表す．τ_Q は制御パラメータの変化の速さを特徴づけるクエンチ時間であり，時間の原点を $\lambda = \lambda_{\mathrm{c}}$ となる瞬間にとる．臨界点より離れたところでは，系の平衡緩和時間は短いので制御パラメータ ε の変化に対して系のダイナミクスは断熱的である．一方，

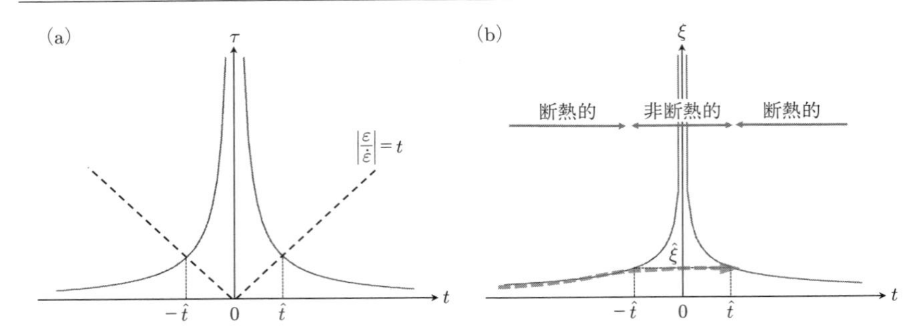

図 7.2　KZ 機構に基づく相転移ダイナミクスを説明する図．時間に関して線形に変化するクエンチの制御パラメータ $\varepsilon = t/\tau_Q$ により，系は対称性の高い相（$t < 0$）から臨界点を交差して対称性の低い相（$t > 0$）へ相転移する．(a) $\varepsilon = 0$ 近傍での平衡緩和時間の発散により，系は断熱的な発展ができなくなり，$[-\hat{t}, \hat{t}]$ の間隔で「凍結」領域へと突入する．(b) 系の相関長 ξ は $t = -\hat{t}$ 付近でその平衡値からずれ，破線で示した矢印のように発展する．$\hat{\xi}$ が生じる秩序相のドメインの大きさ，および位相欠陥密度の見積もりを与える．

$\varepsilon(t) = 0$ の近傍では平衡緩和時間が発散することにより，系は制御パラメータ $\varepsilon(t)$ の変化に対して，断熱的に追随することができなくなる．この描像に基づくと，相転移のダイナミクスは三つの段階に分けられる．すなわち $\varepsilon(t)$ を $\varepsilon(t) < 0$ から $\varepsilon(t) > 0$ へ変化させるにつれ，断熱的変化から非断熱領域を経て再び断熱的変化の領域に入る．この様子を図 7.2(a)(b) に模式的に示した．制御パラメータが変化する時間スケール $|(d\varepsilon/dt)/\varepsilon|^{-1}$ と平衡緩和時間 τ を比較して，$|(d\varepsilon/dt)/\varepsilon|^{-1} \gg \tau$ ならば断熱的であるが，$|(d\varepsilon/dt)/\varepsilon|^{-1} \ll \tau$ では断熱性が破れる．式 (7.3) の仮定から $|(d\varepsilon/dt)/\varepsilon|^{-1} = |t|$ なので，断熱と非断熱の境界は $\tau = |t|$ の条件で与えられる．この関係を満たす時刻を $\hat{t}$ とし，式 (7.1) と (7.3) を用いると，

$$\hat{t} \sim \left(\tau_0 \tau_Q^{z\nu}\right)^{1/(1+z\nu)} \tag{7.4}$$

が得られる．時間が経過し臨界点に近づくと，秩序変数は $t \sim -\hat{t}$ でその平衡値に追随できなくなるが，臨界点を通過した後の $t \sim +\hat{t}$ で再び平衡値に追いつく．$[-\hat{t}, \hat{t}]$ では，図 7.1 のように秩序相のドメインが発生し，それぞれが独立した秩序変数の値を選択することになる．ドメインの平均サイズは $t = |\hat{t}|$ での平衡相関長

$$\hat{\xi} \equiv \xi(\varepsilon(\hat{t})) = \xi_0 \left(\frac{\tau_Q}{\tau_0}\right)^{\nu/(1+z\nu)} \tag{7.5}$$

によって評価される．発生する位相欠陥の密度 $n_{\rm def}$ は $\hat{\xi}$ のスケールから決まると期待

され

$$n_{\rm def} \sim \frac{\hat{\xi}^d}{\hat{\xi}^D} = \frac{1}{{\xi_0}^{D-d}} \left(\frac{\tau_0}{\tau_Q} \right)^{(D-d)\frac{\nu}{1+z\nu}} \tag{7.6}$$

となる．ここで D と d はそれぞれ空間と欠陥の次元を表し，例えば 3 次元超流体中の渦糸に対しては $D=3$ と $d=1$ である．これらが KZ 機構が予言する主要な結果である．ここでの評価はあくまでもオーダーの予言であり，実験や数値計算で見られる欠陥の密度を過大評価していることはいうまでもない*1．しかしながら，もしも式 (7.5) や式 (7.6) のべき乗則をさまざまな系で検証できたならば，KZ 機構が確かに相転移のダイナミクスで普遍的に起こっていることが証明される．実験や数値計算ではあるクエンチ速度で系を駆動した後の位相欠陥の平均数を測定するが，べき乗則の測定にはさまざまなクエンチ速度で測定を繰り返すことが必要である．

GL 理論などの平均場理論に基づく考察では，二つの臨界指数は $\nu = 1/2$，$z = 2$ と決まり，式 (7.5) のべきは $\nu/(1+z\nu) = 1/4$ となる．一方，超流動ヘリウムや原子気体 BEC の相転移における測定では $\nu = 2/3$ となることが観測されている [165, 166]．この指数は，U(1) 対称性を破る相転移に対する繰り込み群の解析により導出される．

7.1.2 KZ 機構の検証実験

以上で示したように，KZ 機構は 2 次相転移において普遍的なものであり，この機構を物性系を用いて検証することは，実験室における初期宇宙の模擬実験を可能にする [163]．さまざまな物性系で実験が行われているが，本書で取り扱っている超流動ヘリウムと原子気体 BEC を用いた実験について簡単に紹介する．

超流動ヘリウム

KZ 機構を検証するうえで超流動ヘリウムを用いることにはいくつか利点がある．まず，超流動転移は 2 次転移であり，KZ 機構の理論がそのまま適用できる．また，超流動状態の秩序変数は複素スカラー場で表され，これは宇宙論で使われる Higgs 場と類似している．また，超流動 ^{3}He の秩序変数が有する対称性は $\mathrm{SO}(3) \times \mathrm{SO}(3) \times \mathrm{U}(1)$ である．これは素粒子の標準模型でとるゲージ群 $\mathrm{SU}(3) \times \mathrm{SU}(2) \times \mathrm{U}(1)$ と類似しており，宇宙論や素粒子論におけるさまざまな理論の模擬実験をするには最適の系であ

*1 過大評価の原因としては，(i) 凍結領域における各ドメインで位相はランダムな方向を向いており，位相のミスマッチが起こる確率を考慮していない，(ii) 生成した位相欠陥が観測されるまでに，欠陥自体のダイナミクスによって消滅したりするイベントが考慮されていない，などが挙げられる．

る．さらに実験的に純粋な系をつくることができるので位相欠陥が媒質中の不純物のために生成することはなく，KZ 機構により生じた位相欠陥の密度を観測することができる．一方，不利な点としては，超流動転移点をまたぐパラメータのクエンチをどのようにして実現するかに難しい技術が要求される．実際，液体 ^{4}He を用いた実験では圧力の高い状態から低い状態へラムダ線を交差するように急速減圧を行い，超流動転移で生成する量子渦を測定することで KZ 機構が検証されたと当初思われたが，圧力の急速減圧では KZ 機構による渦はほとんど発生しないことが後の追実験で示された [167]．この原因としては，減圧のスピードが遅い可能性や，生じている渦輪が非常に小さく，熱揺らぎによってすぐに減衰してしまう，などが考えられている．

超流動 ^{3}He の場合は外部から入射された中性子とヘリウム原子核との核反応による局所的な加熱を利用することができる．核反応では $^3\mathrm{He} + \mathrm{n} = {}^3\mathrm{H}^- + \mathrm{p}^+ + 764\,\mathrm{keV}$ のエネルギーが放出され，液体の微小領域（約 $30\,\mu\mathrm{m}$）を熱して，局所的に常流動状態に戻すことができる．この領域はまわりの超流動成分によって急速に再冷却され，再び超流動状態に転移する．このとき，図 7.1 に示すような超流動状態のドメインが空間的に非均一に形成され，量子渦タングルが形成されると考えられる．

Grenoble 大学では比較的低温の超流動 ^{3}He（$T = 0.1T_\mathrm{c}$）を用意し，上記の過程でミニビッグバンを再現した [168]．熱せられた部分にたまったエネルギーは急速に外側に拡散するが，この拡散したエネルギーを測定すると，764 keV よりも少し小さいところにエネルギーのピークが観測された．この欠損エネルギーが KZ 機構で生成した量子渦のエネルギーとして残っていると考え，熱せられた部分の体積と熱拡散係数からクエンチ時間を見積もると，KZ のべき乗則に一致する結果が得られた．

一方，同時期に行われた Helsinki 工科大学の実験では，比較的高い温度の回転超流動 ^{3}He（$T = 0.9T_\mathrm{c}$）を用いて検証された [169]．中性子による核反応を利用するのは同じであるが，熱せられた箇所から生成する量子渦輪は回転流からもたらされる常流体との相互摩擦力の影響で，その長さが引き延ばされ，最終的に渦は容器の壁と再結合して，回転ベクトルと平行な渦となり，渦格子を形成する．この渦の本数を NMR で測定し，KZ 機構で生成する渦密度と矛盾がないことが示された．ただし，これらの中性子による核反応を用いた実験では，局所的に強い熱対向流が生じ，それが量子渦を大きく成長させる可能性が否定できず，その影響は未解明である．

原子気体 BEC

原子気体を用いた実験もいくつか行われている．この系の特徴は超流動ヘリウムと同様，低温環境かつ実験的に純粋な系をつくれることだが，さらには系のパラメータ制御に関しては大きな柔軟性をもつことや，凝縮体密度や量子渦の本数を直接観測することが可能なので，KZ 機構のシナリオの検証，および理論との定量的な比較が可能であることが挙げられる．系のクエンチは蒸発冷却のスピードを調整し，原子気体を BEC 転移温度より高い状態から低い状態へ急激に温度変化させることで達成される．

一方，この系特有の効果として，原子気体を閉じ込めるための調和ポテンシャルによる系の非一様性や有限サイズ効果を考慮する必要性がある．実際，Otago 大学 [170] や Trento 大学 [171] で行われた実験では，系のサイズは KZ 機構で生じるドメイン相関長の 10 から 20 倍程度であると見積もられており，一様無限系での結果からの補正を取り入れる必要がなる．

Cambridge 大学で行われた実験では，一様系に近い状況である箱形のポテンシャルに閉じ込められた原子気体の BEC 転移で KZ 機構が検証され，理論との定量的比較が行われた [172]．クエンチ後の凝縮体が図 7.1 のようなランダムな位相をもつ複数のドメインをもつことは TOF の密度分布から確認され，クエンチ時間が短いと密度が非一様に分布するが，クエンチ時間が長い場合は密度は箱形ポテンシャルの形状を保つことが確認された．また，原子波干渉のテクニックを用いて 1 次の 2 点相関関数 $g_1(\boldsymbol{r}, \boldsymbol{r}') \propto \langle \Psi^\dagger(\boldsymbol{r})\Psi(\boldsymbol{r}')\rangle$ を測定し，相関長を直接的に評価した．クエンチ時間と相関長の依存性を詳細に調べ，両者には確かにべき乗則が成立し，式 (7.5) のべきが $\nu/(1+z\nu) \approx 1/3$ になることが観測された．観測事実として存在する $\nu = 2/3$ を用いれば，動的臨界指数は $z \approx 3/2$ となり，これは平均場を超えた議論を支持する結果となっている．

その他，KZ 機構はさまざまな系で検証されているが，実験結果は KZ 機構と矛盾がない結論が得られている．このとき，KZ 機構は無限一様系を想定しているため，その系固有の特徴（非一様性や有限サイズ効果など）を補正として取り入れた理論で説明がされている．しかしながら，理論的には本当に図 7.2 に示すような KZ 機構のシナリオが正しいのかの完全なコンセンサスは得られておらず，さらなる考察が必要と思われる．

超流動ヘリウム系は一様系に近い状況で，平衡状態の性質も確立しているため，KZ 機構を検証する理想系ではあるが，超流動 ^{4}He では KZ 機構自体が未観測であり，急激な相転移を実現する実験的進展が望まれる．また，超流動 ^{3}He においてもべき乗則 (7.5) の定量的評価のために，幅広くクエンチ時間を変えた実験は行われていない．原子気体 BEC では，有限サイズ効果は臨界指数に影響を与えると考えられるため，その評価には慎重を要するところである．一方，原子気体系でのパラメータ制御の容易さを利用することで，量子相転移における KZ 機構の研究が発展すると期待できる．

7.2　超流体と曲がった時空との類似性

本章では，Unruh によって提唱された，流体揺らぎと曲がった時空上での場の理論の間の対応関係に着目した理論について述べる [173]．特にこの対応関係は非粘性の流体についてよく成り立つものであり，粘性をもたない超流体はこの理論を適用するうえで理想的な系である．この対応関係に基づいてブラックホールなどの曲がった時空の物理，さらに曲がった時空上で予言される量子効果を超流体の系で検証しようという試みが注目されている．特に Hawking 輻射は光を出すことのないブラックホールからの輻射であり，曲がった時空上で予言される量子現象の中でもきわめて非自明なもので，超流体を用いた実験的検証に大きな期待が寄せられている．本章では，超流体と曲がった時空との対応関係に関して簡単に説明し，原子気体 BEC に対してどのように適用できるのか，特にブラックホールとの類似性に焦点を当てて説明する [174]．

7.2.1　音 響 計 量

曲がった時空を記述するうえで最も重要な量となるのが**計量**とよばれるテンソルである．最も簡単な例として，物質中を通る光を考えよう．物質中では光速が $c_n = c/n(\boldsymbol{r})$ に減速される．ここで c は真空中の光速，$n(\geq 1)$ は（空間に依存する）屈折率である．道のり s によって特徴づけられる光路 $\boldsymbol{r}(s)$ を光が通るとき，その光学的距離（光路長）L は

$$L = \int ds\, n(\boldsymbol{r}(s)) \equiv \int dl \tag{7.7}$$

となる．また，この光路を光が通過するのにかかる時間は

$$T = \int \frac{ds}{c_n(\boldsymbol{r}(s))} = \int \frac{ds\, n(\boldsymbol{r}(s))}{c} = \frac{L}{c} \tag{7.8}$$

となる．Fermat の原理によると，光路は光路長 L あるいはその光路を通過するのにかかる時間 T を最小にするように決まる．

次に等方的な物質を想定し，計量 g_{ij} $(i, j = 1, 2, 3)$ を以下のように定義しよう（1, 2, 3 はそれぞれ x, y, z に対応する）．

$$g_{ij} = \delta_{ij} n(\boldsymbol{r}(s))^2 \tag{7.9}$$

このとき光学距離 dl と（物理的な）距離 ds との間には $dl^2 = n^2 ds^2 = g_{ij} dx^i dx^j$ の関係があり（以後，本節に限り，Einstein の縮約記法を用いることにする），光学距離 L は

$$L = \int ds \sqrt{g_{ij} \frac{dx^i}{ds} \frac{dx^j}{ds}} \tag{7.10}$$

となる．ここで，計量に対して二つの拡張を行う．第 1 の拡張は，スカラーの屈折率 n を方向に依存した屈折率 n_i にすることであり，対応する計量は（一般的な 3 次元 Riemann 幾何として記述される）対称テンソル $g_{ij} = [n^2]_{ij}$ となる．第 2 の拡張は，空間座標に時間を追加した時空への拡張である．時空の座標 $x^\mu = (t, \boldsymbol{r}) \equiv (x^0, x^i)$ および時空の計量 $g_{\mu\nu}$ を定義すると，時空を進む光線の経路は方程式

$$g_{\mu\nu} \frac{dx^\mu}{dt} \frac{dx^\nu}{dt} = 0 \tag{7.11}$$

で示される．ここで i, j などのアルファベットは 1 から 3 までの値をとり，μ, ν などのギリシャ文字は 0 から 3 までの値をとるとする．

拡張された計量 $g_{\mu\nu}$ は重力場における曲がった時空を記述し，その具体的な形は Einstein 方程式によって決まる．ここでは計量がどのように決まるかということは考えず，与えられた計量 $g_{\mu\nu}$ に対し，その計量で表される曲がった時空上におけるスカラー場 ψ を考えることにする．スカラー場 ψ の時間発展は Klein–Gordon 方程式

$$\frac{1}{\sqrt{-g}} \frac{\partial}{\partial x^\mu} \left(\sqrt{-g} g^{\mu\nu} \frac{\partial}{\partial x^\nu} \psi \right) - m^2 \psi = 0, \qquad g = [\det(g^{\mu\nu})]^{-1} \tag{7.12}$$

に従う．ここで m はスカラー場の質量である．

次に，流れをもった流体上に励起される揺らぎの解析を行う．流体の流れ（以後，背景流れとよぶ）を重力場における曲がった時空に，そして流体に励起される揺らぎを曲がった時空上におけるスカラー場に対応させることで，両者が非常によく似た形式で記述されることを示す．

まずは音響の計量を考えよう．速度 $\boldsymbol{v}_0$ で流れる流体中のある 1 点から音響パルスを球面状に発射することを考える．発射されたパルスは非常に短い時間 dt 後に半径 $c_{\mathrm{s}}\, dt$ の球殻を形成するはずである．ここで c_{s} は音速である．音波は流体の速度場 $\boldsymbol{v}_0$ によって引きずられるため，この球殻も $\boldsymbol{v}_0 dt$ だけシフトする．したがって，球殻の位

置 $d\boldsymbol{r}$ は，原点が $\boldsymbol{v}_0 dt$，半径が $c_{\mathrm{s}} dt$ の球殻の方程式 $(d\boldsymbol{r} - \boldsymbol{v}_0 dt)^2 = c_{\mathrm{s}}^2 dt^2$ によって求まる．この式を書き直すと

$$-(c_{\mathrm{s}}^2 - v_0^2)dt^2 - 2\boldsymbol{v}_0 \cdot d\boldsymbol{r} dt + d\boldsymbol{r}^2 = 0 \tag{7.13}$$

となる．さらに，音響の計量

$$\tilde{g}_{\mu\nu} \propto \begin{pmatrix} -(c_{\mathrm{s}}^2 - v_0^2) & -v_{01} & -v_{02} & -v_{03} \\ -v_{01} & 1 & 0 & 0 \\ -v_{02} & 0 & 1 & 0 \\ -v_{03} & 0 & 0 & 1 \end{pmatrix} \tag{7.14}$$

を用いて書き直すと

$$\tilde{g}_{\mu\nu} \frac{dx^\mu}{dt} \frac{dx^\nu}{dt} = 0 \tag{7.15}$$

となり，光のときと同様，音波の進む経路に対する方程式となる．

さて，非粘性流体における流体揺らぎという観点から，この結果をもう少し詳しく見てみることにしよう．非粘性流体に対する時間発展方程式は

$$\frac{\partial \rho}{\partial t} + \nabla \cdot (\rho \boldsymbol{v}) = 0, \qquad \rho \left[\frac{\partial \boldsymbol{v}}{\partial t} + (\boldsymbol{v} \cdot \nabla)\boldsymbol{v} \right] = -\nabla P, \qquad P = P(\rho) \tag{7.16}$$

である．左から順にそれぞれ連続の方程式，運動方程式，状態方程式（圧力の温度依存性は考えない）である．流れは渦なし流れ $\nabla \times \boldsymbol{v} = 0$ であるとし，ポテンシャル Φ を用いて $\boldsymbol{v} = \nabla\Phi$ と書く．この方程式の厳密な解を ρ_0, Φ_0, P_0 とする．それぞれが時間に依存してもしなくてもよい．今，状態が ρ_0, Φ_0, P_0 から少しずれて，$\rho = \rho_0 + \epsilon\rho_1$, $\Phi = \Phi_0 + \epsilon\Phi_1$, $P = P_0 + \epsilon P_1$ と書けたとする．つまり ρ_0, Φ_0, P_0 は背景場であり，ρ_1, Φ_1, P_1 はそのまわりの揺らぎを表すとする．これらを式 (7.16) に代入し，ϵ の1次の項までとって，まとめて一つの式に書くと

$$\frac{\partial}{\partial t}\left[\frac{\rho_0}{c_{\mathrm{s}}^2}\left(\frac{\partial \Phi_1}{\partial t} + \boldsymbol{v}_0 \cdot \nabla\Phi_1\right)\right] = \nabla \cdot \left[\rho_0 \nabla\Phi_1 - \frac{\rho_0 \boldsymbol{v}_0}{c_{\mathrm{s}}^2}\left(\frac{\partial \Phi_1}{\partial t} + \boldsymbol{v}_0 \cdot \nabla\Phi_1\right)\right] \tag{7.17}$$

となる．ここで $\boldsymbol{v}_0 = \nabla\Phi_0$ とした．また $c_{\mathrm{s}} = \sqrt{\partial P/\partial\rho}$ は音速の定義である．さらに，計量

$$\tilde{g}^{\mu\nu} = \frac{1}{\rho_0 c_{\mathrm{s}}} \begin{pmatrix} -1 & -v_0^1 & -v_0^2 & -v_0^3 \\ -v_0^1 & c_s^2 - v_0^1 v_0^1 & -v_0^1 v_0^2 & -v_0^1 v_0^3 \\ -v_0^2 & -v_0^1 v_0^1 & c_s^2 - v_0^1 v_0^2 & -v_0^1 v_0^3 \\ -v_0^3 & -v_0^1 v_0^1 & -v_0^1 v_0^2 & c_s^2 - v_0^1 v_0^3 \end{pmatrix} \tag{7.18}$$

を定義すると，式 (7.17) は

$$\frac{1}{\sqrt{-\tilde{g}}}\frac{\partial}{\partial x^\mu}\left(\sqrt{-\tilde{g}}\tilde{g}^{\mu\nu}\frac{\partial}{\partial x^\nu}\Phi_1\right) = 0, \qquad \tilde{g} = [\det(\tilde{g}^{\mu\nu})]^{-1} \tag{7.19}$$

となり，Klein–Gordon 方程式 (7.12) において $m = 0$ としたものと形式的に同じ形をとる．また，この式における（共変の）計量と式 (7.14) の（反変の）計量との間には $\tilde{g}_{\mu\nu}\tilde{g}^{\nu\lambda} \propto \delta_\mu^\lambda$ の関係があることから，同じ計量であることがわかる．

ここまでの計算で，重力場における曲がった時空 $g_{\mu\nu}$ およびその上のスカラー場 ψ の理論と，流体中におけるある背景場 $\tilde{g}_{\mu\nu}$ のまわりの揺らぎ Φ を記述する理論とが驚くほど似た形式で書けることがわかった．注意しておきたいのはいったん計量が求められると，その後の場の理論はよく似た形をとるが，計量が決まるプロセスはまったく異なることである．例えば重力場の理論では，計量は Einstein 方程式から求まり，Lorentz 変換に対して不変でなければならないが，音響の計量にはそのような要請はない．しかし，音響の計量の式 (7.18) は背景場の情報しか含まれていないので，重力場によって決まる計量とよく似た計量となるような背景場を与えることができれば，そのまわりの揺らぎは曲がった時空上のスカラー場の理論で期待されるものと類似の現象が期待できる．

7.2.2 音響ブラックホールと Hawking 輻射

曲がった時空と非粘性流体の類似性が見つかって以来，流体を用いることによって曲がった時空上の量子力学的効果を実験的に検証しようという多くの試みがなされた．その中でも，最も非自明で多くの研究者の関心を集めているのが，ブラックホールからの **Hawking 輻射**である．これがどのような現象であるのか，本節で簡単に説明する．

再び重力場における曲がった時空を考える．計量 $g_{\mu\nu}$ は時空 x^μ の関数であるが，ここでは例として，$g_{\mu\nu}$ が t に依存しないような場合を考える．Einstein 方程式を満たし，かつ時間依存しない解で最も単純なものは Minkovski 計量であり，非自明なものとして Schwarzschild 計量がある．$c^2 d\tau^2 = g_{\mu\nu}dx^\mu dx^\nu$ で与えられる固有時 $d\tau$ は Minkovski 計量において

$$c^2 d\tau^2 = -c^2 dt^2 + dx^2 + dy^2 + dz^2 \tag{7.20}$$

となる．また Schwarzschild 計量において

$$c^2 d\tau^2 = -c^2\left(1-\frac{r_{\rm g}}{r}\right)dt^2 + \left(1-\frac{r_{\rm g}}{r}\right)^{-1}dr^2 + r^2 d\theta^2 + r^2\sin^2\theta d\phi^2 \tag{7.21}$$

となる．ただし，空間部分に対して直交座標ではなく，極座標 $\boldsymbol{r}=(r,\theta,\phi)$ を用いた．また $r_{\rm g}\equiv 2GM/c^2$ は，第2宇宙速度が光速となる半径でもある．計量は空間に関して球対称であり，M は原点 $r=0$ における質点状の物体の質量である．この計量は $r=r_{\rm g}$ において特異的となり，**事象の地平線**とよばれる．ここで角度部分は考えず $d\theta=d\phi=0$ とし，

$$\begin{aligned} r_* &= r + r_{\rm g}\log\frac{r-r_{\rm g}}{r_{\rm g}} \\ cT &= \frac{1}{2}\left[-e^{-(ct-r_*)/(2r_{\rm g})} + e^{(ct+r_*)/(2r_{\rm g})}\right] \\ R &= \frac{1}{2}\left[e^{-(ct-r_*)/(2r_{\rm g})} + e^{(ct+r_*)/(2r_{\rm g})}\right] \end{aligned} \tag{7.22}$$

という変数変換を行えば，

$$\begin{aligned} c^2 d\tau^2 &= \frac{4r_{\rm g}^3}{r}e^{-r/r_{\rm g}}(-c^2 dT^2 + dR^2) \\ c^2T^2 - R^2 &= -\left(\frac{r-r_{\rm g}}{r_{\rm g}}\right)e^{r/r_{\rm g}} \end{aligned} \tag{7.23}$$

となり，$r=r_{\rm g}$ における計量の特異性はなくなる．つまり $r=r_{\rm g}$ における特異性は見かけの特異性である（一方，$r=0$ は常に特異的であり，真の特異点である）．これは従来の時間 t, 空間 r の代わりに新しい時間 T, 空間 R で計量を書き直したことに相当する．座標 (T,R) を用いた時空の構造を図 7.3(a) に示す．事象の地平線の位置 $r=r_{\rm g}$ は $cT=\pm R$, 原点 $r=0$ の位置は $cT=\pm\sqrt{1+R^2}$ になる．また，光の経路は $d\tau=0$ より $d(cT)/dR=1$ となる．$-R<cT<R$ が事象の地平線よりも外側の領域（ブラックホールの外側），$cT<-R$ または $cT>R$ が事象の地平線の内側の領域となる．ここで，$cT<-\sqrt{1+R^2}$ または $cT>\sqrt{1+R^2}$ は原点よりも内側の領域となり，存在しない．

事象の地平線の外側の点 A から光を発射することを考える．外側に向けて発射した光は事象の地平線の中には入らず，ずっと外側にいるが，内側に向けて発射した光はやがて事象の地平線の中に入る．また内側の点 B から発射した光は，外側に向けようと内側に向けようと，事象の地平線の外側に出ることはない．ブラックホールが光を

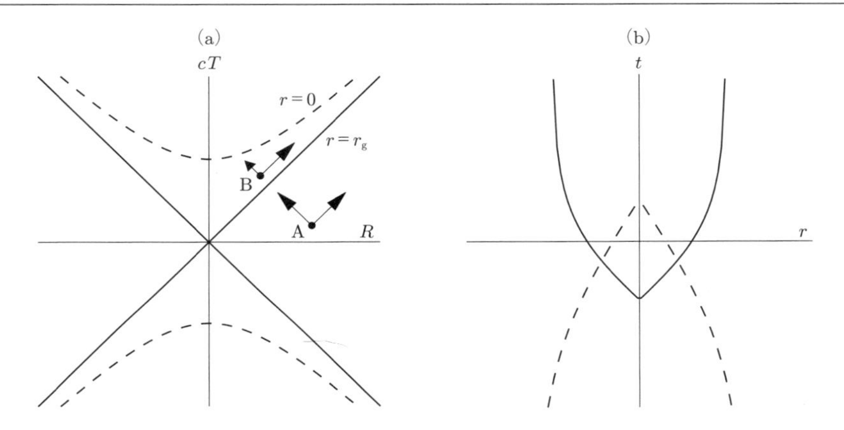

図 7.3 (a) 式 (7.23) における時空構造の模式図．実線は事象の地平線の場所，点線は原点 $r = 0$ の場所．矢印は 2 点 A, B から発射された光の光路．右上向きの矢印が外側（$R \to \infty$），左上向きの矢印が内側（$R \to 0$）へ発射される光の光路．(b) 星の重力崩壊により事象の地平線が形成される概念図．点線が星の半径，実線が事象の地平線の位置．

出さない理由はここにある．また，内側に向けて発射された光はやがて $r = 0$ の特異点に到達し，その後どうなるかはわからない．

Schwarzschild 解は時間変化しない解であり，特にこれ以上興味深いことは起こらない．ところが，星の重力崩壊のように時間変化するような計量が与えられると状況は変わる．図 7.3(b) に星の重力崩壊の模式図を示す．点線が星の半径であり，下から上へ向かって小さくなっていくとともに，事象の地平線の半径 r_g（図中の実線）は大きくなっていくような動的な計量の時間変化を考えよう*2．無限の過去には Minkovski 計量であった時空が，無限の未来に Schwarzschild 計量となるような状況を考える．このときの Klein–Gordon 場 ψ の理論がどうなるかを考えよう．Heisenberg 表示では状態が不変で，演算子の方が時間に依存する．ここで，振動数 ω の粒子に対する場の生成消滅演算子 $a_\omega^{\pm\dagger}$, $a_\omega^{\pm}$ を考える．肩の $\pm$ は $+$ が無限の未来（Schwarzschild 時空），$-$ が無限の過去（Minkovski 時空）における演算子であることを示す．以降，詳しい計算は省略するが，無限の過去において Minkovski 時空での真空状態 $a_\omega^{-}|0\rangle = 0$ があったとき，無限の未来において事象の地平線が生成された後に，粒子の個数を計算すると $\langle 0|a_\omega^{+\dagger}a_\omega^{+}|0\rangle \neq 0$ となる．つまり，もともと真空であったはずなのに，事象

*2 ここで注意したいのは，この模式図はあくまで概念的なものであって，例えば系の球対称性を保ったままでこのようなことは起こらない（Birkhoff の定理）．

の地平線が出現した後になって有限個の粒子が存在しているように見えるのである．これがブラックホールからの Hawking 輻射である．具体的には，Minkowski 時空と Schwarzschild 時空との間の生成消滅演算子が Bogoliubov 変換

$$a^+_\omega = \sum_{\omega'} (a^-_{\omega'} u_{\omega'\omega} + a^{-\dagger}_{\omega'} v_{\omega'\omega}) \tag{7.24}$$

によって関係づけられているとき，$\langle 0 | a^{+\dagger}_\omega a^+_\omega | 0 \rangle = \sum_{\omega'} |v_{\omega'\omega}|^2$ となる．ここで，Schwarzschild 時空において見ることのできる光が，事象の地平線よりも外側にある光に限定されるという条件，および r_* が十分大きいところおよび小さいところで Φ は平面波 $e^{-i\omega(t \pm r_*/c)}$ で近似されるという条件から $\langle 0 | a^{+\dagger}_\omega a^+_\omega | 0 \rangle$ が具体的に $1/(e^{8\pi GM\omega/c^3} - 1)$ となることが示される．この分布と Planck の輻射公式とを比較することによって，輻射に対する Hawking 温度 $k_\mathrm{B}T = \hbar c^3/(8\pi GM)$ が得られる．

Hawking 輻射は量子効果によるブラックホールからの輻射であり，実際に現実のブラックホールからこの輻射が見えたとしても，その温度は非常に低い．例えば，太陽質量程度のブラックホールがあったとして，その温度は 10^{-7}K 程度である．Hawking 温度は質量の逆数に比例するので，より重く現実的なブラックホールの場合，さらに Hawking 温度は低くなって，観測は非常に困難である．

7.2.3　超流体における Hawking 輻射の模擬実験

メカニズムはまったく異なるが，流体揺らぎとの類似性において Hawking 輻射と同じような現象を見出すことは，Hawking 輻射の仮説をより強固なものにするという視点において，理論的に非常に重要であるといえよう．曲がった時空と流体揺らぎとの類似性は非粘性流体において得られるという事実から，超流動性を示す BEC は上記の類似性を研究するための格好の系である．BEC はさらに量子流体でもあるため，Hawking 輻射のような曲がった時空における量子効果との類似性が BEC における量子現象として得られることが期待される．この 2 点から BEC においてブラックホールや Hawking 輻射との類似性を考察することは非常に重要である．

Laval 管

ブラックホールと流体揺らぎとの類似性を考えるとき，事象の地平線に対応するのは，式 (7.14) において計量 $\tilde{g}_{00}$ の符号が変わる場所である．つまり背景流れの流速 v_0 が音速 c_s を超える地点である．このことを直感的に理解するために，しばしば例とし

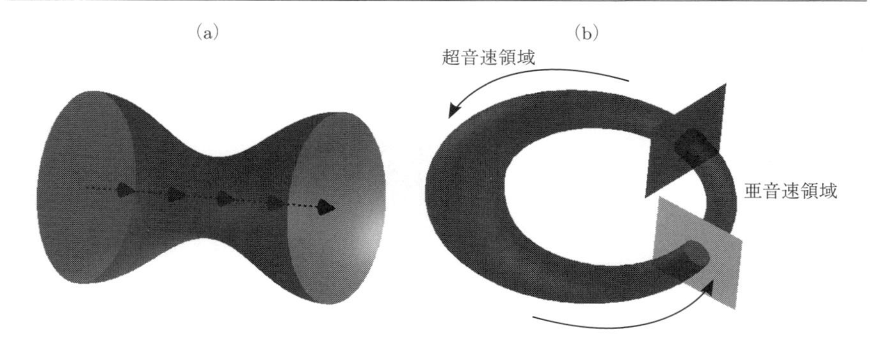

図 7.4 (a) Laval 管の模式図．矢印は流体の流れの向きを示している．(b) ドーナツ型トラップ中に閉じ込められた BEC の概念図．トラップは 1 ヶ所で強くなっているため，凝縮体はその場所で細くなり高密度となる．そこを出発点として反時計回りの流れを考えると，トラップは徐々に弱くなって低密度となり，亜音速から超音速に切り替わる．出発点の反対側を過ぎると，再びトラップは強くなって密度は再び大きくなり，超音速から亜音速に切り替わる．黒い面と白い面はそれぞれブラックホール，およびホワイトホールに対応する面を表す．

てもち出されるのが，図 7.4(a) に示されるような Laval 管である．これは流れの方向に沿って断面積が変化する管である．今，管の方向に平行な方向の流れのみが支配的，つまり流れは 1 次元的であるとする．流れの方向を x 軸にとり，管の断面積を S とすると，流体の時間発展方程式 (7.16) から，時間に依存しない背景流れ v_x に対して

$$\left(\frac{v_x^2}{c_s^2}-1\right)\frac{1}{v_x}\frac{dv_x}{dx}=\frac{1}{S}\frac{dS}{dx} \tag{7.25}$$

が得られる．ただし流体は理想気体であるとした．この式から，亜音速領域（$v_x < c_s$）では管が細くなるにしたがって流速が大きくなっていくが，音速を超えることはない．逆に，超音速領域（$v_x > c_s$）では管が太くなるにしたがって流速が大きくなっていく．流体が音速を超えることができるのは，管の太さの変化 dS/dx が入れ替わるとき，つまり図中の中央の地点である．適当な条件下において図 7.4(a) の Laval 管の左側を亜音速領域に，右側を超音速領域にすることができ，流速は管の方向に沿って大きくなっていく．

このような状況において，Laval 管のある地点から音波を発射することを考えてみよう．亜音速領域から音波を発射した場合，その音波は亜音速領域，超音速領域のすべての領域に伝えることができる．一方，超音速領域から音波を発射した場合，音速は流速よりも小さいため，x 軸正方向にのみ音波を伝えることができ，特に亜音速領域

に音波を伝えることができない．これは図 7.3(a) で示された状況と似ている．Laval 管においてつくられる，上記の亜音速から超音速へ変化する流れ（遷音速流とよばれる）は，ブラックホールに対応してしばしばダムホールとよばれ，ブラックホールとの類似性を理論・実験の両方から研究する対象となってきた．

原子気体 BEC における思考実験

BEC は量子渦が存在しないような領域において，流れは基本的に非粘性かつポテンシャル流であるため，曲がった時空と流体との類似性を確かめる絶好の系の一つとして着目されてきた．ここでは，図 7.4(b) に示すようなドーナツ型トラップに閉じ込められた擬 1 次元の凝縮体がリングに沿って流れているような状況を考え，その類似性がどうなるのかを見てみよう [175]．ここでドーナツ型トラップは，3 次元的で比較的球対称に近いトラップに，2 次元的な Gauss 型の光学トラップを加えることで実現される．ポテンシャルを式で表すと，

$$V_{\mathrm{ext}} = \frac{m}{2}\left(\omega_x^2 x^2 + \omega_y^2 y^2 + \omega_z^2 z^2\right) + V_0 e^{-[(x-x_0)^2+y^2]/w_0^2} \tag{7.26}$$

となる．ここで w_0，V_0，x_0 はそれぞれ光学トラップの広がり，強さ，原点からのずれを表す．$x_0 \neq 0$ のとき，ドーナツ型トラップが細くなる領域が現れる．Laval 管を流れる理想気体の解析とは異なり，トラップが弱く，低密度領域となる部分が超音速領域となる．このことを少し詳しく見てみよう．式 (7.26) に従い，空間座標として，ドーナツ型トラップの面内の動径成分を r，角度成分を θ，面に垂直な方向を z 軸とする．ここで，z，r 方向に対する凝縮体の閉じ込めが強いために，GP 方程式の秩序変数は z，r 方向に対しては固定されており，θ 方向にのみ時間発展するような状況を仮定する．また凝縮体は V_0 の大きさによって決まる半径 $r = R$ 付近でのみ大きな密度をもつ．この条件の下では，秩序変数の座標に対する変数分離 $\Psi(z,r,\theta,t) = \sigma(z,r)\psi(\theta,t)$ ができて，かつ $\psi(\theta,t)$ は規格化条件 $N = \int_0^{2\pi} d\theta\, |\psi|^2$ を満たす．ここで N は全凝縮粒子数である．このとき，GP 方程式は θ 方向のみに対するものとなり

$$i\hbar\frac{\partial\psi}{\partial t} = \left(-\frac{\hbar^2}{2mR^2}\frac{\partial^2}{\partial\theta^2} + V_{\mathrm{ext}}(\theta) + g_{\mathrm{1D}}|\psi|^2\right)\psi \tag{7.27}$$

と書くことができる．ここで，$g_{\mathrm{1D}} = g\int dz\, dr\, r|\sigma|^4$ である．$\psi = \sqrt{n}e^{i\phi}$ と書いたときに，n が数密度，$v = (\hbar\partial\phi/\partial\theta)/(mR)$ が流速となる．また，ψ の 1 価性より，速度場の 1 周積分を行うと，$(mR/h)\int_0^{2\pi} d\theta\, v = q \in \mathbb{Z}$ に量子化される．また音速は $c_{\mathrm{s}} = \sqrt{g_{\mathrm{1D}}\, n/m}$ で得られる．

まず，GP 方程式から時間に依存しない背景場を求めることにしよう．与えられたポテンシャル $V_{\rm ext}(\theta)$ に対して GP 方程式を解き，n および v を求めるのが普通であるが，ここでは先に n および v を与え，その解に合うように $V_{\rm ext}(\theta)$ を決めるという方法をとる．今，密度は $n=(n_0/2\pi)(1+b\cos\theta)$ であるとする．つまり $\theta=0$ 付近においてトラップが弱く，密度が大きい領域があるとする．このとき音速 $c_{\rm s}$ および流体の速度 v は

$$c_{\rm s}^2=\frac{g_{\rm 1D}\,n_0(1+b\cos\theta)}{2\pi m},\quad v=\frac{q\hbar}{mR} \tag{7.28}$$

となる．ここからわかるように一定の流速 v に対して音速の方が θ に依存する．パラメータ b, q を適当に調節することにより，$\theta=0$ 付近で亜音速，$\theta=\pi$ 付近で超音速となる遷音速流をつくることができる．ここで示した方法の他にも，遷音速流をつくるいくつかの方法が理論的に提唱されている．

Hawking 輻射の類似性を調べるには，過去に亜音速流だった背景場の流れが，未来で遷音速流になったときの流体揺らぎのスペクトルを調べなければならない．例えば式 (7.28) の例の場合では，過去に $b=0$ で背景場を亜音速流にしておき，未来に $b>0$ として遷音速流とするような状況である．励起スペクトルを求める方法として，式 (2.93) のような BdG 方程式があるが，これは背景場が時間に依存しないときにのみ適用できるものである．時間に依存する背景場の下で，流体揺らぎのスペクトルをどのように記述するのか，およびそれを実験でどのように測定すればよいのかということについて，まだほとんど理論的にわかっておらず，この分野の今後の発展が期待される．

7.3　中性子星と超流体

回転する中性子星は強力な電磁場のビームを一定周期で放出することからパルサー (pulsar : pulsating radio star の略) とよばれる．その周期はきわめて安定していることから，宇宙の灯台といわれることもある．典型的なパルサーの周期は数 ms から数秒であり，これは中性子星の自転周期と一致する．中性子星の内部には中性子から構成される超流体が存在すると予想されており，パルサーの角振動数が突然急激に増加する（パルサー）グリッチとよばれる現象において，超流動性が本質的な役割を果たすと考えられている．中性子星内の超流体の存在を直接確かめることは困難であるが，観測結果や理論計算によりいくつかの結論が導き出されている．本節では，中性

子星内部の超流体とグリッチの機構について，量子流体力学の観点から概説する．より詳しい解説は総説 [176] およびその中の参考文献を参照してほしい．

7.3.1　中性子星の内部構造

中性子星は恒星の超新星爆発の後に形成され，おもな構成要素は中性子である．その半径は 10 km 程度と小さいが，星内部を構成する中性子液体の密度は 10^{17} kg/m^3 程度の高密度に達し，星全体として太陽質量と同程度の質量をもつ．これまでの観測によると，中性子星の質量の上限は太陽質量の 2 倍程度であり [177]，それ以上になると自重に耐え切れずに重力崩壊してブラックホールになると考えられている．

中性子の密度が 10^{17} kg/m^3 のとき，Fermi 縮退温度は 10^{11} K 程度である．この温度は観測から見積もられる中性子星の温度 10^8 K よりも相当高いので，内部は実質的に超低温状態である．したがって，星内部ではフェルミオンである中性子が量子縮退を起こして Fermi 面を形成し，核子間相互作用に応じた Cooper 対を組むことによって中性子超流体が実現する．

中性子内部で超流体がどのような状況で実現しているのかは，グリッチの観測事実を定量的に解釈するうえで重要である．理論的に予想されている中性子星の内部構造の模式図を図 7.5 に示した．内部構造は大まかに外側に位置する殻（crust）と中心部に存在する芯（core）に分けられ，物質密度は星の内部に進むにつれて高くなっている．典型的な原子核の質量密度は普遍的な値（**標準原子核密度**$\rho_0 = 2.7 \times 10^{17}$ kg/m^3）をとることが知られており，中性子星の内部構造もこの値を基準にして特徴づけられる．

殻の領域は数 km の厚みをもち，質量密度は ρ_0 よりも小さい．この領域では複数の核子からなる原子核が規則的に配列した構造をとり，そのまわりを電子が自由に飛び回っている．比較的外側の領域では，ほとんどの核子は原子核内に束縛されて自由に動き回ることができない．自由に飛び回っている電子と原子核は全体として中性を保っている．そのため，星の内側に向かって質量密度が増加するに連れて電子密度も上昇する．電子密度とともに電子の Fermi エネルギーが大きくなると，陽子が電子を捕獲して中性子に変化する反応がエネルギー的に好まれるようになり，原子核は中性子過剰な状態となる．

質量密度が増加してある閾値（4×10^{14} kg/m^3）を超えると，過剰な中性子は原子核の束縛から逃れて漏れ出るようになる．これを**中性子ドリップ**とよぶ．質量密度が高い比較的内側の領域では，中性子ドリップにより一部の中性子が自由に動き回っている．この領域を内殻（innner crust）とよぶ．それに対して，内殻の外側に存在する

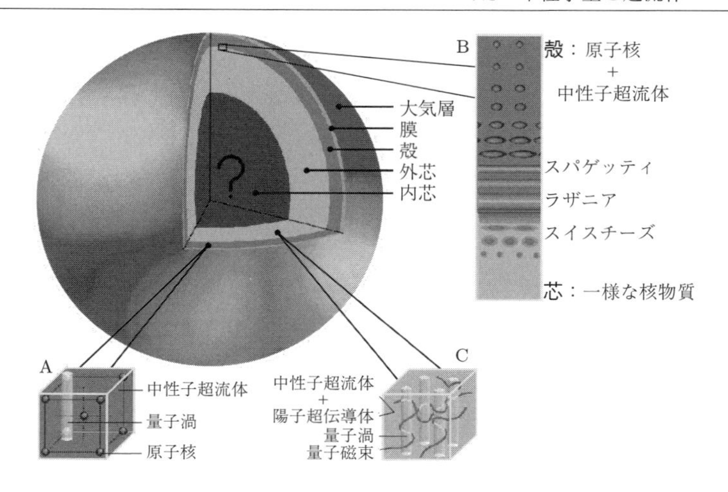

図 7.5 理論的に予想される中性子星内部の多層構造．薄い大気層（atmosphere）の内側には数十 m の厚みの膜（envelope）がある．殻（crust）は数 km 程度の厚みをもち，その深部（内殻）では原子核格子と中性子超流体が共存している（挿入図 A）．さらに内側に進むと芯（core）が現れ，外側に位置する外芯（outer core）では中性子超流体と陽子超伝導体が共存する（挿入図 C）．内殻と外芯の間の領域では，物質密度の増加とともにスパゲッティ，ラザニア，スイスチーズといった原子核パスタとよばれる多様な構造が現れる（挿入図 B）．星の中心部に存在する内芯（inner core）は数 km 程の半径をもつとされる．（D. Page and S. Reddy: Dense Matter in Compact Stars: Theoretical Developments and Observational Constraints, *Ann. Rev. Nucl. Part. Sci.*, **56**, 327 (2006) を改変.）

数百 m の厚みをもつ領域は外殻（outer crust）とよばれ，ここでは中性子ドリップが起こっていない．中性子ドリップによって漏れ出た中性子は Fermi 面を形成する．Fermi 面近傍の中性子は長距離で引力を生む核子間相互作用によって s 波の Cooper 対を組み，通常の超伝導体と同様，中性子の s 波超流体が内殻で実現する．中性子星は高速で自転しているため，星内部には多数の量子渦が存在している．

図 7.5 の挿入図 A は内殻の構造を模式的に表したものである．ここでは中性子超流体と原子核格子が共存している．原子核内の中性子は超流体に参加しておらず，そこでは超流体の秩序変数が抑制され，中性子星の回転によって生じた量子渦は原子核格子にピン止めされる．

さらに星の内側に進み，質量密度が ρ_0 に近づいてくると，隣接した原子核がお互いに融合し始める．内殻から芯にかけて原子核格子の構造が移り変わる様子を図 7.5 の挿入図 B に示した．質量密度の上昇とともに原子核とそれ以外が占める領域の体積の比率が変化し，内殻と芯の狭間では原子核パスタとよばれる多様な構造が出現すると予想されている．

グリッチの機構を理解するためには内殻における超流体が本質的であるとする説が今のところ最も有力であるが，芯の構成要素についてもここで少し触れておこう．芯の領域では物質密度が ρ_0 と同程度あるいはそれ以上に達しており，原子核格子は完全に溶けてしまい，中性子と陽子が一様に分布した核物質が実現する．内殻の内側数 km の領域は外芯（outer core）とよばれ，ここでは高密度の中性子と比較的希薄な陽子の流体の両方が量子凝縮している．内殻の中性子超流体は s 波一重項超流体であったが，高密度になると引力の p 波相互作用が有効になるため，外芯では p 波三重項超流体が実現すると予想されている．一方，正電荷をもつ陽子の量子流体は通常の s 波超伝導体を形成し，中性子超流体と強く相互作用する（挿入図 C）．さらに内側の内芯（inner core）では質量密度が ρ_0 を大きく上回る超高密度状態が実現し，中間子凝縮，さらには核子が分解したクォーク凝縮などの存在が理論的に示唆されている．

7.3.2　パルサーグリッチ

パルサーグリッチは 1969 年に初めて観測されて以降，数多くのパルサーで確認されている現象である．ここで，典型的なパルサーで起こる観測データの挙動を中性子の超流動と結びつけて概説しよう．高速で自転する中性子星は電磁波を放射することによって回転エネルギーを外部に散逸するので，図 7.6(a) に示すようにグリッチが起こる直前までパルサーの角振動数は時間とともにゆっくりと減少する．グリッチが起こると角振動数が急激に増加して鋭いピークを示す．ピークを超えると角振動数はグリッチが起こる前よりも速い速度で減少し，数日から数ヶ月かけて元の減少率に収束する．一つのパルサーでグリッチは多数回起こることが確認されており，その頻度や規模はパルサーによってばらばらであるが，例外を除けばおおよその法則性が見出されている．

図 7.6(b) は観測史上最も歴史が古く，最も活発なパルサーの一つであるほ座パルサーにおけるグリッチの様子を示したものである．この図は 1 回のグリッチが起こったときのパルサーの周波数 ν の時間変化を模式的に示したものである．このグラフは，グリッチの挙動を際立たせるために，1969 年の観測開始（$t = 1969$）から蓄積されたデータをもとに減少率の平均値 $\dot{\nu}$ を計算し，それまでの周波数の減少分 $\nu_0 = \dot{\nu}(t - 1969)$ を差し引いている．グリッチの際に周波数が増加するときの時間スケールは，周波数が減少する時間スケールに比べて十分小さい．(c) の階段状のグラフは，段差があると

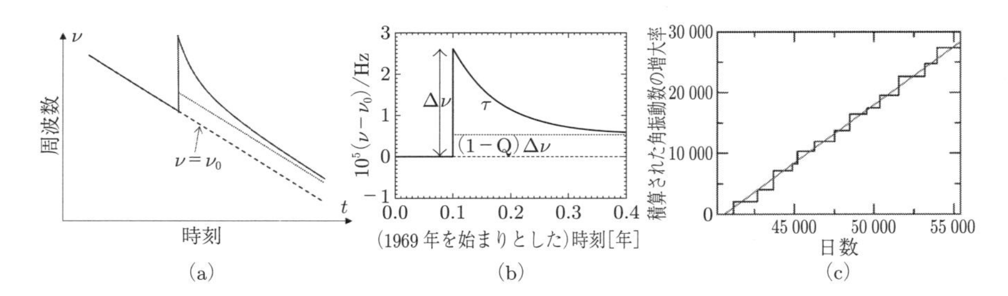

図 7.6　(a) グリッチにおける周波数時間変化 $\nu(t)$ の模式図．破線は $\nu=\nu_0$，点線はグリッチ後に収束する直線を表している．(b) ほ座パルサーのグリッチにおける周波数時間変化 $\nu(t)$ から平均的な減少分 $\nu=\nu_0$ を差し引いたグラフ．波線と点線は (a) の波線と点線に対応する．グリッチは周波数の急激な増加 $\Delta\nu$ として観測される．グリッチの直後は時間スケール τ で指数関数的に点線へと収束している．収束後の周波数（点線）はグリッチ前（波線）に比べて $(1-Q)\Delta\nu$ だけ増加している．(c) ほ座パルサーにおける積算されたグリッチによる角振動数の増大率（$10^{-9}\sum_i \Delta\Omega_p^i/\Omega_p^i$）．横軸は日数を表す．直線は式 (7.31) によるフィッティングを表しており，$A=1.91\times10^{-9}\ \mathrm{d}^{-1}$ である．((b) は D. Page, *et. al.*: Stellar Superfluids, *Novel Superfluids Vol. 2* (ed. by K. H. Bennemann and J. B. Ketterson) Oxford University Press (2014) より．(c) は N. Andersson, *et. al.*: Pulsar Glitches: The Crust is not Enough, *Phys. Rev. Lett.*, **109**, 241103 (2012) より．）

ころでグリッチが起こったことを示しており，段差の大きさは 1 回のグリッチで起こる角振動数の増加分 $2\pi\Delta\nu$ をパルサーの角振動数で割ったものである．ほ座パルサーでは比較的，一定間隔でグリッチが起こっているように見える．

パルサーグリッチの信号が孤立した中性子星から発せられている場合を想定しよう．中性子星の内部構造を無視し，剛体球とみなしたとする．中性子星が保有する回転エネルギーは外部へと散逸するので，他に外部トルクが存在しない限り，自転の角振動数は時間とともに減少するだけである．したがって，グリッチを説明するためには中性子の内部構造を考慮に入れる必要がある．

グリッチを定性的に説明する模型として，中性子星の内部構造を 2 成分に分けて考える模型が受け入れられている．この 2 成分模型では中性子星の慣性モーメント $I=I_\mathrm{s}+I_\mathrm{p}$ を中性子超流体からなる超流動成分 I_s とそれ以外の成分 I_p に分離して考える．この 2 成分の回転運動は回転の運動方程式

$$I_\mathrm{p}\frac{d\Omega_\mathrm{p}}{dt}=-a\Omega_\mathrm{p}^3-N,\quad I_\mathrm{s}\frac{d\Omega_\mathrm{s}}{dt}=N \tag{7.29}$$

によって記述される．ここで，$\Omega_\mathrm{p,s}$ は各々の成分の角振動数である．最初の式の右辺

第1項は磁気双極子放射による角振動数の減衰を表しており，a は比例定数である．N は2成分の相互作用によるトルクを表している．

超流動成分のふるまいを理解するためには，量子渦の挙動を理解する必要がある．中性子性内部に存在する量子渦の密度をパルサーの周期から見積もってみよう．超流動 ^{3}He の場合と同様に，中性子超流体の量子渦の循環量子は，Cooper 対を構成する中性子2個の質量 $2m_n$ を使って，$\kappa = h/2m_n \approx 1.9 \times 10^{-6}\,\mathrm{m^2/s}$ と書かれる．式 (3.42) で与えられる Feynman 則 $n_v = 2\Omega/\kappa$ を適用すれば，数十 ms の周期をもつパルサーに対して，渦密度は $n_v \sim 10^9\,\mathrm{m^{-2}}$ となり，これは超流動ヘリウムの実験系で実現する典型的な渦密度と同程度である．したがって，回転する中性子星中には量子渦が多数存在することになる．

超流動 ^{4}He の2流体模型と同様に，中性子星中の量子渦にも相互摩擦力が作用するものと考えられる．しかし，内殻に存在する量子渦は原子核格子にピン止めされて自由に動くことはできない．一方，外芯では量子渦をピン止めする構造は存在しないと考えられるが，中性子超流体は電磁場の影響を強く受ける陽子超流体と強く結合しており，これらはその他の成分 I_p に参加しているものと考えられる．量子渦を外側に逃がそうとする相互摩擦とピン止めの効果がつり合っているとき，渦は原子核格子に留まるので，超流体にはトルクが働かずに $N = 0$ となる．このとき，式 (7.29) より Ω_s は一定であるが，Ω_p は時間とともに減少するので両者の差は時間とともに増大する．相互摩擦力は超流動成分と常流動成分の相対速度の増大とともに大きくなり，相対角振動数 $\Omega_\mathrm{s} - \Omega_\mathrm{p}$ があるしきい値を越えると，量子渦は原子核格子によるピン止めから逃れて，外側に移動することで相互トルク N が生じる．

量子渦のピン止めが外れて相互トルクが発生し，急激に角運動量が増加したと仮定すれば，パルサーの信号の挙動をうまく説明することができる．グリッチが1回起こって次のグリッチが起こるまでの間，相互トルクは作用しないので相対角振動数は時間とともに増大する．ただし，その増大分は角振動数 Ω_p に比べて十分小さいものとする．このとき，Ω_p の時間変化は $\Omega_\mathrm{p}(t) \approx \Omega_0\,[1 - (t - t_0)/(2\tau)]$ と表される．ここで，t_0 と Ω_0 は前回のグリッチが起こった時刻とそのときの角振動数，$\tau \sim -\Omega_\mathrm{p}/(2\dot{\Omega}_\mathrm{p})$ はパルサーの寿命を特徴づける時間スケールである．グリッチが起こる時間間隔を t_g とすると，グリッチが1回起きてから次のグリッチが起きる直前までに増加した相対角振動数は

$$\Delta\Omega \sim \frac{t_\mathrm{g}\Omega_\mathrm{p}}{2\tau} \tag{7.30}$$

と見積もられる．相対角振動数 $\Delta\Omega$ が1回のグリッチで解消されるとしよう．このとき，グリッチによって変化した2成分の角振動数を $\Delta\Omega_{\rm s,p}$ と書けば，$\Delta\Omega = \Delta\Omega_{\rm p} - \Delta\Omega_{\rm s}$ を得る．グリッチは短い時間で起こるので，この過程で星全体の角運動量は保存されるものと近似でき，$I_{\rm s}\Delta\Omega_{\rm s} + I_{\rm p}\Delta\Omega_{\rm p} = 0$ とする．これと式(7.30)により，$\Delta\Omega_{\rm p}/\Omega_{\rm p} = I_{\rm s}t_{\rm g}/(2I\tau)$ を得る．

この結果を使えば，これまでのグリッチの観測データを平均することによって，全慣性モーメント I に対する超流動成分 $I_{\rm s}$ の割合 $I_{\rm s}/I$ を見積もることができる．i 番目に起こったグリッチにおける角振動数の変化を $\Delta\Omega_{\rm p}^i$，そのときの角振動数を $\Omega_{\rm p}^i$ とする．グリッチが等間隔に起きているとみなせば，

$$\frac{I_{\rm s}}{I} \sim 2\tau A, \quad A = \frac{1}{t_{\rm obs}} \sum_i \frac{\Delta\Omega_{\rm p}^i}{\Omega_{\rm p}^i} \tag{7.31}$$

を得る．ここで，$t_{\rm obs}$ は全観測時間である．図7.6(c)の直線の傾きは A の値に対応している．ほ座パルサーの観測データに基づいて得られる値 $A = 1.91 \times 10^{-9}$/日と $\tau = 11.3 \times 10^3$ 年を使えば，$I_{\rm s}/I \sim 1.6\%$ を得る．他のパルサーに対しても同様に計算されており，その値は0.5%から約3%の範囲に納まっている．原子核格子を含む内殻の慣性モーメント $I_{\rm ic}$ の全体に対する比率は4%程度と見積もられているが，超流動成分 $I_{\rm s}$ の比率はこれと同程度以下であると考えられるので，この見積もりは上の結果と矛盾しない．

以上の説明により，内殻の超流体がグリッチに支配的な影響を及ぼしていることは大筋で受け入れられるが，外芯の超流体が関与している可能性も否定できない．外芯には内殻とは異なる種類の超流体が存在している．例えば，もし外芯と内殻の境で2種類の超流体が共存する，あるいは，相分離して界面を形成しているのであれば，第5章で示したように多成分超流体における流体力学的不安定性がこの現象に関与している可能性がある．グリッチに関してより踏み込んだ理解を得るためには，多成分超流体の流体力学の理解が重要である．

7.4　液晶と量子流体との類似性

液晶は基礎研究の視点および工学的な応用面の両方において幅広く研究されてきた系である[180]．液晶がもつ最も大きな特徴の一つに，位相欠陥がある．特に液晶の中でも最も詳しく研究されているネマティック液晶では，3次元空間において線欠陥（転

傾：disclination）が現れる．転傾は位相欠陥であり，同じく位相欠陥である量子渦との類似性が期待される．本節では液晶の転傾と量子渦との類似点・相違点に特に注目し，関連する現象として，液晶の転傾の集団によってつくられる非平衡相転移現象を取り上げたい．

7.4.1　ネマティック液晶の性質

ネマティック液晶は図7.7(a)で示されているような棒状有機分子によって構成され，分子はHeisenberg磁性体におけるスピンと同様の配向の自由度をもっている．磁性体との大きな違いとして，配向には向きの自由度がなく，棒に垂直な軸まわりにπだけ回転させたものは元の分子と同じである*3．

図7.7(b)にネマティック液晶の典型的な温度相図を示す．高温ではそれぞれの分子の配向はランダムな方向を向いており，また分子の位置そのものもランダムである．この相は通常の粘性流体と定性的な性質はまったく同じである．温度を下げると，ある温度において液晶の配向に対する回転対称性の破れに伴って1次相転移が起こる．この相はネマティック相とよばれ，平均分子間距離dよりもずっと大きなスケール$l \gg d$に対し，ある点$\boldsymbol{r}$を中心として半径lの球の中に入る分子の配向の平均が有限となる．つまりこの相では分子の配向はだいたい同じ方向にそろい，分子の配向の平均が回転対称性の破れを特徴づける秩序変数（以後，配向秩序とよぶ）となる．ただしこの相で破れているのは分子の配向に対する回転対称性だけであり，分子の位置に対する並進対称性は破れていない．したがってこの相は流体相と同様に流れることができる．さらに温度を下げると，分子の位置に対する並進対称性が破れ，固体相あるいはスメクティック相とよばれる相へと相転移する．スメクティック相とは，固体相と異なり，ある特定の方向に対してのみ並進対称性のみが破れているような相である．

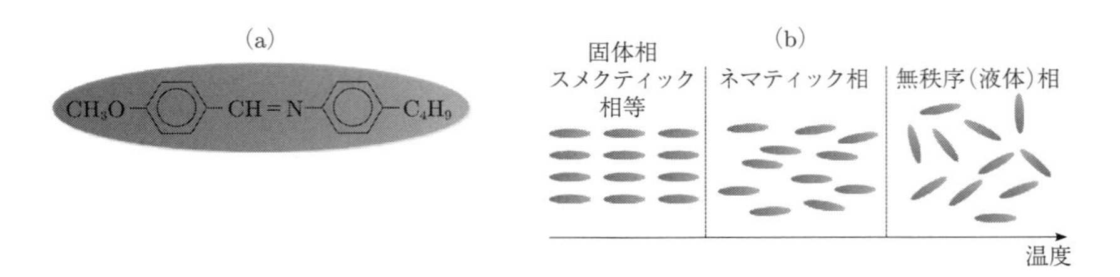

図 7.7　(a) ネマティック液晶の分子構造の一例．(b) 液晶の典型的な温度相図．

*3 図7.7(a)が示す通り，ミクロな分子構造として見ると回転前後は異なるが，マクロには同じである．

液晶のネマティック相とBECのような超流動相を比較することは興味深い．共通する特徴として，どちらも流体でありながら，対称性の破れに伴う秩序変数を有しており，量子渦や後述する転傾といったような位相欠陥が存在する．両者で異なる特徴として，まず，超流動相において破れているのは波動関数の位相シフトの対称性であり，実空間とは独立している．一方，ネマティック相で破れているのは液晶分子の配向の回転対称性であり，実空間と結合している．そのため液晶の配向秩序は壁など境界の影響を強く受ける．ただし，超流動 ^{3}He-A 相の $\boldsymbol{l}$ ベクトルも軌道角運動量に対する回転対称性の破れであり，実空間と結合しているので，境界の影響を強く受ける．この点において液晶は超流動 ^{3}He-A 相と非常によく似ている．もう一つの重要な相違点として，超流動では複素秩序変数の位相の空間変化が流体の流れと結合しているのに対して，液晶では配向の自由度と流体としての液晶の流れは独立な自由度となることである．したがって，例えば液晶の転傾は量子渦と異なって，そのまわりに流れを引き起こさない．超流動の運動を記述するGP方程式とは異なり，ネマティック状態にある液晶の運動を記述する運動方程式は，液晶の配向に対するものと，流体方程式との連立方程式となる．

7.4.2 ネマティック液晶の転傾

3次元系のネマティック相における配向秩序は3次元的な回転の自由度があるため，Heisenbergスピンと同様に極角 θ と方位角 ϕ の二つの変数で記述される（ただし定義域はHeisenbergスピンの半分である）．3次元系を考える前に，より簡単な2次元液晶のネマティック相を考えることにする．この場合，分子は面内の2次元的な回転しかできないので，ネマティック相における配向秩序も2次元的となり，方位角 $0 \leq \phi \leq \pi$ で記述され，$\phi = 0$ と $\phi = \pi$ は同一視される．これはBECにおける秩序変数の位相の自由度のちょうど半分である．図7.8に2次元液晶のネマティック相における典型的な転傾を四つ示す．図(a, b)は転傾を反時計回りに回る経路に沿って，配向秩序が $+2\pi$ および -2π だけ回転しており，配向秩序の方位角を，凝縮体の秩序変数の位相と対応させれば，これは循環 $+1$ の渦と循環 -1 の反渦に対応している．これら二つの渦の他に，図(c, d)に示したような，配向秩序が $+\pi$ および $-\pi$ だけ回転した転傾も存在する．これらはちょうど左側二つの半分の巻数 $\pm 1/2$ をもっている．平板間に閉じ込められた，擬2次元的な液晶や，液晶界面付近において，これら4種類の転傾が実際に観測されている．

次に3次元液晶のネマティック相における転傾を考える．3次元系では，配向は3

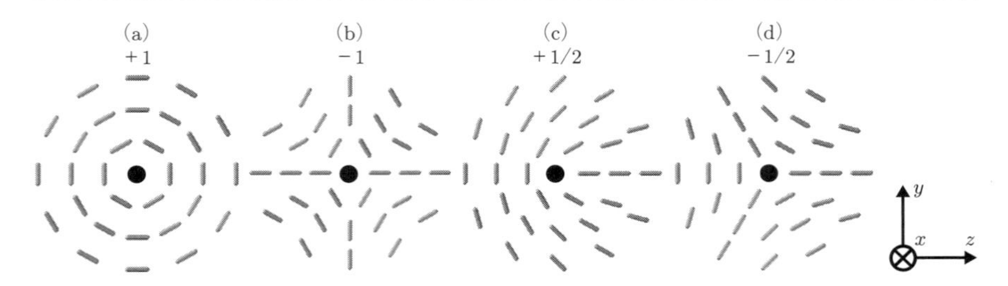

図 **7.8**　2 次元液晶のネマティック相における転傾の例．中心の点が転傾の中心で，そのまわりの配向秩序の向きを示している．転傾を反時計回りに回る経路に沿って，配向秩序が左から $+2\pi$, -2π, $+\pi$, $-\pi$ 回転しており，対応する巻数を $+1$, -1, $+1/2$, $-1/2$ と定義する．

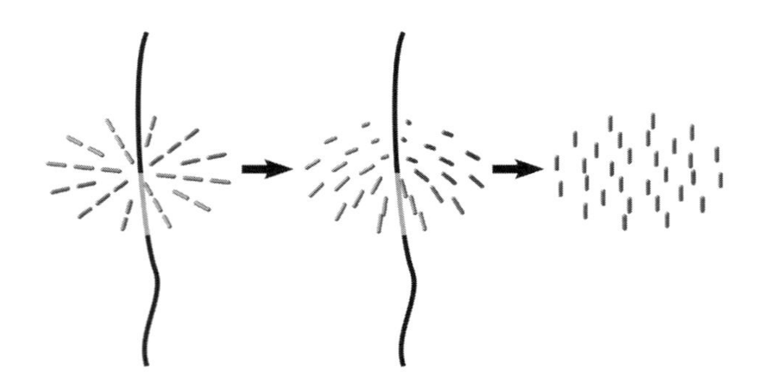

図 **7.9**　3 次元液晶のネマティック相において，$+1$ のチャージをもつ転傾が消える様子．

次元的に回転でき，2 次元系においてトポロジカルに安定に存在できた ±1 の巻数をもつ転傾はトポロジカルに不安定となる．図 7.9 に，$+1$ のチャージをもつ転傾が消える様子を図示した．転傾に垂直な面内において転傾のまわりに 2π 回転していた配向秩序が，連続的な回転を通して転傾に平行な方向にそろい，その結果転傾が消えてしまう．これは Heisenberg スピン系において線欠陥が存在しないのとまったく同じ原理である．一方で，図 7.8(c, d) のような $\pm1/2$ の巻数をもつ転傾は，このような連続的な回転によって配向秩序をそろえることができないことが容易にわかる．したがって $\pm1/2$ の巻数をもつ転傾は 3 次元系においても安定に存在することができる．また，図 7.8(c) の $+1/2$ の巻数をもつ転傾に対し，z 軸まわりにすべての配向を π だけ回転させると，図 7.8(d) の $-1/2$ のチャージをもつ転傾になることがわかる．これは $+1/2$ の巻数をもつ転傾と $-1/2$ の巻数をもつ転傾がトポロジカルに等価である，言い換えると自分と反対の巻数をもつ転傾は自分自身と同じであることを意味しており，これは量子渦とは決定的に異なる特徴である．この事実は $+1/2$ の巻数をもつ転傾が二つ合体して $+1$ の転傾となると，転傾のない状態，つまり巻数 0 になるという事実からも理解できる．したがって，転傾の巻数は群 $\mathbb{Z}_2 = \{0, 1\}$ で特徴づけられる．これはスピン 1 のスピノール BEC の強磁性相における量子渦の巻数と同じである*4.

7.4.3 液晶の乱流と量子乱流の類似性

液晶の転傾は，超流動ヘリウムや原子気体 BEC の量子渦に比べて観測が容易であるため，転傾に関するさまざまな実験が行われてきた．ここでは，量子乱流の物理に類似する，液晶の典型的な性質を紹介することにする．

液晶に電場を加えることを考える．液晶にある強さ以上の電場を印加すると，ある波長の配向モードが不安定化し，液晶に含まれる不純物イオンの周期構造が現れる．この不純物イオンの電荷と液晶分子との相互作用により，液晶の対流が起こる（Kerr–Helfrich 効果）．電場がそれほど強くないときには，液晶は周期的なロール対流を構成し，流れの周期的なパターンが現れる．この対流は粘性流体において広く観測されている熱対流（Benard 対流）と多くの類似点をもっている．例えば Benard 対流は系に存在する温度差と流体の粘性によって特徴づけられるが，液晶の対流の場合にはこの二つのパラメータが，印加される電場の周波数の逆数と電場の強さの 2 乗に近似的に対応することがわかっている [181].

印加電場を強くしていくと，Benard 対流のときに見られるものと同様に，対流の周期パターンに倍周期化等の不安定性が現れ，系は乱流へと遷移する．この乱流遷移は Benard 対流からの乱流遷移と同様に，少数自由度カオスの理論によって特徴づけられている．またこの液晶の乱流状態は，液晶の異方性と乱流中の液晶の激しい流れにより，光を強く散乱させるため，動的散乱モード（DSM）とよばれている．

さて，ここまでは液晶中には転傾のない状態であったが，さらに印加電場を強くすると多数の転傾を伴う乱流状態へと相転移する．電場の弱い側の転傾がない乱流状態は DSM1，電場の強い側の多数の転傾を伴う乱流状態は DSM2 とよばれている．ロール対流から DSM1 への段階的な乱流遷移とは異なって，DSM1 と DSM2 の間は不連続な転移であり，非平衡相転移の一種である．ここで DSM2 を特徴づけるのは転傾の密度となる．

*4 2 次元および 3 次元ネマティック相の秩序変数空間はそれぞれ $\mathrm{SO}(2)/\mathbb{Z}_2$, $\mathbb{R}P^2$ となり，転傾のトポロジカルチャージは $\pi_1(\mathrm{SO}(2)/\mathbb{Z}_2) \cong \mathbb{Z}$, $\pi_1(\mathbb{R}P^2) \cong \mathbb{Z}_2$ で分類される．

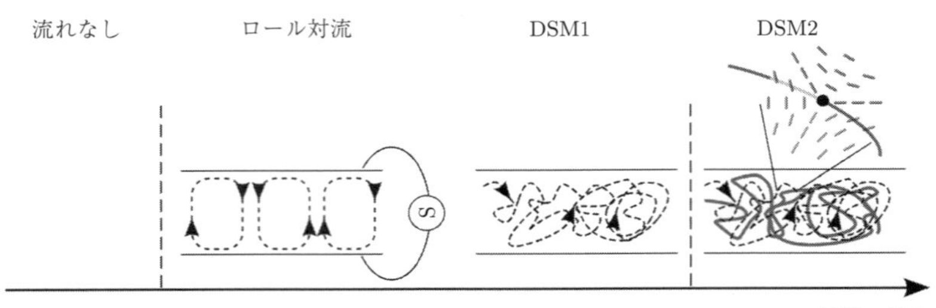

図 7.10　液晶のネマティック相に電場を印加したときのふるまい．電場が弱いときには，流れは誘起されず，電場を強くしていくと Kerr–Helfrich 効果によりロール対流が現れる．さらに電場を強くすると，周期的な対流は不安定となって乱流状態（DSM1）へ遷移し，さらに強電場では，転傾を伴う乱流状態（DSM2）へと転移する．図中の点線矢印は流れのイメージ，実線は転傾のイメージである．

近年，DSM1 と DSM2 の間の非平衡相転移が，異方的浸透現象とよばれる普遍性クラスに属していることが実験によって明らかになった [182]．この普遍性クラスの背景にひそむ機構について詳しく説明する代わりに，この非平衡相転移と量子乱流との関連性について述べる．

超流動の系に外力を与えることにより，量子乱流状態をつくることを考える．外力が十分強いときには，系は発達乱流状態となり，そこでは量子渦の Richardson カスケードやエネルギースペクトルの Kolmogorov 則といったような，発達乱流における普遍性を見ることができることはすでに述べた．ここではその逆の状況として，外力が弱いところで量子渦のまったくない定常な流れと，量子渦が生成されてタングル状態となった乱流状態との間の量子乱流転移を考える．この量子乱流転移の性質を決める指標となるのは，量子渦が外力によって存在できるか否かという部分にあり，発達量子乱流の場合に比べて明らかに量子渦が位相欠陥であるという点が重要となるであろう．ネマティック液晶の転傾は量子渦と同じ位相欠陥なので，量子乱流転移およびネマティック液晶の DSM1–DSM2 転移との間に何らかの類似性のあることが想起される．位相欠陥としての転傾と量子渦の間にはかなりの違いがあるが，DSM1–DSM2 転移の本質が転傾の性質だけから決まり，しかもその性質を量子渦も有しているのであれば，超流動における量子乱流転移もまた DSM1–DSM2 転移と同じ，もしくは近い普遍性クラスに属していることが期待できるであろう．量子乱流転移と DSM1–DSM2 転移との類似性の存在を明らかにすべく，量子乱流転移に関する今後のさらなる発展が期待される．

まとめと展望

本書のまとめ

本書では，絶対零度近傍における ^{4}He と ^{3}He の量子液体状態および希薄中性原子気体の BEC で実現する超流体の流体力学的な側面に焦点を当てて述べてきた．超流体の諸性質は，自発的対称性の破れによる巨視的波動関数の出現に起因しており，その流体力学は量子効果を抜きにしては語れない．本書のタイトルでもある「量子流体力学」とは，このような巨視的量子効果に支配された流体力学を指す．

第 2 章から第 4 章にかけて述べたように，量子流体力学を記述するうえで超流動性（摩擦なし流れ）と量子渦は最も基礎的な概念である．2 流体模型では，超流動性を示す流体は粘性のない超流体と粘性をもつ常流体によって構成される．後者は通常の粘性流体と同様の流体成分とみなせるが，前者は粘性のないポテンシャル流としてふるまって摩擦なし流れを担う．この性質により，古典流体力学では実現しない熱対向流（SN 対向流）などの流動状態が可能になる．量子渦は循環 κ をもつ 1 次元状の位相欠陥であり，超流体の典型的な流動現象（渦輪の運動，Kelvin 波，回転渦格子，再結合など）は，この渦糸の運動と渦糸間の相互作用によって記述される．また，超流動 ^{3}He や 2 成分 BEC，スピノール BEC などの多成分超流体では，その内部自由度に起因して複数の秩序相が実現する．多成分超流体では，Mermin–Ho 関係式によって記述される連続渦や，四角格子や渦シートに代表されるような織目構造が実現し，エキゾチックなふるまいを示す非可換量子渦の衝突などの多彩な現象が発現する．

古典流体力学においても重要な 1 分野を形成する流れの不安定性と乱流を第 5 章と第 6 章で取り上げた．流れの不安定性に関して，古典系でもよく知られる Kelvin–Helmholtz 不安定性や Rayleigh–Taylor 不安定性，Kármán 渦列の形成などの現象は超流体系にも適用されることを見た．それに加えて，SN 対向流や対向超流動といった超流体系特有の流れの不安定性も紹介した．いずれの場合にも，量子渦の出現によって古典系では起こらない新奇な流動現象が引き起こされる．乱流についても，古典系と量子系との間の類似性に着目して議論を展開した．量子渦糸の集団運動が量子乱流の大きな長さスケールの運動を支配すると考えることにより，Richardson カスケードの議論が適用可能となり，超流体系においても Kolmogorov 則が見出されている．一方，量子渦の個別性が重要となる小さな長さスケールの領域や渦糸間に相関のない乱流は，Kelvin 波カスケードなどの量子系特有の概念によって記述される．加えて，熱対向流下の乱流の可視化や原子気体 BEC で実現する多成分超流体の乱流は，量子乱流研究の新たな潮流である．

第 7 章では，量子流体力学と深く関連する他の物性系や素粒子・原子核・宇宙論の現象を紹介した．Kibble–Zurek（KZ）機構は，自発的対称性の破れを伴う相転移における位相欠陥の生成密度を予言する理論であり，初期宇宙の相転移に適用されたのが始まりである．KZ 機構は，超流動 ^{3}He や冷却原子気体の BEC などの超流体系において検証実験が行われ，現在でも分野を超えて注目を集め続けている．同様に強いインパクトを与えたのは，場の量子論で記述されるブラックホールの Hawking 輻射を超流体系で検証する試みである．音響計量という概念を通じて，超流体中を伝播する素励起が曲がった時空を伝播する場と対応する．この検証には理論・実験的に未解決な問題を含むものの，今後の発展が期待される．中性子星の内部の超流体の存在が素粒子・原子核理論によって予言されていることは大変興味深い．パルサーグリッチが中性子の Cooper 対凝縮による超流動に起因するという考えは最も有力な説である．この問題への量子流体力学の貢献が今後期待される．最後に取り上げた話題は，ネマチック液晶における非平衡相転移である．この系では転傾とよばれる量子渦に類似した線欠陥が存在し，転傾が存在しない状態と転傾が複雑に絡み合った状態との間の相転移が非平衡統計力学の観点から注目を集めている．前者と後者を量子渦のない層流状態と量子渦系が絡み合った量子乱流状態にそれぞれ対応させて同様な議論を展開することで，量子乱流の新たな側面が見出されることが期待される．

量子流体力学の展望と課題

流体力学は非平衡統計力学の中でも重要な分野であるが，量子流体力学と非平衡統計力学の理論とを直接結びつけた研究は，量子乱流や KZ 機構の研究を除けば，あまり存在しない．KZ 機構の後に起こる秩序化過程のダイナミクスは，超流体系における今後の発展が期待される．とりわけ，多成分超流体では多自由度の秩序変数が現れるため，これまでに実現しなかった新たな秩序化過程が起こりうる．それらの複雑な現象を系統的に整理・理解するためには，多成分超流体の流体力学のさらなる理解が求められるであろう．

超流動 ^{3}He はカイラリティをもつ超流体である．スピノール BEC は原子のもつスピンに起因して，磁性を示す超流体，いわば，磁性超流体である．超流動 ^{3}He も核スピンをもつため磁性超流体に分類されるが，それに加え，軌道角運動量に起因した内部自由度を構成粒子である Cooper 対が有しているという点で独特である．磁性を示す流体は古典流体でもよく知られているが，軌道角運動量を内部自由度としてもつ古典流体は存在しない．その意味で超流動 ^{3}He はまったく新種の流体であるといってよい．このような軌道角運動量の自由度は，しばしば（軌道）カイラリティとよばれ，軌道角運動量の向きを表す $\boldsymbol{l}$ ベクトルによって特徴づけられる．カイラリティは超流動 ^{3}He の A 相の基本的な性質として理論的に認識されていたが，その直接的証拠が理研の池上らよって最近初めて観測された [183]．カイラリティが流体力学的な記述に本質的な違いを生むとすれば，どのような流体現象が新たに発現するのかは，本書の視点から考えると大変興味のある問題である．

最後に量子流体力学の観点から，今後の課題について述べる．超流体系の流体力学的側面を探究するうえで重要な課題は，系の大規模化と位相欠陥の可視化である．なぜなら，量子乱流のように統計的なふるまいをより正確に観測するためには，有限サイズ効果による揺らぎが無視できる大きな系が用意される必要がある．また，超流体の流れを担うのは量子渦などの位相欠陥であり，流動状態の詳細を知るためには位相欠陥の空間分布を可視化する必要がある．

このような観点から，超流動ヘリウム系と冷却原子系は相補的である．後者の系の大きさは位相欠陥の太さを特徴づける回復長のたかだか数十倍程度であるが，前者では回復長に比べて十分大きな系が実現されている．一方，位相欠陥の可視化に関していえば，前者は超流動 ^{4}He の渦糸や超流動 ^{3}He の特殊な場合を除いて可視化は成功しておらず，量子渦の内部構造まで可視化することができる後者の系とは対照的である．したがって，両者の利点と欠点を補い合って量子流体力学を発展させていくことが望まれる．

付録A　群論の基礎

位相欠陥の分類に有用なホモトピーは群の構造をもっている．本付録ではホモトピーに関連した群の基本的な性質を述べ，具体的に取り扱ういくつかの群の例を示す．

A.1　群の定義と基本的な性質

群とは集合 G および集合内の任意の二つの元 $a, b \in G$ に対する，集合 G 内で閉じた演算 $a \times b = c \in G$ で構成され，以下を満たすものである．

$$
\begin{aligned}
&{}^\forall a,\ b,\ c \in G \ \rightarrow\ (a \times b) \times c = a \times (b \times c) && \text{結合法則} \\
&{}^\exists e \in G,\ {}^\forall a \in G \ \rightarrow\ e \times a = a \times e = a && \text{単位元 } e \text{ の存在} \\
&{}^\forall a \in G,\ {}^\exists a^{-1} \in G \ \rightarrow\ a \times a^{-1} = a^{-1} \times a = e && \text{逆元の存在}
\end{aligned}
\tag{A.1}
$$

群の元の数が有限である群を有限群という．特に単位元のみからなる群を自明群いう．逆に元の数が加算無限（非可算無限）である群を離散無限群（連続群）という．また任意の元 $a, b \in G$ に対して $a \times b = b \times a$ が成り立つものを可換群，そうでないものを非可換群という．

ホモトピーを考えるうえで重要となる群の性質をいくつか述べておこう．なお，以降は明示しない限り演算 $a \times b$ を単純に ab と書くことにする．

A.1.1　同　型

ある二つの群 G と G' が同型であるとは，G のすべての元 $g \in G$ と G' のすべての元 $g' \in G'$ に 1 対 1 の対応があり，かつ演算の関係も同じであることをいう．つまり，G の三つの元 $g_1, g_2, g_3 \in G$ が $g_1 g_2 = g_3$ を満たすとき，対応する G' の三つの元 g'_1, g'_2, g'_3 が $g'_1 g'_2 = g'_3$ を満たす．以後，G と G' が同型であるとき $G \cong G'$ と書くことにする．

A.1.2　共　役　類

ある群 G の二つの元 $a, b \in G$ に着目する．$gag^{-1} = b$ となるような G の元 $g \in G$ が存在する場合，a と b は共役であるという．a に共役なすべての元の集合を a の共役類という．単位元 e に共役な他の元は存在しない．言い換えると e の共役類は e のみである．G が可換群であるとき，任意の元 a に対して a の共役類は a のみである．

A.1.3　部分群と正規部分群

群 G の部分集合 H が G の演算で閉じていて，かつ群としての性質をもっているとき，H を G の部分群であるという．G の任意の元 $g \in G$ に対して，部分群 H の元 $h \in H$ から得られる ghg^{-1} が必ず H のどれかの元となるような部分群 H を正規部分群という．G が可換群であれば G の任意の部分群が正規部分群となる．

A.1.4　商集合と商群

群 G は，G の部分群 $H = \{e, h_1, \cdots, h_l\}$ と H に含まれない m 個の G の元 $\{g_1, \cdots, g_m\}$ を用いて

$$G = \{e, h_1, \cdots, h_l\} + \{g_1, h_1 g_1, \cdots, h_l g_1\} + \cdots \\ + \{g_m, h_1 g_m, \cdots, h_l g_m\} \tag{A.2}$$

と分解することができる．ただし $h_i g_j$ に重複がないように $g_1 \cdots g_m$ を選ばなくてはならない．これは，ある一つの G の元を選び，H のすべての元を（左から）作用させて得られる G の元すべてを同じとみなし（数学的には同値であるという），G の元すべてを同値であるか否かで分類したものである（剰余類という）．必要な G の元 g_i の個数 m は g_i の選び方に依らず一意に決まり，G が n 個の元から構成される有限群の場合，$n = lm$ である．集合 $\{e, g_1, \cdots, g_m\}$ は H の元の作用によって同値とならない G の元の集合であり，商集合 G/H とよばれる．H が G の正規部分群であるとき，商集合 G/H は G の演算に対して群となり，これを商群という．G の正規部分群として G そのものを考えた場合，商群 G/G は G の単位元のみからなる自明群 E_G となる．逆に，正規部分群として E_G を考えた場合，商群 G/E_G は G となる．

A.1.5　直　積　群

二つの群 G, H の要素 $g \in G$, $h \in H$ に対して，要素のペア (g, h) の集合を考え，二つのペア間の演算を $(g_1, h_1) \times (g_2, h_2) = (g_1 \times_G g_2, h_1 \times_H h_2)$ として定義する．ここで $\times_G$ $(\times_H)$ は群 G (H) の要素 g_1 と g_2（h_1 と h_2）の間に成り立つ演算である．このとき，ペア (g, h) の集合はこの演算に対して群となり，直積群 $G \times H$ という．G と H が可換群であれば $G \times H$ も可換群である．

G の単位元のみからなる自明群 E_G と H との直積群 $E_G \times H$ は H に同型であり，かつ直積群 $G \times H$ の正規部分群となる．商群 $(G \times H)/(E_G \times H)$ は $G \times E_H$，つまり G に同型な群となる（E_H は H の単位元のみからなる自明群）．E_G や E_H は自明なので省略し，この事実は単に $(G \times H)/H \cong G$ と書かれる．同様に $(G \times H)/G \cong H$ が成り立つ．ただし，逆に $(G/H) \times H \cong G$ は必ず成り立つわけではないので注意されたい．

A.2　具体的な群の例

ここではホモトピーを扱ううえで，特に関連する群について述べる．

A.2.1　有限群の例

巡回群 $\mathbb{Z}_n$

n 次の巡回群 $\mathbb{Z}_n$ は以下の表現をもつ可換群である[*1]．

$$\mathbb{Z}_n = \{[g_n^i]_i\} \equiv \{g_n, g_n^2, \cdots, g_n^{n-1}, g_n^n = 1\}, \qquad g_n = e^{2\pi i/n} \tag{A.3}$$

ただし二つの元の演算は単純な元同士の乗算である．$\mathbb{Z}_n$ は正 n 角形を不変に保つ回転の集合で構成され，回転の結合を元同士の演算としたときの群と同型である．n が無限大のとき，この群は加法を元同士の演算としたときの整数の集合からなる離散無限群 $\mathbb{Z}$ と同型である．

[*1] 式 (A.3) は正確には巡回群 $\mathbb{Z}_n$ の一つの表現である．本書では以降，群の表現を等号 $=$ で記述するときがあるが，群とその表現についてよく知っている読者は，常にそれが群の表現の一つであることを念頭に置いてもらいたい．

2 面体群 D_n

$\mathbb{Z}_n$ は正 n 角形を不変に保つ回転の集合で構成される群と同型であったが，回転だけでなく，正 n 角形を（ある軸まわりに）反転させる操作まで含めた変換の集合で構成される群を 2 面体群 D_n とよぶ．反転操作は 2 回施すと元に戻るので，反転操作だけを考えると $\mathbb{Z}_2 = \{1, -1\}$ となる．反転と回転を組み合わせると群の元は反転と回転のペア $(\pm 1, g_n^i)$ で書くことができる．ただし D_n は $\mathbb{Z}_n$ と $\mathbb{Z}_2$ の直積群ではない．実際，正 n 角形の変換を考えると，反転を施してから回転を行うのと，回転を行ってから反転を施したのでは回転の方向が逆になる．具体的に二つの元 (a, g) と (a', g') の演算は次のようになる*2．

$$(a,g)(a',g') = \begin{cases} (aa', gg') & (a = 1 \text{ のとき}) \\ (aa', g(g')^{-1}) & (a = -1 \text{ のとき}) \end{cases} \tag{A.4}$$

D_n は非可換群である．また $\mathbb{Z}_n = \{[(1, g_n^i)]_i\}$ は D_n の正規部分群であり，商群は $D_n/\mathbb{Z}_n = \{(1,1), (-1,1)\} \cong \mathbb{Z}_2$ である．

例外的に $D_2 = \{1, -1, i, -i\}$ $(i^2 = 1)$ は可換群であり，直積群 $\mathbb{Z}_2 \times \mathbb{Z}_2$ と同型である（正二角形というのは存在しないが，これは長方形を不変に保つ回転と反転の集合によって構成される群と同型である）．また D_2 は Klein の四元群ともよばれており，$D_2 = \{1, i, j, k\}$ と書くこともできる．ここで i, j, k は以下を満たす．

$$ij = ji = k,\ jk = kj = i,\ i^2 = j^2 = k^2 = 1 \tag{A.5}$$

四元数群 $\mathbb{Q}_8$

非可換群である四元数群 $\mathbb{Q}_8$ は Klein の四元群 D_2 を倍にしたような群であり，$\mathbb{Q}_8 = \{\pm 1, \pm\bar{i}, \pm\bar{j}, \pm\bar{k}\}$ と書かれる．ここで $\bar{i}$, $\bar{j}$, $\bar{k}$ は以下を満たす．

$$\bar{i}\bar{j} = -\bar{j}\bar{i} = \bar{k},\ \bar{j}\bar{k} = -\bar{k}\bar{j} = \bar{i},\ \bar{i}^2 = \bar{j}^2 = \bar{k}^2 = -1 \tag{A.6}$$

D_2 と違ってこの群は非可換群であるにもかかわらず，すべての部分群 $\mathbb{Z}_2 = \{\pm 1\}$, $D_2 = \{\pm 1, \pm\bar{i}\}$, $D_2 = \{\pm 1, \pm\bar{j}\}$, $D_2 = \{\pm 1, \pm\bar{k}\}$ が正規部分群であり，商群は $\mathbb{Q}_8/\mathbb{Z}_2 \cong D_2$, $\mathbb{Q}_8/D_2 \cong \mathbb{Z}_2$ となる．

*2 このような性質を満たす群を半直積群とよぶ．

タリ行列のみを集合としたときの群を特殊ユニタリ群 SU(n) として定義する．SU(n) は U(n) の正規部分群であり，商群は U(n)/SU(n) $\cong$ U(1) である．ユニタリ群 U(n) は n^2 個の独立な Hermite 行列 A_i，特殊ユニタリ群 SU(n) は n^2-1 個の独立なトレースがゼロの Hermite 行列 A_i を用いて

$$\mathrm{U}(n) = \exp\left(i\sum_{i=1}^{n^2}\theta_i A_i\right), \qquad \mathrm{SU}(n) = \exp\left(i\sum_{i=1}^{n^2-1}\theta_i A_i\right) \tag{A.13}$$

と書くことができる．θ_i は実数である．

ユニタリ群 U(1) は大きさ 1 の複素数の集合 $e^{i\theta}$ $(0 \le \theta \le 2\pi)$ である．これは複素平面内において，任意の複素数を θ だけ回転させるものであり，U(1) $\cong$ SO(2) であることは容易にわかる．また SO(2) $\simeq S^1$ であることから U(1) $\simeq S^1$ である．

特殊ユニタリ群 SU(2) は Pauli 行列 $\hat{\boldsymbol{\sigma}} = (\hat{\sigma}_x, \hat{\sigma}_y, \hat{\sigma}_z)$ と，SO(3) のときに定義した $\boldsymbol{\theta}$ を用いて

$$\mathrm{SU}(2) = e^{-i\boldsymbol{\theta}\cdot\hat{\boldsymbol{\sigma}}/2} \tag{A.14}$$

となる．これは, スピン 1/2 のスピノールをスピン空間において $\boldsymbol{\theta}/|\boldsymbol{\theta}|$ の方向に $|\boldsymbol{\theta}|$ だけ回転させる行列であり, したがって, SU(2) はスピン 1/2 のスピノールを回転させる回転すべての集合によって構成される群と同型である．$\boldsymbol{\theta}$ は $0 \le |\boldsymbol{\theta}| < 2\pi$ を満たす．また, SO(3) のときと同様に, Euler 角を α, β, γ として $\mathrm{SU}(2) = e^{-i\gamma\hat{\sigma}_z/2}e^{-i\beta\hat{\sigma}_y/2}e^{-i\alpha\hat{\sigma}_z/2}$ と書くこともできる．ただし $0 \le \alpha, \beta, \gamma < 2\pi$ である．また，SU(2) は 4 つの実数パラメータ $x_{1,2,3,4}$ を用いて

$$\mathrm{SU}(2) = \begin{pmatrix} x_4 + ix_3 & x_2 + ix_1 \\ -x_2 + ix_1 & x_4 - ix_3 \end{pmatrix}, \qquad \sum_{i=1}^{4} x_i^2 = 1 \tag{A.15}$$

と書くことができる．二つ目の式は 4 次元空間内の座標 (x_1, x_2, x_3, x_4) を考えたときに，それが 3 次元単位球面 S^3 上にあることを意味している．したがって

$$\mathrm{SU}(2) \simeq S^3 \tag{A.16}$$

である．

SO(3) と SU(2) の関係

SO(3) と SU(2) はともに 3 次元空間における回転の集合からなる群と同型であるが，SU(2) における $\boldsymbol{\theta}$ あるいは Euler 角 α, β, γ の定義域は SO(3) における定義域の

倍となっている．これを「SU(2) が SO(3) の**二重被覆**になっている」という．実際，巡回群 $\mathbb{Z}_2 = \{\pm 1\}$ は SU(2) の正規部分群となっており，商群は

$$\mathrm{SU}(2)/\mathbb{Z}_2 \cong \mathrm{SO}(3) \tag{A.17}$$

である．この結果は，スピン 1/2 のフェルミオンを記述するスピノールを，ある軸まわりに 2π 回転しても元には戻らず（符号が反転する），さらに 2π 回転すると元に戻るという事実に密接に関係している[*3]．

SO(3) の部分群として，x, y, z 軸まわりの π 回転を元とする群 $\{1, e^{A_{x,y,z}\pi}\}$ を考える．ここで $i, j, k \equiv e^{A_{x,y,z}\pi}$ とすると，これらは式 (A.5) を満たしており，この群は Klein の四元群 D_2 に同型である．SU(2) における同様の部分群として $\{\pm 1, \pm e^{-i\sigma_{x,y,z}\pi/2}\}$ を考え，$\bar{i}, \bar{j}, \bar{k} \equiv e^{-i\sigma_{x,y,z}\pi/2}$ とすると，これらは式 (A.6) を満たしており，この群は四元数群 $\mathbb{Q}_8$ に同型である．つまり，SO(3) の部分群である Klein の四元群 D_2 は，SO(3) の二重被覆である SU(2) において四元数群 $\mathbb{Q}_8$ に対応しているということである．

最後に SO(3) と SU(2) の幾何学的な構造を考えよう．SO(3) の幾何学的構造は原点 $(0,0,0)$ を中心とした半径 π の球の内部で表現することができ，各点の座標が式 (A.11) の $\boldsymbol{\theta}$ で与えられる[*4]．ただし $|\boldsymbol{\theta}| = \pi$ において $e^{\boldsymbol{\theta}\cdot\boldsymbol{A}} = e^{-\boldsymbol{\theta}\cdot\boldsymbol{A}}$ となるため，球表面の対蹠（たいせき）点が同一視されたような構造となる．SU(2) の幾何学的構造は同様に原点 $(0,0,0)$ を中心とした半径 2π の球の内部で表現することができ，各点の座標が式 (A.14) の $\boldsymbol{\theta}$ で与えられる．ただし $|\boldsymbol{\theta}| = 2\pi$ において $e^{-i\boldsymbol{\theta}\cdot\boldsymbol{\sigma}/2} = -1$ となるため，球表面全体が同一視されたような構造となる．言い換えると 3 次元球の表面全体を同一視すると 3 次元球面 $S^3 \simeq \mathrm{SU}(2)$ が得られる．これは 2 次元の円盤を考え，その円盤の端全体を同一視すると 2 次元球面 S^2 が得られることを考えると直感的に理解できるであろう．一方で球面 S^n の対蹠点を同一視したような幾何学的構造 $S^n/\mathbb{Z}_2$ は実射影空間 $\mathbb{R}P^n$ とよばれる．すなわち $\mathrm{SO}(3) \simeq \mathbb{R}P^3$ である．

[*3] SO(3) によって回転される 3 次元ベクトルの集合は S^2 に同相であり，回転の集合と 3 次元ベクトルの集合は 1 対 1 の関係ではない．一方，SU(2) によって回転される 2 次元スピノールの集合は S^3 に同相であり，回転の集合とスピノールの集合が 1 対 1 の関係になっている．この性質は 3 次元コンピュータグラフィックスにとって都合がよく，SU(2) を用いた回転がこの分野で積極的に利用されている．

[*4] この $\boldsymbol{\theta}$ は 3.3.1 項で考えた，^{3}He-B 相におけるスピンの回転軸ベクトル $\boldsymbol{\theta}$ と本質的に同じである．

付録B　ホモトピーと位相欠陥

本付録では位相欠陥の分類という目的に焦点を当て，ホモトピーの概観を説明し，具体的な例を示す[*1]．位相欠陥は対称性が自発的に破れた系において出現するため，まずは対称性の破れ，およびそれに伴う秩序変数空間の概念を説明し，ホモトピーによる位相欠陥の分類の概念について述べる．

B.1　秩序変数空間

量子渦を含む位相欠陥は超流動ヘリウムや原子気体 BEC のような，低温で対称性が破れる系において存在することができる．系の自由エネルギーが与えられたときに，その自由エネルギーを不変に保つ変換操作の集合を G とする．G は一般的に直交群やユニタリ群，あるいはそれらの直積群に同型である．対称性の破れが起こったあとに現れる秩序変数を不変に保つ変換操作の集合を H とする．秩序変数が不変な操作において，自由エネルギーは当然不変であり，H は G の部分群となる．具体的に書くなら，秩序変数 Ψ に対して H は

$$H = \{h \in G | h\Psi = \Psi\} \tag{B.1}$$

で定義される．例えば，秩序変数が $\Psi = |\Psi|e^{i\theta}$ で記述される超流動 ^{4}He や 1 成分 BEC の場合，$0 \leq \theta < 2\pi$ に対する位相シフト $\Psi \to e^{i\theta}\Psi$ に対して自由エネルギーは変化しないので，$e^{i\theta}$ の集合が G となり，これはユニタリ群 U(1) に同型である．次に H であるが，G の元の中で Ψ を不変に保つ変換は恒等変換（$\theta = 0$）のみなので，H は自明群 $H \cong \{1\}$ である．

相転移が起こったあとの秩序変数の取りうる可能な状態の集合は，ある基準の秩序変数 Ψ_{T} から G の元を作用させて得られるが，式 (B.1) より，G のいくつかの元の作用は等価な状態を与え，それは H の要素数だけある．その結果，等価であるものを

*1 より数学的な見地に基づいたホモトピーの議論は他書に譲ることにする [184].

除いて真に取りうる可能な状態の集合は，商集合 G/H（あるいは商空間とよばれる）と同相であり，**秩序変数空間**とよばれる．H が G の正規部分群であれば G/H は商群となり，そうでなければ単なる商集合である．

B.2　基本群による分類

一様系において系が相転移を起こすと，平衡状態は一様な秩序変数 $\bar{\Psi}$ によって記述される．この平衡状態から「微小」にずれた非平衡状態を考える．$\bar{\Psi}$ からのずれとして以下の二つを仮定することにする．

- 系はマクロなスケールでゆっくりと平衡状態からずれ，局所平衡が保たれる．したがってある位置 $\boldsymbol{r}$ に対して局所的な秩序変数 $\Psi(\boldsymbol{r})$ が定義でき，かつ $\Psi(\boldsymbol{r})$ は連続である．
- $\Psi(\boldsymbol{r})$ は秩序変数空間 G/H の範囲内で変化する．つまり $\Psi(\boldsymbol{r})$ は必ず G/H の元のどれかに対応する．

1 成分 BEC を例に考えた場合，一つ目の仮定によって与えられる局所的な秩序変数 $\Psi(\boldsymbol{r})$ は，GP 方程式を導出する際に得られる空間依存の秩序変数と本質的には同じである．しかし二つ目の仮定は，GP 方程式で定義される秩序変数よりも強い制限を $\Psi(\boldsymbol{r})$ に課している．GP 方程式では Ψ の位相と振幅の両方の空間変化を考えるが，Ψ の振幅を変えると自由エネルギーは変化するため，$\Psi(\boldsymbol{r})$ は $\bar{\Psi}$ からの位相変化のみが許される．

系がある局所的な秩序変数 $\Psi(\boldsymbol{r})$ で記述されるとする．実空間上に起点 X_0 をもつ閉じた向き付きループを考え，ループ上の各点 $\boldsymbol{r}$ における秩序変数 Ψ を考える．そのとき，実空間上のループに対応して，秩序変数空間上に X_0 に対応した起点 Y_0 をもつループが描かれる．図 B.1 で，実空間 $\boldsymbol{r}$ 上のループと秩序変数空間 Ψ 上のループの対応について例を示した．秩序変数空間の次元や構造は G/H で決まるが，図 B.1 の例では秩序変数空間 Ψ が 2 次元トーラスの構造になっているとした．

秩序変数空間内の，起点を共有する二つのループに対して，連続変形を通してお互いに一致させることができるとき，この二つのループをホモトピー同値であるという[*2]．

[*2] ホモトピー同値の数学的な表記を示しておこう．秩序変数空間 Ψ 上の二つのループ l_1 と l_2 を 1 次元的な定義域をもつ連続関数

$$l_{1,2}(0 \leq s \leq 1) \in \Psi, \qquad l_{1,2}(s=0) = l_{1,2}(s=1) = Y_0 \tag{B.2}$$

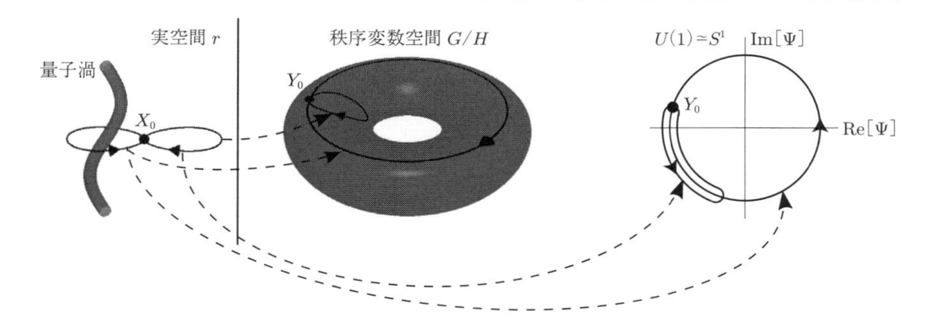

図 B.1　実空間上のループ（左）と，対応する秩序変数空間上 G/H のループ（中央）あるいは秩序変数空間 $G/H \simeq \mathrm{U}(1) \simeq S^1$ 上のループ（右）．量子渦を囲まないループは，秩序変数空間 G/H において連続変形を用いて 1 点に収束させることができ，量子渦を囲むループは収束させることができない．実空間上のループの向きと秩序変数空間上のループの向きは関係ないことに注意されたい．秩序変数空間 $G/H \simeq \mathrm{U}(1) \simeq S^1$ のときには，量子渦は秩序変数空間 S^1 を何周したかで特徴づけられ，$\pi_1(\mathrm{U}(1)) \simeq \pi_1(S^1) \simeq \mathbb{Z}$ で記述される．

秩序変数空間上のすべてのループはホモトピー同値かどうかによって分類することができ，ホモトピー同値であるループの集合は**基本群**とよばれる群 $\pi_1(G/H, Y_0)$ を構成する．ループの集合は以下の性質をもっている．

1) $\pi_1(G/H, Y_0)$ の二つの元 A, B に属する二つのループを順にたどってできる大きなループを考える．このループが属する元 $C \in \pi_1(G/H, Y_0)$ は一意的に決まり，A と B の間の演算 $BA \equiv C$ を定めることができる（演算の右側に来る元が先にたどるループに対応するようにした）[*3]．
2) 連続変形によって 1 点に縮めることのできるループの集合が一意的に存在し，$\pi_1(G/H, Y_0)$ の単位元に属する．そうでないループの集合は $\pi_1(G/H, Y_0)$ の単位元以外に属する．

として定義する．ループ l_1 と l_2 がホモトピー同値であるとは，$F(s, t = 0) = l_1(s)$, $F(s, t = 1) = l_2(s)$ となるような，2 次元的な定義域をもつ連続関数 $F(0 \leq s \leq 1, 0 \leq t \leq 1) \in \Psi$ が存在するということである．F はホモトープとよばれる．

[*3] 式 (B.2) で定義されるループ $l_{1,2}(s)$ を順にたどってできる大きなループ $l_{1+2}(s)$ は

$$l_{1+2}(s) = \begin{cases} l_1(2s) & (0 \leq s \leq 1/2) \\ l_2(2s-1) & (1/2 \leq s \leq 1) \end{cases} \tag{B.3}$$

で与えられる．このループはもちろん $l_{1+2}(s = 1/2) = Y_0$ となるが，このループとホモトピー同値なループ $l_3(s)$ が $l_3(s = 1/2) = Y_0$ を満たす必要はない．

3) ある元 $A \in \pi_1(G/H, Y_0)$ に属するループに着目したとき，そのループの経路を逆向きにたどるループが属する $\pi_1(G/H, Y_0)$ の元が一意的に決まり，A の逆元 A^{-1} となる．

$\pi_1(G/H, Y_0)$ の群としての構造は，秩序変数空間のすべての点がつながっていれば起点 Y_0 のとり方に依存しないので，省略して $\pi_1(G/H)$ と書かれることも多い．今後は具体的に明記しない限り，省略表記する．

実空間上のループと，それに対応する秩序変数空間上のループを考えたとき，秩序変数空間上のループが基本群 $\pi_1(G/H)$ の単位元に属するのであれば，実空間上のループは量子渦を囲まないが，秩序変数空間上のループが単位元以外に属するのであれば，実空間上のループは量子渦を囲んでいることになる．以下でこのことを具体的に説明しよう．

実空間上のループを X_0 を固定して少しだけ変形させると，対応する秩序変数空間上のループも Y_0 が固定されたまま少しだけ変形する．そこで，この実空間上のループを少しずつ縮めて，点 X_0 に収縮させるような過程を考えよう．このとき，秩序変数空間上のループも少しずつ縮んでいくが，縮める前のループが $\pi_1(G/H)$ の単位元に属するループであれば，ループ上のすべての点を Ψ のどこかの点に対応させたまま，点 Y_0 に縮めることができる．ところが，縮める前のループが $\pi_1(G/H)$ の単位元以外に属するループであれば，そのようなループは秩序変数空間内において連続的に 1 点に変形することができないので，縮める過程において必ずループ上のどこかの点が秩序変数空間 Ψ からはみ出てしまう．つまり，実空間上のループ内のどこかに必ず秩序変数空間 Ψ からはみ出た領域が存在するということである．

次に，実空間において，秩序変数を連続的かつ微小な変形 $\delta\Psi(\boldsymbol{r})$ によって

$$\Psi(\boldsymbol{r}) \to \Psi(\boldsymbol{r}) + \delta\Psi(\boldsymbol{r}) \tag{B.4}$$

という変形を考える．実空間上のループに対応する秩序変数空間内のループが属する基本群の元は，式 (B.4) の微小変形において不変なので，このループが $\pi_1(G/H)$ の単位元以外に属するのであれば，実空間上のループ内の Ψ からはみ出た領域は相変わらずループ内にいることになり，式 (B.4) のような変形によってそのような領域を消すことはできない．このように秩序変数の連続的な変形によって消すことのできない構造は**トポロジカル励起**，あるいは**位相欠陥**とよばれる．3 (2) 次元空間において，ループを用いた手法によって特定されるトポロジカル励起は 1 (0) 次元的な構造をもって

いなければならない．量子渦はまさにこの条件に当てはまるトポロジカル励起であり，ループおよび基本群を用いてそれらを特定・分類することが可能なのである．異なる 2 本の渦が同じ（異なる）トポロジカルチャージをもっているとは，それらの渦を囲む二つのループが同じ（異なる）$\pi_1(G/H)$ の元に属していることを意味する．このように，$\pi_1(G/H)$ の元を量子渦のトポロジカルチャージに対応させることができる．

ここでいくつかの例を考える．

[例 1]：最も簡単な例として，秩序変数が任意の実数値をとる，つまり $G/H \simeq \mathbb{R}$ であるとする．実数の集合 $\mathbb{R}$ は数直線で表すことができ，数直線上の任意のループは連続変形によって 1 点に収束させることができるため，トポロジカル励起は存在しない．

[例 2]：次に簡単な例として，複素スカラー場 Ψ に対する秩序変数空間 $G/H \simeq \mathrm{U}(1)$ の場合を考える．秩序変数空間 $G/H \simeq \mathrm{U}(1)$ は複素スカラー場の位相の自由度を反映しており，単位円 S^1 と同相であることは付録 A で述べた．単位円上のループを考えたとき，整数を $n \neq 0$ として単位円上を n 周するようなループは連続変形によって 1 点に収束させることができないため，そのようなループに対応してトポロジカル励起が存在する（図 B.1 の右側）．複素スカラー場で記述される超流体中の量子渦は，このトポロジカル励起に対応しており，循環量子数がトポロジカルチャージに相当する．つまり，量子渦のトポロジカルチャージは量子渦を囲む実空間上のループに対して，対応する秩序変数空間である単位円を何周したかという整数 n で特徴づけられる．また，実空間上のループ内に量子渦が 2 本あり，それぞれのトポロジカルチャージを n_1, n_2 とすると，このループに対応して秩序変数空間では $n_1 + n_2$ 周することになる．これは n_1, n_2 のトポロジカルチャージをもつ量子渦 2 本と $n_1 + n_2$ のトポロジカルチャージをもつ量子渦 1 本とが本質的に同じであることを意味しており，n_1 と n_2 の渦が合体して $n_1 + n_2$ の渦になることを意味する．このように量子渦の合体・分裂を議論することもできる．

[例 3]：最後の例として，秩序変数空間が 2 次元球面 S^2 になるような場合を考える．具体的な系として古典 Heisenberg 磁性体を考える．秩序変数は自発磁化であり，3 次元ベクトル $\boldsymbol{M}$ で記述される．このスピン密度ベクトルを一様に回転させても系の自由エネルギーは変化しない．3 次元ベクトルを回転させる変換の集合は特殊直交群 $\mathrm{SO}(3)$ と同型であり，$G \cong \mathrm{SO}(3)$ である．また，$\boldsymbol{M}$ と平行な軸まわりにベクトルを回転させても $\boldsymbol{M}$ は不変である．そのような 2 次元的な回転の集合は特殊直交群 $\mathrm{SO}(2)$ と同型であり，$H \cong \mathrm{SO}(2)$ である．秩序変数空間は 2 次元単位球面に同相で

あり，$G/H \simeq S^2$ となる[*4]．$\boldsymbol{M}$ をあらゆる方向に回転させてできる軌跡は半径 $|\boldsymbol{M}|$ の球面を構成するので，秩序変数空間が S^2 に同相なのは容易に想像できる．2 次元球面上の任意のループは連続変形によって 1 点に収束させることができるため，量子渦のようなトポロジカル励起は存在しない．つまり古典 Heisenberg 磁性体では，少なくとも量子渦のように 3 次元空間中で 1 次元的な構造をもつトポロジカル励起は存在しない[*5]．

上記三つの例は，それぞれ，

$$\begin{aligned} &\pi_1(\mathbb{R}) \cong \{1\} \\ &\pi_1(\mathrm{U}(1)) \cong \pi_1(S^1) \cong \mathbb{Z} \\ &\pi_1(S^2) \cong \{1\} \end{aligned} \tag{B.5}$$

と表現される．

基本群 $\pi_1(G/H)$ の計算は一般的に非常に困難である．しかし G が連結しており ($\pi_0(G) \cong \{1\}$)，かつ単連結である ($\pi_1(G) \cong \{1\}$) ならば

$$\pi_1(G/H) \cong \pi_0(H) \tag{B.6}$$

が成り立ち，これは $\pi_1(G/H)$ の計算に対して非常に有用である．ここで $\pi_0(X)$ は 0 次ホモトピー類とよばれ，X の元において，連続変形で移り変わるものすべてをホモトピー同値であるとしたときの集合であり，X の中で連続変形で移り変わることのできる領域の個数を与える．$\pi_0(X)$ は一般的に群ではないが，X が群であるときは $\pi_0(X)$ も群になる．特に X が離散群のときは

$$\pi_0(X) \cong X \tag{B.7}$$

である．その他，$\pi_1(X)$ に関していくつかの重要な事実を述べておく．

- 直積空間 $X \times Y$（任意の点を記述する座標を 2 種類の独立な座標に分解できるような空間）に対して，$\pi_1(X \times Y) \cong \pi_1(X) \times \pi_1(Y)$.
- X が群ならば $\pi_1(X)$ は可換群である．
- $\pi_1(S^1) \cong \mathbb{Z}$ および $\pi_1(S^{n\neq 1}) \cong \{1\}$.

[*4] ここで，商集合に対する公式 $\mathrm{O}(n)/\mathrm{O}(n-1) \simeq \mathrm{SO}(n)/\mathrm{SO}(n-1) \simeq S^{n-1}$ を用いた．同様に $\mathrm{U}(n)/\mathrm{U}(n-1) \simeq \mathrm{SU}(n)/\mathrm{SU}(n-1) \simeq S^{2n-1}$ が成り立つ [184].

[*5] 0 次元的な構造をもつトポロジカル励起は存在し，これは 2 次ホモトピー群を用いて分類される．2 次以上のホモトピー群（基本群は 1 次ホモトピー群ともよばれる）で分類されるトポロジカル励起は，基本群で分類されるものに比べ，流体力学的にそれほど重要ではない．

参考文献

[1] 木田重雄，柳瀬眞一郎: 『乱流力学』朝倉書店 (1999).

[2] H. Tennekes and J. L. Lumley: *A First Course in Turbulence*, MIT Press (1972).

[3] U. Frisch: *TURBULENCE* , Cambridge University Press (1995).

[4] P. A. Davidson: *Turbulence: An Introduction for scientists and engineers* 2nd ed., Oxford University Press (2015).

[5] J.R. Abo-Shaeer, *et al.*: Observation of vortex lattices in Bose-Einstein condensates, *Science* **292**, 476 (2001).

[6] *Ultra-cold Fermi Gases* (ed. by M. Inguscio, W. Ketterle, C. Salomon), Vol. 164 of Proceedings of the International School of Physics "Enrico Fermi" (2008).

[7] D. Pines and P. Nozières: The Theory of Quantum Liquids, Vol. 1, Benjamin (1966). *Phys. Rev.* **104**, 576 (1956).

[8] O. Penrose and L. Onsager: Bose-Einstein Condensation and Liquid Helium, *Phys. Rev.* **104**, 576 (1956).

[9] C. N. Yang: Concept of Off-Diagonal Long-Range Order and the Quantum Phases of Liquid He and of Superconductors, *Rev. Mod. Phys.* **34**, 694 (1962).

[10] E. P. Gross: Structure of a quantized vortex in boson systems, *Nuovo Cimento* **20**, 454 (1961).

[11] L. P. Pitaevskii: Vortex lines in an imperfect Bose gas, *Sov. Phys. JETP* **13**, 451 (1961).

[12] V. F. Sears, *et al.*: Neutron-Scattering Determination of the Momentum Distribution and the Condensate Fraction in Liquid ^{4}He, *Phys. Rev. Lett.* **49**, 279 (1982).

[13] T. Ellis and P. V. E. McClintock: The Breakdown of Superfluidity in Liquid ^{4}He V. Measurement of the Landau Critical Velocity for Roton Creation, *Phil. Trans. Roy. Soc. A* **315**, 259 (1985).

[14] L. Tisza: Transport Phenomena in Helium II, *Nature (London)* **141**, 913 (1938).

[15] L. Landau: The Theory of Superfluidity of Helium II, *J. Phys. U.S.S.R.* **5**, 71 (1941).

[16] 山田一雄，大見哲巨:『超流動（新物理学シリーズ 28)』培風館 (1997).

[17] 北原和夫:『非平衡系の統計力学（岩波基礎物理シリーズ 8)』岩波書店 (1997).

[18] D. D. Osheroff, *et al.*: Evidence for a New Phase of Solid He^3, *Phys. Rev. Lett.* **28**, 885 (1972).

[19] D. Vollhardt and P. Wölfle: *The Superfluid Phases of Helium 3*, Taylor & Francis (1990).

[20] C. J. Pethick and H. Smith: *Bose-Einstein Condensateion in Dilute Gases 2nd ed.*, Cambridge University Press (2008).

[21] M. H. Anderson, *et al.*: Observation of Bose-Einstein Condensation in a Dilute Atomic Vapor, *Science* **269**, 198 (1995).

[22] A. Ramanathan, *et al.*: Superflow in a Toroidal Bose-Einstein Condensate: An

Atom Circuit with a Tunable Weak Link, *Phys. Rev. Lett.* **106**, 130401 (2011).
[23] Y. Kawaguchi and M. Ueda: Spinor Bose-Einstein condensates, *Phys. Rep.* **520**, 253 (2012).
[24] F. London: *Superfluids*, John Wiley (1954).
[25] R. P. Feynman: Application of quantum mechanics to liquid helium, *Progress in Low Temperature Physics*, vol.1, North-Holland 16 (1955).
[26] W. F. Vinen: The detection of single quanta circulation in liquid helium II, *Proc. Roy. Soc. London A*, **260**, 218 (1961).
[27] G. W. Rayfield, F. Reif: Quantized vortex rings in superfluid helium, *Phys. Rev.*, **136**, A1194 (1964).
[28] C. J. Gorter, J. H. Mellink: On the irreversible processes in liquid helium II, *Physica*, **15**, 285 (1949).
[29] H. E. Hall, W. F. Vinen: The rotation of liquid helium II I. Experiments on the propagation of second sound in uniformly rotating helium II, *Proc. Roy. Soc. London A*, **238**, 204 (1956).
[30] H. E. Hall, W. F. Vinen: The rotation of liquid helium II II. The theory of mutual friction in uniformly rotating helium II, *Proc. Roy. Soc. London A*, **238**, 215 (1956).
[31] W. F. Vinen: Mutual friction in a heat current in liquid helium II I. Experiments on steady heat currents, *Proc. Roy. Soc. London A*, **240**, 114 (1957).
[32] W. F. Vinen: Mutual friction in a heat current in liquid helium II. II. Experiments on transient effects, *Proc. Roy. Soc. London A*, **240**, 128 (1957).
[33] W. F. Vinen: Mutual friction in a heat current in liquid helium II III. Theory of mutual friction, *Proc. Roy. Soc. London A*, **242**, 493 (1957).
[34] W. F. Vinen: Mutual friction in a heat current in liquid helium II IV. Critical heat currents in wide channels, *Proc. Roy. Soc. London A*, **243**, 400 (1957).
[35] J. T. Tough: Superfluid turbulence, *Progress in Low Temperature Physics*, vol. 8, North-Holland (1982), 133.
[36] C. F. Barenghi, R. J. Donnelly and W. F. Vinen: Friction on quantized vortices in helium II. A review, *J. Low Temp. Phys.*, **52**, 189 (1983).
[37] W. Thomson: Vibrations of a columnar vortex, *Phil. Mag.* **10**, 155-68, (1880).
[38] K. W. Schwarz: Three-dimensional vortex dynamics in superfluid ^{4}He: line-line and line-boundary interactions, *Phys. Rev. B*, **31**, 5782 (1985).
[39] R. J. Arms and F. R. Hama: Localized-induction concept on a curved vortex and motion of an elliptic vortex ring, *Phys. Fluids*, **8**, 553 (1965).
[40] P. W. Anderson, Considerations on the Flow of Superfluid Helium, *Rev. Mod. Phys.*, **38**, 298 (1966).
[41] K. W. Schwarz: Three-dimensional vortex dynamics in superfluid ^{4}He: Homogeneous superfluid turbulence, *Phys. Rev. B*, **38**, 2398 (1988).
[42] M. Tsubota, T. Araki and S. K. Nemirovskii: Dynamics of vortex tangle without mutual friction in superfluid ^{4}He, *Phys. Rev. B*, **62**, 11751 (2000).
[43] H. Adachi, S. Fujiyama and M. Tsubota: Steady-state counterflow quantum turbulence: Simulation of vortex filaments using the full Biot-Savart law, *Phys. Rev. B*, **81**, 104511 (2010).
[44] 例えば, Oshima and S. Asaka: Interaction of two vortex rings along parallel axes in air, *J. Phys. Soc. Jpn.*, **42**, 708 (1977).
[45] 例えば, N. Boratov, R. B. Pelz and N. J. Zabusky: Reconnection in orthogonally

interacting vortex tubes: Direct numerical simulations and quantifications, *Phys. Fluids A*, **4**, 581 (1992).

[46] J. Koplik and H. Levine: Vortex reconnection in superfluid helium, *Phys. Rev. Lett.*, **71**, 1373 (1993).

[47] M. Leadbeater, T. Winiecki, D. C. Samuels, C. F. Barenghi and C. S. Adams: Sound emission due to superfluid vortex reconnections, *Phys. Rev. Lett.*, **86**, 1410 (2001).

[48] W. Guo, M. La Mantia, D. P. Lathrop and S. W. Van Sciver: Visualization of two-fluid flows of superfluid helium-4, *Proc. Natl. Acad. Sci. USA*, **111** (Supl.1), 4653 (2014).

[49] W. F. Vinen: Quantum Turbulence: Aspects of Visualization and Homogeneous Turbulence, *J. Low Temp. Phys.*, **175**, 305 (2014).

[50] G. P. Bewley, D. P. Lathrop and K. R. Sreenivasan: Visualization of quantized vortices, *Nature*, **441**, 588 (2006).

[51] M. S. Paoletti, R. B. Fiorito, K. R. Sreenivasan and D. P. Lathrop: Visualization of Superfluid Helium Flow, *J. Phys. Soc. Jpn.*, **77**, 111007 (2008).

[52] M. S. Paoletti, M. E. Fisher and D. P. Lathrop: Reconnection dynamics for quantized vortices, *Physica D*, **239**, 1367 (2010).

[53] E. L. Andronikashvili and Yu. G. Mamaladze: Rotation of helium II, *Progress in Low Temperature Physics*, vol. 5 (1967), (North-Holland, Amsterdam, 1967) pp. 79-160.

[54] L. J. Campbell and R. M. Ziff: Vortex patterns and energies in a rotating superfluid, *Phys. Rev. B*, **20**, 1886 (1979).

[55] E. J. Yarmchuck and R. E. Packard: Photographic studies of quantized vortex lines, *J. Low Temp. Phys.*, **46**, 479 (1982).

[56] V. K. Tkachenko: On vortex lattices, *Sov. Phys. JETP* **23**, 1049 (1966).

[57] M. Tsubota and H. Yoneda: Dynamics of quantized vortices in rotating superfluid, *J. Low Temp. Phys.*, **101**, 815 (1995).

[58] Y. Kondo, *et al.*: Combined spin-mass vortex with soliton tail in superfluid ^{3}He-B, *Phys. Rev. Lett.*, **68**, 3331 (1992).

[59] J. P. Pekola, *et al.*: Phase Diagram of the First-Order Vortex-Core Transition in Superfluid ^{3}He-B, *Phys. Rev. Lett.*, **53**, 584 (1984).

[60] O. V. Lounasmaa and E. Thuneberg: Vortices in rotating superfluid ^{3}He, *Proc. Natl. Acad. Sci. U.S.A.*, **96**, 7760 (1999).

[61] Y. Kondo, *et al.*: Direct observation of the nonaxisymmetric vortex in superfluid ^{3}He-B, *Phys. Rev. Lett.*, **67**, 81 (1991).

[62] P. J. Hakonen, *et al.*: Magnetic Vortices in Rotating Superfluid ^{3}He-B, *Phys. Rev. Lett.*, **51**, 1362 (1983).

[63] N. D. Mermin and T. -L. Ho: Circulation and angular momentum in the A phase of superfluid helium-3, *Phys. Rev. Lett.*, **36** 594 (1976).

[64] G. E. Volovik: *Universe in a helium droplet*, Oxford University Press (2003).

[65] Ü. Parts, *et al.*: Phase Diagram of Vortices in Superfluid ^{3}He-A, *Phys. Rev. Lett.*, **75**, 3320 (1995).

[66] K. W. Madison, *et al.*: Vortex Formation in a Stirred Bose-Einstein Condensate, *Phys. Rev. Lett.*, **84**, 806 (2000).

[67] P. C. Haljan, *et al.*: Driving Bose-Einstein-Condensate Vorticity with a Rotating Normal Cloud, *Phys. Rev. Lett.*, **87**, 210403 (2001).

[68] M. R. Matthews, *et al.*: Vortices in a Bose-Einstein condensate, *Phys. Rev. Lett.*, **83**, 2498 (1999).

[69] M. F. Anderson, *et al.*: Quantized Rotation of Atoms from Photons with Orbital Angular Momentum, *Phys. Rev. Lett.*, **97**, 170406 (2006).

[70] T. Isoshima, *et al.*: Creation of a persistent current and vortex in a Bose-Einstein condensate of alkali-metal atoms, *Phys. Rev. A*, **61**, 063610 (2000).

[71] A. E. Leanhardt, *et al.*: Imprinting Vortices in a Bose-Einstein Condensate using Topological Phase, *Phys. Rev. Lett.*, **89**, 190403 (2002).

[72] N. Goldman, *et al.*: Light-induced gauge fields for ultracold atoms, *Rep. Prog. Phys.*, **77**, 126401 (2014).

[73] Y.-J. Lin, *et al.*: Synthetic magnetic fields for ultracold neutral atoms, *Nature (London)*, **462**, 628 (2009).

[74] D. V. Freilich, *et al.*: Real-Time Dynamics of Single Vortex Lines and Vortex Dipoles in a Bose-Einstein Condensate, *Science*, **329**, 1182 (2010).

[75] S. Inouye, *et al.*: Observation of Vortex Phase Singularities in Bose-Einstein Condensates, *Phys. Rev. Lett.*, **87**, 080402 (2001).

[76] A. L. Fetter: Rotating trapped Bose-Einstein condensates, *Rev. Mod. Phys.*, **81**, 647 (2009).

[77] T. W. Neely, *et al.*: Observation of Vortex Dipoles in an Oblate Bose-Einstein Condensate, *Phys. Rev. Lett.*, **104**, 160401 (2010).

[78] H. Takeuchi, *et al.*: Spontaneous radiation and amplification of Kelvin waves on quantized vortices in Bose-Einstein condensates, *Phys. Rev. A*, **79**, 033619 (2009).

[79] M. Möttönen, *et al.*: Splitting of a doubly quantized vortex through intertwining in Bose-Einstein condensates, *Phys. Rev. A*, **68**, 023611 (2003).

[80] Y. Shin, *et al.*: Dynamical Instability of a Doubly Quantized Vortex in a Bose-Einstein Condensate, *Phys. Rev. Lett.*, **93**, 160406 (2004).

[81] I. Aranson and V. Steinberg: Stability of multicharged vortices in a model of superflow, *Phys. Rev. B*, **53**, 75 (1996).

[82] K. Kasamatsu, *et al.*: Nonlinear dynamics of vortex lattice formation in a rotating Bose-Einstein condensate, *Phys. Rev. A*, **67**, 033610 (2003).

[83] C. Raman, *et al.*: Vortex Nucleation in a Stirred Bose-Einstein Condensate, *Phys. Rev. Lett.*, **87**, 210402 (2001).

[84] M. Tsubota, *et al.*: Vortex lattice formation in a rotating Bose-Einstein condensate, *Phys. Rev. A*, **65**, 023603 (2002).

[85] N. Proukakis, *et al.* eds.: *Quantum Gases: Finite Temperature and Non-Equilibrium Dynamics*, World Scientific (2013).

[86] K. W. Madison, *et al.*: Stationary States of a Rotating Bose-Einstein Condensate: Routes to Vortex Nucleation, *Phys. Rev. Lett.*, **86**, 4443 (2001).

[87] I. Coddington, *et al.*: Experimental studies of equilibrium vortex properties in a Bose-condensed gas, *Phys. Rev. A*, **70**, 063607 (2004).

[88] I. Coddington, *et al.*: Observation of Tkachenko Oscillations in Rapidly Rotating Bose-Einstein Condensates, *Phys. Rev. Lett.*, **91**, 100402 (2003).

[89] G. Baym: Tkachenko Modes of Vortex Lattices in Rapidly Rotating Bose-Einstein Condensates, *Phys. Rev. Lett.*, **91**, 110402 (2003).

[90] N. R. Cooper: Rapidly Rotating Atomic Gases, *Adv. in Phys.*, **57**, 539 (2008).

[91] I. Bloch, *et al.*: Many-body physics with ultracold gases, *Rev. Mod. Phys.*, **80**, 885 (2008).

[92] V. Schweikhard, *et al.*: Rapidly Rotating Bose-Einstein Condensates in and near the Lowest Landau Level, *Phys. Rev. Lett.*, **92**, 040404 (2004).
[93] U. R. Fischer and G. Baym: Vortex States of Rapidly Rotating Dilute Bose-Einstein Condensates, *Phys. Rev. Lett.*, **90**, 140402 (2003).
[94] G. Watanabe, *et al.*: Landau levels and the Thomas-Fermi structure of rapidly rotating Bose-Einstein condensates, *Phys. Rev. Lett.*, **93**, 93 190401 (2004).
[95] K. Kasamatsu, M. Tsubota, and M. Ueda: Vortices in multicomponent Bose-Einstein condensates, *J. Mod. Phys. B*, **19**, 1835 (2005).
[96] K. Kasamatsu, M. Tsubota, and M. Ueda: Spin textures in rotating two-component Bose-Einstein condensates, *Phys. Rev. A*, **71**, 043611 (2005).
[97] V. Schweikhard, I. Coddington, P. Engels, S. Tung, and and E. A. Cornell: Vortex-Lattice Dynamics in Rotating Spinor Bose-Einstein Condensates, *Phys. Rev. Lett.*, **93**, 210403 (2004).
[98] M. Eto, K. Kasamatsu, M. Nitta, H. Takeuchi, and M. Tsubota: Interaction of half-quantized vortices in two-component Bose-Einstein condensates, *Phys. Rev. A*, **83**, 063603 (2011).
[99] E. J. Mueller and T.-L. Ho: Two-component Bose-Einstein Condensates with Large Number of Vortices, *Phys. Rev. Lett.*, **88**, 180403 (2002).
[100] K. Kasamatsu, M. Tsubota, and M. Ueda: Vortex phase diagram in rotating two-component Bose-Einstein condensates, *Phys. Rev. Lett.*, **91**, 150406 (2003).
[101] K. Kasamatsu, M. Tsubota, and M. Ueda: Vortex molecules in coherently coupled two-component Bose-Einstein condensates, *Phys. Rev. Lett.*, **93**, 250406 (2004).
[102] S. Kobayashi, Y. Kawaguchi, M. Nitta, and M. Ueda: Topological classification of vortex-core structures of spin-1 Bose-Einstein condensates, *Phys. Rev. A*, **86**, 023612 (2012).
[103] S. Kobayashi, M. Kobayashi, Y. Kawaguchi, M. Nitta, M. Ueda: Abe homotopy classification of topological excitations under the topological influence of vortices, *Nucl. Phys. B*, **856**, 577 (2012).
[104] N. D. Mermin: The topological theory of defects in ordered media, *Rev. Mod. Phys.*, **51**, 591 (1979).
[105] Y. Kawaguchi and M. Ueda: Symmetry classification of spinor Bose-Einstein condensates, *Phys. Rev. A*, **84** 053616 (2011).
[106] M. Kobayashi, Y. Kawaguchi, M. Nitta, and M. Ueda: Collision Dynamics and Rung Formation of Non-Abelian Vortices, *Phys. Rev. Lett.*, **103**, 115301 (2009).
[107] H. von Helmholtz: On the discontinuous movements of fluids, *Monatsber. K. Akad. Eiss. Berlin* **23**, 215-228 [*Phil. Mag.*, **36**, 337-346](1868).
[108] Lord Kelvin: Hydrokinetic solutions and observations, *Phil. Mag.*, **42**, 362-377 (1871).
[109] O. Reynolds: An Experimental Investigation of the Circumstances Which Determine Whether the Motion of Water Shall Be Direct or Sinuous, and of the Law of Resistance in Parallel Channels, *Phil. Trans.*, **174**, 935 (1883).
[110] H. Be'nard: Les tourbillons cellulaires dans une nappe liquide transportant de la chaleur par convection en regime permanent, *Ann. Chim. Phys.*, **23**, 62-144 (1901)
[111] R. Blaauwgeers, *et al.*: Shear Flow and Kelvin-Helmholtz Instability in Superfluids, *Phys. Rev. Lett.*, **89**, 155301 (2002).
[112] H. Takeuchi, *et al.*: Quantum Kelvin-Helmholtz instability in phase-separated two-component Bose-Einstein condensates, *Phys. Rev. B*, **81**, 094517 (2010).

[113] H. Takeuchi and K. Kasamatsu: Nambu-Goldstone modes in segregated Bose-Einstein condensates, *Phys. Rev. A*, **88**, 043612 (2013).
[114] K. Sasaki, *et al.*: Rayleigh-Taylor instability and mushroom-pattern formation in a two-component Bose-Einstein condensate, *Phys. Rev. A*, **80**, 063611 (2009).
[115] R. J. Donnelly: Quantized Vortices in Helium II, Cambridge University Press (1991).
[116] S. Ishino, *et al.*: Countersuperflow instability in miscible two-component Bose-Einstein condensates, *Phys. Rev. A*, **83**, 063602 (2011).
[117] C. Hamner, *et al.*: Generation of Dark-Bright Soliton Trains in Superfluid-Superfluid Counterflow, *Phys. Rev. Lett.*, **106**, 065302 (2011).
[118] M. A. Hoefer, *et al.*: Dark-dark solitons and modulational instability in miscible two-component, *Phys. Rev. A*, **84**, 041605(R) (2011).
[119] H. Takeuchi, *et al.*: Binary Quantum Turbulence Arising from Countersuperflow Instability in Two-Component Bose-Einstein Condensates, *Phys. Rev. Lett.*, **105**, 205301 (2010).
[120] 巽友正:『流体力学』, 培風館 (1982).
[121] C. Huepe and M. E. Brachet: Scaling laws for vortical nucleation solutions in a model of superflow, *Physica (Amsterdam)*, **140D**, 126 (2000).
[122] W. J. Kwon, *et al.*: Observation of von Kármán Vortex Street in an Atomic Superfluid Gas, *Phys. Rev. Lett.*, **117**, 245301 (2016).
[123] K. Sasaki, *et al.*: Bénard-von Kármán Vortex Street in a Bose-Einstein Condensate, *Phys. Rev. Lett.*, **104**, 150404 (2010).
[124] S. Taneda: Experimental Investigation of Vortex Streets, *J. Phys. Soc. Jap.*, **20**, 1714 (1965).
[125] W. Guo, S. B. Cahn, J. A. Nikkel, W. F. Vinen and D. N. McKinsey: Visualization Study of Counterflow in Superfluid ^{4}He using Metastable Helium Molecules, *Phys. Rev. Lett.*, **105**, 045301 (2010).
[126] A. Marakov, J. Gao, W. Guo, S. W. Van Sciver, G. G. Ihas, D. N. McKinsey and W. F. Vinen: Visualization of the normal-fluid turbulence in counterflowing superfluid ^{4}He, *Phys. Rev. B*, **91**, 094503 (2015).
[127] N. Sasa, T. Kano, M. Machida, V. S. L'vov, O. Rudenko, and M. Tsubota: Energy spectra of quantum turbulence: Large-scale simulation and modeling, *Phys. Rev. B*, **84**, 054525 (2011).
[128] W. F. Vinen and J. J. Niemela: Quantum Turbulence, *J. Low. Temp. Phys.*, **128**, 167 (2002).
[129] E. Kozik and B. Svistunov: Kelvin-Wave Cascade and Decay of Superfluid Turbulence, *Phys. Rev. Lett.*, **92**, 035301 (2004).
[130] L. Kondaurova, V. L'vov, A. Pomyalov, and I. Procaccia: Kelvin waves and the decay of quantum superfluid turbulence, *Phys. Rev. B*, **90**, 094501 (2014).
[131] V. S. L'vov, S. V. Nazarenko, and O. Rudenko: Bottleneck crossover between classical and quantum superfluid turbulence, *Phys. Rev. B*, **76**, 024520 (2007).
[132] E. Kozik and B. Svistunov: Kolmogorov and Kelvin-wave cascades of superfluid turbulence at $T = 0$: What lies between, *Phys. Rev. B*, **77**, 060502 (2008).
[133] L. Maurer and P. Tabeling: Local investigation of superfluid turbulence, *Europhys. Lett.*, **43**, 29 (1998).
[134] S. R. Stalp. L. Skrbek and R. J. Donnelly: Decay of Grid Turbulence in a Finite Channel, *Phys. Rev. Lett.*, **82**, 4831 (1999).

[135] W. F. Vinen: Classical character of turbulence in a quantum liquid, *Phys. Rev. B*, **61**, 1410 (2000).

[136] T. Araki, M. Tsubota, and S. K. Nemirovskii: Energy Spectrum of Superfluid Turbulence with No Normal-Fluid Component, *Phys. Rev. Lett.*, **89**, 145301 (2002).

[137] C. Nore, M. Abid, and M. E. Brachet: Kolmogorov Turbulence in Low-Temperature Superflows, *Phys. Rev. Lett.*, **78**, 3896 (1997).

[138] M. Kobayashi, and M. Tsubota: Kolmogorov Spectrum of Quantum Turbulence, *J. Phys. Soc. Jpn.*, **74**, 3248 (2005).

[139] M. Kobayashi and M. Ueda: Topologically protected helicity cascade in non-Abelian quantum turbulence, arXiv:1606.07190.

[140] D. J. Melotte and C. F. Barenghi: Transition to Normal Fluid Turbulence in Helium II, *Phys. Rev. Lett.*, **80**, 4181 (1998).

[141] D. D. Awschalom and K. W. Schwarz: Observation of a Remnant Vortex-Line Density in Superfluid Helium, *Phys. Rev. Lett.*, **52**, 49 (1984).

[142] H. Adachi and M. Tsubota: Numerical study of velocity statistics in steady counterflow quantum turbulence, *Phys. Rev. B*, **83**, 132503 (2011).

[143] A. C. White, C. F. Barenghi, N. P. Proukakis, A. J. Youd and D. H. Wacks: Nonclassical Velocity Statistics in a Turbulent Atomic Bose-Einstein Condensate, *Phys. Rev. Lett.*, **104**, 075301 (2010).

[144] T. V. Chagovets and S. W. Van Sciver: A study of thermal counterflow using particle tracking velocimetry, *Phys. Fluids*, **23**, 107102 (2011).

[145] M. S. Paoletti, M. E. Fisher, K. R. Sreenivasan and D. P. Lathrop: Velocity Statistics Distinguish Quantum Turbulence from Classical Turbulence, *Phys. Rev. Lett.*, **101**, 154501 (2008).

[146] S. Yui and M. Tsubota: Counterflow quantum turbulence of He-II in a square channel: Numerical analysis with nonuniform flows of the normal fluid, *Phys. Rev. B*, **91**, 184504 (2015).

[147] J. Jager, B. Schuderer and W. Schoepe: Turbulent and Laminar Drag of Superfluid Helium on an Oscillating Microsphere, *Phys. Rev. Lett.*, **74**, 566 (1995).

[148] H. Yano, N. Hashimoto, A. Handa, M. Nakagawa, K. Obara, O.Ishikawa and T. Hata: Motions of quantized vortices attached to a boundary in alternating currents of superfluid ^{4}He, *Phys. Rev. B*, **75**, 012502 (2007).

[149] W. F. Vinen and L. Skrbek: Quantum turbulence generated by oscillating structures, *Proc. Natl. Acad. Sci. USA*, **111** (Supl.1), 4699 (2014).

[150] 矢野英雄, 坪田誠: 物体の運動で発現する量子乱流, 日本物理学会誌, **68**, 734 (2013).

[151] R. Hänninen, M. Tsubota and W. F. Vinen: Generation of turbulence by oscillating structures in superfluid helium at very low temperatures, *Phys. Rev. B*, **75**, 064502 (2007).

[152] E. A. L. Henn, J. A. Seman, G. Roati, K. M. F. Magalhães, and V. S. Bagnato: Emergence of Turbulence in an Oscillating Bose-Einstein Condensate, *Phys. Rev. Lett.*, **103**, 045301 (2009).

[153] M. Kobayashi and M. Tsubota: Quantum turbulence in a trapped Bose-Einstein condensate, *Phys. Rev. A*, **76**, 045603 (2007).

[154] G. K. Bachelor: *The Theory of Homogeneous Turbulence*, Cambridge University Press (1953).

[155] R. H. Kraichnan: Inertial Ranges in Two-Dimensional Turbulence, textitPhys. Fluids, **10**, 1417 (1967).

[156] R. Numasato, M. Tsubota, V. S. L'vov: Direct energy cascade in two-dimensional compressible quantum turbulence, *Phys. Rev. A*, **81**, 063630 (2010).

[157] T. P. Billam, M. T. Reeves, B. P. Anderson, A. S. Bradley: Onsager-Kraichnan Condensation in Decaying Two-Dimensional Quantum Turbulence, *Phys. Rev. Lett.*, **112**, 145301 (2014).

[158] W. J. Kwon, G. Moon, J.-y. Choi, S. W. Seo, Y.-i. Shin: Relaxation of superfluid turbulence in highly oblate Bose-Einstein condensates, *Phys. Rev. A*, **90**, 063627 (2014).

[159] K. Fujimoto and M. Tsubota: Counterflow instability and turbulence in a spin-1 spinor Bose-Einstein condensate, *Phys. Rev. A*, **85**, 033642 (2012).

[160] K. Fujimoto and M. Tsubota: Spin-superflow turbulence in spin-1 ferromagnetic spinor Bose-Einstein condensates, *Phys. Rev. A*, **90**, 013629 (2014).

[161] E. Yukawa and M. Ueda: Hydrodynamic description of spin-1 Bose-Einstein condensates, *Phys. Rev. A*, **86**, 063614 (2012).

[162] T. W. B. Kibble: Topology of cosmic domains and strings, *J. Phys. A*, **9**, 1387 (1976).

[163] W. H. Zurek: Cosmological experiments in superfluid helium?, *Nature (London)*, **317**, 505 (1985).

[164] J. Dziarmaga: Dynamics of a Quantum Phase Transition and Relaxation to a Steady State, *Adv. Phys.*, **59**, 1063 (2010).

[165] G. Ahlers: Chap. 2 in The Physics of Liquid and Solid Helium, ed. K. H. Bennemann and J. B. Ketterson (Wiley, New York), Vol. 2 (1976)

[166] T. Donner, *et al.*: Critical Behavior of a Trapped Interacting Bose Gas, *Science*, **315** 1556 (2007).

[167] M. E. Dodd, *et al.*: Non-Appearance of Vortices in Fast Mechanical Expansions of Liquid ^{4}He through the lambda transition, *Phys. Rev. Lett.*, **81**, 3703 (1998).

[168] C. Bäuerle, *et al.*: Laboratory simulation of cosmic string formation in the early Universe using superfluid ^{3}He, *Nature (London)*, **382**, 332 (1996).

[169] M. H. Ruutu, *et al.*: Vortex formation in neutron-irradiated superfluid ^{3}He as an analogue of cosmological defect formation, *Nature (London)*, **382**, 334 (1996).

[170] C. N. Weiler, *et al.*: Spontaneous vortices in the formation of Bose-Einstein condensates, *Nature (London)*, **455**, 948 (2008).

[171] G. Lamporesi, *et al.*: Spontaneous creation of Kibble-Zurek solitons in a Bose-Einstein condensate, *Nat. Phys.*, **9**, 656 (2013).

[172] N. Navon, *et al.*: Critical Dynamics of Spontaneous Symmetry Breaking in a Homogeneous Bose gas, *Science*, **347**, 167 (2015).

[173] W. G. Unruh: Experimental Black-Hole Evaporation?, *Phys. Rev. Lett.*, **46**, 1351 (1981).

[174] 詳しい解説として, "Artificial Black Holes", edited by M. Novello, M. Visser, and G. Volovik (World Scientific, 2002).

[175] L. J. Garay, J. R. Anglin, J. I. Cirac, P. Zoller: Sonic analog of gravitational black holes in Bose-Einstein condensates, *Phys. Rev. Lett.*, **85**, 4643 (2000).

[176] D. Page, *et al.*: Stellar Superfluids, *Novel Superfluids Vol. 2* (ed. by K. H. Bennemann and J. B. Ketterson) Oxford University Press (2014).

[177] P. B. Demorest, *et al.*: A two-solar-mass neutron star measured using Shapiro delay, *Nature (London)*, **467**, 1081 (2010).

[178] D. Page and S. Reddy: Dense Matter in Compact Stars: Theoretical Developments

and Observational Constraints, *Ann. Rev. Nucl. Part. Sci.*, **56**, 327 (2006).

[179] N. Andersson, *et al.*: Pulsar Glitches: The Crust is not Enough, *Phys. Rev. Lett.*, **109**, 241103 (2012).

[180] 液晶の基本的な性質に関しては，P. G. De Gennes and J. Prost, The Physics of Liquid Crystals" (Oxford University Press, 1995) などを参照されたい．また液晶の相転移や転傾のトポロジカルな性質に関する概観をつかみたい場合には，P. M. Chaikin and T. C. Lubensky, Principles of condensed matter physics" も非常に参考になる．

[181] S. Kai, K. Yamaguchi, and K. Hirakawa: Observation of Flow Figures in Nematic Liquid Crystal MBBA, *Jpn. J. Appl. Phys.* **14**, 1653 (1975); 蔵本由紀，川崎恭治，山田道夫，甲斐昌一，篠本滋，『パターン形成』，朝倉書店 (1991).

[182] K. A. Takeuchi, M. Kuroda, H. Chaté, and M. Sano: Directed Percolation Criticality in Turbulent Liquid Crystals, *Phys. Rev. Lett.*, **99**, 234503 (2007).

[183] H. Ikegami, Y. Tsutsumi, and K. Kono: Chiral symmetry breaking in superfluid 3He-A, *Science*, **341**, 59 (2013).

[184] 中原幹夫:『理論物理学のための幾何学とトポロジー』, 中原幹夫，佐久間一浩訳，ピアソン・エデュケーション (2007).

索　　引

欧数字

あ 行

か 行

さ　行

た　行

な　行

は　行

ま 行

や・ら 行

著者略歴

坪田　誠（つぼた・まこと）
大阪市立大学大学院理学研究科 教授．理学博士．
1987 年京都大学大学院理学研究科博士課程修了．

笠松　健一（かさまつ・けんいち）
近畿大学理工学部 准教授．博士（理学）．
2004 年大阪市立大学大学院理学研究科後期博士課程修了．

小林　未知数（こばやし・みちかず）
京都大学大学院理学研究科 助教．博士（理学）．
2006 年大阪市立大学大学院理学研究科後期博士課程修了．

竹内　宏光（たけうち・ひろみつ）
大阪市立大学大学院理学研究科 講師．博士（理学）．
2010 年大阪市立大学大学院理学研究科後期博士課程修了．

量子流体力学

平成 30 年 1 月 30 日　発　行

著作者　坪　田　　誠
　　　　笠　松　健　一
　　　　小　林　未知数
　　　　竹　内　宏　光

発行者　池　田　和　博

発行所　**丸善出版株式会社**
〒101-0051 東京都千代田区神田神保町二丁目17番
編 集：電話(03)3512-3261／FAX(03)3512-3272
営 業：電話(03)3512-3256／FAX(03)3512-3270
http://pub.maruzen.co.jp/

組版印刷・製本／三美印刷株式会社

ISBN 978-4-621-30247-7　C 3042　　Printed in Japan